l'enseignement commun technologiques

Des contextes pour toutes les séries

De nombreuses activités, de nombreux exercices – pour approfondir, pour s'entraîner pour le contrôle continu… – **ont des contextes liés à des situations issues de la vie quotidienne ou d'autres disciplines**. Ils ne supposent **aucune connaissance autre que mathématique**. Pour chacune de ces activités figurent des indications sur la (les) séries(s) concernée(s).

Automatismes

Cette **partie transversale** du programme vise à construire et entretenir des habiletés dans les domaines du **calcul**, de l'**information chiffrée** et des **représentations graphiques**. Les notions concernées ont été travaillées dans les classes antérieures. Les exercices proposés, le plus souvent sous forme de « questions flash », peuvent être utilisés pour un **entraînement régulier en début de séance**. Les énoncés sont **souvent accompagnés de rappels**.
Les automatismes ne font pas l'objet d'un chapitre spécifique.

Comment sont répartis les exercices « automatismes » correspondant aux capacités attendues du programme ?

- Au chapitre 1 avec les suites figurent des automatismes sur « Proportions et pourcentages » et « Évolutions et variations ».
- Au chapitre 2 avec les fonctions figurent des automatismes sur « Calcul numérique et algébrique » et « Fonctions et représentations ».
- Au chapitre 3 avec la statistique figurent des automatismes sur « Représentations graphiques et données chiffrées ».
- Au chapitre 4 sont repris des automatismes utiles pour ce chapitre.

L'ensemble des 32 thèmes au programme des automatismes et la totalité des exercices correspondants peuvent être retrouvés dans l'index « Automatismes » en fin d'ouvrage.

Algorithmique et programmation

La pratique de l'algorithmique et de la programmation se poursuit en continuité avec la classe de première ; le langage utilisé est **Python**.
L'algorithmique et programmation est une **partie transversale**.

Comment sont réparties le cours et les activités « algorithmique et programmation » correspondant aux capacités attendues du programme ?

Le cours d'algorithmique et programmation, accompagné de situations algorithmiques, est naturellement placé aux chapitres 1 (suites) et 2 (fonctions). Voir le sommaire et l'index Algorithmique et programmation en fin d'ouvrage.

COLLECTION SIGMA

Tle SÉRIES TECHNO

MATHS

ENSEIGNEMENT COMMUN

/ Anne Heam
/ Michel Rigault
/ Bernard Verlant

Les auteurs et les éditions Foucher remercient Amaury Dheedene pour sa participation pour l'algorithmique et la programmation.

FOUCHER

SOMMAIRE

Chapitre 1

Suites numériques

Chapitre 2

Fonctions exponentielles - logarithme décimal - inverse

ISBN 978-2-216-15789-1

Chapitre 3

Séries statistiques à deux variables

Chapitre 4

Probabilités

Au fil

Testez-vous !

Tester les prérequis nécessaires au chapitre

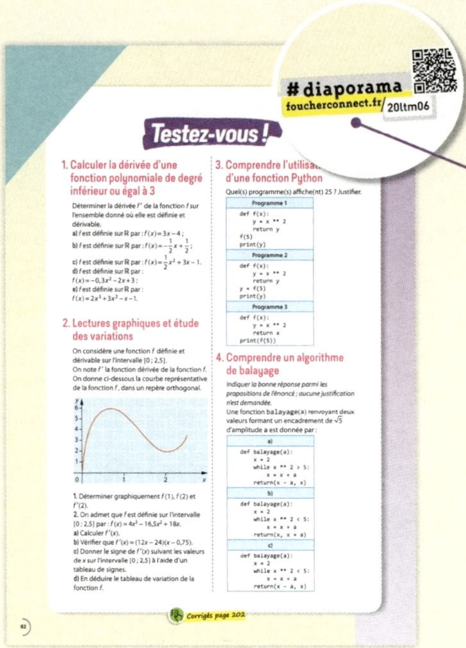

Complément numérique : des exercices sous forme de diaporamas à projeter en classe

Activités d'approche

Préparer les notions nouvelles en utilisant le plus souvent des logiciels

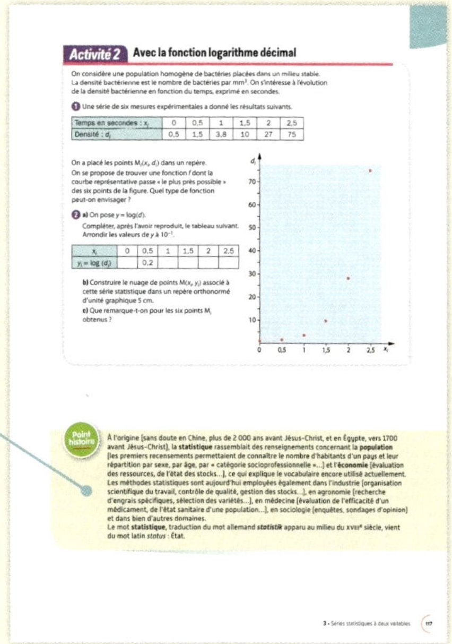

Des éléments d'histoire des mathématiques

Cours

Un cours très progressif

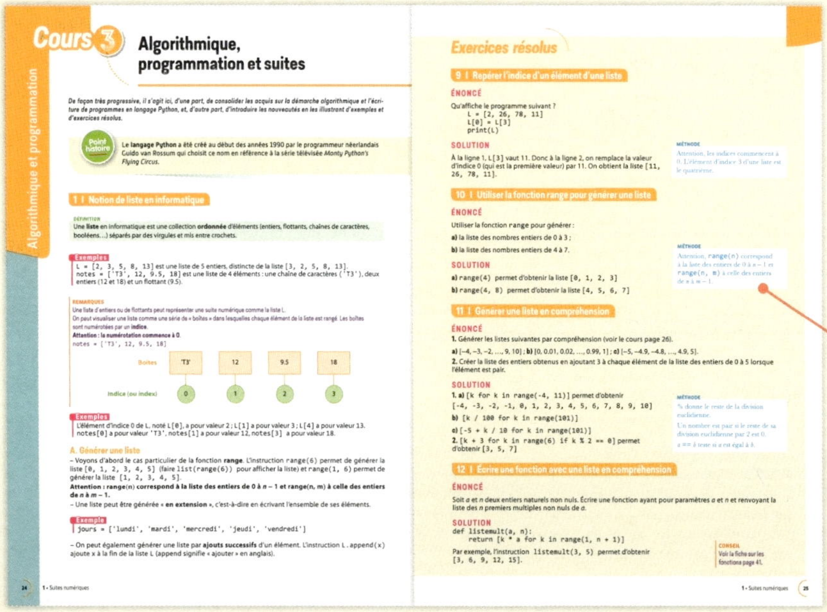

Des exercices résolus entièrement corrigés, avec des méthodes

des pages

L'essentiel

Ce qu'il faut retenir

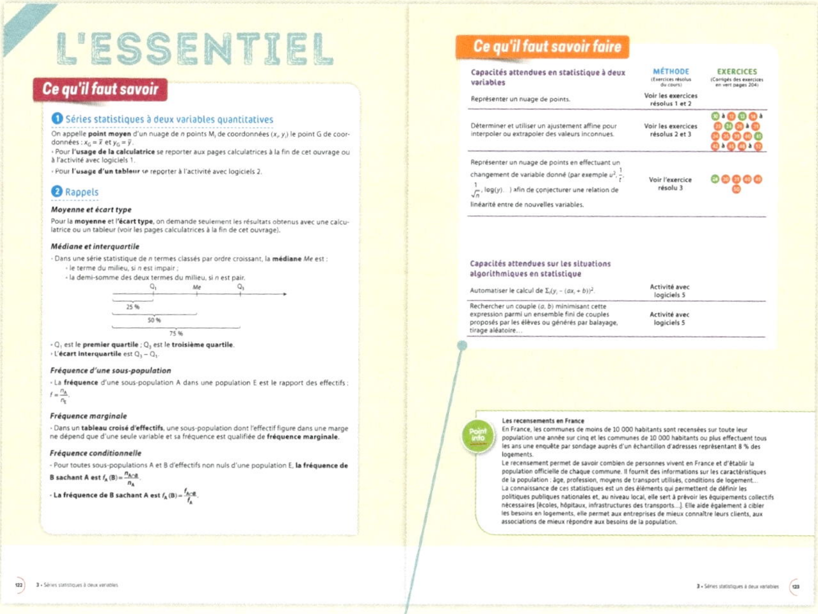

Ce tableau permet de retrouver facilement les exercices (résolus du cours, corrigés et non corrigés) correspondant aux différentes capacités attendues

Activités avec logiciels

Abordées en classe ou en salle informatique, avec des fiches tableur et algorithmique et programmation

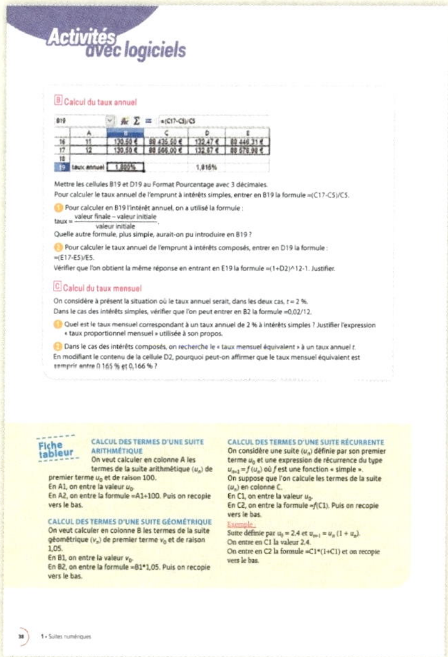

Automatismes

S'entraîner grâce à des questions flash, QCM et vrai/faux

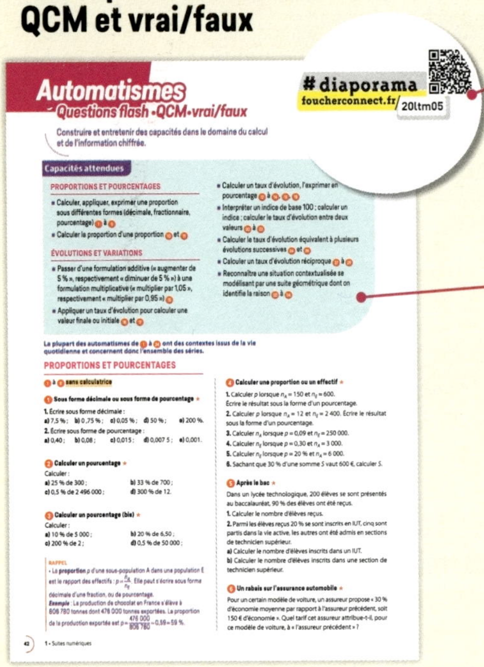

Compléments numériques :
– des exercices sous forme de diaporamas à projeter en classe ;
– des exercices supplémentaires sur la plateforme Sigma.

Les automatismes correspondent aux capacités attendues du programme

Exercices

S'entraîner

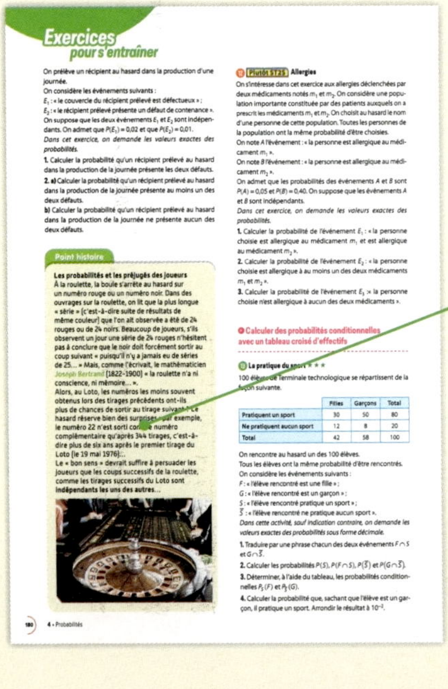

Comme dans les autres types d'activités, des points histoire et des points info

Des indications pour les séries

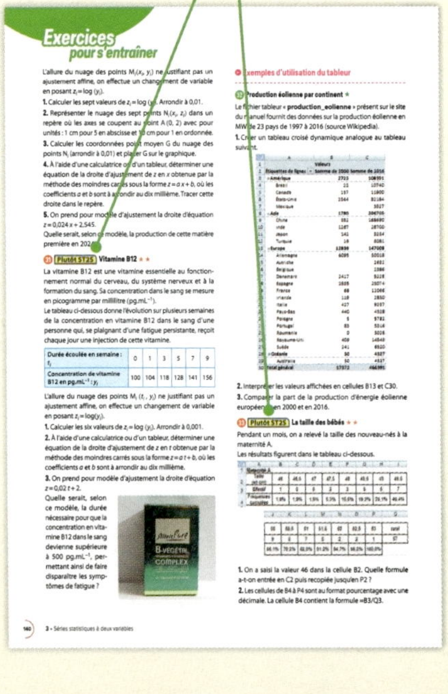

des pages

Exercices

Approfondir

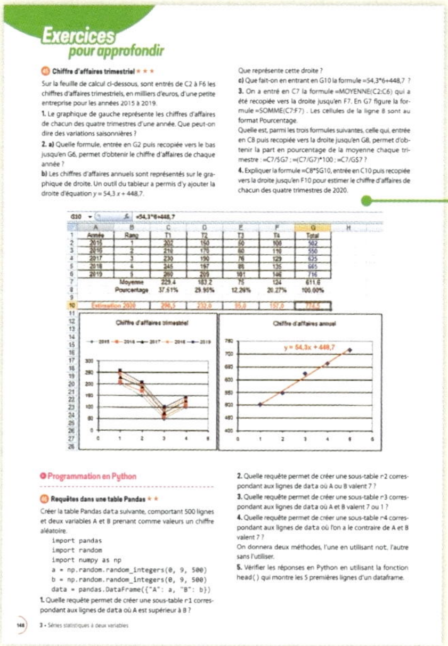

Utilisation de logiciels

Exercices pour le bac

S'entraîner pour préparer l'épreuve commune de contrôle continu

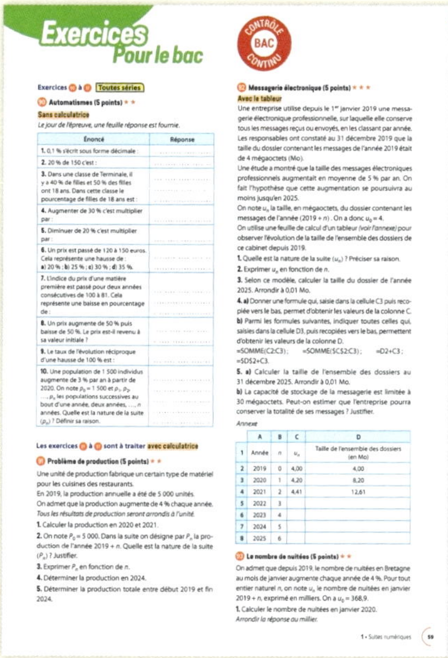

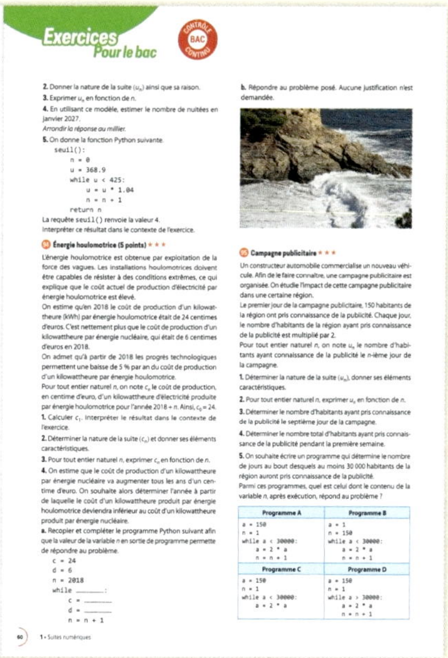

#diaporama
foucherconnect.fr/20ltm04

Testez-vous !

1. Suite arithmétique

La suite arithmétique (u_n) est définie par $u_0 = 3$, et pour tout entier n de $\mathbb{N}$, $u_{n+1} = u_n + 2$.

1. Calculer u_1, u_2, u_3, u_4 et u_5.

2. Placer les points associés de la suite (u_n) dans un repère orthonormé (unité : 1 cm).

3. Déterminer le sens de variation de la suite (u_n).

2. Suite géométrique

La suite géométrique (u_n) est définie par :
$u_1 = \frac{1}{2}$ et, pour tout entier n de $\mathbb{N}^*$, $u_{n+1} = 2u_n$.

1. Calculer u_2, u_3, u_4.

2. Placer les quatre premiers points de la représentation graphique de la suite (u_n) dans un repère orthonormé (unité : 1 cm).

3. Déterminer le sens de variation de la suite (u_n).

3. QCM

La production d'une entreprise augmente de 10 % chaque année. Au bout de 4 ans, elle aura augmenté d'environ :

a) 40 % ;
b) 44 % ;
c) 46 % ;
d) 50 %.

4. Suite arithmétique et tableur

On se propose de déterminer avec un tableur des valeurs particulières de la suite arithmétique (u_n) de premier terme $u_0 = 2$ et de raison $r = 0{,}5$. On donne ci-dessous un extrait d'une feuille de calcul.

	A	B
1	n	u_n
2	0	2
3	1	
4	2	

Quelle formule saisie dans la cellule B3 permet d'afficher les termes successifs de la suite (u_n) en la recopiant vers le bas ?

5. Suite géométrique et tableur

On se propose de déterminer avec un tableur des valeurs particulières de la suite géométrique (u_n) de premier terme $u_0 = 8\,000$ et de raison 1,06.
On donne ci-dessous un extrait d'une feuille de calcul.

	A	B
1	n	u_n
2	0	8 000
3	1	
4	2	

Quelle formule, à recopier vers le bas, peut-on entrer dans la cellule B3 ?

a) =8000*1,06 ;
b) =$B$2*1,06 ;
c) =B2*1,06 ;
d) =1,06^A3.

6. Instructions Python sur les listes

1. Qu'affiche le programme suivant ?

```
L = [10, 20, 30, 40]
print(L[1])
```

2. Qu'affiche le programme suivant ?

```
L = [10, 20, 30, 40]
L.append(50)
print(len(L))
```

7. Suite arithmétique et Python

On considère la suite arithmétique définie par $u_0 = 10$ et, pour tout entier naturel n, $u_{n+1} = u_n + 5$.
Quelle est la valeur de la variable u après avoir exécuté les instructions suivantes ?

```
u = 10
for i in range(6):
    u = u + 5
```

Que représente la valeur de u pour la suite (u_n) ?

Corrigés page 201

Chapitre 1

Suites numériques

Les suites permettent de modéliser des situations réelles discrètes simples **choisies en lien avec les autres enseignements de chacune des séries technologiques** (évolution d'une production, du prix d'un article, d'un placement, de l'effectif d'une population, d'une colonie bactérienne...).

Sommaire du cours

La démarche algorithmique

La **démarche algorithmique et le langage Python** pour l'écriture de programme en informatique trouvent ici une large place.

Activités d'approche

Activité 1 Reconnaître une situation se modélisant par une suite géométrique

La puissance électrique, exprimée en mégawatt (MW), que peut délivrer l'ensemble des éoliennes terrestres installées dans un pays de l'Union européenne, s'appelle « puissance éolienne installée ».
La feuille de calcul d'un tableur reproduite ci-dessous contient les valeurs de la « puissance éolienne terrestre », exprimée en mégawatt (MW), dans ce pays depuis 2012.

	A	B	C	D	E	F	G	H	I	J	K	L
1	Année	2012	2013	2014	2015	2016	2017	2018	2019	2020	2021	2022
2	Rang de l'année	0	1	2	3	4	5	6	7	8	9	10
3	Puissance	5 660	6 684	7 196	8 243	9 285	10 358	12 066	13 559			

1 Quel est le taux d'évolution de la puissance éolienne terrestre installée dans ce pays entre 2012 et 2019 ?

2 Pour tout entier naturel n, on note u_n la puissance éolienne terrestre, exprimée en MW, installée dans ce pays lors de l'année $2019 + n$.

On fait l'hypothèse que la puissance éolienne installée augmente chaque année de 13 % à partir de 2019.

a) Quelle formule doit-on saisir dans la cellule J3 de la feuille de calcul représentée ci-dessus pour obtenir la puissance éolienne installée en 2020, puis par recopie vers la droite, la puissance éolienne installée jusqu'en 2022 ?

b) Exprimer u_{n+1} en fonction de u_n, pour tout entier n.

c) Quelle est la nature de la suite (u_n) ?

Activité 2 À la découverte d'une formule

Nous allons chercher une formule permettant d'exprimer très simplement une somme comme :
$1+2+3+4+5+6+7+8+9+10$
que l'on note $1+2+\ldots+10$,
et plus généralement la somme $1+2+3+\ldots+n$ des n premiers nombres entiers naturels non nuls.

1 Par un calcul mental, compléter les cinq égalités suivantes :
$1+2=\ldots$; $1+2+3=\ldots$; $1+2+3+4=\ldots$; $1+2+3+4+5=\ldots$; $1+2+3+4+5+6=\ldots$.

2 Pour vous aider à imaginer une formule générale donnant $1+2+\ldots+n$ en fonction de n, vous allez multiplier les deux membres de chacune des égalités précédentes par 2.

a) Déduire de la question **1** :

$2(1+2)=\ldots$; $2(1+2+3)=\ldots$; $2(1+2+3+4)=\ldots$; $2(1+2+3+4+5)=\ldots$; $2(1+2+3+4+5+6)=\ldots$.

b) Écrire chaque membre de droite des égalités précédentes comme un produit de deux nombres entiers **consécutifs** (par exemple, $20=4\times 5$; 4 et 5 sont des entiers **consécutifs**).

c) À partir des cas particuliers obtenus à la question **a)** pour $n=2$, $n=3$, $n=4$, $n=5$ et $n=6$, imaginer une formule générale donnant $2(1+2+\ldots+n)$ en fonction de n.

d) En déduire une formule générale donnant $1+2+\ldots+n$ en fonction de n et valable au moins pour les valeurs n indiquées à la question **c)**.

Il reste à savoir si la formule que vous venez de trouver est valable pour n'importe quelle valeur entière et strictement positive de n. Des outils informatiques (calculatrices, ordinateurs) permettent de calculer directement et très rapidement $1+2+\ldots+n$ pour toute valeur fixée de n, par exemple $n=100$ ou $n=500$, et de comparer le résultat à celui obtenu en utilisant la formule que vous venez de trouver. Mais cela ne permet pas de conclure que cette formule est valable pour tout entier naturel non nul n.

Nous reviendrons dans le cours sur le calcul de $1+2+\ldots+n$ dans le cas général.

Point histoire

Le « prince des mathématiciens »

Carl Friedrich **Gauss** (1777-1855) est un mathématicien, physicien et astronome allemand dont l'œuvre scientifique, tout à fait considérable, a été reconnue par ses contemporains, le roi de Hanovre ayant même fait réaliser des pièces avec l'image de Gauss et l'inscription latine *Mathematicorum Principi* (au prince des mathématiciens).

D'origine modeste (sa mère, illettrée, était femme de chambre et son père fut successivement jardinier, boucher d'abattoir, maçon…), il montra très tôt des capacités étonnantes comme le montrent les deux anecdotes suivantes.

- À trois ans, il aurait corrigé les comptes de son père sans qu'on lui ait appris à faire des additions.
- À neuf ans, à l'école, il aurait en quelques secondes calculé la somme des nombres de 1 à 100 en annonçant *Liget se !* (Ça y est !), à la stupéfaction de son professeur.

Ce calcul est indiqué et démontré au paragraphe 1 **4.** *de ce chapitre.*

Mathématicien, Gauss se rendit célèbre à 18 ans en donnant la première construction à la règle et au compas d'un polygone régulier de 17 côtés. Il aborda de nombreux champs des mathématiques en approfondissant des résultats déjà établis et en apportant de nouveaux théorèmes ou conjectures (par exemple, des résultats aujourd'hui essentiels pour la sécurité des réseaux informatiques). Ainsi, Albert Einstein, à l'origine de la théorie de la relativité, a rendu hommage à Gauss en déclarant que « Sans la géométrie de Gauss, la théorie de la relativité n'existerait pas. »

Astronome, Gauss détermina la trajectoire d'une planète appelée Cérès par des calculs mettant en œuvre une nouvelle méthode utilisée aujourd'hui dans de nombreux domaines : la méthode des moindres carrés (présentée au chapitre 3 de statistique).

Physicien, Gauss a marqué plusieurs domaines de la physique. Son nom est associé à la loi normale en probabilités qui permet de modéliser de nombreuses séries statistiques (on parle alors de distribution gaussienne, de courbe de Gauss, etc.).

Cours 1 Suites arithmétiques

1 I Rappels

Rappelons la définition d'une **suite arithmétique** introduite en classe de première.

DÉFINITION

Une **suite arithmétique** est une suite numérique dont chaque terme s'obtient en **ajoutant** au précédent un nombre réel constant r appelé **raison**. Pour tout nombre entier naturel n, $\boldsymbol{u_{n+1} = u_n + r}$.

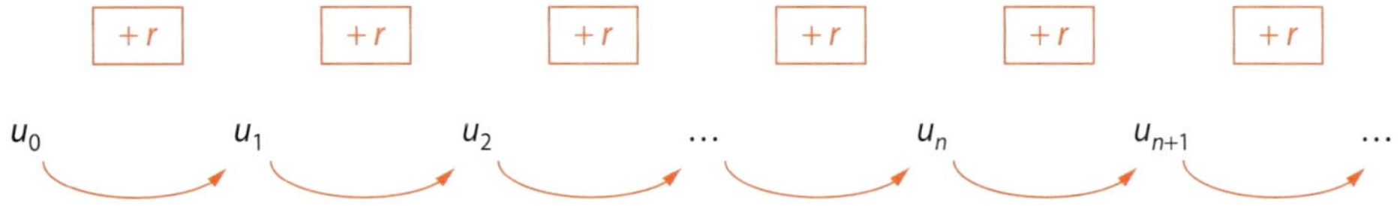

Exemple

La suite de nombres entiers naturels impairs (1, 3, 5, 7, 9, 11, …) est une suite arithmétique de raison 2.

REMARQUE

Pour démontrer qu'une suite est arithmétique, il suffit de vérifier que $u_{n+1} - u_n$ est constant. Cette constante est la raison r.

2 I Moyenne arithmétique de deux nombres

DÉFINITION

La **moyenne arithmétique** des deux nombres x et y est le nombre $\boldsymbol{\frac{x+y}{2}}$.

Exemple

La moyenne arithmétique de 12 et 15 est 13,5.

Lien avec les suites arithmétiques

PROPRIÉTÉ

Trois nombres a, b, c sont, dans cet ordre, trois termes consécutifs d'une **suite arithmétique** si et seulement si le nombre du milieu b est la **moyenne arithmétique** des deux autres nombres a et c.

DÉMONSTRATION

Sens direct

Soit a, b, c trois termes consécutifs, dans cet ordre, d'une suite arithmétique. Démontrons que b est la moyenne arithmétique de a et c.

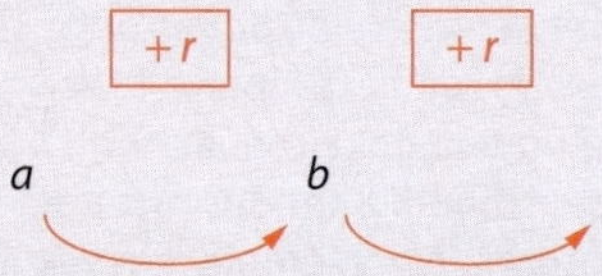

Alors $b = a + r$ et $c = b + r$, donc $a = b - r$ et $c = b + r$.

$a + c = b - r + b + r = 2\,b$, donc $b = \frac{a+c}{2}$; b est la moyenne arithmétique de a et c.

Réciproquement

Inversement soit b la moyenne arithmétique de deux nombres a et c. Démontrons que a, b, c sont, dans cet ordre, trois termes consécutifs d'une suite arithmétique.

Par définition de la moyenne arithmétique, $b = \frac{a+c}{2}$ donc $2\,b = a + c$ qui peut s'écrire $b + b = a + c$, donc $b - a = c - b$ en retranchant a et b aux deux membres de l'égalité.

Exercices résolus

1 | Étude d'une suite arithmétique

ÉNONCÉ

Soit (u_n) la suite définie par son premier terme $u_0 = 4$ et la relation de récurrence : $u_{n+1} = u_n - 2{,}5$ pour tout n de $\mathbb{N}$.

1. Calculer u_1, u_2, u_3 et u_4.

2. Démontrer que (u_n) est une suite arithmétique et donner sa raison.

3. Donner en le justifiant le sens de variation de la suite (u_n).

SOLUTION

MÉTHODE
Exploiter la relation de récurrence.

1. La relation de récurrence $u_{n+1} = u_n - 2{,}5$ donne successivement pour $n = 0$, $n = 1$, $n = 2$ et $n = 3$:

$u_1 = u_0 - 2{,}5 = 4 - 2{,}5 = 1{,}5$

$u_2 = u_1 - 2{,}5 = 1{,}5 - 2{,}5 = -1$

$u_3 = u_2 - 2{,}5 = -1 - 2{,}5 = -3{,}5$

$u_4 = u_3 - 2{,}5 = -3{,}5 - 2{,}5 = -6$.

2. La relation de récurrence étant de la forme $u_{n+1} = u_n + r$, la suite (u_n) est une suite arithmétique de raison $r = -2{,}5$.

3. La raison $r = -2{,}5$ étant négative, la suite arithmétique (u_n) est décroissante sur $\mathbb{N}$.

2 | Exploiter le lien suite arithmétique – moyenne arithmétique

ÉNONCÉ

On donne les valeurs de trois termes d'une suite arithmétique u_n :

$u_0 = 3{,}5$

$u_2 = 5{,}2$

$u_4 = 6{,}9$.

1. Calculer u_1 et u_3.

2. Donner la raison r de cette suite arithmétique.

SOLUTION

1. D'après la propriété ci-contre, u_1 est la moyenne arithmétique de u_0 et u_2.

Donc $u_1 = \dfrac{u_0 + u_2}{2}$, $u_1 = \dfrac{3{,}5 + 5{,}2}{2}$, $u_1 = 4{,}35$.

De même $u_3 = \dfrac{u_2 + u_4}{2}$, $u_3 = \dfrac{5{,}2 + 6{,}9}{2}$, $u_3 = 6{,}05$.

2. $r = u_1 - u_0 = 4{,}35 - 3{,}5 = 0{,}85$.

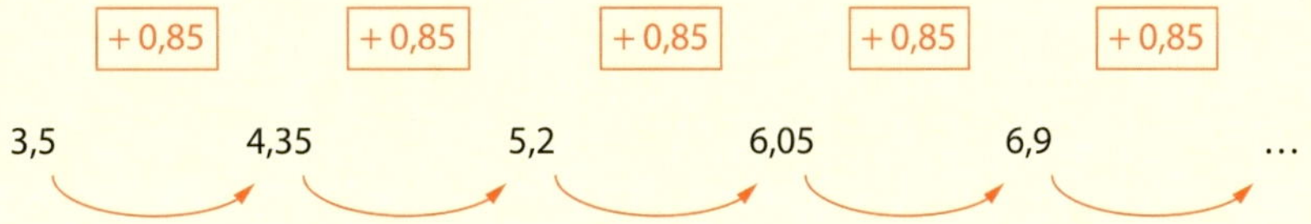

DÉMONSTRATION (suite)

Appelons r le nombre $b - a$ égal à $c - b$.

$b - a = r$ et $c - b = r$, donc $b = a + r$ et $c = b + r$.

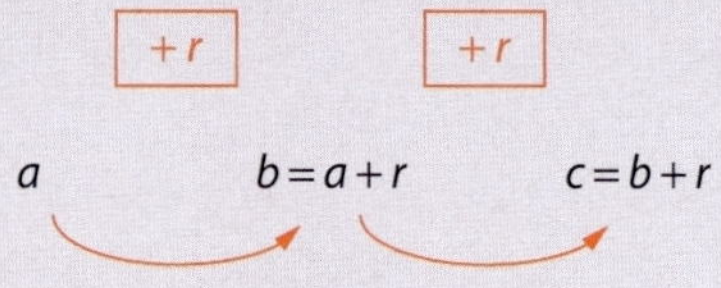

Donc a, b, c sont, dans cet ordre, trois termes consécutifs d'une suite arithmétique.

3 | Expression du terme u_n en fonction de n

On se propose d'établir un résultat permettant d'obtenir directement le terme u_n d'une suite arithmétique sans calculer les termes précédents.

Soit (u_n) une suite arithmétique de raison r ; exprimons chaque terme en fonction du précédent et ajoutons membre à membre les égalités ainsi obtenues :

$$\begin{aligned} u_1 &= u_0 + r \\ u_2 &= u_1 + r \\ &\vdots \\ u_n &= u_{n-1} + r \\ \hline (u_1 + u_2 + \ldots + u_{n-1}) + u_n &= u_0 + (u_1 + u_2 + \ldots + u_{n-1}) + nr. \end{aligned}$$

Donc $u_n = u_0 + nr$.

REMARQUE

Dans le cas où le premier terme de la suite est u_1, la première égalité ci-dessus disparaît et $u_n = u_1 + (n - 1)r$.

THÉORÈME

Pour une suite arithmétique de premier terme u_0 et de raison r :

$$\boldsymbol{u_n = u_0 + nr} \quad \text{pour tout } n \text{ de } \mathbb{N}.$$

Pour une suite arithmétique de premier terme u_1 et de raison r :

$$\boldsymbol{u_n = u_1 + (n - 1)r} \quad \text{pour tout } n \text{ de } \mathbb{N}^*.$$

À RETENIR

u_n = (premier terme) + (nombre de termes avant u_n) × (raison).

Exemple

La suite (u_n) des nombres entiers naturels impairs est une suite arithmétique de premier terme $u_0 = 1$ et de raison $r = 2$ dont le centième terme est $u_{99} = 1 + (99 \times 2) = 199$.

Interprétation graphique

Nous avons vu en première que, dans le cas d'une suite arithmétique (u_n), les points d'abscisse $x = n$ et d'ordonnée $y = u_n$ sont alignés. Comme $u_n = u_0 + nr$, nous obtenons $y = u_0 + xr$, c'est-à-dire $y = rx + u_0$, qui est de la forme $y = ax + b$.

PROPRIÉTÉ

La représentation graphique d'une **suite arithmétique** (u_n) dans un repère du plan est constituée de **points** de coordonnées (n, u_n) **alignés** sur la droite d'équation $y = rx + u_0$.

Exercices résolus

3 I Déterminer le rang *n* d'un terme d'une suite arithmétique vérifiant une condition donnée

ÉNONCÉ

Soit (u_n) une suite arithmétique de premier terme $u_0 = 50$ et de raison 160.

1. Calculer u_1 et u_2.

2. Pour tout entier naturel n, exprimer u_n en fonction de n.

3. Déterminer par le calcul la première valeur de n telle que $u_n \geq 5\,000$. Vérifier la réponse.

4. Compléter les lignes 3 et 5 de l'algorithme ci-dessous pour qu'à la fin de son exécution la variable N contienne la valeur de n demandée à la question précédente.

```
N = 0
U = 50
while U … :
      N = N + 1
      U = …
```

SOLUTION

1. $u_1 = 50 + 160 = 210$ et $u_2 = 210 + 160 = 370$.

2. $u_n = u_0 + nr$, donc $u_n = 50 + 160n$.

3. L'inéquation $u_n \geq 5\,000$ est équivalente à chacune des inéquations suivantes :

$50 + 160n \geq 5\,000$, $160n \geq 5\,000 - 50$,

$160n \geq 4\,950$, $n \geq \dfrac{4\,950}{160}$, $n \geq 30{,}9$.

La première valeur de n telle que $u_n \geq 5\,000$ est donc 31.

On vérifie que $u_{30} = 50 + 160 \times 30$, $u_{30} = 4\,850$, $u_{30} < 5\,000$

et que $u_{31} = 50 + 160 \times 31$, $u_{31} = 5\,010$, $u_{31} > 5\,000$.

4. L'algorithme teste les valeurs successives de la suite en commençant par u_0.

n est représenté par N et u_n par U.

Les deux premières lignes affectent à U la valeur 50 et à N la valeur 0 car on commence par tester u_0.

La ligne 3 est l'instruction de test : on teste si u_n dépasse ou non la valeur de référence 5 000 donc on complète la ligne 3 par while $U < 5\,000$.

Si le test est satisfait (u_n ne dépasse pas 5 000), on doit tester la valeur suivante de la suite.

La ligne 4 augmente N de 1 car l'indice de la valeur suivante de la suite est $N + 1$.

La ligne 5 affecte à U la valeur du terme suivant.

Deux instructions sont possibles :

$U = 50 + 160 * N$ si on utilise l'expression de u_n de la question 2, ou $U = U + 160$ car la suite est arithmétique de raison 160.

Si le test n'est pas satisfait, le terme de la suite testé dépasse 5 000 et N contient l'indice de ce terme.

4 I Somme des premiers termes d'une suite arithmétique

Cas particulier : somme des *n* premiers nombres entiers naturels non nuls

Nous allons démontrer la formule trouvée dans l'activité d'approche 2.

DÉMONSTRATION

Posons $A_n = 1 + 2 + \ldots + (n-1) + n$.

Écrivons de gauche à droite, puis de droite à gauche les termes de la somme A_n en les alignant verticalement, puis ajoutons membre à membre les n égalités ainsi obtenues :

$$\begin{array}{ccccccccccc} A_n & = & 1 & + & 2 & + & \ldots & + & (n-1) & + & n \\ A_n & = & n & + & (n-1) & + & \ldots & + & 2 & + & 1 \\ \hline 2A_n & = & \multicolumn{9}{c}{\underbrace{(n+1) + (n+1) + \ldots + (n+1) + (n+1)}_{n \text{ termes}}} \end{array}$$

Donc $2A_n = n(n+1)$, donc $A_n = \dfrac{n(n+1)}{2}$.

THÉORÈME

La somme des n premiers nombres entiers naturels non nuls est :

$$\mathbf{1 + 2 + \ldots + n = \frac{n(n+1)}{2}}.$$

Exemple

$1 + 2 + \ldots + 10 = \dfrac{10 \times 11}{2} = 55$.

Cas général

Soit (u_n) une suite arithmétique de raison r et de premier terme u_0 ; pour calculer $S_n = u_0 + u_1 + \ldots + u_n$, exprimons chaque terme en fonction de u_0 et r et ajoutons membre à membre les $n + 1$ égalités obtenues :

$$\begin{array}{l} u_0 = u_0 \\ u_1 = u_0 + r \\ u_2 = u_0 + 2r \\ \vdots \\ u_n = u_0 + nr \\ \hline S_n = (n+1)u_0 + (1+2+\ldots+n)r \end{array}$$

Donc $S_n = (n+1)u_0 + \dfrac{n(n+1)}{2}r$, d'après le théorème précédent ;

$S_n = (n+1)\left(u_0 + \dfrac{nr}{2}\right)$;

$S_n = (n+1)\left(\dfrac{2u_0 + nr}{2}\right)$;

$S_n = (n+1)\left[\dfrac{u_0 + (u_0 + nr)}{2}\right]$;

$S_n = (n+1)\left(\dfrac{u_0 + u_n}{2}\right)$, puisque $u_n = u_0 + nr$.

THÉORÈME

- Pour une suite arithmétique de premier terme u_0 et de raison r :

$$\mathbf{u_0 + u_1 + \ldots + u_n = (n+1)\left(\frac{u_0 + u_n}{2}\right)} \textbf{ pour tout } \boldsymbol{n} \textbf{ de } \mathbb{N}.$$

- Pour une suite arithmétique de premier terme u_1 et de raison r :

$$\mathbf{u_1 + \ldots + u_n = n\frac{(u_1 + u_n)}{2}} \textbf{ pour tout } \boldsymbol{n} \textbf{ de } \mathbb{N}^*.$$

À RETENIR

La somme S de termes consécutifs d'une suite arithmétique est :

$$\mathbf{S_n = (\text{nombre de termes}) \times \left(\frac{\text{premier terme} + \text{dernier terme}}{2}\right)}.$$

Exercices résolus

4 | Étudier une suite arithmétique dans un contexte donné

ÉNONCÉ

Afin de pouvoir acheter une tablette de la dernière génération, Marion décide de mettre de côté une certaine somme chaque mois pendant 12 mois : 50 € le premier mois et, d'un mois à l'autre, le montant est diminué chaque fois de 4 €.

On note u_n la somme mise de côté le n-ième mois.

1. Déterminer u_1, u_2 et u_3.

2. Démontrer que (u_n) est une suite arithmétique et donner sa raison.

3. Exprimer u_n en fonction de n et en déduire u_{12}.

4. a) Exprimer $u_1 + u_2 + \ldots + u_n$ en fonction de n, u_1 et u_n.

b) Au bout des 12 mois, Marion pourra-t-elle acheter une tablette valant 330 € ?

5. a) Écrire une fonction `montant` en Python qui prend en argument n et renvoie le montant u_n mis de côté par Marion le n-ième mois. Retrouver les valeurs de u_3 et u_{12}.

b) Écrire une fonction `somme` en Python qui prend en argument n et renvoie la somme mise de côté par Marion au bout de n mois. Quelle somme Marion a-t-elle mise de côté au bout de 12 mois ?

c) Écrire une fonction `depasse` en Python qui prend en argument une somme S et qui renvoie le nombre de mois minimum nécessaire pour que la somme mise de côté par Marion au bout de n mois soit supérieure à S. Combient faut-il de mois à Marion pour pouvoir acheter des chaussures valant 150 € ?

SOLUTION

1. $u_1 = 50$; $u_2 = 50 - 4 = 46$; $u_3 = 46 - 4 = 42$.

2. La suite (u_n) vérifie la relation de récurrence $u_{n+1} = u_n - 4$.

La relation de récurrence étant de forme $u_{n+1} = u_n + r$, la suite (u_n) est une suite arithmétique de raison $r = -4$.

3. $u_n = u_1 + (n-1)r$, d'après un théorème du cours.

$u_{12} = 50 + 11(-4)$; $u_{12} = 6$.

4. a) D'après un théorème du cours : $u_1 + u_2 + \ldots + u_n = n\left(\frac{u_1 + u_n}{2}\right)$.

b) Au bout des 12 mois, Marion dispose de la somme $u_1 + u_2 + \ldots + u_{12}$.

$u_1 + \ldots + u_{12} = 12\left(\frac{50+6}{2}\right)$;

$u_1 + \ldots + u_{12} = 336$.

Avec 336 €, Marion pourra acheter une tablette valant 330 €.

> **REMARQUE**
> Pour éviter les points de suspension dans $u_1 + \ldots + u_n$, on utilise la lettre majuscule *sigma* de l'alphabet grec.
> Ainsi $u_1 + \ldots + u_n$ se note $\sum_{i=1}^{n} u_i$ qui se lit : « somme pour i variant de 1 à n de u_i ».
> Par exemple, $u_1 + \ldots + u_{12} = 336$, s'écrit $\sum_{i=1}^{12} u_i = 336$.

5. a) On utilise l'expression de $u_n = u_1 + r \times (n-1) = 50 - 4 \times (n-1)$:

```
def montant (n) :
    m = 50-4*(n-1)
    return m
>>> montant(3)
42
>>> montant(12)
6
```

Cours 2 Suites géométriques à termes positifs

1 I Rappels

Rappelons la définition d'une **suite géométrique** introduite en classe de première.

DÉFINITION

Une **suite géométrique** est une suite numérique dont chaque terme s'obtient en **multipliant** le précédent par une constante q appelée **raison**.
Pour tout nombre entier naturel n, $\boldsymbol{u_{n+1} = qu_n}$.

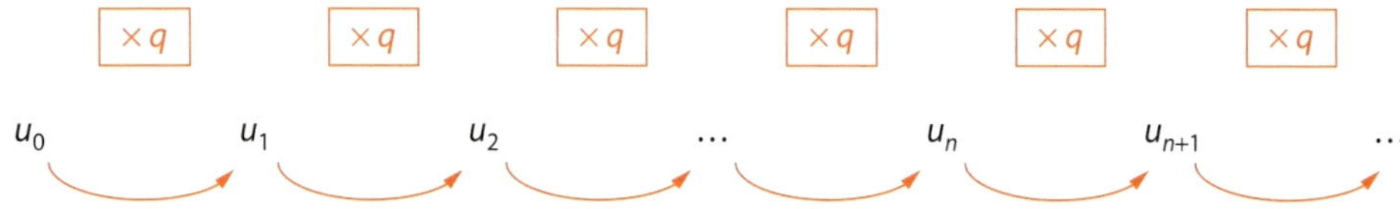

Exemple

La suite de terme général $u_n = 3^n$ est une suite géométrique de raison 3.

REMARQUES

- Nous supposerons dans la suite de l'étude que $u_0 > 0$ et $q > 0$ afin d'avoir, conformément au programme, tous les termes strictement positifs.
- **Pour démontrer qu'une suite est géométrique, il suffit de vérifier que $\dfrac{u_{n+1}}{u_n}$ est constant. Cette constante est la raison q.**

Exemple

La suite de terme général $u_n = \dfrac{1}{2^n}$, où n appartient à $\mathbb{N}$, est géométrique puisque pour tout n de $\mathbb{N}$,

$$\frac{u_{n+1}}{u_n} = \frac{\frac{1}{2^{n+1}}}{\frac{1}{2^n}} = \frac{1}{2}, \text{ donc } u_{n+1} = \frac{1}{2}u_n.$$

La raison est $\dfrac{1}{2}$, le premier terme est $u_0 = 1$.

2 I Moyenne géométrique de deux nombres positifs

DÉFINITION

La **moyenne géométrique** des deux nombres positifs x et y est le nombre $\sqrt{xy}$.

Exemple

La moyenne géométrique de 4 et 9 est 6.

Lien avec les suites géométriques

PROPRIÉTÉ

Trois nombres positifs a, b, c sont, dans cet ordre, trois termes successifs d'une **suite géométrique** si et seulement si le **nombre du milieu** b est la **moyenne géométrique** des deux autres nombres a et c.

La démonstration est analogue à celle du cours 1 sur le lien entre suite arithmétique et moyenne arithmétique. Cette propriété est mise en œuvre dans l'exercice résolu 5.

SOLUTION (EXERCICE RÉSOLU 4)

b) La somme recherchée vaut $n\left(\frac{u_1+u_n}{2}\right)$ donc :

```
def somme (n):
    s = n*(montant(1)+montant(n))/2
    return s
>>> somme(12)
336,0
```

c) On teste les différentes valeurs de n en commençant par $n = 2$ jusqu'à ce que la somme mise de côté soit supérieure à S. On utilise donc une boucle `while`.

```
def depasse (S):
    # on commence par n=2
    n=2
    # tant que la somme mise de cote ne depasse pas S
    while (somme(n) < S):
        # on passe au terme suivant en ajoutant 1 a n
        n=n+1
    return n
>>> depasse(150)
4
```

Donc au bout de 4 mois, Marion aura mis plus de 150 € de côté.

CONSEIL
On peut se reporter à l'exercice 88 de ce chapitre où l'on a un **exemple d'utilisation de la notion de fonction en informatique, avec un corrigé très détaillé**.

5 | Exploiter le lien suite géométrique - moyenne géométrique

ÉNONCÉ

On donne les valeurs de deux termes d'une suite géométrique (u_n) :

$u_0 = 500$;

$u_2 = 237{,}5$.

1. Calculer u_1. Arrondir à 10^{-2}.

2. Donner la raison q de cette suite géométrique.

SOLUTION

1. D'après la propriété ci-contre, u_1 est la moyenne géométrique de u_0 et u_2.

Donc $u_1 = \sqrt{500 \times 237{,}5} = 344{,}60$.

2. $q = \frac{u_1}{u_0} = \frac{344{,}6}{500} = 0{,}689\ 2$.

$\times 0{,}689\ 2$	$\times 0{,}689\ 2$	$\times 0{,}689\ 2$

500 → 344,6 → 237,5 → …

3 | Expression de u_n en fonction de n

Soit (u_n) une suite géométrique de premier terme u_0 strictement positif et de raison q strictement positive, exprimons chaque terme, de u_1 à u_n, en fonction du précédent et multiplions, membre à membre, les n égalités ainsi obtenues.

$$\begin{array}{c} u_1 = u_0 q \\ u_2 = u_1 q \\ u_3 = u_2 q \\ \vdots \\ u_n = u_{n-1} q \\ \hline (u_1 \times \ldots \times u_{n-1})\, u_n = u_0\, (u_1 \times \ldots \times u_{n-1}) q^n. \end{array}$$

Donc $u_n = u_0 q^n$, en divisant les deux membres de l'égalité par le nombre non nul $u_1 \times \ldots \times u_{n-1}$.

REMARQUE
Dans le cas où le premier terme est u_1, la première égalité ci-dessus disparaît et $u_n = u_1 q^{n-1}$.

THÉORÈMES

- Pour une suite géométrique de premier terme u_0 et de raison q :
$$\boldsymbol{u_n = u_0 q^n} \quad \text{pour tout } n \text{ de } \mathbb{N}.$$
- Pour une suite géométrique de premier terme u_1 et de raison q :
$$\boldsymbol{u_n = u_1 q^{n-1}} \quad \text{pour tout } n \text{ de } \mathbb{N}^*.$$

À RETENIR

$\boldsymbol{u_n = (\textbf{premier terme}) \times (\textbf{raison})^{\textbf{nombre de termes avant } u_n}}$.

Exemple

On donne $u_0 = 100$; $u_1 = 120$; $u_2 = 144$.
Nous constatons que $\frac{u_1}{u_0} = 1{,}2$ et $\frac{u_2}{u_1} = 1{,}2$.
Donc u_0, u_1 et u_2 sont les premiers termes d'une suite géométrique (u_n) de premier terme $u_0 = 100$ et de raison $q = 1{,}2$.
D'après le résultat ci-dessus, $u_n = 100 \times 1{,}2^n$ pour tout entier naturel n.
En particulier $u_{10} = 100 \times 1{,}2^{10} \approx 619{,}17$ et $u_{20} = 100 \times 1{,}2^{20} \approx 3\,833{,}76$.

Interprétation graphique

Nous avons vu en première que, dans le cas d'une suite géométrique (u_n), les points d'abscisse $x = n$ et d'ordonnée $y = u_n$ sont placés sur une courbe d'équation $y = f(x)$. La fonction f correspondante est introduite et étudiée au début du chapitre 2.

4 | Somme des premiers termes d'une suite géométrique

Somme des premières puissances d'un nombre réel q

DÉMONSTRATION

Posons $s_n = 1 + q + q^2 + \ldots + q^n$.
Multiplions s_n par $-q$, puis ajoutons membre à membre les deux égalités :
$s_n = 1 + q + q^2 + \ldots + q^n$
$-qs_n = -q - q^2 - \ldots - q^n - q^{n+1}$
$s_n(1-q) = 1 - q^{n+1}$.
Donc, si $q \neq 1$, $s_n = \frac{1-q^{n+1}}{1-q}$.

THÉORÈME

Si $q \neq 1$, $1 + q + q^2 + \ldots + q^n = \frac{1-q^{n+1}}{1-q}$.

Exercices résolus

6 | Déterminer le rang n d'un terme d'une suite géométrique vérifiant une condition donnée

ÉNONCÉ

Soit (u_n) une suite géométrique de premier terme $u_0 = 500$ et de raison 1,6.

1. Calculer u_1 et u_2.

2. Pour tout entier naturel n, exprimer u_n en fonction de n.

3. Déterminer à l'aide d'un tableur la première valeur de n telle que $u_n \geq 100\,000$.

SOLUTION

1. $u_1 = 500 \times 1{,}6 = 800$ et $u_2 = 800 \times 1{,}6 = 1\,280$.

2. $u_n = u_0\, q^n$, donc $u_n = 500 \times 1{,}6^n$.

3. On a $u_{11} = 87\,861$ et $u_{12} = 140\,737$. La valeur n cherchée est 12.

7 | Étudier une suite géométrique dans un contexte donné

ÉNONCÉ

Julie a l'intention de planter des bambous dont la hauteur augmente de 35 % par an dans les conditions de son jardin, leur hauteur initiale étant de 0,6 mètre.

Pour tout entier naturel n, on note h_n la hauteur des bambous, exprimée en mètre, n années après les avoir plantés.

1. Donner la valeur de h_0, puis calculer h_1.

2. Exprimer h_{n+1},en fonction de h_n.

3. En déduire la nature de la suite (h_n), puis exprimer h_n en fonction de n.

4. Pour ne pas gêner ses voisins, Julie ne veut pas laisser sa plantation dépasser 4 mètres de hauteur. Pendant combien d'années peut-elle laisser pousser ses bambous sans avoir besoin de les tailler ?

5. On donne ci-dessous trois programmes. Déterminer pour chacun si, à la fin de son exécution, la variable N contient le résultat de la question précédente. Justifier la réponse.

Programme 1

```
N = 0
U = 0.6
while N < 4:
        N = N+1
        U = 1.35*U
```

Programme 2

```
N = 0
U = 0.6
while U < 4:
        N = N+1
        U = 1.35*U
```

Programme 3

```
U = 0.6
for N in range(1,4):
        U = 1.35*U
```

SOLUTION

1. $h_0 = 0{,}6$ et $h_1 = 0{,}6 \times 1{,}35 = 0{,}81$.

2. Pour tout n, $h_{n+1} = 1{,}35\, h_n$.

3. La suite (h_n) est une suite géométrique de premier terme $h_0 = 0{,}6$ et de raison 1,35. Donc $h_n = 0{,}6 \times 1{,}35^n$.

4. On obtient à l'aide d'un tableur : $h_6 = 3{,}63$ et $h_7 = 4{,}90$. Julie peut laisser pousser ses bambous sans avoir besoin de les tailler pendant 6 ans.

5. La condition pour ne pas avoir besoin de tailler est $h_n < 4$, c'est-à-dire $U < 4$ avec les notations des programmes. Seul le programme 2 convient.

Exemple

Dans le cas où $q = 2$ et $n = 9$, on obtient :

$1 + 2 + 2^2 + \ldots + 2^9 = \dfrac{1-2^{10}}{1-2}$,

$1 + 2 + 2^2 + \ldots + 2^9 = 2^{10} - 1 = 1\ 023$.

REMARQUE

Si $q = 1$, pour tout n de $\mathbb{N}$, $q^n = 1$.
Alors $S_n = 1 + 1 + 1 + \ldots + 1$ est une somme de $n + 1$ termes, tous égaux à 1.
Donc $S_n = n + 1$.

Somme de termes d'une suite géométrique

Soit (u_n) une suite géométrique de raison q de premier terme u_0.

Soit $S_n = u_0 + u_1 + \ldots + u_n$.

$S_n = u_0 + u_0 q + \ldots + u_0 q^n$,

$S_n = u_0\,(1 + q + \ldots + q^n)$.

Donc $S_n = u_0 \dfrac{1-q^{n+1}}{1-q}$ dans le cas où $q \neq 1$ en utilisant le théorème précédent.

THÉORÈME

- Pour une suite géométrique de premier terme u_0 et de raison q, si $q \neq 1$, $\boldsymbol{u_0 + u_1 + \ldots + u_n = u_0 \dfrac{1-q^{n+1}}{1-q}}$.
- Pour une suite géométrique de premier terme u_1 et de raison q, si $q \neq 1$, $\boldsymbol{u_1 + \ldots + u_n = u_1 \dfrac{1-q^{n}}{1-q}}$.

REMARQUE

Cas particulier : si $q = 1$, $S_n = (n+1)u_0$.

À RETENIR

La somme S de termes consécutifs d'une suite géométrique est :

$S_n = (\text{premier terme}) \times \dfrac{1-(\text{raison})^{\text{nombre de termes}}}{1-(\text{raison})}$.

Exemples

- **Suite géométrique de premier terme u_0**

La suite géométrique (u_n) est définie par :

$u_0 = 16$ et, pour tout entier n de $\mathbb{N}$,

$u_{n+1} = \dfrac{1}{2} u_n$.

On note $S_{10} = u_0 + u_1 + \ldots + u_{10}$.

La somme S_{10} contient 11 termes. Donc :

$S_{10} = u_0 \times \dfrac{1-\left(\frac{1}{2}\right)^{11}}{1-\frac{1}{2}}$, $S_{10} = 16 \times \dfrac{1-\left(\frac{1}{2}\right)^{11}}{1-\frac{1}{2}}$; en arrondissant à 10^{-3}, on obtient $S_{10} = 31{,}984$.

- **Suite géométrique de premier terme u_1**

La suite géométrique (u_n) est définie par :

$u_1 = \dfrac{1}{2}$ et, pour tout entier n de $\mathbb{N}^*$, $u_{n+1} = 2u_n$.

On note $S_{11} = u_1 + u_2 + \ldots + u_{11}$.

La somme S_{11} contient 11 termes. Donc :

$S_{11} = u_1 \times \dfrac{1-2^{11}}{1-2}$, $S_{11} = \dfrac{1}{2} \times \dfrac{1-2^{11}}{-1}$,

$S_{11} = 1\ 023{,}5$.

Exercices résolus

8 | Comparer deux suites géométriques dans un contexte donné

ÉNONCÉ

Une entreprise propose à un technicien impliqué dans un projet innovant une prime qui peut prendre deux formes :
• un montant annuel initial $u_0 = 1\,000$ € augmenté chaque année de 2 % pendant 5 ans,
• un montant annuel initial $u'_0 = 975$ € augmenté chaque année de 3 % pendant 5 ans.
Le montant de la prime la n-ième année est noté u_n dans le premier cas et u'_n dans le second cas.

1. Démontrer que (u_n) et (u'_n) sont deux suites géométriques et donner la raison de chacune.

2. Exprimer u_n et u'_n en fonction de n et en déduire u_5 et u'_5.

3. a) Exprimer $u_0 + u_1 + \ldots + u_n$ en fonction de u_0, q et n.

b) Quelle proposition permet au technicien de bénéficier du total le plus avantageux sur l'ensemble des six années où la prime est versée ?

SOLUTION

1. Pour tout n, $u_{n+1} = u_n + \dfrac{2}{100} u_n$
$u_{n+1} = (1 + 0{,}02)u_n = 1{,}02\, u_n$.

Donc la suite (u_n) est une suite géométrique de raison $q = 1{,}02$.

De même la suite (u'_n) est une suite géométrique de raison $q' = 1{,}03$.

2. D'après un théorème du cours, $u_n = u_0 q^n$, donc $u_n = 1\,000 \times (1{,}02)^n$ et,

de même, $u'_n = 975 \times (1{,}03)^n$.

On en déduit :

$u_5 = 1\,000(1{,}02)^5 \approx 1\,104{,}08$ et $u'_5 = 975(1{,}03)^5 \approx 1\,159{,}27$.

3. a) D'après un théorème du cours, $u_0 + u_1 + \ldots + u_n = u_0 \dfrac{1-q^{n+1}}{1-q}$.

b) • Sur l'ensemble des six années le technicien reçoit dans le premier cas
$S_5 = u_0 + u_1 + u_2 + u_3 + u_4 + u_5$.

Or $u_0 + u_1 + \ldots + u_5 = u_0 \dfrac{1-q^6}{1-q}$, d'où :

$S_5 = 1000 \dfrac{1-1{,}02^6}{1-1{,}02} \approx 6\,308$ €.

• Sur l'ensemble des six années le technicien reçoit dans le deuxième cas
$S'_5 = u'_0 + u'_1 + u'_2 + u'_3 + u'_4 + u'_5$.
$u'_0 + u'_1 + u'_2 + u'_3 + u'_4 + u'_5 = u'_0 \dfrac{1-q'^6}{1-q'}$ d'où :

$S'_5 = 950 \dfrac{1-1{,}03^6}{1-1{,}03} \approx 6\,307$ €.

À un euro près, les deux propositions sont équivalentes.

CONSEIL
Voir aussi l'exercice 85 avec **son corrigé très détaillé**, où un algorithme permet d'explorer **une suite ni arithmétique ni géométrique** modélisant une situation concrète.

Cours 3 Algorithmique, programmation et suites

De façon très progressive, il s'agit ici, d'une part, de consolider les acquis sur la démarche algorithmique et l'écriture de programmes en langage Python, et, d'autre part, d'introduire les nouveautés en les illustrant d'exemples et d'exercices résolus.

Point histoire

Le **langage Python** a été créé au début des années 1990 par le programmeur néerlandais Guido van Rossum qui choisit ce nom en référence à la série télévisée *Monty Python's Flying Circus*.

1 I Notion de liste en informatique

DÉFINITION

Une **liste** en informatique est une collection **ordonnée** d'éléments (entiers, flottants, chaînes de caractères, booléens…) séparés par des virgules et mis entre crochets.

Exemples

`L = [2, 3, 5, 8, 13]` est une liste de 5 entiers, distincte de la liste `[3, 2, 5, 8, 13]`.
`notes = ['T3', 12, 9.5, 18]` est une liste de 4 éléments : une chaîne de caractères (`'T3'`), deux entiers (12 et 18) et un flottant (9.5).

REMARQUES

Une liste d'entiers ou de flottants peut représenter une suite numérique comme la liste L.
On peut visualiser une liste comme une série de « boîtes » dans lesquelles chaque élément de la liste est rangé. Les boîtes sont numérotées par un **indice**.
Attention : la numérotation commence à 0.

```
notes = ['T3', 12, 9.5, 18]
```

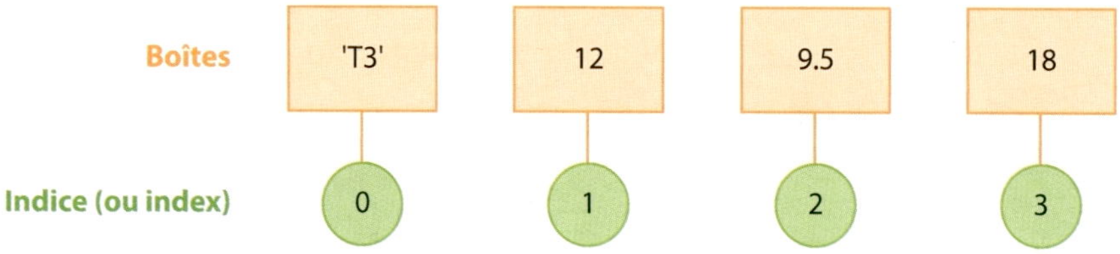

Exemples

L'élément d'indice 0 de L, noté `L[0]`, a pour valeur 2 ; `L[1]` a pour valeur 3 ; `L[4]` a pour valeur 13.
`notes[0]` a pour valeur `'T3'`, `notes[1]` a pour valeur 12, `notes[3]` a pour valeur 18.

A. Générer une liste

– Voyons d'abord le cas particulier de la fonction **range**. L'instruction `range(6)` permet de générer la liste `[0, 1, 2, 3, 4, 5]` (faire `list(range(6))` pour afficher la liste) et `range(1, 6)` permet de générer la liste `[1, 2, 3, 4, 5]`.

Attention : range(n) correspond à la liste des entiers de 0 à $n-1$ et range(n, m) à celle des entiers de n à $m-1$.

– Une liste peut être générée « **en extension** », c'est-à-dire en écrivant l'ensemble de ses éléments.

Exemple

```
jours = ['lundi', 'mardi', 'mercredi', 'jeudi', 'vendredi']
```

– On peut également générer une liste par **ajouts successifs** d'un élément. L'instruction `L.append(x)` ajoute x à la fin de la liste L (append signifie « ajouter » en anglais).

Exercices résolus

9 | Repérer l'indice d'un élément d'une liste

ÉNONCÉ

Qu'affiche le programme suivant ?

```
L = [2, 26, 78, 11]
L[0] = L[3]
print(L)
```

SOLUTION

À la ligne 1, L[3] vaut 11. Donc à la ligne 2, on remplace la valeur d'indice 0 (qui est la première valeur) par 11. On obtient la liste [11, 26, 78, 11].

MÉTHODE

Attention, les indices commencent à 0. L'élément d'indice 3 d'une liste est le quatrième.

10 | Utiliser la fonction range pour générer une liste

ÉNONCÉ

Utiliser la fonction range pour générer :

a) la liste des nombres entiers de 0 à 3 ;

b) la liste des nombres entiers de 4 à 7.

SOLUTION

a) range(4) permet d'obtenir la liste [0, 1, 2, 3]

b) range(4, 8) permet d'obtenir la liste [4, 5, 6, 7]

MÉTHODE

Attention, range(n) correspond à la liste des entiers de 0 à $n - 1$ et range(n, m) à celle des entiers de n à $m - 1$.

11 | Générer une liste en compréhension

ÉNONCÉ

1. Générer les listes suivantes par compréhension (voir le cours page 26).

a) [−4, −3, −2, ..., 9, 10] ; **b)** [0, 0.01, 0.02, ..., 0.99, 1] ; **c)** [−5, −4.9, −4.8, ..., 4.9, 5].

2. Créer la liste des entiers obtenus en ajoutant 3 à chaque élément de la liste des entiers de 0 à 5 lorsque l'élément est pair.

SOLUTION

1. a) [k for k in range(-4, 11)] permet d'obtenir
[-4, -3, -2, -1, 0, 1, 2, 3, 4, 5, 6, 7, 8, 9, 10]

b) [k / 100 for k in range(101)]

c) [-5 + k / 10 for k in range(101)]

2. [k + 3 for k in range(6) if k % 2 == 0] permet d'obtenir [3, 5, 7]

MÉTHODE

% donne le reste de la division euclidienne.

Un nombre est pair si le reste de sa division euclidienne par 2 est 0.

$a == b$ teste si a est égal à b.

12 | Écrire une fonction avec une liste en compréhension

ÉNONCÉ

Soit a et n deux entiers naturels non nuls. Écrire une fonction ayant pour paramètres a et n et renvoyant la liste des n premiers multiples non nuls de a.

SOLUTION

```
def listemult(a, n):
    return [k * a for k in range(1, n + 1)]
```

Par exemple, l'instruction listemult(3, 5) permet d'obtenir [3, 6, 9, 12, 15].

CONSEIL

Voir la fiche sur les fonctions page 41.

Exemples

L'instruction `jours.append('samedi')` crée la liste :
`['lundi', 'mardi', 'mercredi', 'jeudi', 'vendredi', 'samedi']`.
Le programme suivant crée la liste `[2, 4, 6, 8, 10]`.

```
L = []
for k in range(1, 6):
    L.append(2 * k)
```

– On peut aussi générer une liste « **en compréhension** », notamment par une formule définissant ses éléments.

Exemples

L'instruction `L = [2 * n for n in range(1,6)]` crée la liste `[2, 4, 6, 8, 10]`.
On peut ajouter une condition dans laquelle != signifie ≠.
L'instruction `L = [2 * n for n in range(1,6) if n !=3]` crée la liste `[2, 4, 8, 10]`.

B. Manipuler des éléments d'une liste et leur indice

Le tableau suivant résume les principales manipulations sur les éléments d'une liste.
On considère la liste `L = [2, 4, 6, 8, 10]`.

Objectif	Instruction	Résultat
Obtenir le 3e élément de la liste, d'indice 2.	`L[2]`	6
Donner le nombre d'éléments de la liste.	`len(L)`	5
Rechercher l'indice d'un élément de la liste.	`L.index(8)`	3
Ajouter le nombre 12 à la liste.	`L.append(12)`	`[2, 4, 6, 8, 10, 12]`
Supprimer l'élément d'indice 2.	`del L[2]`	`[2, 4, 8, 10, 12]`

C. Parcourir les éléments d'une liste

Pour parcourir un à un les éléments x d'une liste `L`, on utilise `for x in L:`.

Exemple

Le programme suivant calcule la somme des nombres de la liste `pairs`.

```
pairs = [2, 4, 6, 8, 10]
somme = 0
for i in pairs:
    somme = somme + i
```

La valeur de la variable `somme` en fin d'exécution est 30.

2 I Suites et situations algorithmiques

A. Calculer un terme de rang donné d'une suite définie par récurrence

On considère la suite (u_n) définie par $u_0 = 1$ et, pour tout entier naturel n, $u_{n+1} = 2u_n + 3$. On souhaite calculer u_{20}.

– Avec un tableur

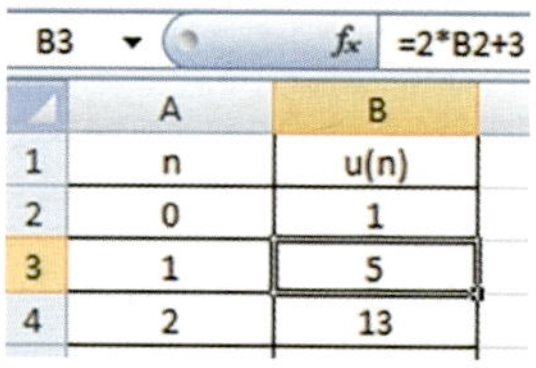
B3 =2*B2+3

	A	B
1	n	u(n)
2	0	1
3	1	5
4	2	13

Comme ci-contre, on entre en B2 la valeur de u_0 et en B3 la formule =2*B2+3 correspondant à la relation de récurrence.

On recopie la cellule B3 vers le bas jusqu'en B22.

La cellule B22 affiche la valeur de $u_{20} = 4\,194\,301$.

– En Python

Langage naturel	Python

$u \leftarrow 1$
Pour k de 1 à 20
  $u \leftarrow 2u + 3$
Fin Pour
	`u = 1`
	`for k in range(1, 21):`
	`    u = 2 * u + 3`

En fin d'algorithme, la variable u contient la valeur de u_{20}. Le programme Python fournit la valeur 4 194 301.
Attention, en Python `range(1, 21)` correspond à la liste des entiers consécutifs de 1 à 20. Pour que la boucle `for` s'exécute 20 fois, il faut donc indiquer `range(1, 21)`.

Exercices résolus

13 I Manipuler les indices d'une liste

ÉNONCÉ

1. Écrire une fonction `milieu(L)` avec une liste de longueur impaire comme paramètre qui renvoie la valeur qui se trouve au milieu de L. Par exemple `milieu([15, 4, 6, 11, 3])` renvoie 6.

2. Écrire une fonction `echange(L)` qui échange la première et la dernière valeur d'une liste non vide.

SOLUTION

1.
```
def milieu(L):
    i = len(L) // 2
    return L[i]
```

2.
```
def echange(L):
    n = len(L)
    L[0], L[n - 1] = L[n - 1], L[0]
```

MÉTHODE

Les indices d'une liste commencent à 0.

// donne le quotient de la division euclidienne.

5 // 2 vaut 2.

MÉTHODE

Pour échanger deux variables a et b, on utilise l'instruction $a, b = b, a$ qui permet de faire deux affectations simultanément.

14 I Parcourir (itérer) les éléments d'une liste

ÉNONCÉ

1. Écrire une fonction `prod(L)` qui renvoie le produit des éléments d'une liste L.

2. Écrire une fonction qui compte les multiples de 3 dans une liste.

SOLUTION

1.
```
def prod(L):
    p = 1
    for x in L:
        p = p * x
    return p
```

2.
```
def mult3(L):
    n = 0
    for i in L:
        if i % 3 == 0:
            n = n + 1
    return n
```

MÉTHODE

Pour parcourir les éléments x d'une liste L, on utilise :

`for x in L:`

MÉTHODE

% donne le reste de la division euclidienne.

7%3 vaut 1.

$a == b$ teste si a est égal à b.

15 I Calculer un terme de rang donné en Python

ÉNONCÉ

On considère la suite de Fibonacci (u_n) définie par $u_0 = 0$, $u_1 = 1$ et, pour tout entier naturel n, $u_{n+2} = u_{n+1} + u_n$.
Calculer en Python u_{15}.

SOLUTION

```
u = 0
v = 1
for k in range(1, 15):
    u, v = v, u + v
print(u)
```

MÉTHODE

La formule de récurrence utilise ici les deux termes précédents. On modifie simultanément les valeurs de `u` et `v` en écrivant la double affectation : `u, v = v, u + v`

B. Déterminer et représenter une liste de termes

– Cas d'une suite définie par son terme général

On considère la suite (u_n) définie, pour tout entier naturel n, par $u_n = n^2$. On souhaite calculer et représenter en Python les termes de u_0 à u_{10}.

On peut exécuter l'un des deux programmes suivants qui utilisent le module `matplotlib.pyplot` de représentation graphique.

Programme 1

```
import matplotlib.pyplot as plt
for n in range(11):
    u = n**2
    plt.scatter(n,u)
plt.show()
```

Programme 2

```
import matplotlib.pyplot as plt
L = [n**2 for n in range(11)]
plt.scatter(range(11), L)
plt.show()
```

• Dans le **programme 1**, comme lorsque la représentation graphique est réalisée à la main, la boucle `for` calcule l'ordonnée d'un point et le représente avant de passer au point suivant.
L'instruction `plt.scatter(n,u)` représente le point de coordonnées `(n,u)`.

REMARQUE
Ce programme est présenté ici pour introduire de façon progressive l'utilisation du langage Python dans l'étude des suites.

• Le **programme 2** commence par dresser la liste de toutes les ordonnées des points à tracer.
La liste L est : `[0, 1, 4, 9, 16, 25, 36, 49, 64, 81, 100]`.
Les points sont ensuite représentés. L'instruction `plt.scatter(range(11), L)` représente le « nuage de points » dont les abscisses sont données par la liste `range(11)` et les ordonnées par la liste L. Le mot « scatter » signifie dispersion en anglais.

REMARQUE
C'est ce programme que nous utiliserons désormais pour faciliter l'appropriation de la notion de liste en informatique.

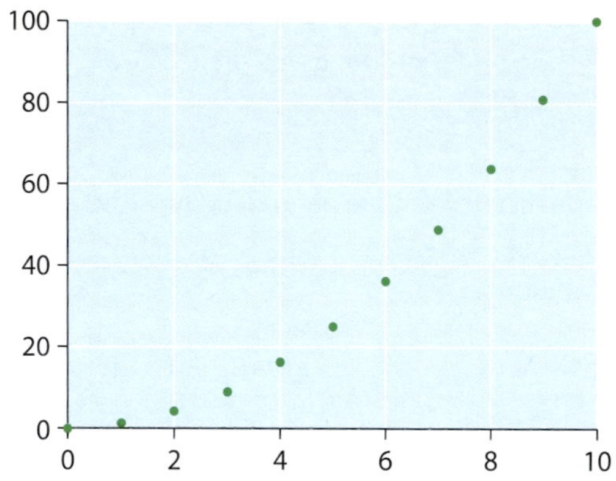

Exercices résolus

16 | Déterminer les éléments d'une suite définie par son terme général

ÉNONCÉ

Le président d'une grande université souhaite optimiser la gestion des locaux. Pour cela, il commande une étude statistique du nombre d'étudiants lors des années 2010-2016 résumée dans le tableau suivant :

2010	2011	2012	2013	2014	2015	2016
20 107	20 733	21 378	22 040	22 723	23 425	24 147

Cette étude permet d'élaborer le modèle du nombre d'étudiants suivant :

pour tout entier naturel n, $u_n = 20107 \times 1{,}03^n + 23 \times n$ modélise le nombre d'étudiants à la rentrée septembre $2010 + n$. On a donc $u_0 = 20107$.

a) Proposer une fonction Python, notée **indice**, qui associe à une année l'entier n correspondant.

b) Proposer une fonction Python, notée **terme**, qui associe à un entier n la valeur de u_n correspondante.

c) Quelle instruction Python permet d'obtenir l'estimation du nombre d'étudiants en fonction d'une année notée **a** ?

d) Vérifier que la suite proposée est un « bon » modèle de l'évolution du nombre d'étudiants.

SOLUTION

a)
```
def indice (annee):
    return annee - 2010
```
b)
```
def terme(n):
    return 20107 * 1.03 ** n + 23 * n
```
c)
```
terme(indice(a))
```
d) En utilisant les fonctions Python on obtient les valeurs suivantes arrondies à 10^{-2}.

u_0	u_1	u_2	u_3	u_4	u_5	u_6
20 107	20 733,21	21 377,52	22 040,46	22 722,61	23 424,52	24 146,81

17 | Déterminer et représenter une liste de termes en Python

ÉNONCÉ

Calculer et représenter en Python les termes de u_0 à u_4 de la suite (u_n) définie pour tout entier naturel n, par $u_n = (0{,}2)^n$.

SOLUTION

```
import matplotlib.pyplot as plt
L = [0.2 ** n for n in range(5)]
plt.scatter(range(5), L)
plt.show()
```

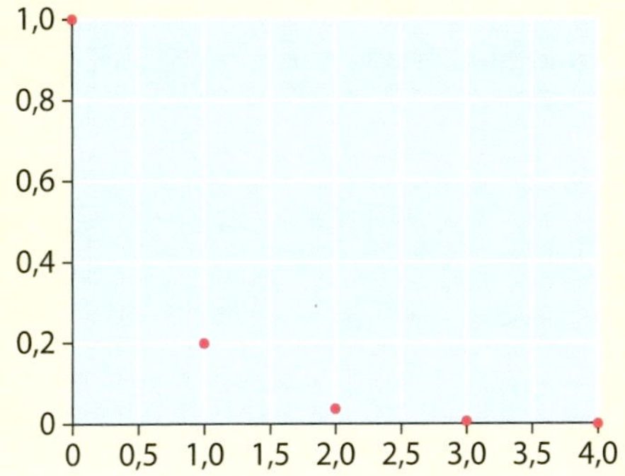

MÉTHODE

Lorsque la suite est définie par son terme général, on peut directement utiliser une liste en compréhension.

– Cas d'une suite définie par récurrence

On considère la suite (u_n) définie par $u_0 = \frac{3}{4}$ et, pour tout entier naturel n, $u_{n+1} = {u_n}^2$. On souhaite calculer et représenter en Python les termes de u_0 à u_5.
On exécute le programme suivant.

Programme

```
import matplotlib.pyplot as plt
u = 3/4
L = [u]
for k in range(1, 6):
    u = u ** 2
    L.append(u)
plt.scatter(range(6), L)
plt.show()
```

La liste L est : `[0.75, 0.5625, 0.31640625, 0.1001129150390625, 0.010022595757618546, 0.00010045242572063329]`.

REMARQUE
On rappelle que l'instruction `L.append(u)` ajoute u à la fin de la liste L.

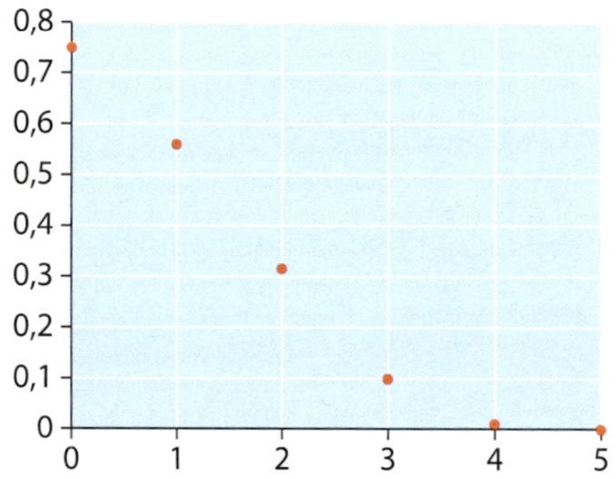

C. Algorithme de seuil

On considère la suite (u_n) définie pour tout entier naturel n par $u_n = 0{,}9^n$. On admet que (u_n) est décroissante et on recherche le plus petit entier n pour lequel $u_n \leq 0{,}5$.
On ne sait pas combien d'itérations seront nécessaires, on utilise donc une boucle `while` avec un compteur qui s'incrémente tant que u_n est supérieur à 0,5.

Langage naturel	Python

$n \leftarrow 0$
Tant que $0{,}9^n > 0{,}5$
    $n \leftarrow n + 1$
Fin Tant que
	`n = 0`
	`while 0.9 ** n > 0.5:`
	    `n = n + 1`

La valeur de la variable n en fin de programme est 7. On en déduit que 7 est le plus petit exposant pour lequel la puissance de 0,9 est inférieure ou égale à 0,5.

Exercices résolus

18 I Déterminer une liste de termes en Python

ÉNONCÉ

Déterminer la liste des 10 premiers éléments de la suite définie pour tout entier naturel n, par $u_0 = -15$ et $u_{n+1} = 0{,}3\,u_n - 5$.

SOLUTION

```
u = -15
L = [u]
for n in range(1, 10):
    u = 0.3 * u - 5
    L.append(u)
```

MÉTHODE

Lorsque la suite est définie par récurrence, on utilise une boucle `for` et la fonction `append`.

On obtient : `[-15, -9.5, -7.85, -7.355, -7.2065, -7.16195, -7.148585, -7.1445755, -7.14337265, -7,143011795]`.

19 I Représenter une liste de termes en Python

ÉNONCÉ

Représenter en Python les termes de u_0 à u_5 de la suite arithmétique (u_n) définie pour tout entier naturel n, par $u_0 = -4$ et $u_{n+1} = u_n + 3$.

SOLUTION

Programme

```
import matplotlib.pyplot as plt
u = -4
L = [u]
for k in range(1, 6):
    u = u + 3
    L.append(u)
plt.scatter(range(6), L)
plt.show()
```

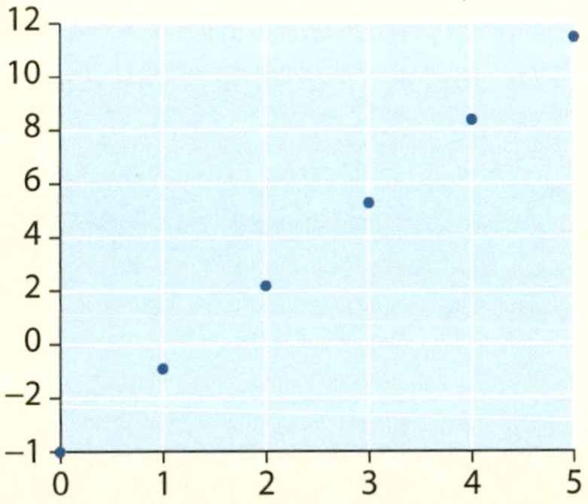

MÉTHODE

Lorsque la suite est définie par récurrence, on utilise une boucle `for`.

(u_n) est une suite arithmétique, les points obtenus sont donc alignés. Voir le paragraphe 1 3. du cours.

20 I Déterminer le rang à partir duquel les termes d'une suite sont supérieurs à ceux d'une autre

ÉNONCÉ

On considère les suites (a_n) et (b_n) définies par $a_1 = 10$, $b_1 = 1\,000$ et, pour tout entier naturel $n \geq 1$, $a_{n+1} = 2a_n$ et $b_{n+1} = b_n + 2$. On admet que (a_n) croit plus vite que (b_n). Calculer en Python le plus petit entier n tel que $a_n \geq b_n$.

SOLUTION

```
n = 1
a = 10
b = 1000
while a < b:
    n = n + 1
    a = 2 * a
    b = b + 2
print(n)
```

MÉTHODE

Il s'agit d'un algorithme de seuil. On utilise une boucle `while` avec comme condition d'arrêt le contraire de l'inégalité souhaitée.

L'exécution du programme fournit $n = 8$.

D. Calculer une somme écrite à l'aide du symbole Σ

On considère la suite des carrés définie pour tout entier naturel k par $u_k = k^2$. Pour un entier naturel n non nul, on souhaite calculer la somme s_n des n premiers carrés :

$$s_n = \sum_{k=1}^{n} u_k = \sum_{k=1}^{n} k^2 = 1^2 + 2^2 + \ldots + n^2.$$

– Avec un tableur

Comme ci-contre, on calcule en colonne B les valeurs de u_k en entrant en B2, dans cet exemple, la formule =A2^2 que l'on recopie vers le bas.

En colonne C, on calcule les valeurs de s_k. En C2, on entre la formule =B2. Puis en C3, pour cumuler les valeurs de la colonne B, on entre la formule =C2+B3 que l'on recopie vers le bas.

Il faut recopier vers le bas jusqu'à la valeur n désirée. Par exemple, pour $n = 7$, on lit $s_7 = 140$.

C3 fx =C2+B3

	A	B	C
1	k	u(k)	s(k)
2	1	1	1
3	2	4	5
4	3	9	14
5	4	16	30
6	5	25	55
7	6	36	91
8	7	49	140

– Avec une fonction en Python utilisant une boucle

La fonction en Python suivante a pour argument un entier n et renvoie la valeur de $s_n = \sum_{k=1}^{n} k^2$.

Langage naturel	Python

$s \leftarrow 0$
Pour k de 1 à n
  $s \leftarrow s + k^2$
Fin Pour
Renvoyer s
	`def somme(n):`
	`    s = 0`
	`    for k in range(1, n + 1):`
	`        s = s + k ** 2`
	`    return s`

REMARQUES

- La variable k est le « **compteur** » de la boucle. Ses valeurs de début et de fin correspondent à ce qui est indiqué en bas et en haut du symbole Σ. Attention, en Python, $\sum_{k=1}^{n}$ correspond à `range(1, n + 1)`.
- La variable s est l'« **accumulateur** » dans lequel on ajoute la valeur de u_k à chaque tour de la boucle. L'accumulateur est initialisé à 0.

– Avec une fonction en Python utilisant une liste en compréhension

La fonction sum, qui fait la somme des termes d'une liste, permet d'éviter le recours à une boucle et à un accumulateur. On utilise alors une liste définie en compréhension comme ci-dessous.

```
def somme(n):
    return sum([k ** 2 for k in range(1, n + 1)])
```

Exercices résolus

21 | Écrire une fonction en Python calculant une somme à l'aide d'une boucle

ÉNONCÉ

1. En utilisant une boucle, écrire en langage Python une fonction de paramètre n, entier, renvoyant la valeur de la somme $\sum_{k=0}^{n}\left(\frac{1}{2}\right)^k$.

2. Utiliser la fonction précédente pour donner la valeur de la somme : $1+\frac{1}{2}+\frac{1}{4}+\frac{1}{8}+\frac{1}{16}$.

SOLUTION

1.
```
def somme(n):
    s = 0
    for k in range(0, n + 1):
        s = s + (1/2) ** k
    return s
```

2. La somme demandée s'écrit $\sum_{k=0}^{4}\left(\frac{1}{2}\right)^k$.

On exécute donc somme(4) et on obtient 1,937 5.

```
>>> somme(4)
1.9375
```

MÉTHODE

$\sum_{k=0}^{n}$ correspond, dans la fonction, à la boucle `for k in range(0, n + 1)` et à un accumulateur s initialisé à 0.

Dans la boucle, on ajoute à l'accumulateur une quantité correspondant à l'expression située après le symbole Σ.

22 | Utiliser une liste en compréhension pour calculer une somme

ÉNONCÉ

Écrire à l'aide du symbole Σ la valeur de `sum([1 / k for k in range(5, 11)])`.

SOLUTION

La somme est $\sum_{k=5}^{10}\frac{1}{k}$.

MÉTHODE

Attention `k in range(5, 11)` correspond à k allant de 5 à 10.

23 | Écrire une fonction en Python calculant une somme

ÉNONCÉ

En gestion, *la valeur actuelle de n annuités constantes a au taux d'actualisation de i % est* $\sum_{k=1}^{n}\frac{a}{(1+i)^k}$.
Écrire une fonction en Python, de paramètres n, a et i, renvoyant cette valeur.

SOLUTION

Programme 1 :
```
def VA(n, a, i):
    s = 0
    for k in range(1, n + 1):
        s = s + a / (1 + i) ** k
    return s
```

Programme 2 :
```
def VA(n, a, i):
    return sum([a / (1 + i) ** k for k in range(1, n + 1)])
```

MÉTHODE

On peut utiliser :
– une boucle `for` et un accumulateur ;
ou
– une liste en compréhension de la fonction `sum`.

Rappel : l'opérateur de puissance ** est prioritaire sur la division /.

REMARQUE
Lorsqu'un particulier ou une entreprise s'est engagé, auprès d'un organisme financier, à payer un équipement à crédit, en n versements annuels, d'un montant a (ou annuités), au taux annuel de i %, la valeur actuelle v_0, est la somme à verser avant le règlement de la première annuité pour payer l'équipement « comptant ».

L'ESSENTIEL

Ce qu'il faut savoir

1 Suites arithmétiques

• Une **suite arithmétique** est une suite numérique dont chaque terme s'obtient en **ajoutant** au précédent un nombre réel constant r appelé **raison**.

• Pour tout nombre entier naturel n, $\boldsymbol{u_{n+1} = u_n + r}$.

• **Pour démontrer qu'une suite est arithmétique**, il suffit de vérifier que : pour tout entier n, $\boldsymbol{u_{n+1} - u_n}$ **est constant**. Cette constante est la raison r.

Sens de variation d'une suite arithmétique

• Une suite arithmétique de raison r est : croissante, si $r > 0$; décroissante, si $r < 0$; constante, si $r = 0$.

Expression de u_n en fonction de n

• Lorsque le premier terme de la suite est u_0 : pour tout entier n de $\mathbb{N}$, $\boldsymbol{u_n = u_0 + nr}$.

• Lorsque le premier terme de la suite est u_1 : pour tout entier n de $\mathbb{N}^*$, $\boldsymbol{u_n = u_1 + (n-1)r}$.

Somme de n termes consécutifs

• Lorsque le premier terme de la suite est u_0 : $\boldsymbol{u_0 + u_1 + \ldots + u_n = (n+1) \times \frac{(u_0 + u_n)}{2}}$.

• **Pour une somme de termes consécutifs d'une suite arithmétique**, on peut retenir que :

$$\begin{pmatrix}\textbf{somme de termes}\\ \textbf{successifs}\end{pmatrix} = \begin{pmatrix}\textbf{nombre}\\ \textbf{de termes}\end{pmatrix} \times \frac{(\textbf{premier terme}) + (\textbf{dernier terme})}{\textbf{2}}.$$

2 Suites géométriques

• Une **suite géométrique** est une suite numérique dont chaque terme s'obtient en **multipliant** le précédent par une constante q appelée **raison**. Pour tout nombre entier naturel n, $\boldsymbol{u_{n+1} = qu_n}$.

• **Pour démontrer qu'une suite est géométrique,** il suffit de vérifier que : $\frac{u_{n+1}}{u_n}$ est constant. Cette constante est la raison q.

Sens de variation d'une suite géométrique

• Une suite géométrique de raison q strictement positive et de premier terme strictement positif est : croissante, si $q > 1$; décroissante, si $0 < q < 1$; constante, si $q = 1$.

Expression de u_n en fonction de n

• Lorsque le premier terme de la suite est u_0 : pour tout entier n de $\mathbb{N}$, $\boldsymbol{u_n = u_0 q^n}$.

• Lorsque le premier terme de la suite est u_1 : pour tout entier n de $\mathbb{N}^*$, $\boldsymbol{u_n = u_1 q^{n-1}}$.

Somme de n termes consécutifs

• Lorsque le premier terme de la suite est u_0 : $\boldsymbol{u_0 + u_1 + \ldots + u_n = u_0 \times \frac{1 - q^{n+1}}{1 - q}}$, $q \neq 1$.

• **Pour une somme de termes consécutifs d'une suite géométrique**, on peut retenir que :

$$\begin{pmatrix}\textbf{somme de termes}\\ \textbf{successifs}\end{pmatrix} = \begin{pmatrix}\textbf{premier}\\ \textbf{terme}\end{pmatrix} \times \frac{\textbf{1} - (\textbf{raison})^{\textbf{nombre de termes}}}{\textbf{1} - (\textbf{raison})}$$

3 Augmentation ou diminution de x %

• Chaque fois qu'on est confronté à une situation du type « une population, un prix… augmente de x % tous les ans », on peut définir une suite géométrique de raison $1+\frac{x}{100}$.

• S'il s'agit d'une diminution de x %, on peut définir une suite géométrique de raison $1-\frac{x}{100}$.

4 Programmation et listes

• Une liste est une collection **ordonnée** d'éléments séparés par des virgules et mis entre crochets dont les indices commencent à 0.
Par exemple `L = [2, 3, 5, 8, 13]`.
`L[0]` a pour valeur 2, `L[1]` a pour valeur 3, `L[4]` a pour valeur 13.
• `range(n)` correspond à la liste des entiers de 0 à $n-1$.
• `range(n, m)` correspond à la liste des entiers de n à $m-1$.
• `L.append(x)` ajoute x à la fin de la liste L.
• Pour parcourir un à un les éléments x d'une liste L, on utilise `for x in L:`.

5 Algorithmique, programmation et suites

• Pour obtenir la liste des premiers termes d'une suite définie par son terme général et les représenter, on peut directement utiliser une liste en compréhension.
• Pour obtenir la liste des premiers termes d'une suite définie par récurrence et les représenter, on utilise une boucle `for` et la fonction `append`.
• Dans un algorithme de seuil, on utilise une boucle `while` avec comme condition d'arrêt le contraire de l'inégalité souhaitée.
• Dans un algorithme calculant une somme, on peut utiliser une boucle `for` et une variable servant d'accumulateur ou une liste définie en compréhension et la fonction `sum`.

6 Fonction en informatique

• La syntaxe d'une fonction en langage Python est :

```
def nom(paramètre1, paramètre2):
    instructions
    return résultat
```

• Une fonction peut avoir aucun, un ou plusieurs paramètres (on dit aussi « arguments »).
• Le résultat d'une fonction, renvoyé par le mot clé `return` est utilisable dans un programme ou une autre fonction.

Ce qu'il faut savoir faire

Capacités attendues sur les suites	MÉTHODE (Exercices résolus du cours)	EXERCICES (Corrigés des exercices en vert pages 201-202)
Prouver que trois nombres sont (ou ne sont pas) les termes consécutifs d'une suite arithmétique.	Voir les exercices résolus 2 et 5	39 40 47 48
Déterminer la raison d'une suite arithmétique ou géométrique modélisant une évolution.	Voir les exercices résolus 4,7 et 8	49 66 à 69 70 à 76 78 79 80 à 82 91 à 97
Exprimer en fonction de n le terme général d'une suite arithmétique ou géométrique.	Voir les exercices résolus 3, 4, 6, 7 et 8	35 36 41 42 44 45 49 63 66 à 69 70 à 76 78 79 80 à 82 87 91 à 97
Calculer la somme des n premiers termes d'une suite arithmétique ou géométrique.	Voir les exercices résolus 4 et 8	35 à 38 41 42 44 à 46 53 54 59 60 64 65 67 68 à 71 92 95
Reconnaître une situation relevant du calcul d'une somme de termes consécutifs d'une suite arithmétique ou géométrique.	Voir les exercices résolus 4 et 8	67 68 69 70 71 92 95

Capacités attendues en algorithmique		
Identifier les entrées et les sorties d'une fonction.	Voir les exercices résolus 21 et 23	60 61 63 85 88 89 95
Générer une liste.	Voir les exercices résolus 10 et 11	57 58
Manipuler des éléments d'une liste et leurs indices.	Voir les exercices résolus 11 et 13	57 58
Parcourir (itérer) les éléments d'une liste.	Voir l'exercice résolu 14	57 58

Capacités attendues sur les situations algorithmiques avec les suites		
Écrire en langage Python une fonction qui calcule la somme des n premiers carrés, des n premiers cubes ou des n premiers inverses ; établir le lien entre l'écriture de la somme à l'aide du symbole Σ, et les composantes de l'algorithme (initialisation, sortie de boucle, accumulateur, compteur).	Voir les exercices résolus 21 à 23	64 65 88

Activités avec logiciels

1 Écrire le terme général d'une suite arithmétique ou géométrique avec un tableur

Toutes séries

Une petite entreprise est débitrice d'une somme de 87 000 €. Connaissant des difficultés passagères de trésorerie, elle a recours à un emprunt d'un an.

A Suite arithmétique et suite géométrique

B6 =C$5*B$2

	A	B	C	D	E
1	taux mensuel	à intérêts simples		à intérêts composés	
2		0,150%		0,150%	
3					
4	mois	intérêts 1	dette 1	intérêts 2	dette 2
5	0		87 000,00 €		87 000,00 €
6	1	130,50 €			
7	2				
8	3				
9	4				
10	5				
11	6				
12	7				
13	8				
14	9				
15	10				
16	11				
17	12				

On suppose que le taux mensuel est de 0,15 %. Préparer une feuille de calcul selon l'image d'écran ci-dessus. Les cellules B2 et D2 sont au format Pourcentage avec 3 décimales et la plage de B5 à E17 est au Format Comptabilité.

Entrer en C5 la dette initiale 87 000 €.

Entrer en B6 la formule =C$5*B$2 puis en C6 la formule =C5+B6.

Sélectionner les cellules B6 et C6 puis recopier vers le bas jusqu'à la ligne 17.

1 Quelle est la nature de la suite contenue dans la colonne C ?

Justifier que la dette aurait pu être calculée en entrant en C6 la formule =C$5+A6*B6 puis en la recopiant vers le bas.

2 Entrer en E5 la dette initiale 87 000 €

Entrer en D6 la formule =E5*D$2 puis en E6 la formule =E5+D6.

Sélectionner les cellules D6 et E6 puis recopier vers le bas jusqu'à la ligne 17.

Par rapport à la formule =C$5*B$2 entrée en B6, la formule =E5*D$2 entrée en D6 contient une référence de ligne relative. Quel est l'effet de cette modification sur le calcul des intérêts en colonne D ?

3 Quelle est la nature de la suite contenue dans la colonne E ?

Justifier que la dette aurait pu être calculée en entrant en E6 la formule =E$5*(1+D$2)^A6 puis en la recopiant vers le bas.

Point info

Pour des emprunts à court terme (moins d'un an), le calcul des intérêts se fait généralement selon le système des « intérêts simples » calculés sur la seule base du montant emprunté. Sur le moyen et long terme (plus d'un an), le calcul des intérêts se fait plutôt selon le système des « intérêts composés » calculés sur la base du montant emprunté et des intérêts de la période précédente

Activités avec logiciels

B Calcul du taux annuel

B19 | f_x Σ = | =(C17-C5)/C5

	A	B	C	D	E
16	11	130,50 €	88 435,50 €	132,47 €	88 446,31 €
17	12	130,50 €	88 566,00 €	132,67 €	88 578,98 €
18					
19	taux annuel	1,800%		1,815%	

Mettre les cellules B19 et D19 au Format Pourcentage avec 3 décimales.
Pour calculer le taux annuel de l'emprunt à intérêts simples, entrer en B19 la formule =(C17-C5)/C5.

1 Pour calculer en B19 l'intérêt annuel, on a utilisé la formule :

$$\text{taux} = \frac{\text{valeur finale} - \text{valeur initiale}}{\text{valeur initiale}}.$$

Quelle autre formule, plus simple, aurait-on pu introduire en B19 ?

2 Pour calculer le taux annuel de l'emprunt à intérêts composés, entrer en D19 la formule : =(E17-E5)/E5.
Vérifier que l'on obtient la même réponse en entrant en E19 la formule =(1+D2)^12-1. Justifier.

C Calcul du taux mensuel

On considère à présent la situation où le taux annuel serait, dans les deux cas, $t = 2$ %.
Dans le cas des intérêts simples, vérifier que l'on peut entrer en B2 la formule =0,02/12.

1 Quel est le taux mensuel correspondant à un taux annuel de 2 % à intérêts simples ? Justifier l'expression « taux proportionnel mensuel » utilisée à son propos.

2 Dans le cas des intérêts composés, on recherche le « taux mensuel équivalent » à un taux annuel t.
En modifiant le contenu de la cellule D2, pourquoi peut-on affirmer que le taux mensuel équivalent est compris entre 0,165 % et 0,166 % ?

Fiche tableur

CALCUL DES TERMES D'UNE SUITE ARITHMÉTIQUE

On veut calculer en colonne A les termes de la suite arithmétique (u_n) de premier terme u_0 et de raison 100.
En A1, on entre la valeur u_0.
En A2, on entre la formule =A1+100. Puis on recopie vers le bas.

CALCUL DES TERMES D'UNE SUITE GÉOMÉTRIQUE

On veut calculer en colonne B les termes de la suite géométrique (v_n) de premier terme v_0 et de raison 1,05.
En B1, on entre la valeur v_0.
En B2, on entre la formule =B1*1,05. Puis on recopie vers le bas.

CALCUL DES TERMES D'UNE SUITE RÉCURRENTE

On considère une suite (u_n) définie par son premier terme u_0 et une expression de récurrence du type $u_{n+1} = f(u_n)$ où f est une fonction « simple ».
On suppose que l'on calcule les termes de la suite (u_n) en colonne C.
En C1, on entre la valeur u_0.
En C2, on entre la formule =f(C1). Puis on recopie vers le bas.

Exemple :
Suite définie par $u_0 = 2{,}4$ et $u_{n+1} = u_n(1 + u_n)$.
On entre en C1 la valeur 2,4.
On entre en C2 la formule =C1*(1+C1) et on recopie vers le bas.

2 Modéliser une évolution à l'aide d'une suite arithmétique ou d'une suite géométrique avec le tableur

On s'intéresse au recyclage des emballages ménagers en plastique issus de la collecte sélective (EMPCS). La masse d'EMPCS recyclés en France, exprimée en millier de tonnes, de 2011 à 2016, est indiquée dans le tableau suivant (source : statistiques.developpement-durable.gouv.fr). À partir de ces données, vous allez étudier deux modélisations possibles de cette évaluation, l'une avec une suite arithmétique, l'autre à l'aide d'une suite géométrique, puis extrapoler à partir de ces modèles. Toutes séries

A Construction de modèles à partir des données de la période 2011-2016

Reproduire la feuille de calcul ci-contre.

	A	B	C	D	E	F
1	Année	Masse d'EMPCS recyclés	Variation absolue	Variation relative	Modèle à croissance "linéaire"	Modèle à croissance "exponentielle"
2	2011	229				
3	2012	243				
4	2013	250				
5	2014	256				
6	2015	266				
7	2016	282				

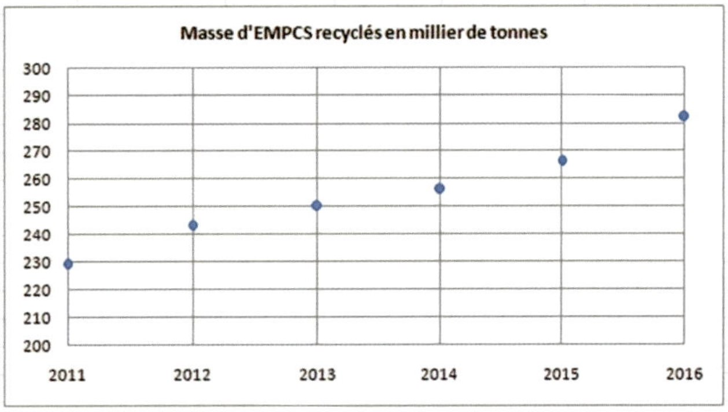

1. Calculer en colonne C la variation annuelle absolue de la masse d'EMPCS recyclés.
2. Calculer en colonne D la variation annuelle relative, exprimée en pourcentage, de la masse d'EMPCS recyclés.
3. À partir des calculs précédents, quel type de modélisation, avec une suite arithmétique ou une suite géométrique, préconisez-vous ?
4. On considère un premier modèle correspondant à une modélisation de l'évolution à l'aide d'une suite arithmétique.

a) Compléter la colonne E en y calculant les cinq premiers termes de la suite arithmétique de premier terme 230 et de raison 9,7.
b) À quelle variation annuelle absolue de la masse d'EMPCS recyclés correspond ce modèle ?

5. On considère un second modèle correspondant à une modélisation de l'évolution à l'aide d'une suite géométrique.

a) Compléter la colonne F en y calculant les cinq premiers termes de la suite géométrique de premier terme 231 et de raison 1,04.
b) À quelle variation annuelle relative de la masse d'EMPCS recyclés correspond ce modèle ?

B Extrapolation à partir des modèles

1. Quelles estimations les deux modèles donnent-ils de la masse d'EMPCS recyclés en France sur la période de 2017 à 2024 ?
2. Ajouter au graphique de la partie A, les estimations précédentes.

Comparer les croissances des deux modèles.

3. Estimer, à l'aide de chacun de ces deux modèles, l'année à partir de laquelle la masse d'EMPCS recyclés aura doublé par rapport à l'année 2011.

CONSEIL
On peut également traiter l'exercice 87 qui exploite le même contexte.

Activités avec logiciels

3 Comparer deux suites et calculer la somme des termes consécutifs à l'aide du tableur

Toutes séries

Monsieur Eliot a le projet de souscrire un contrat d'entretien pour sa chaudière à partir de janvier 2020. Il contacte l'entreprise Chaufeco et l'entreprise Chaufmax. Chacune d'elles propose une évolution différente des versements pour un contrat avec les mêmes prestations.

A Contrat Chaufeco

L'entreprise Chaufeco propose un contrat sur 10 ans avec un versement de 150 € la première année puis une augmentation du versement de 1,55 € par an jusqu'à la fin du contrat.

1. Sur une feuille de calcul, déterminer pour chacune des dix années, le versement annuel ainsi que le cumul des sommes versées depuis la première année (arrondir l'affichage au centime d'euros).
2. Quelle est la nature de la suite correspondant aux versements annuels ?
3. Quelle sera la somme totale versée à l'entreprise Chaufeco à la fin du contrat ?

B Contrat Chaufmax

L'entreprise Chaufmax propose un contrat sur 10 ans avec un versement de 150 € la première année puis une augmentation du versement de 1 % par an jusqu'à la fin du contrat.

1. Compléter la feuille de calcul pour déterminer, pour chacune des dix années, le versement annuel ainsi que le cumul des sommes versées depuis la première année (arrondir l'affichage au centime d'euros).
2. Quelle est la nature de la suite correspondant aux versements annuels ?
3. Quel est, des deux contrats, celui pour lequel la somme totale versée à la fin est la moins importante ?

4 Calculer la somme de *n* termes consécutifs à l'aide d'une fonction en Python

Toutes séries

Une entreprise doit honorer, en 12 mois, une commande de 20 000 pièces d'un certain produit. Elle possède déjà en stock la production du mois précédent de 900 pièces. Chaque mois, la production de ce produit augmente de t % par rapport à la production du mois précédent. On recherche, en utilisant un programme, la plus petite valeur entière de t permettant à l'entreprise d'honorer la commande.

1. On considère la fonction suivante, en langage Python.

```
def commande(t):
    p = 900
    s = p
    for k in range(1, 13):
        p = (1 + t / 100) * p
        s = s + p
    return s
```

Quel est le rôle de chacune des variables p, s et t ?

2. Quelle est la nature de la suite des valeurs successives de la variable p durant l'exécution du programme ?
3. Implanter le programme et l'exécuter pour $t = 8$ puis pour $t = 9$. Conclure.

Fiche algorithmique et programmation

FONCTION EN INFORMATIQUE

Une **fonction** peut avoir des paramètres (variables d'entrée) et renvoyer des résultats (sortie) à l'aide du mot clé return.
Pour être utilisée, une fonction doit être appelée en indiquant son nom et l'ensemble des valeurs de ses paramètres (entre parenthèses). Quand une fonction est appelée, ses instructions sont exécutées.

→ Syntaxe Python

```
def nom(paramètre1, paramètre2):
    instructions
    return résultat
```

Attention à :
– ne pas oublier les deux points en fin de première ligne ;
– respecter l'indentation, c'est-à-dire le décalage à droite après la première ligne ;
– utiliser le mot clé return pour renvoyer le résultat.

Exemple de fonction avec un paramètre

On peut définir en langage Python une fonction mathématique d'une variable réelle comme la fonction f définie par $x \mapsto x^2 - x + 1$ de la façon suivante.

```
def f(x):
    return x ** 2 - x + 1
```

Pour la valeur 3, la fonction f renvoie la valeur 7. Donc lors de l'exécution $f(3)$ a pour valeur 7.

Exemple de fonction avec deux paramètres

La fonction suivante comporte deux paramètres, prix et quantité, et renvoie la valeur de la variable t.

```
def total(prix, quantite):
    t = prix * quantite
    return t
```

Pour 12 objets à 4,5 euros l'unité, la fonction total retourne 54. Donc lors de l'exécution total `(4.5, 12)` a pour valeur le flottant 54.0.

BOUCLE CONDITIONNELLE « TANT QUE »

→ Structure

Dans une boucle « **Tant que** », le *traitement* est répété tant que la condition est vraie. Quand la condition est fausse, on sort de la boucle.

Tant que *condition*
    Instructions
Fin Tant que

→ Syntaxe Python

```
while condition:
    traitement
```

Exemple : Rechercher, à partir de $n = 0$, le plus petit entier n tel que $1{,}05^n \geq 2$.

```
n = 0
while 1.05 ** n < 2:
    n = n + 1
```

Après exécution du programme, la variable n vaut 15 donc $1{,}05^{15}$ est la plus petite puissance de 1,05 supérieure ou égale à 2.

BOUCLE « POUR »

→ Structure

Dans une boucle « **Pour** », le *traitement* est répété un nombre fixé de fois (ici n fois). Un compteur (noté ici k) s'incrémente automatiquement de 1 à chaque itération.

Pour k allant de 1 à n
    Instructions
Fin Pour

→ Syntaxe Python

```
for k in range(1, n + 1):
    traitement
```

Attention au compteur de boucle en Python, `for k in range(1, 101):` effectue 100 boucles pour k allant de 1 à 100.

Exemple : Calculer la somme $1 + 2 + \ldots + 100$ des 100 premiers nombres entiers.

```
S = 0
for k in range(1, 101):
    S = S + k
```

Après exécution du programme, la variable S vaut 5 050, valeur de la somme $1 + 2 + \ldots + 100$.

Automatismes
Questions flash • QCM • vrai/faux

 # diaporama foucherconnect.fr/20ltm05

Construire et entretenir des capacités dans le domaine du calcul et de l'information chiffrée.

Capacités attendues

PROPORTIONS ET POURCENTAGES

- Calculer, appliquer, exprimer une proportion sous différentes formes (décimale, fractionnaire, pourcentage) 1 à 9
- Calculer la proportion d'une proportion 10 et 11

ÉVOLUTIONS ET VARIATIONS

- Passer d'une formulation additive (« augmenter de 5 % », respectivement « diminuer de 5 % ») à une formulation multiplicative (« multiplier par 1,05 », respectivement « multiplier par 0,95 ») 15
- Appliquer un taux d'évolution pour calculer une valeur finale ou initiale 16 et 17
- Calculer un taux d'évolution, l'exprimer en pourcentage 12 à 14, 18, 19
- Interpréter un indice de base 100 ; calculer un indice ; calculer le taux d'évolution entre deux valeurs 20 à 23
- Calculer le taux d'évolution équivalent à plusieurs évolutions successives 24 et 26
- Calculer un taux d'évolution réciproque 27 à 29
- Reconnaître une situation contextualisée se modélisant par une suite géométrique dont on identifie la raison 30 à 34

La plupart des automatismes de 1 à 34 ont des contextes issus de la vie quotidienne et concernent donc l'ensemble des séries.

PROPORTIONS ET POURCENTAGES

1 à 8 **sans calculatrice**

1 Sous forme décimale ou sous forme de pourcentage ★

1. Écrire sous forme décimale :
a) 7,5 % ; **b)** 0,75 % ; **c)** 0,05 % ; **d)** 50 % ; **e)** 200 %.

2. Écrire sous forme de pourcentage :
a) 0,40 ; **b)** 0,08 ; **c)** 0,015 ; **d)** 0,007 5 ; **e)** 0,001.

2 Calculer un pourcentage ★

Calculer :
a) 25 % de 300 ; **b)** 33 % de 700 ;
c) 0,5 % de 2 496 000 ; **d)** 300 % de 12.

3 Calculer un pourcentage (bis) ★

Calculer :
a) 10 % de 5 000 ; **b)** 20 % de 6,50 ;
c) 200 % de 2 ; **d)** 0,5 % de 50 000 ;

RAPPEL
• La **proportion** p d'une sous-population A dans une population E est le rapport des effectifs : $p = \frac{n_A}{n_E}$. Elle peut s'écrire sous forme décimale d'une fraction, ou de pourcentage.
Exemple : La production de chocolat en France s'élève à 806 780 tonnes dont 476 000 tonnes exportées. La proportion de la production exportée est $p = \frac{476\,000}{806\,780} \approx 0{,}59 = 59\ \%$.

4 Calculer une proportion ou un effectif ★

1. Calculer p lorsque $n_A = 150$ et $n_E = 600$.
Écrire le résultat sous la forme d'un pourcentage.
2. Calculer p lorsque $n_A = 12$ et $n_E = 2\,400$. Écrire le résultat sous la forme d'un pourcentage.
3. Calculer n_A lorsque $p = 0{,}09$ et $n_E = 250\,000$.
4. Calculer n_E lorsque $p = 0{,}30$ et $n_A = 3\,000$.
5. Calculer n_E lorsque $p = 20\ \%$ et $n_A = 6\,000$.
6. Sachant que 30 % d'une somme S vaut 600 €, calculer S.

5 Après le bac ★

Dans un lycée technologique, 200 élèves se sont présentés au baccalauréat, 90 % des élèves ont été reçus.
1. Calculer le nombre d'élèves reçus.
2. Parmi les élèves reçus 20 % se sont inscrits en IUT, cinq sont partis dans la vie active, les autres ont été admis en sections de technicien supérieur.
a) Calculer le nombre d'élèves inscrits dans un IUT.
b) Calculer le nombre d'élèves inscrits dans une section de technicien supérieur.

6 Un rabais sur l'assurance automobile ★

Pour un certain modèle de voiture, un assureur propose « 30 % d'économie moyenne par rapport à l'assureur précédent, soit 150 € d'économie ». Quel tarif cet assureur attribue-t-il, pour ce modèle de voiture, à « l'assureur précédent » ?

7 Population scolaire ★

Les 800 élèves d'un lycée sont répartis de la façon suivante :
- 240 élèves sont en classe de Seconde ;
- 25 % des élèves sont en Première ;
- $\frac{1}{4}$ des élèves sont en Terminale ;
- le reste est en Section de technicien supérieur.

1. Le lycée ne comporte que des classes de Seconde, de Première, de Terminale et des Section de technicien supérieur. Combien y a-t-il d'étudiants en Section de technicien supérieur (STS) ?

2. Compléter, après l'avoir reproduit, le tableau suivant :

Niveaux	Seconde	Première	Terminale	STS
Nombres	240			
Pourcentage		25 %		

8 Salles informatiques ★ ★

Deux salles informatiques du lycée sont équipées de la façon suivante :
- la salle 1 avec 25 ordinateurs, dont 6 neufs ;
- la salle 2 avec 20 ordinateurs, dont 5 neufs.

« Je préfère aller en salle 1, c'est là qu'il y a le plus d'ordinateurs neufs » dit une élève.
« La proportion d'ordinateurs neufs est plus grande dans la salle 2 » lui répond son professeur. Qui a raison ?

9 Production d'électricité ★

La production d'électricité annuelle, en France, est de 529,6 TWh (TW : térawatt ; 1 TWh = 10^9 KWh, un térawatt heure est égal à 10^9 kilowatts-heures).

1. La production totale d'électricité renouvelable est de 96,3 TWh. Calculer la proportion de l'électricité renouvelable (hydraulique, éolien, solaire, bioénergies) dans la production totale sous forme d'une fraction, sous forme décimale arrondie à 10^{-2}, puis sous forme de pourcentage.

2. L'éolien représente 4,5 % de la production totale d'électricité. Calculer la production totale de l'électricité d'origine éolienne en TWh. Arrondir à 10^{-1}.

PROPORTION D'UNE PROPORTION

Si p est la proportion de A dans E et p' la proportion de E dans F, alors la proportion de A dans F est pp'.

10 Calculer la proportion d'une proportion ★

Sans calculatrice

Dans une classe de Terminale, il y a 30 % de garçons. 60 % des garçons ont 18 ans. Calculer la proportion de la sous-population des garçons de 18 ans dans cette classe sous la forme d'un nombre décimal, puis sous la forme d'un pourcentage.

11 Production d'électricité renouvelable (suite) ★

En France, l'électricité renouvelable représente 18 % de la production totale d'électricité. L'hydroélectrique représente 56,6 % de la production d'électricité renouvelable et le solaire, 9,3 % de cette production. Calculer la proportion de l'hydroélectrique et la proportion du solaire dans la production totale d'électricité. Arrondir à 0,1 %.

La centrale de Grand'Maison, dans l'Isère, est depuis 1987 la plus puissante centrale hydroélectrique de France. Sa production maximale de 1 800 mégawatts est équivalente à celle de deux réacteurs nucléaires classiques.

ÉVOLUTIONS ET VARIATIONS

TAUX D'ÉVOLUTION

Le taux d'évolution (ou variation relative) entre deux nombres réels strictement positifs, y_1 et y_2, est : $t = \frac{y_2 - y_1}{y_1}$.

Le taux d'évolution peut être écrit sous forme décimale, sous forme de fraction ou sous forme de pourcentage.

Exemple

Selon la programmation pluriannuelle de l'énergie (PPE), la capacité de production du solaire photovoltaïque, en France, doit passer de 9 gigawatts fin 2018 à 20,6 en 2023.

Le **taux d'évolution** est : $t = \frac{20{,}6 - 9}{9} = \frac{11{,}6}{9} \approx 1{,}25 = 129\,\%$.

12 Taux d'évolution entre y_1 et y_2 ★

Sans calculatrice

1. Calculer l'un des trois nombres y_1, y_2 ou t, connaissant les deux autres.

2. Indiquer s'il s'agit d'une hausse ou d'une baisse et donner le taux d'évolution sous forme de pourcentage.

a) $y_1 = 3$; $y_2 = 4$.
b) $y_1 = 2{,}5$; $y_2 - 2$.
c) $y_1 = 3$; $t = -0{,}10$.
d) $y_2 = 1{,}2$; $t = 0{,}2$.

13 Taux d'évolution ★ ★

Avec le tableur

Tous les ans, en août, Joan reçoit l'échéancier (document indiquant le montant de la cotisation annuelle) de sa mutuelle « complémentaire santé ». Il décide d'étudier l'évolution de sa cotisation de 2016 à 2019. Il note, dans une feuille automatisée de calcul, le montant en euros de ses cotisations annuelles de 2016 à 2019.

	A	B	C	D	E	F
1	Année	2016	2017	2018	2019	
2	Cotisation (en €)	868	976	1 072	1 177	
3	Taux d'évolution annuel (en %)			9,8	9,8	

1. Calculer le taux d'évolution global de sa cotisation entre 2016 et 2019, exprimé en pourcentage et arrondi à 0,1 %.

2. Quelle formule Joan a-t-il pu saisir dans la cellule C3 pour y obtenir le taux annuel d'évolution de 2016 à 2017, puis par recopie vers la droite jusqu'à la cellule E3, les taux d'évolution annuels successifs jusqu'en 2019 ?

3. Pour 2020, il a été annoncé une hausse de 10,1 % par rapport à 2019. Déterminer le montant de la cotisation pour 2020. Arrondir au centième.

4. Déterminer le taux d'évolution entre la cotisation de 2016 et celle de 2020. Arrondir à 0,01 %.

TAUX D'ÉVOLUTION ET COEFFICIENT MULTIPLICATEUR

Si t est le taux d'évolution de y_1 à y_2, alors $y_2 = (1+t)y_1$.

$c = \frac{y_2}{y_1} = 1 + t$ est le **coefficient multiplicateur** de y_1 à y_2.

Dans le cas d'une **hausse** de a %, $t = \frac{a}{100}$ est **positif** et le coefficient multiplicateur $c = 1+t$ est supérieur à 1.

Dans le cas d'une **baisse** de a %, $t = -\frac{a}{100}$ est **négatif** et le coefficient multiplicateur $c = 1+t$ est inférieur à 1.

Exemples

1. Une hausse de 10 % pour une quantité passant de y_1 à y_2 se traduit par :
$y_2 = y_1 + \frac{10}{100}y_1 = \left(1 + \frac{10}{100}\right)y_1 = 1{,}1y_1$. Le coefficient multiplicateur est $c = 1{,}1$.

2. Une baisse de 10 % se traduit par :
$y_2 = y_1 - \frac{10}{100}y_1 = \left(1 - \frac{10}{100}\right)y_1 = 0{,}9y_1$. Le coefficient multiplicateur est $c = 0{,}9$.

14 Pourcentage d'une hausse ou d'une baisse et coefficient multiplicateur ★

Sans calculatrice

1. Dans chacun des cas suivants, donner le coefficient multiplicateur correspondant à une hausse ou à une baisse de pourcentage donné.

a) une hausse de 30 % ; **b)** une baisse de 30 % ;
c) une hausse de 45 % ; **d)** une baisse de 91 % ;
e) une hausse de 300 %.

2. Dans chacun des cas suivants, le coefficient multiplicateur c est donné. Indiquer s'il s'agit d'une hausse ou d'une baisse et en donner le pourcentage.

a) $c = 1{,}03$; **b)** $c = 1{,}025$; **c)** $c = 0{,}2$;
d) $c = 0{,}70$; **e)** $c = 2{,}5$; **f)** $c = 0{,}995$.

15 Passer d'une formulation additive à une formulation multiplicative ★

Sans calculatrice

Recopier et compléter les phrases suivantes.

a) Augmenter de 40 %, c'est multiplier par…
b) Diminuer de 50 %, c'est multiplier par…
c) Multiplier par 3 c'est augmenter de …%.
d) Multiplier par 0,25 c'est diminuer de …%.

16 Appliquer un taux d'évolution pour calculer une valeur finale ★

Sans calculatrice

La TVA (taxe sur la valeur ajoutée) est une taxe payée sur l'ensemble des transactions et services. Son taux, en France, est de 2,1 %, 5,5 %, 10 % ou 20 %. Le tableau suivant donne, pour quelques articles et services, le prix hors taxes (prix HT) et le taux correspondant à la TVA, en France, en 2018.

Nature	Un livre	Un produit alimentaire	Des travaux de rénovation énergétique
Prix HT	20 €	10 €	6 000 €
Taux de la TVA	5,5 %	5,5 %	5,5 %

Nature	Des travaux effectués par un artisan*	De l'outillage	Une voiture
Prix HT	1 100 €	400 €	12 000 €
Taux de la TVA	10 %	20 %	20 %

* hors rénovation énergétique

Pour chacun des cas ci-dessus, calculer le prix avec la TVA incluse, appelé prix « toutes taxes comprises » (prix TTC).

UN PEU D'ÉCONOMIE

La TVA est un impôt créé en 1954 pour remplacer diverses taxes locales.
Avec 168,9 milliards d'euros en 2018, la TVA était, de loin, la recette la plus importante de l'État. Elle représentait, en 2018, 40 % des recettes de l'État.

17 Appliquer un taux d'évolution pour calculer une valeur initiale ★★

1. Une personne paie, pour un groupe, une note de restaurant qui s'élève à 207 €, avec le service compris de 15 %. Quel est le prix des repas sans le service ?

2. Un commerçant calcule ses prix de vente en prenant un bénéfice de 30 % sur ses prix d'achat. Quel est le prix d'achat d'un article qu'il a vendu 113,10 €.

3. Le prix d'un article soldé est de 41,40 €. L'étiquette indique « – 40 % ». Calculer le prix de l'article avant les soldes.

18 Calculer un taux d'évolution. L'exprimer en pourcentage ★

Sans calculatrice

Le tableau suivant donne, pour une voiture récente et en bon état sur une route sèche, des vitesses et les distances d'arrêt correspondantes, en cas de freinage d'urgence, compte tenu d'un temps de réaction moyen du conducteur.

Vitesse en km/h	50	60	90
Distance d'arrêt en mètres	22,5	30	60

Recopier et compléter les deux phrases suivantes :

1. Quand la vitesse passe de 50 à 60 km/h, elle augmente de … % et la distance d'arrêt augmente de … %.

2. Quand la vitesse passe de 60 à 90 km/h, elle augmente de … % et la distance d'arrêt augmente de … %.

On ne demande pas de justification.

19 Calculer un taux d'évolution. L'exprimer en pourcentage (bis) ★

Le 19 juin 2014, le baril de pétrole (un baril représente 159 litres) se vendait 115 $ à Londres ; le 20 janvier 2016, il se vendait 27,9 $ et le 8 novembre 2018, il se vendait 69,75 $. Pour chacune des évolutions du prix en dollars du baril de pétrole, déterminer le coefficient multiplicateur, arrondi à 10^{-4} ; en déduire le taux d'évolution du prix du baril de pétrole sous forme décimale, puis sous forme de pourcentage.

a) entre le 19 juin 2014 et le 20 janvier 2016 ;

b) entre le 20 janvier 2016 et le 8 novembre 2018.

INDICE SIMPLE EN BASE 100

L'indice simple en base 100 de y_2 par rapport à y_1 est : $i = 100\dfrac{y_2}{y_1}$.

Exemple

Le prix d'un plat cuisiné d'une grande marque était, dans une grande surface, de 8,30 € en septembre 2018 et de 9,13 € en septembre 2019. L'indice du prix de ce plat en septembre 2019, en prenant pour base 100 le prix en septembre 2018, est :

$i = 100 \times \dfrac{9{,}13}{8{,}30} = 110$.

• Si i est l'indice de y_2 par rapport à y_1, $\dfrac{i}{100} = \dfrac{y_2}{y_1}$ est le coefficient multiplicateur de y_1 à y_2.

• Le taux d'évolution entre deux valeurs de la grandeur étudiée est égal au taux d'évolution entre les indices associés à ces deux valeurs.

• De même, le coefficient multiplicateur entre deux valeurs de la grandeur étudiée est égal au coefficient multiplicateur entre les indices associés à ces deux valeurs.

20 Déterminer un indice simple ★

Les prix moyens de vente au détail d'un produit pour la période 2015-2020 sont les suivants.

Année	2015	2016	2017	2018	2019	2020
Prix moyen au détail (€ par kg)	8,20	8,50	7,30	8,00	8,70	8,80

En prenant pour base 100 le prix de vente du produit en 2015, reproduire et compléter le tableau suivant dans lequel les indices sont à arrondir à 10^{-1}.

Année	2015	2016	2017	2018	2019	2020
Indice	100	103,7				

POUR DÉMARRER

$\dfrac{8{,}50}{8{,}20} \times 100 \approx 103{,}7$.

21 Passer de l'indice au taux d'évolution pour une production ★

Le tableau suivant donne, pour une entreprise, les indices de la production d'un article sur la période 2015-2019. On a choisi la base 100 en 2015.

Année	2015	2016	2017	2018	2019
Indice	100	102	130	110	132

1. Calculer les coefficients multiplicateurs c_1, c_2, c_3, c_4 permettant de passer de la production de 2015 à 2016, de celle de 2016 à celle de 2017, de celle de 2017 à 2018, et de celle de 2018 à celle de 2019. Arrondir éventuellement à 10^{-2}.

2. Déduire des résultats obtenus au **1.** les taux d'évolution correspondants t_1, t_2, t_3, t_4 sous forme de pourcentage.

3. Déterminer le taux d'évolution entre la production en 2015 et la production en 2019.

22 Déterminer un taux d'évolution à partir de l'indice ★★

Sans calculatrice

1. On passe de l'indice 100 à l'indice 109.
Déterminer le taux d'évolution sous forme de pourcentage.

2. On passe de l'indice 120 à l'indice 180.
Déterminer le taux d'évolution sous forme de pourcentage.

3. On passe de l'indice 100 à l'indice 99,5.
Déterminer le taux d'évolution sous forme de pourcentage.

4. On passe de l'indice 80 à l'indice 60.
Déterminer le taux d'évolution sous forme de pourcentage.

Automatismes
Questions flash • QCM • vrai/faux

23 Indice et tableur ★

Avec le tableur

On s'intéresse à l'évolution du prix d'une matière première en euros par tonne depuis 2014. Le tableau ci-dessous donne le prix de cette matière première entre 2014 et 2019 avec 100 pour indice de base en 2014.

Dans ce tableau, certaines données sont manquantes.

	A	B	C	D	E	F	G
1	Année	2014	2015	2016	2017	2018	2019
2	Prix en €/tonne	248	188,5	237		167,5	189
3	Indice du prix (base 100 en 2014)	100	76	95,6	73,2	67,5	

1. Déterminer le taux d'évolution du prix entre 2018 et 2019. Arrondir à 0,01 %.

2. Calculer le prix en euros par tonne en 2017. Arrondir au dixième.

3. Calculer l'indice du prix en 2019. Arrondir au dixième.

4. Quelle formule a-t-on entrée dans la cellule C3 pour obtenir par recopie vers la droite les indices du prix ?

Sur les marchés internationaux, les cours des différentes variétés de blé connaissent de grandes variations d'une année à l'autre.

ÉVOLUTIONS SUCCESSIVES

Deux **évolutions** (hausses ou baisses) **successives**, de coefficients multiplicateurs c et c', correspondent à une évolution globale (hausse ou baisse) de coefficient multiplicateur $c.c'$ (Ou : **pour deux évolutions successives, on multiplie les coefficients multiplicateurs**).

Le résultat précédent se généralise au cas de plus de deux évolutions successives.

24 Calculer le taux d'évolution équivalent à plusieurs évolutions successives ★

Sans calculatrice

Dans chacun des cas suivants, calculer le coefficient multiplicateur global. Indiquer s'il s'agit d'une baisse ou d'une hausse et en donner le taux d'évolution sous forme de pourcentage.

a) une hausse de 10 %, puis une baisse de 20 % ;
b) une hausse de 20 %, puis une baisse de 10 % ;
c) une hausse de 10 %, puis une hausse de 10 % ;
d) une baisse de 10 %, puis une baisse de 10 % ;
e) une baisse de 50 %, puis une hausse de 200 %.

25 Avec deux évolutions successives ★

Sans calculatrice

1. Un prix augmente de 40 %, puis baisse de 40 %. Le prix est-il revenu à sa valeur initiale ?

2. Deux hausses successives de 50 % sont-elles équivalentes à une hausse de 100 % ?

3. Une baisse de 10 % suivie d'une baisse de 20 % a-t-elle le même effet qu'une baisse de 20 % suivie d'une baisse de 10 % ?

26 Plusieurs évolutions successives ★ ★

Les questions suivantes sont indépendantes.

1. Un article qui valait 92 € a subi deux augmentations successives, la première de 5 %, la seconde de 15 %.
Quelle est l'augmentation totale, en pourcentage et en valeur, subie par cet article ?

2. Après deux augmentations successives, la première de 10 %, la seconde de 20 %, un matériel coûte 792 €.
Combien coûtait-il avant les deux augmentations ?

3. Le prix d'un produit industriel a d'abord augmenté de 8,5 % puis diminué de 3 %. Calculer le taux d'évolution global de ce prix sous forme de pourcentage. Arrondir à 0,01 %.

4. Le prix d'un produit alimentaire a subi trois hausses mensuelles successives de 9,5 %. Calculer le taux d'évolution global sous forme de pourcentage. Arrondir à 0,1 %.

5. La valeur de revente d'un équipement informatique pour les entreprises a subi quatre baisses annuelles successives de 25 %. Au bout de quatre ans la valeur de revente de l'équipement :

a) est nulle ; **b)** a baissé d'environ 60 % ;
c) a baissé d'environ 68 % ; **d)** a baissé d'environ 75 %.

ÉVOLUTIONS RÉCIPROQUES

Deux évolutions (hausse et baisse) sont **réciproques** si et seulement si leurs coefficients multiplicateurs c et c' sont tels que $c.c' = 1$.

27 Calculer un taux d'évolution réciproque ★

Dans chacun des cas suivants, calculer :

• le coefficient multiplicateur c_1 correspondant à la hausse ou à la baisse, donnée en pourcentage ;
• le coefficient multiplicateur c_2 arrondi éventuellement à 10^{-4} de l'évolution réciproque de la hausse ou de la baisse donnée ;
• le pourcentage de la diminution ou de l'augmentation correspondant à l'évolution réciproque.

a) Une hausse de 25 %. **b)** Une baisse de 20 %.
c) Une baisse de 37,5 %. **d)** Une hausse de 60 %.
e) Une hausse de 100 %. **f)** Une hausse de 80 %.
g) Une hausse de 0,8 %. **h)** Une baisse de 1,5 %.

28 Le prix d'une matière première ★

Une matière première coûtait 140 € la tonne au début du mois d'août dernier.

1. Calculer le prix P_1 à la tonne de cette matière première après une hausse de 7 %.

2. a) Calculer le coefficient multiplicateur c_1 de la baisse qu'il faudrait appliquer au prix de la tonne de cette matière première pour qu'il revienne à 140 €. Arrondir à 10^{-4}.

b) En déduire le taux d'évolution t_1 de cette baisse sous forme de pourcentage.

29 Évolutions successives et évolution réciproque ★ ★

1. Pendant une période de promotion, le prix d'un outillage a subi deux baisses successives de 12 %. Démontrer que le taux d'évolution de la hausse, qu'il faut appliquer au prix de l'outillage pour revenir au prix initial avant la période de promotion, est, en arrondissant à 0,01 %, de 29,13 %.

2. Le prix d'un article a subi deux hausses successives de 12 %. Déterminer le taux d'évolution de la baisse qu'il faut appliquer au prix de l'article pour revenir au prix initial.

RECONNAÎTRE UNE SITUATION SE MODÉLISANT PAR UNE SUITE GÉOMÉTRIQUE

AUGMENTATION OU DIMINUTION DE t %

- Chaque fois qu'on est confronté à une situation du type « une population, une production, un prix... augmente de t % tous les ans (tous les mois...) », on peut définir une suite géométrique de raison $1 + \frac{t}{100}$.
- S'il s'agit d'une diminution de t %, on peut définir une suite géométrique de raison $1 - \frac{t}{100}$.

30 à 33 **sans calculatrice**

30 Problème de production ★

En janvier 2019, une firme offrait sur le marché 2 000 unités d'un nouveau produit, avec une perspective d'augmentation de cette production de 5 % par an pendant 7 ans.

On pose $p_0 = 2\,000$. On note p_n la quantité offerte en janvier de l'année $(2019 + n)$. $(2019 + n)$ désigne les années 2020 pour $n = 1$; 2021 pour $n = 2$…

1. Calculer p_1.

2. Exprimer, pour tout entier n, p_{n+1} en fonction de p_n. En déduire la nature de la suite (p_n).

31 Dépréciation d'un véhicule ★

Un entrepreneur a acheté en 2018 un véhicule utilitaire coûtant 50 000 euros. Il estime que le véhicule perd 20 % de sa valeur chaque année. La perte de chaque année est calculée sur la valeur résiduelle de l'année précédente.

1. Calculer la valeur résiduelle du véhicule en 2019 et en 2020.

2. Pour tout entier n, on note u_n la valeur résiduelle du véhicule l'année $(2018 + n)$.

a) Exprimer u_{n+1} en fonction de u_n.

b) Quelle est la nature de la suite (u_n) ? En donner sa raison.

32 Temps quotidien passé devant un écran ★

D'après une étude, le temps passé par une personne quotidiennement devant un écran était en moyenne de 4 heures en 2019. On estime que ce temps passé augmente de 5 % par an depuis 2019. On note u_n le temps quotidien passé devant un écran l'année $(2019 + n)$. On a donc $u_0 = 4$.

Quelle est la nature de la suite (u_n) ? Préciser sa raison.

33 Placement avec intérêts composés ★

On place un capital $C_0 = 1\,000$ € à 1 % par an avec intérêts composés. Ce qui signifie que les intérêts d'une année s'ajoutent au capital et que l'année suivante ils rapportent eux aussi des intérêts. On note C_n le capital obtenu, ou « valeur acquise », au bout de n années.

1. Définir une suite géométrique permettant d'obtenir les valeurs acquises successives $C_1, C_2, \dots C_n$.

2. Calculer C_1.

34 Injection d'un calmant ★ ★

On a injecté un centimètre cube de produit calmant à un malade. Toutes les demi-heures, son organisme élimine 10 % du produit calmant restant dans son corps.

Quel volume de ce produit calmant le malade a-t-il éliminé au bout de six heures ?

Exercices pour s'entraîner

Corrigés pages 201 à 202

Suites arithmétiques

CONSEIL
Pour traiter les exercices 35 à 52 on peut se reporter à **l'Essentiel**, pages 34-35.

35 Suite arithmétique de premier terme u_0 ★

La suite arithmétique (u_n) est définie par :
$u_0 = -2$ et, pour tout entier n de $\mathbb{N}$, $u_{n+1} = u_n + 1$.

1. Calculer u_1, u_2, u_3, u_4.
2. Pour tout entier n, exprimer u_n en fonction de n.
3. Calculer u_{25}.
4. Représenter graphiquement la suite (u_n).
5. Déterminer le sens de variation de la suite (u_n).
6. On note $S_n = u_0 + u_1 + \ldots + u_n$. Calculer S_{25}.

CONSEIL
La somme de termes consécutifs d'une suite arithmétique peut être calculée avec une calculatrice ou un tableur.

36 Suite arithmétique de premier terme u_0, calcul de termes, calcul de la somme de termes successifs ★

La suite arithmétique (u_n) est définie par $u_0 = 7$ et, pour tout entier n de $\mathbb{N}$, $u_{n+1} = u_n + 11$.

1. Calculer u_1, u_2, u_3, u_4, u_5.
2. Pour tout entier n de $\mathbb{N}$, exprimer u_n en fonction de n.
3. Calculer u_{10} et u_{20}.
4. Déterminer le sens de variation de la suite (u_n).
5. On note $S_n = u_0 + u_1 + \ldots + u_n$. Calculer S_{20}.

Dans les exercices 37 et 38, (u_n) désigne une **suite arithmétique** de raison r, de premier terme u_0 et $S_n = u_0 + u_1 + \ldots + u_n$.

37 On donne le premier terme et la raison ★

$u_0 = -1$ et $r = \frac{1}{4}$. Calculer u_{12} et S_{12}.

38 On donne un terme et la raison ★

$u_{71} = 326$ et $r = 2$.
Calculer u_0 et S_{71}.

39 Reconnaître une suite arithmétique ★

Dans chacun des cas suivants, on donne une liste de nombres. Indiquer si les nombres sont, dans l'ordre où ils sont donnés, des termes successifs u_0, u_1, u_2, u_3 d'une suite arithmétique dont on précisera la raison.

a) 6, 12, 18, 24 ; **b)** 3, 9, 18, 27.

MÉTHODE
Pour démontrer qu'une suite est arithmétique, il suffit de vérifier que $u_{n+1} - u_n$ est constant. Cette constante est la raison r.

40 Suite de nombres ★

Même énoncé que celui de l'exercice 39 avec :
a) $-45, -30, -15, 0$; **b)** 33, 44, 55, 77.

41 Suite arithmétique de premier terme u_1 ★

La suite (u_n) est définie par :
$u_1 = 2$ et, pour tout entier n de $\mathbb{N}^*$, $u_{n+1} = u_n - \frac{1}{2}$.

1. Calculer u_2, u_3, u_4 et u_5.
2. Pour tout entier non nul n, exprimer u_n en fonction de n.
3. Calculer u_{12} et $S_{12} = u_1 + u_2 + \ldots + u_{12}$.

42 Suite arithmétique de premier terme u_0 ★★

Avec le tableur

Soit (u_0) la suite arithmétique de premier terme $u_0 = 10$ et de raison $r = 2{,}5$.

A. 1. Donner l'expression de u_{n+1} en fonction de u_n.
2. a) Pour tout entier n de $\mathbb{N}$, exprimer u_n en fonction de n.
b) Calculer u_8.
3. Calculer $S_8 = u_0 + u_1 + \ldots + u_8$.
B. Le tableau ci-dessous est extrait d'une feuille de calcul.

	A	B	C
1	n	u_n	S_n
2	0		
3	1		
4	2		
5	3		

1. Que doit-on saisir dans la cellule B2 ?
2. Quelle formule doit-on saisir dans la cellule B3 avant de la recopier vers le bas ?
3. Que doit-on saisir dans la cellule C2 ?
4. Quelle formule doit-on saisir dans la cellule C3, avant de la recopier vers le bas ?
5. Retrouver, à l'aide du tableur, u_8 et S_8.

43 Exploiter une représentation graphique ★★

La figure ci-dessous donne la représentation graphique d'une suite arithmétique (u_n) de premier terme u_0 et de raison r.

1. Déterminer graphiquement u_0 et r.
2. Calculer u_{10} et S_{10}.
3. Déterminer le sens de variation de la suite (u_n).

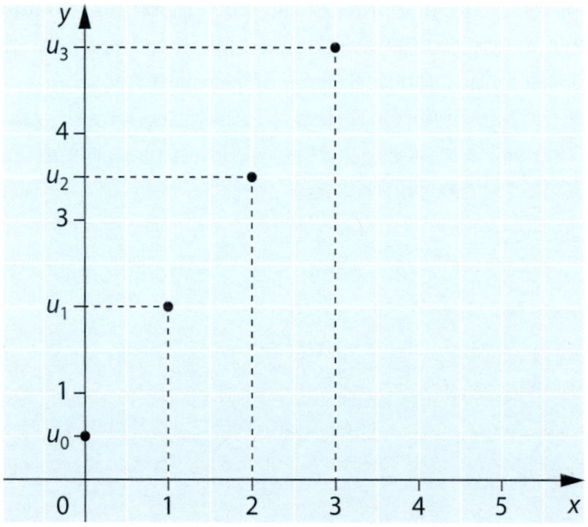

Suites géométriques

44 Suite géométrique de premier terme u_0 ★

La suite (u_n) est définie par :

$u_0 = 16$ et, pour tout entier n de $\mathbb{N}$, $u_{n+1} = \frac{1}{2}u_n$.

1. Calculer u_1, u_2, u_3, u_4.

2. Pour tout entier n, exprimer u_n en fonction de n.

3. Calculer u_8. Arrondir à 10^{-3}.

4. Représenter graphiquement la suite (u_n).

5. Déterminer le sens de variation de la suite (u_n).

6. On note $S_n = u_0 + u_1 + \ldots + u_n$. Calculer S_8. Arrondir à 10^{-3}.

> **CONSEIL**
> La somme de termes consécutifs d'une suite géométrique peut être calculée avec une calculatrice ou un tableur.

45 Suite géométrique ★

La suite géométrique (u_n) est définie par :

$$\begin{cases} u_0 = \frac{1}{3} \\ u_{n+1} = 4u_n, \text{ pour tout } n \text{ de } \mathbb{N}. \end{cases}$$

1. Calculer u_1, u_2, u_3, u_4.

2. Exprimer u_n en fonction de n.

3. Calculer $u_0 + u_1 + \ldots + u_9$.

46 On donne le premier terme et la raison ★

$u_0 = 1\,000$ et $q = 1{,}022\,5$.

Déterminer la valeur approchée arrondie à 10^{-2} de u_{10} et de S_{10}.

47 Reconnaître une suite géométrique ★

1. Démontrer que les nombres 50 000, 48 000, 46 080 peuvent être, dans cet ordre, les trois premiers termes u_0, u_1, u_2 d'une suite géométrique (u_n). En donner la raison.

2. Calculer u_5. Arrondir à 10^{-2}.

> **RAPPEL**
> Pour démontrer qu'une suite est géométrique, il suffit de vérifier que : $\frac{u_{n+1}}{u_n}$ est constant. Cette constante est la raison q.

48 Suite arithmétique ou géométrique ★★

Pour chacune des listes suivantes, indiquer s'il s'agit des premiers termes d'une suite arithmétique ou d'une suite géométrique. Donner la raison.

a) $-45, -30, -15, 0$.

b) 11, 121, 1 331, 14 641.

c) 1 000 ; 1 050 ; 1 102,5 ; 1 157,625.

d) 500 ; 523,75 ; 547,50 ; 571,25.

49 Croissance linéaire ou exponentielle ? ★★★

Un libraire décide de comparer ses ventes de livres dans deux collections différentes A et B. Il remarque que, chaque mois, ses ventes de livres de la collection A augmentent de 30 livres et que ses ventes de la collection B augmentent de 20 %.

On note u_n le nombre de livres de la collection A vendus n mois après le début de l'étude.

On note v_n le nombre de livres de la collection B vendus n mois après le début de l'étude.

L'étude débute le 1er janvier. Il a été vendu 120 livres de la collection A et 50 de la collection B. On pose donc $u_0 = 120$ et $v_0 = 50$.

A. Étude de la suite (u_n)

1. Calculer u_1 et u_2.

2. Donner u_{n+1} en fonction de u_n. Préciser la nature de la suite (u_n).

B. Étude de la suite (v_n)

1. Calculer v_1 et v_2.

2. Donner v_{n+1} en fonction de v_n. Préciser la nature de la suite (v_n).

> **ÉVOLUTION LINÉAIRE OU EXPONENTIELLE**
> *Cette partie n'est pas une partie de l'exercice 49 mais une information sur les notions d'évolutions linéaire et exponentielle, à partir des suites présentées dans les parties **A** et **B**.*
> Sur la figure ci-dessous, on donne les représentations graphiques de la suite (u_n) (en vert) et de la suite (v_n) (en rouge).

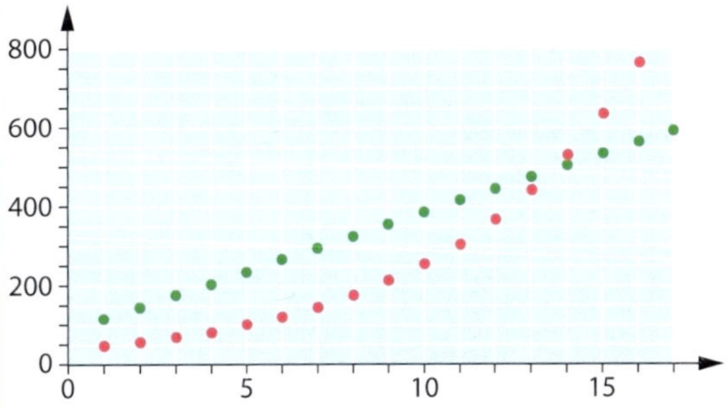

> • La représentation graphique de la suite (u_n) (en vert) est constituée de points alignés sur une droite. On dit que **la suite arithmétique (u_n) correspond à une évolution linéaire** (ici une croissance linéaire).
> Entre deux mois consécutifs l'augmentation du nombre de livres de type A vendus est constante. La « variation absolue » entre deux termes successifs est : $u_{n+1} - u_n = 120$.
> • La représentation graphique de la suite (v_n) (en rouge) est constituée de points alignés sur la courbe représentative d'une fonction, qui sera étudiée au chapitre 2, appelée **fonction exponentielle**.
> On dit que **la suite géométrique (v_n) correspond à une évolution exponentielle** (ici une croissance exponentielle).
>
> **On peut retenir que :**
> • *une suite arithmétique correspond à une* **évolution linéaire** ;
> • *une suite géométrique correspond à une* **évolution exponentielle**.

C. Comparaison des deux évolutions

À partir de quel mois les ventes de la collection B seront-elles plus importantes que les ventes de la collection A ?

Exercices pour s'entraîner

50 Conjecturer à partir de sa représentation graphique la nature d'une suite ★

Chacune des figures ci-dessous donne la représentation graphique d'une suite arithmétique ou géométrique.

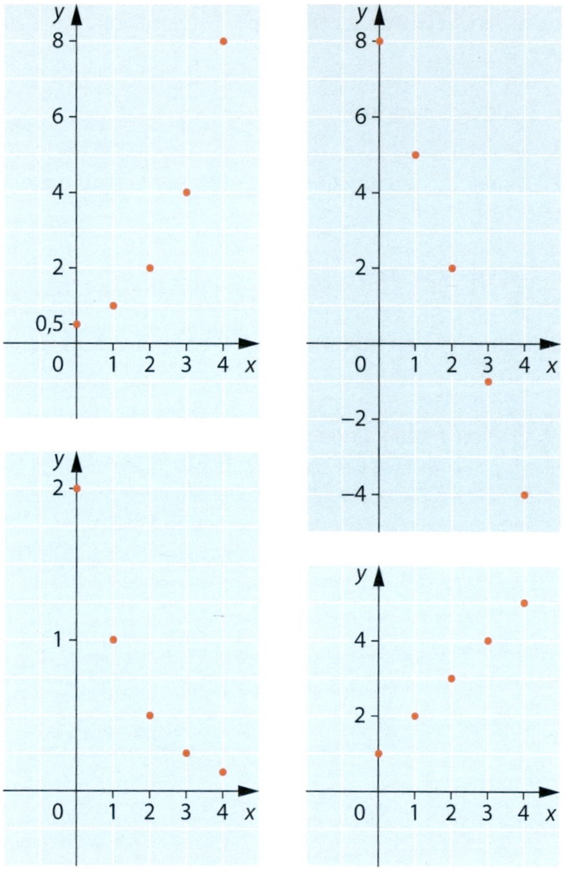

Dans chaque cas, donner la nature, le premier terme et la raison de la suite.

Exemples d'utilisations du tableur

51 Suite arithmétique et suite géométrique ★★

L'objectif de cet exercice est de comparer l'évolution des économies de deux personnes au cours d'une année.

• Antoine possède 500 € d'économies le 1er janvier. Il décide d'ajouter à cette somme 50 € le 27 de chaque mois.

• Carole ne possède que 400 € d'économies le 1er janvier, mais elle décide d'augmenter ses économies de 10 % le 27 de chaque mois.

On note u_n la somme disponible pour Antoine à la fin du n-ième mois et v_n la somme disponible pour Carole.

On a établi la feuille de calcul figurant ci-dessous en annexe.

1. Quelle formule a été entrée en C2, puis recopiée jusqu'en N2 ?

2. Quelle formule a été entrée en C3, puis recopiée jusqu'en N3 ?

Donner la nature de la suite (v_n) ainsi que sa raison.

3. La colonne O est au format pourcentage.

a) On a entré en O2 la formule =(N2-B2)/B2. Que calcule cette formule ?

b) Le contenu de la cellule O2 a été recopiée vers le bas en O3. Quelle formule contient la cellule O3 ?

Annexe de l'exercice 51

	A	B	C	D	E	F	G	H	I	J	K	L	M	N	O
1	n	0	1	2	3	4	5	6	7	8	9	10	11	12	augmentation
2	$u(n)$	500	550	600	650	700	750	800	850	900	950	1000	1050	1100	120,00%
3	$v(n)$	400	440	484	532,4	585,6	644,2	708,6	779,5	857,4	943,2	1037	1141	1255	213,84%

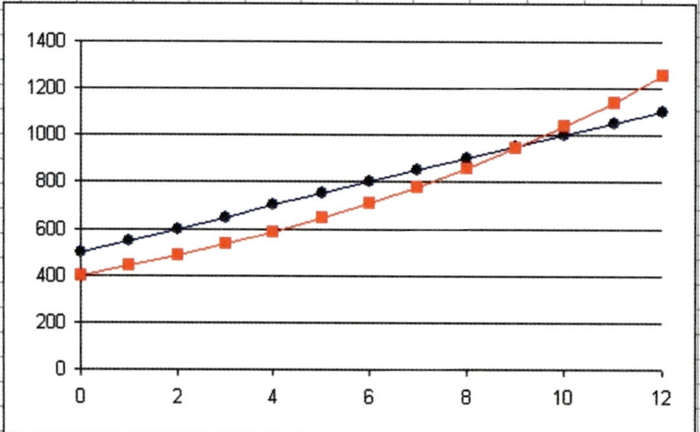

52 Déterminer un seuil ★

(u_n) est une suite géométrique de premier terme $u_0 = 100$ et de raison $q = 1{,}01$. On se propose de déterminer avec un tableur le plus petit entier n tel que $u_n > 110$.
On donne ci-dessous un extrait d'une feuille de calcul :

	A	B
1	n	u_n
2	0	100
3	1	
4	2	
5	3	

1. Quelle formule doit-on entrer dans la cellule B3 avant de la recopier vers le bas ?
2. Calculer u_5.
3. Déterminer n pour que $u_n > 110$.

Algorithmique en langage naturel

53 Calcul d'un terme d'une suite géométrique ★

On considère l'algorithme suivant, où n est un entier naturel non nul :

```
u ← 10
Pour i allant de 1 à n
    u ← u × 1,3
Fin Pour
```

1. Si la variable n contient la valeur 3 avant l'exécution de cet algorithme, que contient la variable u à la fin de son exécution ?
2. Quel est le rôle de cet algorithme ?

54 Calcul d'une somme de termes consécutifs ★

On considère l'algorithme suivant, où n est un entier naturel supérieur ou égal à 2 :

```
u ← 4
S ← u
Pour i allant de 1 à n – 1
    u ← u × 3
    S ← S + u
Fin Pour
```

1. Si la variable n contient la valeur 3 avant l'exécution de cet algorithme, que contient la variable S à la fin de son exécution ?
2. Quel est le rôle de cet algorithme ?

55 Dérouler un algorithme à la main ★ ★

On considère la suite (u_n) définie par $u_0 = 20$ et pour tout entier naturel n :

$$u_{n+1} = 1{,}75\, u_n.$$

On considère l'algorithme suivant :

```
U ← 20
N ← 0
Tant que U < 70
    U ← 1,75 × U
    N ← N + 1
Fin Tant que
```


Recopier et compléter le tableau ci-après qui retrace les différentes étapes de l'exécution de l'algorithme. On ajoutera autant de colonnes que nécessaire à la place de celle laissée en pointillés. Arrondir au centième.

Valeur de U	20			
Valeur de N	0			
Condition $U < 70$	Vrai		Vrai	Faux

56 Algorithme à trous ★ ★

On considère la suite (u_n) définie par $u_0 = 65$ et pour tout entier naturel n :

$$u_{n+1} = u_n + 8.$$

1. On considère l'algorithme suivant :

```
u ← 65
n ← 0
Tant que ......
    n ← n + 1
    u ← u + 8
Fin Tant que
```

Recopier et compléter la ligne 3 de cet algorithme afin qu'il détermine le plus petit entier naturel n tel que $u_n \geq 185$.
2. Quelle est la valeur de la variable n à la fin de l'exécution de cet algorithme ?

Programmation en Python

57 Instructions Python sur les listes ★

On considère la liste `L = [5, 25, 12, 15, 18, 6]`.
1. Quelles sont les valeurs de `L[1]` et `L[5]` ?
2. Quelle est la valeur de `len(L)` ?
3. Quelles sont les valeurs de `L.index(12)` et `L.index(18)` ?
4. Quelle est la valeur de L après l'exécution de l'instruction `L.append(8)` ?
5. Quelle est la valeur de L après l'exécution de l'instruction `del L[3]` ?

58 Analyser un programme Python avec des listes ★

1. Quelles sont les valeurs de la liste L après avoir exécuté les instructions suivantes ?

```
L = [5, 25, 12, 15, 18, 6]
for i in range(len(L)):
    L[i] = L[i] + 1
```

2. Que fait la fonction `f` définie ci-dessous ?

```
def f(L):
    for i in range(len(L)):
        L[i] = L[i] - 5
```

Exercices pour s'entraîner

59 Calculer un terme d'une suite en Python ★

On considère la suite définie par $u_0 = 5$ et, pour tout entier naturel n, $u_{n+1} = u_n \times 0{,}8$.
Quelle est la valeur de la variable u après avoir exécuté les instructions suivantes ?

```
u = 5
for i in range(7):
    u = u * 0.8
```

Que représente la valeur de u pour la suite (u_n) ?

60 Somme de termes d'une suite arithmétique avec Python ★

On considère la fonction suivante, en langage Python :

```
def somme(n):
    u = 2
    s = u
    for k in range(1, n):
        u = u + 0.5
        s = s + u
    return s
```

1. On utilise la fonction précédente en prenant comme paramètre `n = 3`. On rappelle que, lors de l'exécution de la boucle `for k in range(1, n)`, `k` prend successivement les valeurs de 1 à $n-1$.

a) Recopier et compléter le tableau suivant en indiquant les valeurs successives des variables.

k		1	2
u	2	2,5	
s	2		

b) Quelle est la valeur de la variable s en fin de programme ?
c) Vérifier que la valeur de la variable s renvoyée par la fonction pour `n = 3` est la somme des trois premiers termes de la suite arithmétique de premier terme 2 et de raison 0,5.

2. Comment utiliser la fonction précédente pour calculer la somme des 100 premiers termes de la suite arithmétique de premier terme 2 et de raison 0,5 ?

61 Analyser une fonction Python avec une suite ★

On considère la suite définie par $u_0 = 7$ et, pour tout entier naturel n, $u_{n+1} = 2\,u_n + 5$.
Que fait la fonction `f` ci-dessous ?

```
def f (x):
    u = 7
    while u < x:
        u = 2 * u + 5
    return u
```

62 Déterminer et représenter une suite en Python ★

Calculer et représenter en Python les termes de u_0 à u_{10} de la suite (u_n) définie pour tout entier naturel n, par :

1. $u_n = (-0{,}5)^n$;

2. $u_0 = 2$ et $u_{n+1} = 3\,u_n$.

63 Calculer un terme de rang donné en Python ★ ★

1. La fonction Python suivante renvoie le n-ième terme d'une suite arithmétique (u_n) de premier terme u et de raison r.

```
def arithm(u, r, n):
    for k in range(1, n):
        u = u + r
    return u
```

a) Saisir cette fonction.
b) Déterminer, « à la main », le quatrième terme de la suite arithmétique de premier terme 1 et de raison 3.
Tester la fonction précédente avec cet exemple.

2. a) Modifier la fonction précédente pour créer une fonction fournissant le n-ième terme d'une suite géométrique (v_n) de premier terme v et de raison q.
b) Déterminer, « à la main », le quatrième terme de la suite géométrique de premier terme 1 et de raison 3.
Tester votre fonction avec cet exemple.

64 Écrire une fonction en Python calculant une somme à l'aide d'une boucle ★

1. En utilisant une boucle, écrire en langage Python une fonction de paramètre n, entier naturel, renvoyant la valeur de la somme $\sum_{k=1}^{n} k^3$.

2. Utiliser la fonction précédente pour donner la valeur de la somme :

$$1 + 2^3 + 3^3 + \ldots + 10^3.$$

3. Modifier la fonction précédente en introduisant le paramètre m, entier naturel inférieur ou égal à n, permettant de renvoyer la valeur de la somme $\sum_{k=m}^{n} k^3$.

4. Utiliser la fonction précédente pour donner la valeur de la somme :

$$5^3 + 6^3 + 7^3 + 8^3 + 9^3.$$

65 Utiliser une liste en compréhension pour calculer une somme ★

Écrire à l'aide du symbole $\sum$ la valeur de :
`sum([1 / k ** 2 for k in range(1, 11)])`.

Exercices pour approfondir

Corrigés page 202

Modélisation de situations issues de la vie quotidienne ou d'autres disciplines avec une suite arithmétique ou géométrique

Exercices 66 à 80 **Toutes séries**

66 Chiffre d'affaires ★★

Le chiffre d'affaires d'une entreprise du secteur de la téléphonie mobile s'accroît tous les ans de 50 000 €.

En 2019, le chiffre d'affaires était de 500 000 €. On note $C_0 = 500\,000$ et C_n le chiffre d'affaires au cours de l'année $(2019 + n)$.

1. Donner pour tout entier n l'expression de C_{n+1} en fonction de C_n.

2. a) En déduire que les nombres $C_0, C_1, C_2..., C_n$ sont des termes successifs d'une suite arithmétique de premier terme C_0 dont on précisera la raison.

b) Calculer C_5. Interpréter le résultat obtenu.

c) Calculer le chiffre d'affaires prévisible pour 2025.

3. Déterminer en quelle année on peut prévoir un chiffre d'affaires de 1 050 000 €.

67 Amortissement d'un matériel ★★★

On souhaite amortir (ou rembourser) un matériel acheté 100 000 € avec cinq annuités qui soient les termes consécutifs a_0, a_1, a_2, a_3, a_4 d'une suite arithmétique de premier terme $a_0 = 25\,000$. Déterminer a_1, a_2, a_3, a_4.

INDICATION
La somme des cinq annuités est égale à 100 000 €.

68 Payer en quatre fois un équipement ★★

Une entreprise achète un équipement informatique 6 800 €. Les conditions de paiement sont les suivantes : les quatre remboursements, notés u_0, u_1, u_2, u_3 sont des termes successifs de la suite géométrique (u_n) de premier terme u_0 et de raison $q = 0{,}6$. Calculer les quatre remboursements : u_0, u_1, u_2, u_3.

69 Évolution de t % d'une production ★★

AUGMENTATION OU DIMINUTION DE t %
- Chaque fois qu'on est confronté à une situation du type « une population, une production, un prix... augmente de t % tous les ans* », on peut définir une suite géométrique de raison $1 + \frac{t}{100}$.
- S'il s'agit d'une diminution de t %, on peut définir une suite géométrique de raison $1 - \frac{t}{100}$.

* ou tous les mois, toutes les heures...

En janvier 2019, une firme offrait sur le marché 2 000 unités d'un nouveau produit, avec une perspective d'augmentation de cette production de 5 % par an. On suppose que ces prévisions se poursuivent. On pose $p_0 = 2\,000$.

On note p_n la quantité offerte en janvier de l'année $(2019 + n)$. $(2019 + n)$ désigne les années 2020 pour $n = 1$, 2021 pour $n = 2$...

1. Calculer p_1, p_2, p_3.

2. Exprimer, pour tout entier n, p_{n+1} en fonction de p_n. En déduire la nature de la suite (p_n).

3. Exprimer p_n en fonction de n.

4. Calculer la production totale prévisible entre janvier 2019 et janvier 2026.

70 Suite géométrique de premier terme u_1 ★

Une blanchisserie industrielle prévoit d'augmenter sa capacité de lavage de draps pour des hôtels de 10 % chaque année. Cette blanchisserie a lavé 260 000 draps la première année. Dans ce qui suit, U_n désigne le nombre prévu de draps lavés la n-ième année, donc $U_1 = 260\,000$.

1. Calculer U_2, U_3 et U_4.

2. $U_1, U_2, U_3, \ldots, U_n, \ldots$ sont les termes consécutifs d'une suite géométrique de raison q.

a) Déterminer la valeur de q.

b) Exprimer U_n en fonction de n.

3. On admet que l'objectif prévisionnel est maintenu.

a) Calculer le nombre de draps lavés la 10e année.

b) Calculer le nombre total de draps que la blanchisserie aura lavés pendant 10 ans. On pourra utiliser le résultat suivant.

RAPPEL
Pour une somme de termes consécutifs d'une suite géométrique on a :

$$\begin{pmatrix}\text{Somme}\\ \text{de termes}\\ \text{successifs}\end{pmatrix} = \begin{pmatrix}\text{Premier}\\ \text{terme}\end{pmatrix} \times \frac{1 - (\text{Raison})^{\text{nombre de termes}}}{1 - (\text{Raison})}$$

71 Suite arithmétique et suite géométrique ★

Afin d'assurer son appartement, un couple compare deux propositions.

Proposition A : le montant de l'assurance est de 200 euros la première année puis augmente de 10 euros par an.

Proposition B : le montant de l'assurance est de 100 euros la première année et augmente de 6 % par an.

On note a_n le montant de l'assurance avec la proposition A et b_n celui avec la proposition B la n-ième année. Ainsi $a_1 = 200$ et $b_1 = 100$.

1. *Étude de la proposition A :*

a) Calculer a_2 puis a_3.

b) Donner la nature de la suite (a_n) en précisant sa raison.

c) Donner, pour tout entier naturel n non nul, a_n en fonction de n.

2. *Étude de la proposition B :*

a) Calculer b_2 puis b_3.

b) Donner la nature de la suite (b_n) en précisant sa raison.

c) Donner, pour tout entier naturel n non nul, b_n en fonction de n.

3. Quelle proposition est la plus avantageuse si le couple conserve son assurance pendant 10 ans ?

Justifier la réponse.

Exercices pour approfondir

72 Pour protéger l'environnement ★ ★ ★

Pour répondre à une nouvelle norme antipollution, un important groupe industriel de l'agroalimentaire doit ramener progressivement sa quantité de rejets, qui est de 50 000 tonnes par an en 2019, à une valeur inférieure ou égale à 30 000 tonnes en 10 ans au plus, soit une réduction de 40 %. Il s'engage à réduire chaque année sa quantité de rejets de 4 % (soit un taux annuel de diminution de 4 %).

1. S'il rejette 48 000 tonnes en 2020, respecte-t-il son engagement ?

2. Pour tout entier n, on note r_n la quantité de rejets de l'année « 2019 + n ».

a) Exprimer r_{n+1} en fonction de r_n.

b) Quelle est la nature de la suite (r_n) ?

3. Calculer, à la tonne près, la quantité de rejets prévue pour l'année 2029. La norme sera-t-elle respectée en 2029 ?

4. Un taux annuel de diminution de 5 % permettrait-il de respecter la norme ?

PLACEMENTS AVEC INTÉRÊTS SIMPLES

• Placer un capital C_0 à x % par an **avec intérêts simples** signifie que, chaque année, on reçoit le même intérêt : $C_0 \times \frac{x}{100}$.

• Les capitaux disponibles successifs au bout d'une année..., n années : C_1..., C_n sont alors des termes successifs d'une **suite arithmétique de premier terme C_0 et de raison** : $C_0 \times \frac{x}{100}$.

• Notation : on note souvent $i = \frac{x}{100}$, i étant l'intérêt servi pour un capital de 1 €.

• La **valeur acquise** est, à la fin du placement, le montant du capital augmenté de l'intérêt produit.

• Ce type de placement est notamment celui des emprunts des groupes industriels. L'épargnant perçoit l'intérêt chaque année ou en fin de contrat.

• Depuis 2019, certains États empruntent même en proposant une **rémunération négative**.

73 Placement avec intérêts simples ★

On place un capital $C_0 = 1\,000$ € à 2,5 % par an avec intérêts simples. Cela signifie que, chaque année, on obtient le même intérêt : $\frac{2,5}{100} \times C_0$.

On note C_n le capital obtenu (ou « valeur acquise ») au bout de n années, les intérêts n'étant pas versés chaque année, mais en fin de contrat.

1. Calculer C_1, C_2, C_3.

2. a) Donner, pour tout entier n, l'expression de C_{n+1} en fonction de C_n.

b) En déduire que les nombres $C_0, C_1, C_2..., C_n$ sont des termes successifs d'une suite arithmétique de premier terme C_0, dont on précisera la raison.

PLACEMENTS À TAUX NÉGATIFS

L'Agence France Trésor (installée au centre de Bercy) est un service qui emprunte auprès des investisseurs internationaux des milliards d'euros chaque année pour financer le déficit budgétaire de la France. En 2018, cette agence a emprunté au taux moyen de 0,53 %. En 2019, la quasi-totalité des emprunts d'États européens ont été émis à *taux négatifs*. Fin août 2019, l'État allemand a proposé un emprunt sur 30 ans rémunéré à – 0,19 % et l'État français un emprunt sur 10 ans rémunéré à – 0,44 %. Les investisseurs restaient intéressés par ces titres d'emprunts à taux négatifs présentant moins de risques que d'autres placements...

74 Emprunt à taux négatif ★

On a placé $C_0 = 1\,000$ € en 2019 à – 0,44 % par an avec intérêts simples. Calculer la valeur acquise au bout de 10 ans (les intérêts étant prélevés en fin de contrat).

PLACEMENTS AVEC INTÉRÊTS COMPOSÉS

• Placer un capital C_0 à x % par an ***avec intérêts composés*** signifie que les intérêts d'une année s'ajoutent au capital et que, l'année suivante, ils rapportent eux aussi des intérêts.

• Pour un placement avec intérêts composés à x %, on note $i = \frac{x}{100}$; les capitaux disponibles successifs au bout d'une année..., n années : C_1..., C_n sont alors des termes successifs d'une **suite géométrique de premier terme C_0 et de raison** : $(\mathbf{1}+\boldsymbol{i})$.

• Ce type de placement est notamment celui des « livrets A », des « LEP » (livrets d'épargne populaire), des « livrets jeunes », des livrets de développement durable (LDD)...

75 Placement avec intérêts composés ★

Dans cet exercice, on donnera éventuellement des valeurs approchées des résultats arrondies au centime.

On place un capital $C_0 = 6\,000$ € à 1,25 % par an avec intérêts composés. Cela signifie que les intérêts d'une année s'ajoutent au capital, et que, l'année suivante, ils rapportent eux aussi des intérêts.

On note C_n le capital obtenu (ou « valeur acquise ») au bout de n années.

1. Calculer C_1, C_2, C_3.

2. a) Donner pour tout entier n, l'expression de C_{n+1} en fonction de C_n.

b) En déduire que les nombres $C_0, C_1, C_2..., C_n$ sont des termes successifs d'une suite géométrique de premier terme C_0 dont on précisera la raison.

c) Donner l'expression de C_n en fonction de n. Calculer C_{28} et C_{29}.

3. Au bout de combien d'années le capital initial aura-t-il doublé ?

76 Calcul de la valeur acquise et du taux pour un placement à intérêts composés ★★★

Les deux questions suivantes sont indépendantes.

1. *Calcul de la valeur acquise*

Calculer la valeur acquise par un capital C de 2 650 € placé à intérêts composés pendant 4 ans au taux annuel de 1,50 %. En déduire le montant des intérêts acquis. Arrondir au centime d'euros.

2. *Calcul du taux*

Déterminer à quel taux annuel il faut placer, à intérêts composés, une somme de 10 000 € pour que sa valeur acquise au bout de deux ans de placement soit de 10 404 €.

77 Remboursement d'un emprunt par annuités constantes ★★★★

On amortit (on rembourse) une dette D au moyen d'annuités égales. Soit i le taux de l'emprunt et n le nombre d'années de remboursement.

La formule qui donne l'annuité constante a est :

$$a = D \times \frac{i}{1-(1+i)^{-n}}.$$

1. Déterminer a pour $D = 350\,000$ €, $n = 15$ ans, $i = 0{,}02$ (c'est-à-dire un intérêt de 2 %).

2. S'il s'agit de remboursements d'un prêt souscrit pour l'achat d'une maison, quel est le prix total payé au bout de 15 ans ?

Exemples d'utilisations du tableur

78 Évolution d'un capital ★★

On place un capital $C_0 = 1\,000$ € sur un livret bancaire rémunéré à 1 %, avec intérêts annuels composés. Cela signifie que, chaque année, on perçoit des intérêts d'un montant égal à 1 % du capital qui s'ajoutent alors au capital. Au bout d'un an, le capital disponible est : $C_1 = 1\,000 \times 1{,}01 = 1\,010$ €, puis au bout de deux ans, $C_2 = 1\,010 \times 1{,}01 = 1\,020{,}1$ €.

1. On désigne par C_1, C_2, …, C_n les capitaux disponibles (ou « valeurs acquises ») au bout de 1, 2, … n années.

a) Exprimer C_{n+1} en fonction de C_n.

b) En déduire la nature de la suite (C_n) et préciser sa raison.

c) Exprimer C_n en fonction de n.

d) Calculer C_{10}. Arrondir à 10^{-2}.

2. On se propose d'utiliser un tableur pour obtenir les termes de cette suite. On donne ci-dessous un extrait d'une feuille de calcul.

	A	B
1	Année	Capital
2	0	
3	1	
4	2	
5	3	

a) Que faut-il entrer dans la cellule B2 ?

b) Quelle est la valeur acquise du capital dans 5 ans ? Arrondir au centime.

c) Au bout de combien d'années, la valeur acquise dépassera-t-elle 1 100 € ?

79 Prix d'un kilowatt-heure

Pour un particulier et sous certaines conditions, le prix d'un kilowatt-heure (kWh) était de 0,140 € TTC au 1er janvier 2015. On prévoit une augmentation du prix du kWh de 6 % par an jusqu'en 2050. On note U_n le prix en euros du kWh le 1er janvier de l'année $(2015 + n)$. On a donc $U_0 = 0{,}140$.

1. Calculer U_1 et U_2. Arrondir les résultats au millième d'euros.

2. Quelle est la nature de la suite (U_n) ? Préciser sa raison.

3. On utilise la feuille de calcul ci-dessous pour observer l'évolution du prix du kWh.

	A	B	B
1	Année	n	U_n
2	2015	0	0,140
3	2016	1	
4	2017	2	
5	2018	3	
6	2019	4	
7	2020	5	

Donner une formule qui, saisie dans la cellule C3 puis recopiée vers le bas jusqu'en C7 permet de calculer les valeurs de la suite (U_n).

4. Exprimer U_n en fonction de n.

5. Calculer le prix du kWh que l'on prévoit au 1er janvier 2024. Arrondir le résultat au millième d'euros.

6. À partir de quelle année prévoit-on que le prix du kWh aura au moins doublé par rapport à celui de l'année 2015 ?

En France, l'hydroélectrique représente environ 10 % de la production d'électricité.

80 Augmentation annuelle du bénéfice ★★★

1. On suppose qu'une entreprise réalisait 10 000 € de bénéfice par mois en 2019. À la fin de l'année 2019, après avoir déduit impôts et investissements, son directeur général a constaté qu'il restait 8 % du bénéfice de l'année ; il a appelé cette somme « bénéfice net de l'année 2019 » ; on la note B_0. Montrer que $B_0 = 9\,600$ €.

Dans la suite, on appelle B_n le « bénéfice net » réalisé par l'entreprise pendant l'année $(2019+n)$.

2. Grâce à l'amélioration de l'outil de production, on suppose que le « bénéfice net » augmente de 3 % chaque année, à partir de 2019.

a) Calculer le « bénéfice net » B_1 réalisé au cours de l'année 2020.

b) Quelle est la nature de la suite (B_n) ? Justifier.

c) Donner le « bénéfice net » prévisible en 2024.

3. À l'aide du tableur, déterminer en quelle année le « bénéfice net de l'année » sera supérieur à 12 000 €.

Exercices 81 et 82 ST2S

81 Culture de bactéries ★★

On étudie une culture de bactéries en milieu liquide. Cette culture comporte 6 000 bactéries au début de l'étude (c'est-à-dire à l'instant $t=0$). On note le nombre de bactéries toutes les heures.

1. Le nombre de bactéries augmente de 10 % chaque heure. Quelle formule peut-on entrer en B3, puis recopier vers le bas, pour compléter la colonne B ?

	A	B
1	Temps (heures)	Nombre de bactéries
2	0	6 000
3	1	
4	2	
5	3	
6	4	
7	5	
8		

2. Calculer le nombre de bactéries au bout d'une heure, de deux heures, de trois heures.

3. Pour tout entier naturel n, on désigne par u_n le nombre de bactéries au bout de n heures.

a) Quelle est la nature de la suite (u_n) ?

b) Déterminer au bout de combien d'heures le nombre de bactéries aura doublé.

82 Évolution de la concentration d'un médicament ★★

On injecte à un patient une dose de 4 ml d'un médicament. La quantité de médicament présente dans le sang diminue chaque heure de 10 %. On note v_n la quantité de médicament, en ml, restant dans le sang du patient n heures après l'injection. On a donc $v_0=4$.

1. Déterminer la nature et les caractéristiques de la suite (v_n).

2. On se propose d'utiliser un tableur pour obtenir les termes de cette suite. On donne ci-dessous un extrait d'une feuille de calcul.

	A	B	C	D	E	F	G
1	Temps (heures)	0	1	2	3	4	5
2	Quantité de médicament (ml)	4					

a) Quelle formule peut-on entrer en C2, puis recopier vers la droite, pour obtenir, à chaque heure, la quantité de médicament (en ml) présente dans le sang ?

b) Déterminer la quantité de médicament présente dans le sang du patient au bout de 10 heures. Arrondir à 10^{-2}.

c) Au bout de combien d'heures la quantité de médicament présente dans le sang du patient aura-t-elle diminué de 75 % par rapport à la quantité injectée ?

83 Avec une suite définie par une expression de la forme $u_{n+1}=au_n+b$ ★★★

Un commerçant place un capital de 3 000 euros sur un compte rémunéré à intérêts composés.

Le taux de placement est de 1 % l'an.

Tous les ans, au 1er janvier, il ajoute 300 euros sur ce compte.

Soit C_n le capital, en euros, après n années de placement. On a ainsi $C_0=3\,000$.

1. Justifier que $C_1=3\,330$.

2. Déterminer C_2.

3. Justifier que pour tout entier naturel n,

$C_{n+1}=1{,}01C_n+300$.

4. Ce commerçant veut utiliser une feuille de calcul d'un tableur pour déterminer son capital en fonction du nombre d'années de placement.

	A	B
1	Taux de placement en %	1
2	Ajout annuel (en euros)	300
3		
4	Nombre d'années de placement	Capital en euros au bout de n années
5	0	3 000,00
6	1	
7	2	
8	3	
9	4	

Le format des cellules B5 à B9 est monétaire avec 2 décimales.

a) Indiquer une formule à entrer en B6 qui, par recopie vers le bas, permet de compléter la plage de cellules B6:B9.

b) Quel est le capital au bout de 4 années de placement ?

5. Déterminer à l'aide du tableur au bout de combien d'années de placement le commerçant dispose d'un capital supérieur à 5 000 €.

Algorithmique en langage naturel

84 Calcul d'une somme de termes consécutifs ★★

On considère l'algorithme suivant, où n est un entier naturel non nul :

$u \leftarrow 4$
$S \leftarrow u$
Pour i allant de 1 à n
    $u \leftarrow u+2$
    $S \leftarrow S+u$
Fin Pour

1. Si la variable n contient la valeur 3 avant l'exécution de cet algorithme, que contient la variable S à la fin de son exécution ?

2. Quel est le rôle de cet algorithme ?

3. Modifier l'algorithme pour qu'il calcule et affiche la somme des n premiers termes de la suite géométrique de premier terme 4 et de raison 2,5.

85 Explorer à l'aide d'un algorithme une suite ni arithmétique ni géométrique ★★★

En plein hiver, en Europe, une maison est chauffée à 20 °C alors que la température extérieure est de – 15 °C.
Lorsque le chauffage est coupé, la température intérieure diminue par perte de chaleur.
On modélise cette situation pour une suite (u_n) dont le terme général u_n désigne la température intérieure de la maison n heures après la coupure du chauffage. On admet que, pour tout entier naturel n :

$$u_{n+1} = 0{,}99\, u_n - 0{,}15 \quad \text{et} \quad u_0 = 20.$$

1. a) Calculer les termes u_1 et u_2.
b) La suite (u_n) est-elle arithmétique ? géométrique ? Justifier les réponses.

2. On souhaite déterminer, à l'aide d'un algorithme, le nombre d'heures à partir duquel la température intérieure devient strictement inférieure à 5 °C. On utilise pour cela l'algorithme incomplet ci-dessous dans lequel U désigne un nombre réel et N un nombre entier naturel.

$U \leftarrow 20$
$N \leftarrow 0$
Tant que …
  $U \leftarrow$ …
  $N \leftarrow$ …
Fin Tant que

a) Recopier et compléter l'algorithme.
b) À l'aide de la calculatrice, déterminer le nombre d'heures recherché.

86 Photocopieurs ★★★

Une société propose des contrats annuels d'entretien de photocopieurs. Le directeur de cette société remarque que, chaque année, 14 % de contrats supplémentaires sont souscrits et 7 sont résiliés.

En 2017, l'entreprise dénombrait 120 contrats souscrits.
On modélise la situation par une suite (u_n) où u_n est le nombre de contrats souscrits l'année $2017 + n$. Ainsi on a $u_0 = 120$.

1. Justifier que, pour tout entier naturel n, on a $u_{n+1} = 1{,}14\, u_n - 7$.

2. Compte tenu de ses capacités structurelles actuelles, l'entreprise ne peut prendre en charge que 190 contrats. Au-delà, l'entreprise devra embaucher davantage de personnel.
On cherche donc à savoir en quelle année l'entreprise devra embaucher.
Pour cela, on utilise l'algorithme suivant :

$n \leftarrow 0$
$u \leftarrow 120$
Tant que ....
  $n \leftarrow n + 1$
  ....
Fin Tant que

Recopier et compléter l'algorithme ci-dessus afin qu'à la fin de l'exécution de cet algorithme, $2017 + n$ ait pour valeur l'année pour laquelle l'entreprise devra embaucher.

Programmation en Python

87 « Le continent de plastique » ★★

Le « continent de plastique » est la plus grande des plaques de déchets plastiques évoluant sur les océans. Elle occupe actuellement dans l'océan Pacifique une surface dont l'aire est évaluée à plus de 1,6 million de km², entre Hawaï et la Californie.
En 2017, des scientifiques ont estimé la masse totale de déchets plastiques dans les océans à 300 millions de tonnes et ont prévu une augmentation de 5,4 % par an au cours des prochaines années.
On modélise l'évolution de la masse totale de ces déchets plastiques, si rien n'est fait pour la réduire, par une suite géométrique (u_n) de raison 1,054 et de premier terme $u_0 = 300$. L'arrondi au centième du terme u_n représente la masse totale de ces déchets, exprimée en millions de tonnes, pour l'année $(2017 + n)$.

1. Calculer u_1 et u_2.

2. Exprimer u_n en fonction de n.

3. On souhaite déterminer en quelle année la masse totale de ces déchets plastiques aura pour la première fois augmenté de 50 % par rapport à sa valeur de 2017.
a) Recopier et compléter le programme Python ci-dessous pour que la variable N contienne la réponse au problème posé.

```
N = 2017
U = 300
while U < 450:
    N = ...
    U = ...
```

b) Que contiennent les variables U et N après exécution de ce programme ? Interpréter les résultats dans le contexte de l'exercice.

Exercices pour approfondir

88 Modéliser une situation discrète du XVIe siècle ★ ★ ★

Pour ranger les boulets de canon, les soldats du XVIe siècle utilisaient souvent un type d'empilement pyramidal à base carrée, comme le montrent les dessins suivants :

Empilement à 2 niveaux

Empilement à 3 niveaux

Empilement à 4 niveaux

Empilement à 5 niveaux

On modélise cette situation par la suite (u_n) où u_n est le total de boulets dans l'empilement à n niveaux, avec $n \geq 2$. Ainsi $u_2 = 1 + 4 = 5$ qui peut aussi s'écrire $u_2 = 1^2 + 2^2$.

1. a) Écrire chacun des nombres u_3, u_4, u_5 comme une somme de carrés de nombres entiers et donner la valeur de chacun.

b) En déduire sans explication une expression pouvant donner la valeur de u_n.

Dans les questions **2** et **3**, on admet que u_n peut aussi s'écrire $u_n = \dfrac{n(n+1)(2n+1)}{6}$.

2. À l'aide du tableur, déterminer à partir de quel niveau le nombre total de boulets est supérieur à 1 000.

3. a) Écrire une fonction `totalboulets` en Python qui prend en argument n, le nombre de niveaux, et renvoie le nombre total u_n de boulets dans l'empilement à n niveaux. Retrouver les valeurs de u_3, u_4, u_5 calculées à la question **1.a**.

b) Écrire une fonction `depasse` en Python qui prend en argument un nombre de boulets nb et qui permet d'obtenir la première valeur de n pour laquelle on a $u_n \geq nb$. Retrouver le résultat de la question **2** en prenant 1 000 en argument de cette fonction. Quelle est la première valeur de n pour laquelle on a $u_n \geq 2\,000$? 10 000 ?

c) Modifier la fonction précédente pour qu'elle renvoie la première valeur de u_n telle que $u_n \geq nb$. Déterminer la première valeur de u_n telle que $u_n \geq 1\,000$, puis telle que $u_n \geq 2\,000$ et telle que $u_n \geq 10\,000$.

89 Temps de doublement d'un capital ★ ★

On place un capital initial $C_0 = 10\,000$ € à intérêts composés au taux annuel i. On note C_n le capital disponible au bout de n années.

On recherche un algorithme permettant de déterminer la plus petite valeur de l'entier n pour laquelle le capital disponible C_n est supérieur ou égal à 20 000 €.

1. On suppose dans cette question que le taux d'intérêt annuel est de 2 %, c'est-à-dire que $i = 0{,}02$. Calculer C_1 et C_2.

2. Soit i un nombre réel positif.

a) Exprimer C_1 en fonction de i, puis C_2 en fonction de i et de C_1.

b) Soit n un nombre entier non nul. Exprimer C_{n+1} en fonction de C_n et de i.

Quelle est la nature de la suite (C_n) ?

3. On considère la fonction Python suivante.

```
def double(i):
    n = 0
    c = 10000
    while c < 20000:
        n = n + 1
        c = (1 + i) * c
    return n
```

a) Quel est le test d'arrêt de la boucle de cette fonction ? Quand sort-on de la boucle ?

b) Reproduire et compléter le tableau suivant, en indiquant les valeurs de la variable c et du test lorsqu'on effectue l'appel `double(0.02)` (effectuer « à la main » les deux premières étapes de la boucle).

		c	c < 20 000
Initialisation	n = 0	10 000	VRAI
Boucle	n = 1		
	n = 2		

4. Implémenter la fonction en machine.

Tester le programme en vérifiant que l'appel `double(0.02)` renvoie la valeur 36.

5. Interpréter le résultat précédent dans le contexte de l'exercice.

6. Au bout de combien d'années le capital initial est-il doublé lorsque le taux de placement à intérêts composés est 1,5 % ? 2,5 % ?

Exercices Pour le bac

CONTRÔLE BAC CONTINU

Exercices 90 à 97 Toutes séries

90 Automatismes (5 points) ★★

Sans calculatrice

Le jour de l'épreuve, une feuille réponse est fournie.

Énoncé	Réponse
1. 0,1 % s'écrit sous forme décimale :	....
2. 20 % de 150 c'est :	....
3. Dans une classe de Terminale, il y a 40 % de filles et 50 % des filles ont 18 ans. Dans cette classe le pourcentage de filles de 18 ans est :	....
4. Augmenter de 30 % c'est multiplier par :	....
5. Diminuer de 20 % c'est multiplier par :	....
6. Un prix est passé de 120 à 150 euros. Cela représente une hausse de : **a)** 20 % ; **b)** 25 % ; **c)** 30 % ; **d)** 35 %.	....
7. L'indice du prix d'une matière première est passé pour deux années consécutives de 100 à 81. Cela représente une baisse en pourcentage de :	....
8. Un prix augmente de 50 % puis baisse de 50 %. Le prix est-il revenu à sa valeur initiale ?	....
9. Le taux de l'évolution réciproque d'une hausse de 100 % est :	....
10. Une population de 1 500 individus augmente de 3 % par an à partir de 2020. On note $p_0 = 1\,500$ et $p_1, p_2, \ldots, p_n$ les populations successives au bout d'une année, deux années, …, n années. Quelle est la nature de la suite (p_n) ? Définir sa raison.	....

Les exercices 91 à 97 sont à traiter avec calculatrice

91 Problème de production (5 points) ★★

Une unité de production fabrique un certain type de matériel pour les cuisines des restaurants.
En 2019, la production annuelle a été de 5 000 unités.
On admet que la production augmente de 4 % chaque année.
Tous les résultats de production seront arrondis à l'unité.

1. Calculer la production en 2020 et 2021.

2. On note $P_0 = 5\,000$. Dans la suite on désigne par P_n la production de l'année $2019 + n$. Quelle est la nature de la suite (P_n) ? Justifier.

3. Exprimer P_n en fonction de n.

4. Déterminer la production en 2024.

5. Déterminer la production totale entre début 2019 et fin 2024.

92 Messagerie électronique (5 points) ★★★

Avec le tableur

Une entreprise utilise depuis le 1er janvier 2019 une messagerie électronique professionnelle, sur laquelle elle conserve tous les messages reçus ou envoyés, en les classant par année. Les responsables ont constaté au 31 décembre 2019 que la taille du dossier contenant les messages de l'année 2019 était de 4 mégaoctets (Mo).
Une étude a montré que la taille des messages électroniques professionnels augmentait en moyenne de 5 % par an. On fait l'hypothèse que cette augmentation se poursuivra au moins jusqu'en 2025.
On note u_n la taille, en mégaoctets, du dossier contenant les messages de l'année $(2019 + n)$. On a donc $u_0 = 4$.
On utilise une feuille de calcul d'un tableur *(voir l'annexe)* pour observer l'évolution de la taille de l'ensemble des dossiers de ce cabinet depuis 2019.

1. Quelle est la nature de la suite (u_n) ? Préciser sa raison.

2. Exprimer u_n en fonction de n.

3. Selon ce modèle, calculer la taille du dossier de l'année 2025. Arrondir à 0,01 Mo.

4. a) Donner une formule qui, saisie dans la cellule C3 puis recopiée vers le bas, permet d'obtenir les valeurs de la colonne C.
b) Parmi les formules suivantes, indiquer toutes celles qui, saisies dans la cellule D3, puis recopiées vers le bas, permettent d'obtenir les valeurs de la colonne D.
=SOMME(C2:C3) ; =SOMME($C$2:C3) ; =D2+C3 ; =$D$2+C3.

5. a) Calculer la taille de l'ensemble des dossiers au 31 décembre 2025. Arrondir à 0,01 Mo.
b) La capacité de stockage de la messagerie est limitée à 30 mégaoctets. Peut-on estimer que l'entreprise pourra conserver la totalité de ses messages ? Justifier.

Annexe

	A	B	C	D
1	Année	n	u_n	Taille de l'ensemble des dossiers (en Mo)
2	2019	0	4,00	4,00
3	2020	1	4,20	8,20
4	2021	2	4,41	12,61
5	2022	3		
6	2023	4		
7	2024	5		
8	2025	6		

93 Le nombre de nuitées (5 points) ★★

On admet que depuis 2019, le nombre de nuitées en Bretagne au mois de janvier augmente chaque année de 4 %. Pour tout entier naturel n, on note u_n le nombre de nuitées en janvier $2019 + n$, exprimé en milliers. On a $u_0 = 368{,}9$.

1. Calculer le nombre de nuitées en janvier 2020.
Arrondir la réponse au millier.

2. Donner la nature de la suite (u_n) ainsi que sa raison.

3. Exprimer u_n en fonction de n.

4. En utilisant ce modèle, estimer le nombre de nuitées en janvier 2027.
Arrondir la réponse au millier.

5. On donne la fonction Python suivante.

```
seuil():
    n = 0
    u = 368.9
    while u < 425:
        u = u * 1.04
        n = n + 1
    return n
```

La requête `seuil()` renvoie la valeur 4.
Interpréter ce résultat dans le contexte de l'exercice.

94 Énergie houlomotrice (5 points) ★★★

L'énergie houlomotrice est obtenue par exploitation de la force des vagues. Les installations houlomotrices doivent être capables de résister à des conditions extrêmes, ce qui explique que le coût actuel de production d'électricité par énergie houlomotrice est élevé.
On estime qu'en 2018 le coût de production d'un kilowattheure (kWh) par énergie houlomotrice était de 24 centimes d'euros. C'est nettement plus que le coût de production d'un kilowattheure par énergie nucléaire, qui était de 6 centimes d'euros en 2018.
On admet qu'à partir de 2018 les progrès technologiques permettent une baisse de 5 % par an du coût de production d'un kilowattheure par énergie houlomotrice.
Pour tout entier naturel n, on note c_n le coût de production, en centime d'euro, d'un kilowattheure d'électricité produite par énergie houlomotrice pour l'année $2018 + n$. Ainsi, $c_0 = 24$.

1. Calculer c_1. Interpréter le résultat dans le contexte de l'exercice.

2. Déterminer la nature de la suite (c_n) et donner ses éléments caractéristiques.

3. Pour tout entier naturel n, exprimer c_n en fonction de n.

4. On estime que le coût de production d'un kilowattheure par énergie nucléaire va augmenter tous les ans d'un centime d'euro. On souhaite alors déterminer l'année à partir de laquelle le coût d'un kilowattheure produit par énergie houlomotrice deviendra inférieur au coût d'un kilowattheure produit par énergie nucléaire.

a. Recopier et compléter le programme Python suivant afin que la valeur de la variable n en sortie de programme permette de répondre au problème.

```
c = 24
d = 6
n = 2018
while ..........:
    c = ..........
    d = ..........
    n = n + 1
```

b. Répondre au problème posé. Aucune justification n'est demandée.

95 Campagne publicitaire ★★★

Un constructeur automobile commercialise un nouveau véhicule. Afin de le faire connaître, une campagne publicitaire est organisée. On étudie l'impact de cette campagne publicitaire dans une certaine région.
Le premier jour de la campagne publicitaire, 150 habitants de la région ont pris connaissance de la publicité. Chaque jour, le nombre d'habitants de la région ayant pris connaissance de la publicité est multiplié par 2.
Pour tout entier naturel n, on note u_n le nombre d'habitants ayant connaissance de la publicité le n-ième jour de la campagne.

1. Déterminer la nature de la suite (u_n), donner ses éléments caractéristiques.

2. Pour tout entier naturel n, exprimer u_n en fonction de n.

3. Déterminer le nombre d'habitants ayant pris connaissance de la publicité le septième jour de la campagne.

4. Déterminer le nombre total d'habitants ayant pris connaissance de la publicité pendant la première semaine.

5. On souhaite écrire un programme qui détermine le nombre de jours au bout desquels au moins 30 000 habitants de la région auront pris connaissance de la publicité.
Parmi ces programmes, quel est celui dont le contenu de la variable n, après exécution, répond au problème ?

Programme A	Programme B

`a = 150`
`n = 1`
`while a < 30000:`
`    a = 2 * a`
`    n = n + 1`
	`a = 1`
	`n = 150`
	`while a < 30000:`
	`    a = 2 * a`
	`    n = n + 1`

Programme C	**Programme D**

`a = 150`
`n = 1`
`while a < 30000:`
`    a = 2 * a`
	`a = 150`
	`n = 1`
	`while a > 30000:`
	`    a = 2 * a`
	`    n = n + 1`

96 Vrai-faux et QCM (5 points) ★★

Les deux parties A et B sont indépendantes.

A. *Avec le tableur* (3 points)

Réponde, par VRAI ou FAUX, aux questions suivantes (une justification est demandée).

1. On injecte u_0 cm^3 d'un médicament dans le sang d'un patient. La quantité de ce médicament présente dans le sang du patient n heures après l'injection est u_n. La quantité de médicament présente dans le sang baisse de 20 % chaque heure.

La suite (u_n) est une suite géométrique de raison 0,8.

2. On reprend la situation décrite dans la question **1.** ci-dessus. Cinq heures après l'injection, il reste dans le sang du patient environ 67 % de la quantité injectée.

3. La feuille de calcul ci-après est utilisée pour calculer les premiers termes de la suite géométrique (u_n) de premier terme 5 000 et de raison 1,02.

La formule, à recopier vers le bas, à entrer dans la cellule B3 est : 5 000*1,02.

	A	B
1	n	u_n
2	0	5 000
3	1	
4	2	
5	3	

B. *En Python* (2 points)

On considère le programme Python suivant. Quelle est la valeur de n à la fin de ce programme ?

```
n = 1
v = 6
while v < 31:
    n = n + 1
    v = v * 1.2
```

a) 9 ; **b)** 10 **c)** 11 ; **d)** 12.

97 QCM (5 points) ★★★

Cet exercice est un questionnaire à choix multiple (QCM).

Pour chaque question, une seule des quatre réponses proposée est correcte.

Pour chaque question, indiquer sur la copie, le numéro de la question et la réponse choisie.

Aucune justification n'est demandée.

La réponse correcte à chacune des questions 1 et 2 rapporte un point et demi et la réponse correcte à la question 3 rapporte 2 points. Une réponse incorrecte, multiple ou une absence de réponse n'apporte ni ne retire aucun point.

Un zoologiste étudie l'évolution d'une population de chevaux vivant en liberté dans une zone montagneuse.

Il a observé depuis 2010 que cette population diminue chaque année en moyenne de 5 %.

Le 1er mars 2018, la population compte 2 375 individus.

Le zoologiste émet l'hypothèse que cette baisse annuelle de 5 % va se poursuivre jusqu'en 2025.

1. Le nombre d'individus de la population au 1er mars 2022 est estimé, à la dizaine près, à :

a) 1 840 ; **b)** 1 930 ; **c)** 2 040 ; **d)** 2 890.

2. Le nombre d'individus au 1er mars 2017 était de :

a) 2 300 ; **b)** 2 400 ; **c)** 2 500 ; **d)** 2 600.

3. Le zoologiste souhaite connaître l'année à partir de laquelle la population aura diminué de plus de 25 % par rapport à sa valeur de 2018.

Parmi les quatre programmes suivants, en Python, celui pour lequel le contenu de la variable n fournit, après exécution, l'information souhaitée est :

a)
```
n = 2018
v = 2375
while v >= 0.75 * v:
    v = v - 0.05 * v
    n = n + 1
```

b)
```
n = 2018
v = 2375
while v >= 0.75 * 2375:
    v = 0.95 * v
    n = n + 1
```

c)
```
n = 2018
v = 2375
while v <= 0.75 * 2375:
    v = 0.95 * v
    n = n + 1
```

d)
```
n = 2018
v = 2375
while v >= 0.75 * 2375:
    v = v - 0.05
    n = n + 1
```

#diaporama
foucherconnect.fr/20ltm06

Testez-vous !

1. Calculer la dérivée d'une fonction polynomiale de degré inférieur ou égal à 3

Déterminer la dérivée f' de la fonction f sur l'ensemble donné où elle est définie et dérivable.

a) f est définie sur $\mathbb{R}$ par : $f(x) = 3x - 4$;

b) f est définie sur $\mathbb{R}$ par : $f(x) = -\frac{1}{2}x + \frac{1}{2}$;

c) f est définie sur $\mathbb{R}$ par : $f(x) = \frac{1}{2}x^2 + 3x - 1$.

d) f est définie sur $\mathbb{R}$ par :
$f(x) = -0{,}3x^2 - 2x + 3$;

e) f est définie sur $\mathbb{R}$ par :
$f(x) = 2x^3 + 3x^2 - x - 1$.

2. Lectures graphiques et étude des variations

On considère une fonction f définie et dérivable sur l'intervalle $[0\,;2{,}5]$.
On note f' la fonction dérivée de la fonction f.
On donne ci-dessous la courbe représentative de la fonction f, dans un repère orthogonal.

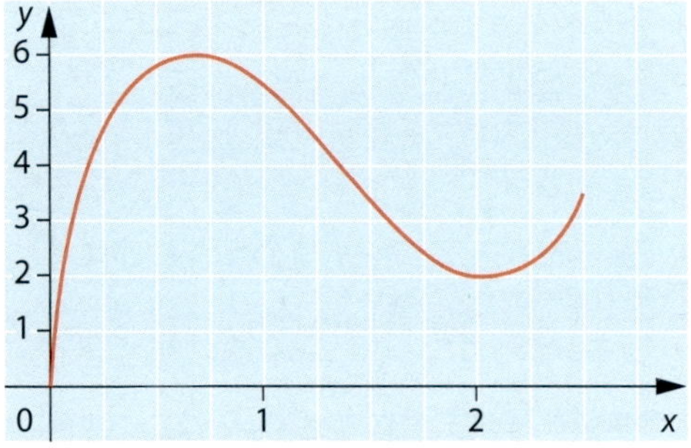

1. Déterminer graphiquement $f(1)$, $f(2)$ et $f'(2)$.

2. On admet que f est définie sur l'intervalle $[0\,;2{,}5]$ par : $f(x) = 4x^3 - 16{,}5x^2 + 18x$.

a) Calculer $f'(x)$.

b) Vérifier que $f'(x) = (12x - 24)(x - 0{,}75)$.

c) Donner le signe de $f'(x)$ suivant les valeurs de x sur l'intervalle $[0\,;2{,}5]$ à l'aide d'un tableau de signes.

d) En déduire le tableau de variation de la fonction f.

3. Comprendre l'utilisation d'une fonction Python

Quel(s) programme(s) affiche(nt) 25 ? Justifier.

Programme 1

```
def f(x):
    y = x ** 2
    return y
f(5)
print(y)
```

Programme 2

```
def f(x):
    y = x ** 2
    return y
y = f(5)
print(y)
```

Programme 3

```
def f(x):
    y = x ** 2
    return x
print(f(5))
```

4. Comprendre un algorithme de balayage

Indiquer la bonne réponse parmi les propositions de l'énoncé ; aucune justification n'est demandée.

Une fonction balayage(a) renvoyant deux valeurs formant un encadrement de $\sqrt{5}$ d'amplitude a est donnée par :

a)

```
def balayage(a):
    x = 2
    while x ** 2 > 5:
        x = x + a
    return(x - a, x)
```

b)

```
def balayage(a):
    x = 2
    while x ** 2 < 5:
        x = x + a
    return(x, x + a)
```

c)

```
def balayage(a):
    x = 2
    while x ** 2 < 5:
        x = x + a
    return(x - a, x)
```

Corrigés page 202

Chapitre 2

Fonctions exponentielles logarithme décimal inverse

Ces fonctions permettent de modéliser des situations **d'évolutions continues** et d'étendre le champ des représentations graphiques rencontrées en mathématiques, dans la vie courante, en économie, pour le calcul du taux d'évolution moyen, pour mesurer un niveau d'intensité sonore, etc.

Sommaire du cours

La démarche algorithmique

Intercaler entre deux points déjà construits un troisième point ayant pour abscisse (respectivement pour ordonnée) la moyenne arithmétique (respectivement géométrique) des abscisses (respectivement des ordonnées) des deux points initiaux.

Activités d'approche

Activité 1 Le nombre de visites sur un site

CONSEIL
L'approche du passage du discret (suite géométrique) au continu (fonction exponentielle) peut, suivant le contexte, être réalisée avec l'activité 1 (ne nécessitant qu'une calculatrice) ou avec l'activité 2 qui exploite un tableur.

Une fois qu'une photographie mise sur un site a été vue 1 000 fois, Margaux décide d'améliorer la présentation de celle-ci. Elle constate alors que, pendant l'heure suivante, le nombre de visites a doublé, puis que le nombre de visites double encore chaque heure pendant les deux heures suivantes.
On note :
- u_0 le nombre de visites, en milliers, au moment du changement de présentation ;
- u_1 le nombre de visites, en milliers, la première heure après le changement de présentation ;
- u_2 le nombre de visites, en milliers, la deuxième heure après le changement de présentation ;
- u_3 le nombre de visites, en milliers, la troisième heure après le changement de présentation.

1 Donner les valeurs de u_0, u_1, u_2 et u_3.

2 **a)** Montrer que les nombres u_n où $0 \leq n \leq 3$ sont les termes successifs d'une suite géométrique de raison q à déterminer.
b) Donner l'expression de u_n en fonction de n.

3 **a)** Placer dans un repère orthogonal (unités : 4 cm en abscisse et 2 cm en ordonnée) les quatre points M_n d'abscisse n et d'ordonnée u_n où $0 \leq n \leq 3$.
b) Ces quatre points sont-ils alignés ?
c) Tracer une courbe passant par les quatre points M_n.

4 Dans cette question, on cherche à déterminer le nombre N de visites 2 h 30 min (c'est-à-dire 2,5 h) après le changement de présentation.
a) L'ordonnée du milieu du segment $[M_2 M_3]$ semble-t-elle égale à N ? Pourquoi ?
b) Pour déterminer N, nous allons utiliser une extension du lien entre suite géométrique et moyenne géométrique de deux nombres positifs (voir le cours **2** **2.** du chapitre 1) exploité dans l'exercice résolu **5** de ce chapitre.
Calculer la moyenne géométrique de u_2 et u_3.
c) Placer dans le repère le point d'abscisse 2,5 et d'ordonnée la moyenne géométrique de u_2 et u_3.
Ce point semble-t-il situé sur la courbe tracée ?
d) Donner la valeur fournie par la calculatrice (avec toutes les décimales) en tapant $2^{2,5}$ à l'aide de la touche [^] ou [x^y] ou [y^x]. Comparer avec la valeur obtenue à la question **b)**.

On peut reprendre la question **4** en remplaçant 2 h 30 min par 1 h 30 min ou 0 h 30 min puis, en utilisant les résultats obtenus, par 2 h 15 min ou 2 h 45 min, etc.

REMARQUE
Vous venez de découvrir, dans un cas particulier, une nouvelle fonction qui permet de passer du « **discret** » au « **continu** » dans le cas d'une **suite géométrique** : c'est la **fonction exponentielle** $x \rightarrow 2^x$ où la variable x placée en exposant n'est plus un nombre entier mais peut prendre toute valeur réelle, par exemple 2,5.
Le mot exponentiel a la même racine latine *exponens* que le mot exposant.

Activité 2 Prolongement à des valeurs non entières d'une suite géométrique avec le tableur

On considère que le nombre de foyers équipés d'un nouveau bien de consommation augmente de 30 % chaque année, sur une période de 10 ans. Le nombre de foyers initialement équipés est donc multiplié par 1,3 la première année, par $1{,}3^2$ la deuxième année et par $1{,}3^{10}$ au bout de la dixième année. Si l'on souhaite estimer le nombre de foyers équipés au bout de 2 ans et trois mois par exemple, soit 2,25 années, il faut interpoler les termes $1{,}3^2$ et $1{,}3^3$ de la suite géométrique des puissances entières de 1,3.

E2 *fx* =RACINE(B2*B3)

	A	B	C	D	E
1	n	(1,3)^n		x	y
2	0	1		0,5	1,14017543
3	1	1,3		1,5	
4	2	1,69		2,5	
5	3	2,197		3,5	
6	4	2,8561		4,5	
7	5	3,71293		5,5	
8	6	4,826809		6,5	
9	7	6,2748517		7,5	
10	8	8,15730721		8,5	
11	9	10,6044994		9,5	
12	10	13,7858492			

1 Calculer et représenter sur une feuille de calcul les termes de la suite géométrique ($1{,}3^n$) avec n entier entre 0 et 10.

2 Soit a, b et c, trois termes consécutifs, strictement positifs, d'une suite géométrique. On sait que le terme intermédiaire vaut $b = \sqrt{a \times c}$ (voir chapitre 1).

Utiliser l'expression précédente pour interpoler par « dichotomie » (c'est-à-dire en coupant les abscisses en deux) les valeurs de la suite géométrique.

Ajouter sur le graphique les nouveaux points obtenus (pour cela, faire un clic droit sur le graphique, puis, selon le type de tableur, suivre « Sélectionner des données/Ajouter » ou « Données sources/Série/Ajouter » ou « Plages de données/Séries de données/Ajouter »).

Comment se positionnent les nouveaux points ?

3 Réitérer, comme précédemment, la dichotomie. Ajouter au graphique les nouveaux points obtenus. Quel est le pas entre les abscisses des différents points actuellement calculés ?

4 Quelle est la réponse à la question posée en introduction : après 2,25 années par combien est multiplié le nombre initial de foyers équipés (arrondir à 10^{-3}) ?

Point histoire

Alors que la notion de fonction telle que nous la connaissons n'existait pas, **Torricelli** en 1644 et **Huygens** en 1661 ont été les premiers à fabriquer des courbes point par point à partir de deux points donnés comme indiqué dans les activités d'approche 1 et 2 : un nouveau point est défini en prenant la moyenne arithmétique des abscisses et la moyenne géométrique des ordonnées de ces deux points et on recommence.
La notation d'une puissance par un exposant se développe à partir de 1637 avec **Descartes** : l'exposant est alors un nombre mais pas une lettre. C'est **Leibniz** qui, en 1678 à la suite d'une correspondance avec Newton, a introduit un exposant variable.

Cours 1 Fonctions exponentielles

1 I Définition

Nous avons vu dans l'activité d'approche 1 qu'il est possible d'étendre la définition de 2^n, où n est un nombre entier, par exemple à $2^{2,5}$ où 2,5 n'est pas un nombre entier. On obtient avec une calculatrice $2^{2,5} \approx 5,657$.
On peut faire de même avec tout nombre réel positif x et définir 2^x et de façon plus générale a^x, où $a > 0$, comme prolongement à des valeurs non entières positives du terme général a^n de la **suite géométrique** (a^n).
On peut compléter ce prolongement à des **valeurs négatives** de x en étendant à des valeurs non entières l'égalité $a^{-n} = \dfrac{1}{a^n}$ vraie pour n entier.
Ainsi, par exemple, $2^{-2,5} = \dfrac{1}{2^{2,5}} \approx 0,177$.
Plus généralement on pose $a^{-x} = \dfrac{1}{a^x}$ pour tout $x > 0$.

À RETENIR

Soit a un nombre réel **strictement positif** fixé.
La **fonction exponentielle (de base a) $f : x \mapsto a^x$** :
- prolonge les valeurs de la suite géométrique (a^n) à des valeurs non entières positives de la variable ;
- est définie pour $x < 0$ par $a^{-x} = \dfrac{1}{a^x}$.

La touche [^] ou [x^y] ou [y^x] permet d'obtenir les valeurs de a^x avec une précision suffisante en entrant la valeur de a avant d'appuyer sur la touche puis d'entrer la valeur de x.

REMARQUE

Pour tout entier n, $a^n > 0$. On admet que cette propriété s'étend aux puissances non entières.
Pour tout réel x, $a^x > 0$.

2 I Sens de variation

Le sens de variation des suites géométriques est rappelé dans la rubrique « **Ce qu'il faut savoir** » du chapitre 1.
Par exemple, la suite (10^n) est croissante car $10 > 1$ et la suite $(0,1^n)$ est décroissante car $0 < 0,1 < 1$.
Nous admettons que le sens de variation des suites (a^n) s'étend aux fonctions exponentielles $x \mapsto a^x$.

PROPRIÉTÉ

Soit a un nombre réel **strictement positif** fixé.
Si $a > 1$, la fonction exponentielle $x \mapsto a^x$ est strictement croissante sur $\mathbb{R}$.
Si $0 < a < 1$, la fonction exponentielle $x \mapsto a^x$ est strictement décroissante sur $\mathbb{R}$.

Si $a = 1$ alors $1^x = 1$ pour tout x.

Conséquence

La fonction $x \mapsto 10^x$ étant strictement croissante sur $\mathbb{R}$: si $x > x'$, alors $10^x > 10^{x'}$; donc $3 \times 10^x > 3 \times 10^{x'}$ car $3 > 0$. Nous en déduisons que la fonction $x \mapsto 3 \times 10^x$ est strictement croissante sur $\mathbb{R}$.
On démontre de façon analogue que la fonction $x \mapsto -3 \times 10^x$ est strictement décroissante sur $\mathbb{R}$ en tenant compte du changement de sens d'une inégalité par multiplication de ses membres par le nombre **négatif** -3.
Ces résultats sont conservés si on remplace 3 par n'importe quel nombre strictement positif et -3 par n'importe quel nombre strictement négatif.

PROPRIÉTÉ

Soit a un nombre réel **strictement positif** fixé et k un nombre **non nul** fixé.
Si $k > 0$, la fonction $x \mapsto ka^x$ a le même sens de variation que la fonction $x \mapsto a^x$.
Si $k < 0$, la fonction $x \mapsto ka^x$ a le sens de variation contraire à celui de la fonction $x \mapsto a^x$.

Exercices résolus

1 | Calculer des nombres a^x

ÉNONCÉ

À l'aide d'une calculatrice, choisir la bonne réponse parmi les trois valeurs arrondies au centième proposées pour chacun des nombres suivants.

	a^x	Réponse 1	Réponse 2	Réponse 3
1.	$\mathbf{2{,}3^{1{,}1}}$	1,25	2,50	2,53
2.	$\mathbf{4{,}5^{-0{,}4}}$	−1,80	0,55	0,02
3.	$\mathbf{0{,}7^{3{,}5}}$	0,29	2,45	2,40
4.	$\mathbf{0{,}1^{-1{,}7}}$	−0,17	1,05	50,12

SOLUTION

1. Réponse 2. **Attention** : la réponse 1 correspond à $1{,}1^{2{,}3}$.

2. Réponse 2. **3.** Réponse 1. **4.** Réponse 3.

2 | La puissance du son d'une guitare électrique

ÉNONCÉ

Une note de musique est émise en pinçant une corde d'une guitare électrique. La puissance du son émis, initialement de 100 watts, diminue avec le temps t, mesuré en seconde.

On modélise par $f(t) = 100 \times 0{,}887^t$ la puissance du son émis, exprimée en watt, t secondes après le pincement de la corde.

1. Donner les valeurs de $f(1)$ et $f(2)$ arrondies au dixième.

2. Donner, en justifiant, le sens de variation de la fonction f sur l'intervalle [0, 5].

3. On s'intéresse à l'instant T_1 à partir duquel la puissance du son émis après le pincement de la corde devient inférieure à 80 watts, c'est-à-dire à 80 % de sa valeur initiale.

a) Déduire des questions précédentes un encadrement de T_1.

b) Déterminer de même un encadrement d'amplitude 10^{-1} de T_1.

c) Déterminer de même un encadrement d'amplitude 10^{-2} de T_1.

4. On s'intéresse à l'instant T_2 à partir duquel la puissance du son émis après le pincement de la corde devient inférieure à 80 % de 80 watts, c'est-à-dire à 64 watts.

a) Calculer $f(3)$ et $f(4)$; arrondir à 10^{-1}. En déduire un encadrement de T_2.

b) Déterminer de même un encadrement d'amplitude 10^{-1} de T_2.

c) Déterminer de même un encadrement d'amplitude 10^{-2} de T_2.

5. Conjecturer (c'est-à-dire proposer sans démonstration) une relation très simple entre T_2 et T_1.

Sans effectuer de calculs supplémentaires sur des valeurs de $f(t)$, conjecturer un encadrement d'amplitude 10^{-2} de l'instant T_3 à partir duquel la puissance du son émis après le pincement de la corde devient inférieure à 80 % de 64 watts, c'est-à-dire à 51,2 watts.

SOLUTION

1. $f(1) = 88{,}7$ et $f(2) = 78{,}7$.

2. La fonction exponentielle $t \mapsto 0{,}887^t$ est décroissante sur l'intervalle [0, 5] car $0 < 0{,}887 < 1$.

Donc la fonction f est décroissante sur l'intervalle [0, 5] car $100 > 0$.

3. a) $1 < T_1 < 2$. **b)** $1{,}8 < T_1 < 1{,}9$. **c)** $1{,}86 < T_1 < 1{,}87$.

4. a) $f(3) = 69{,}8$ et $f(4) = 61{,}9$. D'où l'encadrement : $3 < T_2 < 4$.

b) $3{,}7 < T_2 < 3{,}8$.

c) $3{,}72 < T_2 < 3{,}73$.

t	$f(t)$
1	88,7
2	78,7
1,8	80,59
1,9	79,63
1,86	80,01
1,87	79,91

t	$f(t)$
3	69,8
4	61,9
3,7	64,17
3,8	63,40
3,72	64,01
3,73	63,94

5. Les bornes inférieures des encadrements de T_1 et T_2 étant 1,86 et $3{,}72 = 2 \times 1{,}86$, on conjecture $T_2 = 2T_1$: T_1 pour passer de 100 watts à 80 % de 100 watts et encore T_1 pour passer de 80 watts à 80 % de 80 watts. On conjecture qu'il faut encore un temps T_1 pour passer de 64 watts à 80 % de 64 watts. D'où $T_3 = 3T_1$.

3 | Allure de la courbe représentative

On obtient deux types de courbe selon que $0 < a < 1$ (fig. 1) ou que $a > 1$ (fig. 2).

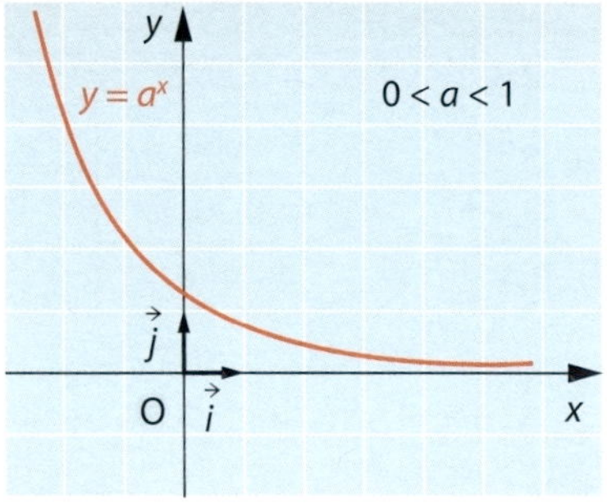

Figure 1

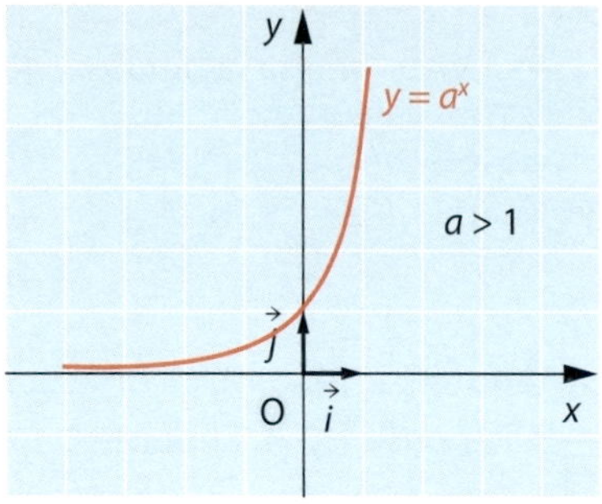

Figure 2

REMARQUES

- Chaque courbe est située au-dessus de l'axe des abscisses car pour tout x, $a^x > 0$.
- Chaque courbe coupe l'axe des ordonnées au point d'ordonnée 1 car $a^0 = 1$ si $a \neq 0$.
- Dans chaque cas on lit sur la courbe le sens de variation de la fonction exponentielle. En particulier, dans le cas où $a > 1$, la courbe est de plus en plus « verticale » quand l'abscisse x augmente : en économie on parle souvent de **croissance exponentielle** lorsqu'un phénomène a une forte croissance.
- Les fonctions exponentielles n'interviennent pas qu'en économie. Ainsi, le profil extérieur de la tour Eiffel fait intervenir une fonction exponentielle : cela permet d'optimiser la réaction de la structure métallique aux effets du vent.

En réalité deux fonctions exponentielles interviennent pour tenir compte de la différence de la force du vent à la base et au sommet.

4 | Propriétés algébriques

Nous admettons que les propriétés des puissances entières a^n s'étendent aux puissances réelles a^x.

PROPRIÉTÉS

Soit a un nombre réel **strictement positif** fixé.

Pour tous **réels x, y** :

$$a^x \times a^y = a^{x+y}\ ; \quad a^{-x} = \frac{1}{a^x}\ ; \quad \frac{a^x}{a^y} = a^{x-y}\ ; \quad (a^x)^y = a^{xy}.$$

CAS PARTICULIER

Calcul d'un taux d'évolution moyen

Le chiffre d'affaires d'une start-up est passé en un an de 100 000 € à 130 000 €, soit un **taux annuel d'évolution** de $\frac{(130\,000 - 100\,000)}{100\,000} = 0{,}3 = 30\ \%$.

Cherchons le **taux mensuel d'évolution** t qui donne le même taux annuel d'évolution.

Le taux mensuel 5 % obtenu en divisant le taux annuel par 12 ne convient pas : en effet, à la fin du premier mois le chiffre d'affaires serait de $100\,000\,(1 + 0{,}05) = 105\,000$ €, puis de $105\,000\,(1 + 0{,}05) = 100\,000\,(1 + 0{,}05)^2 = 110\,250$ € et ainsi de suite jusqu'au douzième mois où il serait de $100\,000\,(1 + 0{,}05)^{12} = 179\,585{,}63$ € $\neq 130\,000$ €.

Nous cherchons donc t tel que $100\,000\,(1 + t)^{12} = 130\,000$, c'est-à-dire $(1 + t)^{12} = 1{,}3$.

En élevant à la puissance $\frac{1}{12}$ les deux membres de cette dernière égalité, nous obtenons :

$\left((1+t)^{12}\right)^{\frac{1}{12}} = 1{,}3^{\frac{1}{12}}$, c'est-à-dire $(1 + t)^1 = 1{,}3^{\frac{1}{12}}$ d'après la dernière propriété ci-dessus où $x = 12$ et $y = \frac{1}{12}$.

Donc $1 + t = 1{,}022\,1$ et $t = 0{,}022\,1 = 2{,}21\ \%$.

À RETENIR

t étant le taux d'évolution global pendant une certaine période, le **taux d'évolution moyen équivalent t_m** pendant une période n fois plus courte est défini par la relation :

$$1 + t_m = (1+t)^{\frac{1}{n}}.$$

Exercices résolus

3 | Classer des nombres a^x par ordre croissant

ÉNONCÉ

Sans utiliser de calculatrice, classer chaque fois par ordre croissant les nombres suivants.
Justifier les réponses.

1. $5{,}41^{1{,}10}$; $5{,}41^{1{,}9}$; $5{,}41^{1{,}5}$.
2. $0{,}17$; $0{,}17^5$; $0{,}17^{-0{,}5}$.
3. $3^{-4{,}5}$; $3^{-5{,}4}$; 1.
4. $0{,}9^{-1{,}8}$; $0{,}9^{-1{,}81}$; $\frac{1}{0{,}9}$.

SOLUTION

1. La fonction exponentielle de base 5,41 est strictement croissante car $5{,}41 > 1$.
$1{,}10 = 1{,}1 < 1{,}5 < 1{,}9$; donc $5{,}41^{1{,}10} < 5{,}41^{1{,}5} < 5{,}41^{1{,}9}$.

2. La fonction exponentielle de base 0,17 est strictement décroissante car $0 < 0{,}17 < 1$.
$0{,}17 = 0{,}17^1$; $5 > 1 > -0{,}15$; donc $0{,}17^5 < 0{,}17 < 0{,}17^{-0{,}5}$.

3. La fonction exponentielle de base 3 est strictement croissante car $3 > 1$.
$1 = 3^0$ et $-5{,}4 < -4{,}5 < 0$; donc $3^{-5{,}4} < 3^{-4{,}5} < 1$.

4. La fonction exponentielle de base 0,9 est strictement décroissante car $0 < 0{,}9 < 1$.
$\frac{1}{0{,}9} = 0{,}9^{-1}$ et $-1 > -1{,}8 > -1{,}81$; donc $\frac{1}{0{,}9} < 0{,}9^{-1{,}8} < 0{,}9^{-1{,}81}$.

4 | Vrai ou Faux

ÉNONCÉ

Indiquer, sans justification, si chacune des égalités suivantes est vraie ou fausse.

a) $2^3 \times 3^2 = 6^5$. **b)** $4^{-2} \times 4^2 = 1$. **c)** $0{,}25^4 = 1$. **d)** $-3^4 = 81$.

SOLUTION

a) Faux. **b)** Vrai. **c)** Faux. **d)** Faux, mais $(-3)^4 = 81$.

5 | Taux d'évolution moyen

ÉNONCÉ

L'effectif d'une entreprise en développement a augmenté de 34 % en 5 ans.

1. Déterminer le taux d'évolution annuel équivalent. Arrondir à 0,01 %.

2. Trois cadres de l'entreprise s'interrogent : si l'évolution annelle conserve le même taux un an de plus, quel sera le pourcentage d'augmentation en 6 ans ?

Monsieur A déclare : $\frac{34}{5} \times 6 = 40{,}8$; c'est donc 40,8 %.

Madame B répond : non, c'est moins.

Madame C dit au contraire : non, c'est plus. Qui a raison ?

SOLUTION

1. Le taux d'évolution annuel équivalent au taux d'évolution de 34 % pour 5 ans est défini par la relation :
$1 + t = (1+0{,}34)^{\frac{1}{5}}$ donc $1 + t = 1{,}0603$ et $t \approx 6{,}03$ %.

2. Une augmentation de 34 % suivie d'une augmentation de 6,03 % correspond à un coefficient multiplicateur égal à $1{,}34 \times 1{,}0603 \approx 1{,}4208$.

Le pourcentage d'augmentation du nombre de salariés en 6 ans est donc 42,08 %. Madame C a raison de dire que c'est plus de 40,8 %.

Cours 2 Fonction logarithme décimal

1 | Définition

Reprenons la fonction $f : x \mapsto 10^x$, définie sur $\mathbb{R}$, et sa représentation graphique dans un repère orthogonal. Nous savons que f est une fonction exponentielle strictement croissante qui prend des valeurs positives et nous admettons que lorsque x parcourt l'ensemble $\mathbb{R}$ des nombres réels, son image $f(x) = 10^x$ parcourt l'intervalle $]0, +\infty[$.

À partir d'un nombre réel quelconque x, nous pouvons obtenir graphiquement (fig. 3) la valeur de 10^x : c'est l'ordonnée du point M, situé sur la courbe, qui a pour abscisse x. Inversement (fig. 4), à partir d'un nombre réel strictement positif quelconque a que nous plaçons sur l'axe des ordonnées, nous pouvons obtenir le point N d'ordonnée a qui est situé sur la courbe, puis l'abscisse b du point N. Par définition cette abscisse b est le **logarithme décimal de *a*** et notée **log (*a*)** ou **log *a***.

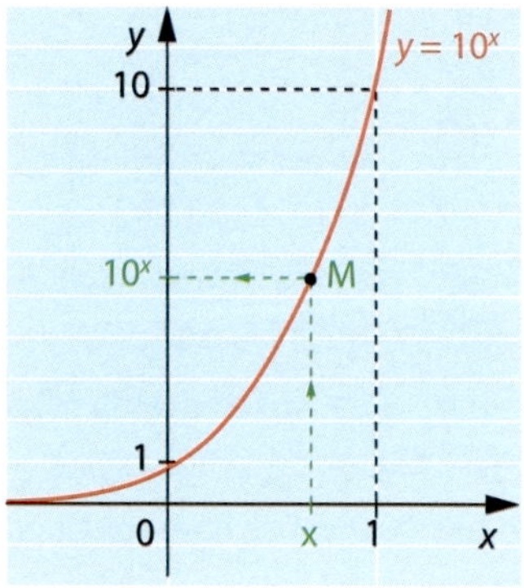

Figure 3

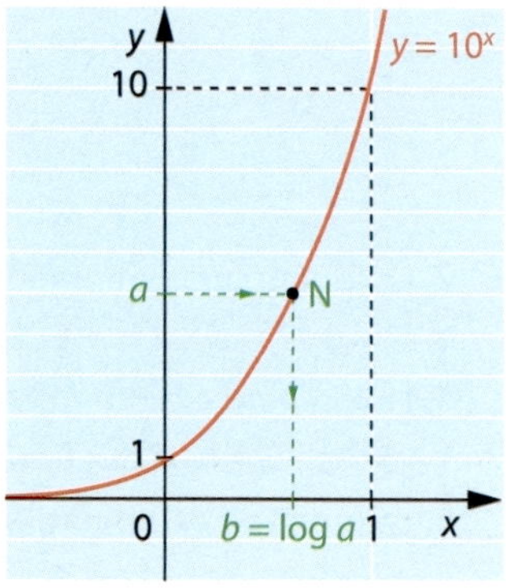

Figure 4

Ainsi $b = \log a$, où $a > 0$, signifie que $a = 10^b$.

DÉFINITION

Soit ***a*** un nombre réel **strictement positif**.
Le **logarithme décimal de *a***, noté **log (*a*)** ou plus simplement **log *a***, est le nombre b tel que $\mathbf{10^b = a}$.

Exemples

$10^0 = 1$, donc $\mathbf{\log 1 = 0}$; $10^1 = 10$, donc $\mathbf{\log 10 = 1}$.

À RETENIR

Soit ***a*** un nombre réel **strictement positif.** $\mathbf{b = \log a}$ **si et seulement si** $\mathbf{a = 10^b}$.

Associons à tout nombre réel strictement positif x le nombre réel $\log(x)$: on définit la **fonction logarithme décimal** notée $\mathbf{\log : x \mapsto \log(x)}$ définie sur l'intervalle $]0, +\infty[$ et à valeurs dans $\mathbb{R}$.
La touche [log] de la calculatrice, à ne pas confondre avec la touche [ln], ou la fonction LOG10() d'un tableur permet d'obtenir la valeur numérique de $\log(x)$ pour tout $x > 0$ avec une précision suffisante.

2 | Sens de variation

La fonction exponentielle $x \mapsto 10^x$ est strictement croissante sur $\mathbb{R}$.
L'observation de la figure 5 conduit au résultat suivant : si a et b sont deux nombres strictement positifs (placés sur l'axe des ordonnées) tels que $a < b$, alors les nombres $\log a$ et $\log b$ (placés sur l'axe des abscisses) vérifient l'inégalité $\log a < \log b$.

Nous admettons que ce résultat est vrai.

Cela signifie que la fonction logarithme décimal, notée log, est strictement croissante sur son intervalle de définition $]0, +\infty[$.

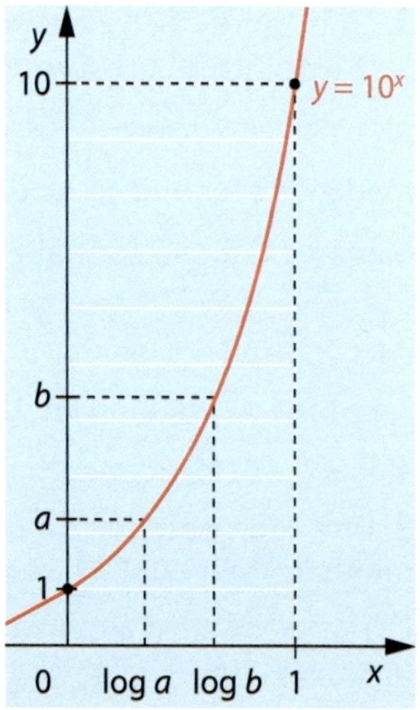

Figure 5

Exercices résolus

6 | Calculer des logarithmes avec la calculatrice

ÉNONCÉ

À l'aide d'une calculatrice, pour chacun des nombres suivants, donner la bonne réponse parmi les trois proposées où les valeurs approchées sont arrondies au centième.

	$\log a$	Réponse 1	Réponse 2	Réponse 3
1.	**$\log 3{,}5$**	1,25	0,54	3,5
2.	**$\log 0{,}5$**	3,16	−0,30	n'existe pas
3.	**$\log (53{,}5)$**	1,73	1,72	3,98
4.	**$\log (-5)$**	0,70	−1,61	n'existe pas

SOLUTION

1. Réponse 2. **Attention** : la réponse 1 correspond à ln 3,5 où ln n'est pas le logarithme décimal.

2. Réponse 2. **3.** Réponse 1. **4.** Réponse 3 car −5 n'est pas strictement positif.

7 | Conjecturer des propriétés des logarithmes

ÉNONCÉ

1. Calculer les valeurs approchées arrondies à 10^{-6} de $\log a$, $\log b$ et $\log (a \times b)$ lorsque $a = 3$ et $b = 2$, puis lorsque $a = 1{,}4$ et $b = 5$ et enfin dans un troisième cas où vous choisissez les valeurs de a et b.

Quelle égalité vérifie dans ces trois cas les nombres $\log a$, $\log b$ et $\log (a \times b)$?

2. Reprendre la question précédente en remplaçant $\log (a \times b)$ par $\log \left(\dfrac{a}{b}\right)$.

SOLUTION

a	b	$a \times b$	$\dfrac{a}{b}$	$\log a$	$\log b$	$\log (a \times b)$	$\log \left(\dfrac{a}{b}\right)$
3	2	6	1,5	0,477 121	0,301 030	0,778 151	0,176 091
1,4	0,25	0,35	5,6	0,146 128	−0,602 060	−0,455 932	0,748 188
2,317	7,6	17,609 2	0,304 868	0,364 926	0,880 814	1,245 740	−0,515 888

On observe dans ces trois cas que $\log (a \times b) = \log a + \log b$ et que $\log \left(\dfrac{a}{b}\right) = \log a - \log b$.

Ces trois cas particuliers ne permettent pas d'affirmer que ces égalités sont vraies pour tout $a > 0$ et tout $b > 0$.

Point histoire

L'écossais **John Napier** ou **Neper** (1550-1617) a introduit le mot logarithme en mettant au point un procédé permettant d'obtenir le résultat d'une multiplication à l'aide d'une addition et de tables de nombres (les logarithmes) qu'il a créées : il s'agissait, avant que les fonctions exponentielles ne soient connues, de passer du discret au continu en comparant une suite géométrique et une suite arithmétique associée.

PROPRIÉTÉ

La fonction logarithme décimal est strictement croissante sur son intervalle de définition $]0, +\infty[$.

À RETENIR

Pour tous nombres réels **strictement positifs** a et b, $\boldsymbol{a < b}$ **si et seulement si** $\boldsymbol{\log a < \log b}$.

Cette équivalence reste vraie si on remplace le symbole $<$ par $\leq$ ou $=$.

À RETENIR

Pour tous nombres réels **strictement positifs** a et b, $\boldsymbol{a = b}$ **si et seulement si** $\boldsymbol{\log a = \log b}$.

Les deux derniers résultats à retenir ci-dessus sont mis en œuvre dans les exercices résolus 8 et 9, tandis que le premier permet de justifier le signe de $\log a$ en comparant a à 1 sachant que $\log 1 = 0$.

À RETENIR

Pour tout nombre réel **strictement positif** a, **si** $\boldsymbol{0 < a < 1}$**, alors** $\boldsymbol{\log a < 0}$ **et si** $\boldsymbol{a > 1}$**, alors** $\boldsymbol{\log a > 0}$**.**

3 | Propriétés algébriques

L'exercice résolu 7 permet de conjecturer (et non de démontrer) la relation $\log (a \times b) = \log a + \log b$ que nous allons admettre.

Nous allons exploiter cette propriété du logarithme d'un produit pour **démontrer** d'autres propriétés.

DÉMONSTRATION

- Pour tout a strictement positif, $a \times \frac{1}{a} = 1$, donc $\log a + \log\left(\frac{1}{a}\right) = \log 1$ d'après la relation ci-dessus. On en déduit que $\log a + \log (\frac{1}{a}) = 0$ car $\log 1 = 0$; donc $\boldsymbol{\log\left(\frac{1}{a}\right) = -\log a}$.
- Pour tous a et b strictement positifs, $\frac{a}{b} \times b = a$; donc d'après la relation admise sur le logarithme d'un produit, $\log\left(\frac{a}{b}\right) + \log b = \log a$; donc $\boldsymbol{\log\left(\frac{a}{b}\right) = \log a - \log b}$.
- Pour tout a strictement positif, $a^2 = a \times a$, donc $\boldsymbol{\log (a^2)} = \log a + \log a = \boldsymbol{2 \log a}$.
- De même, $a^3 = a^2 \times a$, donc $\boldsymbol{\log (a^3)} = \log a^2 + \log a = 2 \log a + \log a = \boldsymbol{3 \log a}$.

Nous admettons que, de façon générale, pout tout entier naturel n, $\boldsymbol{\log (a^n) = n \log a}$ et que cette égalité reste vraie en remplaçant l'entier n par un réel x quelconque (voir les exercices résolus 8 et 9).

PROPRIÉTÉS

Pour tous nombres réels **strictement positifs** a et b, pour tout entier naturel n et pour tout réel x :

$$\boldsymbol{\log (a \times b) = \log a + \log b} ;$$

$$\boldsymbol{\log\left(\frac{1}{a}\right) = -\log a} ;$$

$$\boldsymbol{\log\left(\frac{a}{b}\right) = \log a - \log b} ;$$

$$\boldsymbol{\log (a^n) = n \log a} ;$$

$$\boldsymbol{\log (a^x) = x \log a}.$$

REMARQUE

Dans le cas où $a = 10$, l'avant-dernière propriété s'écrit $\log (10^n) = n \log 10$, c'est-à-dire $\log (10^n) = n$ car $\log 10 = 1$.

Soit x un nombre tel que $100 \leq x < 1\,000$. Cette double inégalité est équivalente aux doubles inégalités suivantes :

$\log 100 \leq \log x < \log 1\,000$ car la fonction log est strictement croissante, $\log (10^2) \leq \log x < \log (10^3)$, $2 \leq \log x < 3$ car $\log (10^n) = n$.

Donc $2 \leq \log x < 3$ est équivalent à $100 \leq x < 1\,000$, c'est-à-dire à $10^2 \leq x < 10^3$.

Plus généralement $n \leq \log x < n + 1$ est équivalent à $10^n \leq x < 10^{n+1}$ ce qui permet, à partir de la valeur de $\log x$, d'avoir un ordre de grandeur pour x et, dans le cas où x est un nombre entier, de savoir combien il comporte de chiffres.

Ainsi le nombre entier x tel que $\log x = 5{,}815\,79$ (valeur arrondie) vérifie $10^5 \leq x < 10^6$. Il comporte 6 chiffres ; c'est 654 321.

Exercices résolus

8 | Résoudre une équation de la forme $a^x = b$

ÉNONCÉ

La consommation médicale totale de la population d'un pays était de 150 milliards d'euros en 2019. On admet que cette consommation médicale augmente de 4 % par an à partir de 2019. Au bout de combien d'années la consommation médicale aura-t-elle doublée ?

SOLUTION

La suite des valeurs, en milliards d'euros, prises par la consommation médicale est une suite géométrique de premier terme $C_0 = 150$ et de raison $1 + 0{,}04 = 1{,}04$. Donc la consommation après n années est $C_n = 150 \times 1{,}04^n$.

La condition du doublement de la consommation au bout de n années est : $C_n = 300$, c'est-à-dire $150 \times 1{,}04^n = 300$, qui est équivalent à $1{,}04^n = 2$.

Nous sommes amenés à résoudre l'équation $1{,}04^x = 2$ où l'inconnue x est un nombre réel car, comme nous allons le constater, l'équation $1{,}04^n = 2$ n'a pas de solution **entière**.

Or l'équation $1{,}04^x = 2$ est équivalente à $\log(1{,}04^x) = \log 2$ car deux nombres strictement positifs sont égaux si et seulement si leurs logarithmes décimaux sont égaux.

D'après la dernière propriété encadrée au 2 3, $\log a^x = x \log a$.

Donc, dans le cas particulier où $a = 1{,}04$: $\log 1{,}04^x = x \log 1{,}04$.

L'équation $\log 1{,}04^x = \log 2$ s'écrit donc : $x \log 1{,}04 = \log 2$.

Elle a donc une solution unique : $x = \frac{\log 2}{\log 1{,}04}$. Or $\frac{\log 2}{\log 1{,}04} \approx 17{,}7$.

Nous en déduirons que la consommation atteindra (et dépassera) 300 milliards d'euros au bout de 18 ans.

9 | Résoudre une inéquation de la forme $a^x \leq b$

ÉNONCÉ

Le prix d'un équipement pour les handicapés est $P_0 = 1\,000$ € et baisse chaque année de 5 %. Au bout de combien d'années le prix de cet équipement deviendra-t-il inférieur à 800 € ?

SOLUTION

Avec des notations analogues à celles utilisées pour l'exercice résolu 8, nous obtenons : $P_n = 1\,000 \times 0{,}95^n$.

L'inéquation $P_n < 800$ devient $0{,}95^x < \frac{800}{1000}$ (voir l'exercice résolu 8) qui est équivalente à $\log(0{,}95^x) < \log 0{,}8$. Or $\log 0{,}95^x = x \log 0{,}95$.

Nous sommes amenés à résoudre l'inéquation $x \log 0{,}95 < \log 0{,}8$.

En divisant les deux membres par $\log 0{,}95$ qui est un nombre **négatif**, nous obtenons $x > \frac{\log 0{,}8}{\log 0{,}95}$.
Or $\frac{\log 0{,}8}{\log 0{,}95} \approx 4{,}35$. Nous en déduisons que le prix de l'équipement pour les handicapés deviendra inférieur à 800 € au bout de 5 ans.

Cours 3 Fonction inverse

1 | Dérivée et sens de variation

RAPPEL

La fonction inverse est la fonction définie sur $\mathbb{R}^* =]-\infty, 0[\cup]0, +\infty[$ par $f(x) = \frac{1}{x}$.

DÉFINITION

Soit f une fonction définie sur un intervalle et soit a un nombre fixé sur cet intervalle.
Le **nombre dérivé** de la fonction f en a, **noté $f'(a)$**, est, si elle existe, la limite finie quand h tend vers 0 du taux de variation $\frac{f(a+h)-f(a)}{h}$ de la fonction f au point a.
Si $f'(a)$ existe, la fonction f est dérivable en a.

L'activité avec logiciels 1 permet de proposer une expression du nombre dérivé $f'(a)$ en fonction de a que nous allons maintenant **démontrer**.

DÉMONSTRATION

Pour la fonction inverse f, le taux de variation en un point a non nul a pour numérateur :

$$f(a+h)-f(a) = \frac{1}{a+h} - \frac{1}{a} = \frac{a}{a(a+h)} - \frac{a+h}{a(a+h)} = \frac{a-a-h}{a(a+h)} = -\frac{h}{a(a+h)}.$$

Donc $\frac{f(a+h)-f(a)}{h} = -\frac{1}{a(a+h)}$. Quand h tend vers 0, $a+h$ tend vers a, donc $-\frac{1}{a(a+h)}$ tend vers $-\frac{1}{a^2}$.

PROPRIÉTÉ

- Le nombre dérivé de la fonction inverse en un point a non nul est $-\frac{1}{a^2}$.
- La dérivée de la fonction inverse $f : x \mapsto \frac{1}{x}$ est la fonction f' définie sur $\mathbb{R}^*$ par $\boldsymbol{f'(x) = -\frac{1}{x^2}}$.

Exemples

$f'(1) = -1$ et $f'(2) = -\frac{1}{4}$.

Sur chacun des deux intervalles $]-\infty, 0[$ et $]0, +\infty[$, $f'(x) = -\frac{1}{x^2} < 0$; donc **la fonction inverse est strictement décroissante sur chacun de ces deux intervalles**.

2 | Courbe représentative ; asymptotes

Nous savons que la courbe représentative de la fonction inverse est une **hyperbole** : elle est composée de deux branches symétriques par rapport à l'origine du repère.

L'activité avec logiciels 2 permet d'observer que lorsque l'abscisse x d'un point de l'hyperbole devient très grande, son ordonnée devient très proche de 0.

Sur le graphique, l'hyperbole vient se coller contre l'axe des abscisses sans le toucher car $\frac{1}{x} \neq 0$. Il en est de même pour l'axe des ordonnées.

Ces deux axes de coordonnées sont les **asymptotes** de l'hyperbole.

REMARQUE

Le mot « **asymptote** » vient du grec avec **a** = préfixe privatif et **symptôsis** = « rencontre ».

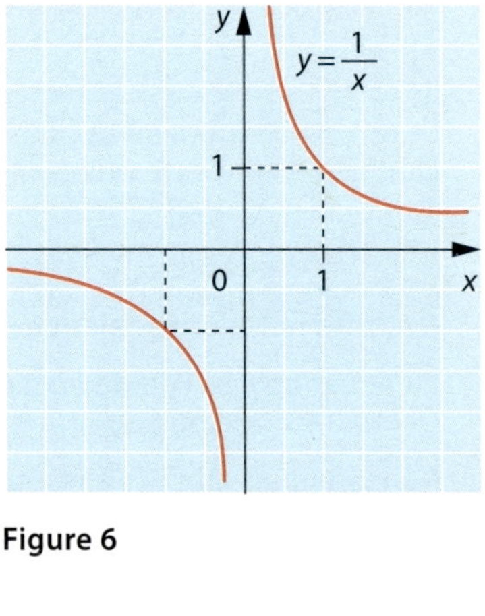

Figure 6

Exercices résolus

10 | Étude d'un coût moyen

ÉNONCÉ

Une entreprise fabrique chaque jour un volume d'engrais biologique liquide compris entre 5 m^3 et 60 m^3.

Le coût moyen de production (en centaine d'euros) de cet engrais est modélisé par la fonction f définie sur l'intervalle [5, 60] par :

$f(x) = x - 15 + \frac{400}{x}$ où x est le volume quotidien d'engrais fabriqué, exprimé en m^3.

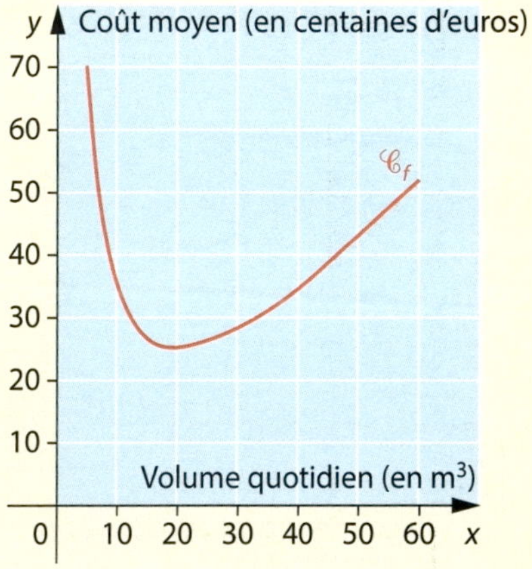

La représentation graphique $\mathscr{C}_f$ de la fonction f est donnée ci-contre.

1. Calculer le coût moyen de la production de 50 m^3 d'engrais.

2. Déterminer graphiquement les volumes d'engrais correspondant à un coût moyen de fabrication inférieur ou égal à 3 500 €.

3. Montrer que, pour tout x de l'intervalle [5, 60] : $f'(x) = \frac{x^2 - 400}{x^2}$, où f' est la fonction dérivée de f.

4. Étudier le signe de $x^2 - 400$ pour x appartenant à l'intervalle [5, 60].

5. En déduire les variations de la fonction f sur l'intervalle [5, 60].

6. Pour quel volume d'engrais fabriqué le coût moyen de production est-il minimal ? Quel est ce coût moyen minimal ?

SOLUTION

1. $f(50) = 50 - 15 + \frac{400}{50} = 43$. On peut vérifier le résultat sur le graphique : le point de la courbe d'abscisse 50 a une ordonnée voisine de 43. Le coût moyen de fabrication de 50 m^3 d'engrais est 4 300 €.

2. Un coût moyen de fabrication égal à 3 500 € correspond à une ordonnée égale à 35.

La courbe a deux points d'ordonnée 35 : leurs abscisses sont 10 et 40.

Les points de la courbe d'ordonnée inférieure ou égale à 35 ont une abscisse comprise entre 10 et 40. Donc il faut fabriquer entre 10 m^3 et 40 m^3 d'engrais pour que le coût moyen de fabrication soit inférieur ou égal à 3 500 €.

3. Pour tout x de l'intervalle [5, 60], $f'(x) = 1 + 400 \times \left(-\frac{1}{x^2}\right) = \frac{x^2 - 400}{x^2}$.

4. $x^2 - 400 = x^2 - 20^2 = (x + 20)(x - 20)$.

x	5		20		60
$x + 20$		+		+	
$x - 20$		−	0	+	
$x^2 - 400$		−	0	+	

5.

x	5		20		60
$f'(x)$		−	0	+	
$f(x)$	70	↘	25	↗	$f(60)$

6. La fonction f a sa plus petite valeur pour $x = 20$ et $f(20) = 20 - 15 + \frac{400}{20} = 25$.

Le coût moyen de production est minimal pour une fabrication de 20 m^3 d'engrais. Ce coût est alors de 2 500 €.

Cours 4 Fonctions et situations algorithmiques

1 | Résolution approchée d'une équation par balayage

On considère la situation suivante : rechercher une valeur approchée à 0,01 près de la solution x_0 de l'équation $10^x = 25$. Considérons la fonction f définie par $f : x \mapsto 10^x$. En langage Python, on peut définir cette fonction par :

```
def f(x) :
    return 10 ** x
```

On a le tableau de variation suivant :

x	1	x_0	2
$f(x)$	10 ↗	25	100

La fonction f est dérivable, strictement croissante sur l'intervalle [1, 2] où l'équation $f(x) = 25$ admet une solution unique x_0. Le principe de l'algorithme de balayage à un « pas » donné, à partir de $x = 1$, consiste à :

- ajouter à x la valeur du pas ;
- calculer l'image par f ;
- recommencer jusqu'à ce que l'image par f dépasse la valeur 25.

En prenant comme valeur du pas 0,01, l'algorithme suivant fournit un encadrement de x_0 de longueur 0,01.

Langage naturel	Python

Fonction balayage(pas)
$x \leftarrow 1$
Tant que $f(x) < 25$
$x \leftarrow x + \text{pas}$
Fin Tant que
Renvoyer x – pas et x
	`def balayage(pas) :`
	`x = 1`
	`while f(x) < 25 :`
	`x = x + pas`
	`return(x - pas, x)`

On sait que la solution de l'équation $10^x = 25$ est log (25) qui vaut environ 1,39794.
Pour un pas de 0,01, la fonction `balayage` renvoie le couple (1.3900000000000003, 1.4000000000000004) qui correspond à l'encadrement [1,39 ; 1,40].

REMARQUE
En Python les nombres à virgule flottante sont représentés en fractions de nombres binaires (1/2, 1/4, 1/8, etc.). Par exemple $0{,}75 = 1/2 + 1/4$. Malheureusement la plupart des nombres décimaux ne peuvent pas avoir de représentation exacte en fractions binaires. Par conséquent, en général, les nombres à virgule flottante de Python ne sont que des approximations en fractions binaires des nombres décimaux. Ainsi, 1.3900000000000003 est une approximation en fractions binaires du nombre décimal 1,39 et 1.4000000000000004 de 1,40.

Considérons le cas de la résolution par balayage de l'équation $g(x) = k$ sur l'intervalle $[a, b]$ correspondant au tableau de variation ci-dessous (g est décroissante).

x	a	x_0	b
$g(x)$	$g(a)$ ↘	k	$g(b)$

On initialise alors l'algorithme avec `x = a` et on remplace la condition par `while g(x) > k :`.

Exercices résolus

11 | Analyser un algorithme de balayage

ÉNONCÉ

Lors d'une expérience, on a mesuré la fréquence cardiaque, en battements par minute, d'un coureur de 400 mètres. Cette fréquence cardiaque est modélisée par la formule :

$f(x) = 65 + 51 \log(x + 1)$. La fonction f est strictement croissante sur l'intervalle [0, 400].

On cherche au bout de combien de mètres la fréquence cardiaque du sportif est égale à 180 battements par minute.

On considère la fonction Python suivante :

```
import math
def balayage(pas):
    x = 0
    while 65 + 51 * math.log10(x + 1) < 180:
        x = x + pas
    return(x - pas, x)
```

1. Expliquer la condition de la boucle `while`.

2. Expliquer le rôle du paramètre `pas`.

3. a) Implanter cette fonction et effectuer la requête `balayage(0.1)`.

b) Interpréter le résultat renvoyé.

SOLUTION

1. La fonction f étant croissante et prenant la valeur 65 en début d'algorithme, la condition permet de trouver la première valeur de x pour laquelle $f(x)$ est supérieure ou égale à 180.

2. Le paramètre pas correspond au pas de balayage, c'est-à-dire à l'écart entre chaque valeur de x testée.

3. a) La requête `balayage(0.1)` renvoie (`178.79999999999413, 178.89999999999412`).

b) D'après le modèle, la fréquence cardiaque du sportif est égale à 180 battements par minute après une distance comprise entre 178,8 m et 178,9 m.

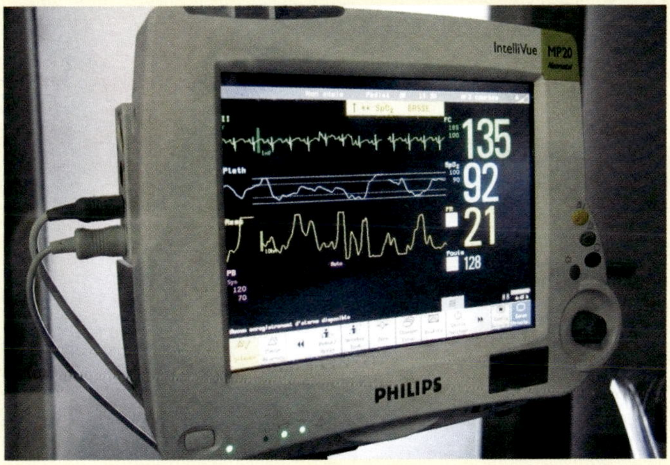

2 | Résolution approchée d'une équation par dichotomie

On reprend la situation précédente : rechercher une valeur approchée à 0,01 près de la solution x_0 de l'équation $10^x = 25$. Considérons, à présent, la fonction f définie par $f : x \mapsto 10^x - 25$ de sorte que l'on recherche x_0 tel que $f(x_0) = 0$. En langage Python, on peut définir cette fonction par :

```
def f(x) :
    return 10 ** x - 25
```

La fonction f est dérivable, strictement croissante sur l'intervalle $[1, 2]$ avec $f(1) < 0$ et $f(2) > 0$. L'équation $f(x) = 0$ admet donc une solution unique x_0 dans l'intervalle $[1, 2]$. Le principe de l'algorithme de dichotomie pour une approximation donnée, consiste, à partir de l'intervalle $[a, b]$ où $a = 1$ et $b = 2$, à :

- calculer l'image par f du milieu de l'intervalle $[a, b]$, $f\left(\frac{a+b}{2}\right)$;
- si $f\left(\frac{a+b}{2}\right) < 0$, remplacer l'intervalle $[a, b]$ par l'intervalle $\left[\frac{a+b}{2}, b\right]$;
- sinon, remplacer l'intervalle $[a, b]$ par l'intervalle $\left[a, \frac{a+b}{2}\right]$;
- recommencer tant que la longueur de l'intervalle (qui est divisée par 2 à chaque étape) est supérieure à l'approximation donnée.

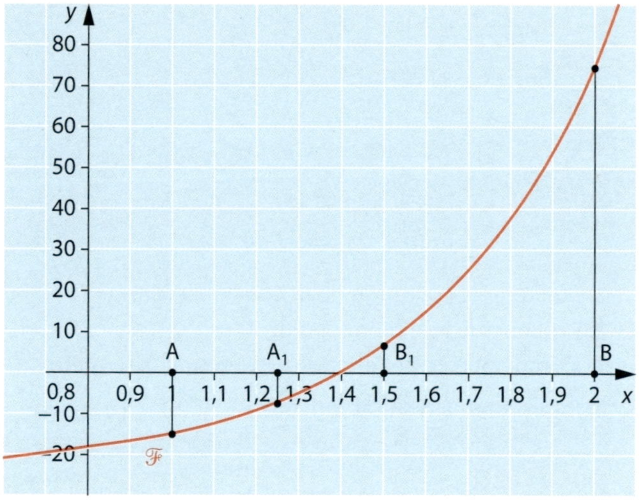

En prenant comme valeur d'approximation 0,01, l'algorithme suivant fournit un encadrement de x_0 de longueur 0,01.

Langage naturel	Python

Fonction dichotomie(approx)
$a \leftarrow 1$
$b \leftarrow 2$
Tant que $b - a >$ approx
$x \leftarrow \frac{a+b}{2}$
Si $f(x) < 0$ alors $a \leftarrow x$
Sinon $b \leftarrow x$
Fin Tant que
Renvoyer a et b
	`def dichotomie(approx):`
	`    a = 1`
	`    b = 2`
	`    while b - a > approx:`
	`        x = (a + b)/2`
	`        if f(x) < 0:`
	`            a = x`
	`        else:`
	`            b = x`
	`    return(a, b)`

La requête `dichotomie(0.25)` renvoie `(1.25, 1.5)` qui correspond à l'illustration graphique ci-dessus, où deux étapes aboutissent à situer x_0 dans l'intervalle [1,25 ; 1,5].

La requête `dichotomie(0.01)` renvoie `(1.390625, 1.3984375)` qui permet d'affirmer que x_0 est compris entre 1,39 et 1,40.

REMARQUE

Dans le cas où f est décroissante, la condition `if f(x) < 0` est remplacée par `if f(x) > 0`.

Exercices résolus

12 | Faire tourner un algorithme de dichotomie « à la main »

ÉNONCÉ

Lors d'une expérience, on a mesuré la fréquence cardiaque, en battements par minute, d'un coureur de 400 mètres. Cette fréquence cardiaque est modélisée par la formule :
$f(x) = 65 + 51 \log(x + 1)$. La fonction f est strictement croissante sur l'intervalle $[0, 400]$. On cherche au bout de combien de mètres la fréquence cardiaque du sportif est égale à 180 battements par minute. On considère la fonction Python suivante :

```
import math
def dichotomie():
    a = 0
    b = 400
    while b - a > 0.1:
        x = (a + b)/2
        if 65 + 51 * math.log10(x + 1) < 180:
            a = x
        else:
            b = x
    return(a, b)
```

1. Recopier et compléter la ligne du tableau ci-dessous correspondant au deuxième passage dans la boucle `while`.

	x	condition $f(x) < 180$	a	b	$b - a$	$b - a > 0{,}1$
Initialisation			0	400	400	VRAI
Après le 1er passage dans la boucle	200	FAUX	0	200	200	VRAI
Après le 2e passage dans la boucle						

2. La requête `dichotomie()` renvoie le résultat `(178.80859375, 178.90625)`. Interpréter ce résultat.

3. Combien y a-t-il eu de passages dans la boucle `while` ?

SOLUTION

1.

	x	condition $f(x) < 180$	a	b	$b - a$	$b - a > 0{,}1$
Initialisation			0	400	400	VRAI
Après le 1er passage dans la boucle	200	FAUX	0	200	200	VRAI
Après le 2e passage dans la boucle	100	VRAI	100	200	100	VRAI

2. Cet algorithme est un algorithme de dichotomie.
Il permet d'obtenir un encadrement de la solution de l'équation $f(x) = 180$ dans l'intervalle $[a, b]$.
Cette solution est comprise entre 178,8 et 178,9.

3. On recherche le plus petit entier n tel que $\frac{400}{2^n} < 0{,}1$, c'est-à-dire $2^n > 4\,000$. On a $2^{11} = 2\,048$ et $2^{12} = 4\,096$. Il y a eu donc 12 passages dans la boucle.

MÉTHODE

Dans un algorithme de dichotomie, la longueur de l'intervalle est divisée par deux à chaque passage de boucle.

On peut donc calculer à l'avance le nombre de passages dans la boucle selon l'amplitude de l'intervalle final.

L'ESSENTIEL

Ce qu'il faut savoir

1 Fonctions exponentielles $x \mapsto a^x$

a est un nombre réel **strictement positif** fixé.

Sens de variation de la fonction $x \mapsto a^x$

si $a > 1$, la fonction $x \mapsto a^x$ est **strictement croissante** sur $\mathbb{R}$;
si $0 < a < 1$, la fonction $x \mapsto a^x$ est **strictement décroissante** sur $\mathbb{R}$.

Sens de variation de la fonction $x \mapsto ka^x$

si $k > 0$, la fonction $x \mapsto ka^x$ a le même sens de variation que la fonction $x \mapsto a^x$;
si $k < 0$, la fonction $x \mapsto ka^x$ a le sens de variation contraire à celui de la fonction $x \mapsto a^x$.

Propriétés algébriques

Soit a nombre **strictement positif** fixé, pour tous nombres réels x, y :

$$a^x \times a^y = a^{x+y} \ ; \quad a^{-x} = \frac{1}{a^x} \ ; \quad \frac{a^x}{a^y} = a^{x-y} \ ; \quad (a^x)^y = a^{xy}.$$

Taux d'évolution moyen

t étant le taux d'évolution global pendant une certaine période, **le taux d'évolution moyen équivalent t_m** pendant une période n fois plus courte est définie par la relation :

$$1 + t_m = (1+t)^{\frac{1}{n}}.$$

2 Fonction logarithme décimal

Définition

Pour tout nombre réel strictement positif a :
$\log a = b$ si et seulement si : $a = 10^b$.

Cas particuliers

$\log 1 = 0$ et **$\log 10 = 1$**.

Conséquences de la définition

① **$0 < a \leq b$ si et seulement si : $\log a \leq \log b$.**
② **Pour tout nombre réel a de $]0, 1[$, $\log a < 0$; pour tout nombre réel a de $]1, +\infty[$, $\log a > 0$.**

Propriétés algébriques

Pour tout nombres réels **strictement positifs** a et b, pour tout entier naturel n et pour tout réel x :

$$\log ab = \log a + \log b \ ; \quad \log\left(\frac{1}{a}\right) = -\log a \ ; \quad \log\left(\frac{a}{b}\right) = \log a - \log b \ ;$$

$$\log(a^n) = n \log a \ ; \quad \log(a^x) = x \log a.$$

3 Fonction inverse

La fonction **inverse** est la fonction définie sur $]-\infty, 0[\cup]0, +\infty[$ par $\boldsymbol{f(x)=\frac{1}{x}}$.

4 Dérivées des fonctions usuelles (rappels et complément)

Dérivées des fonctions usuelles

$f(x)$	$f'(x)$	Intervalle de validité
k	0	$]-\infty, +\infty[$
x	1	$]-\infty, +\infty[$
$mx+p$	m	$]-\infty, +\infty[$
$f(x)=ax^2+bx+c$	$f'(x)=2ax+b$	$]-\infty, +\infty[$
$f(x)=ax^3+bx^2+cx+d$	$f'(x)=3ax^2+2bx+c$	$]-\infty, +\infty[$
$f(x)=\frac{1}{x}$	$f'(x)=-\frac{1}{x^2}$	$]-\infty, 0[\cup]0, +\infty[$

Opérations sur les fonctions dérivables

$$(f+g)'(x)=f'(x)+g'(x) \qquad (kf)'(x)=kf'(x)$$

Équation de la tangente à une courbe en un point d'abscisse a

$$y=f'(a)(x-a)+f(a)$$

Sens de variation d'une fonction

Soit f une fonction dérivable sur un intervalle I
- Si $f'(x)>0$ pour tout x de I, alors f est strictement croissante sur I.
- Si $f'(x)<0$ pour tout x de I, alors f est strictement décroissante sur I.
- Si $f'(x)=0$ pour tout x de I, alors f est constante sur I.

5 Applications à la gestion

Bénéfice, recette, coût total

Pour q articles fabriqués et vendus, en notant :
$R(q)$ la **recette** ou **chiffre d'affaires**, $C(q)$ le **coût total de production** et $B(q)$ le **bénéfice**, on a : $B(q) = R(q) - C(q)$.

Coût moyen unitaire

Le **coût moyen unitaire** d'un article quand on en a fabriqué q est $\boldsymbol{C_m(q)=\frac{C(q)}{q}}$, où $C(q)$ est le **coût total de production** pour q articles.

Ce qu'il faut savoir

6 Programmation et fonctions

Fonctions en informatique

• La syntaxe d'une fonction en langage Python est :

```
def nom(paramètre1, paramètre2):
    Instructions
    return résultat
```

• Une fonction peut avoir aucun, un ou plusieurs paramètres.

• Le résultat éventuel d'une fonction, renvoyé par le mot-clé `return`, est utilisable dans un programme ou une autre fonction.

Valeurs flottantes en Python

Les nombres à virgule flottante ne sont souvent que des approximations des nombres décimaux.

Résolution approchée d'une équation par balayage

• On suppose que l'équation $f(x) = k$ admet une unique solution dans l'intervalle $[a, b]$ et que la fonction f est dérivable et strictement monotone sur cet intervalle. La fonction Python suivante fournit un encadrement de la solution obtenu par un balayage dont le pas figure en paramètre.

Cas où f est croissante sur $[a, b]$

```
def balayage(pas):
    x = a
    while f(x) < k:
        x = x + pas
    return(x - pas, x)
```

Cas où f est décroissante sur $[a, b]$

```
def balayage(pas):
    x = a
    while f(x) > k:
        x = x + pas
    return(x - pas, x)
```

Résolution approchée d'une équation par dichotomie

• On suppose que l'équation $f(x) = 0$ admet une unique solution dans l'intervalle $[1, 2]$ (remplacer les valeurs 1 et 2 par celles du problème à résoudre) et que la fonction f est dérivable et strictement monotone sur cet intervalle. La fonction Python suivante fournit un encadrement de la solution obtenu par dichotomie, la longueur de l'encadrement correspond au paramètre.

Cas où f est croissante sur $[a, b]$

```
def dichotomie(approx):
    a = 1
    b = 2
    while b - a > approx:
        x = (a + b)/2
        if f(x) < 0:
            a = x
        else:
            b = x
    return(a, b)
```

Cas où f est décroissante sur $[a, b]$

```
def dichotomie(approx):
    a = 1
    b = 2
    while b - a > approx:
        x = (a + b)/2
        if f(x) > 0:
            a = x
        else:
            b = x
    return(a, b)
```

Ce qu'il faut savoir faire

Capacités attendues sur les fonctions exponentielles, logarithme décimal, inverse	MÉTHODE (Exercices résolus du cours)	EXERCICES (Corrigés des exercices en vert pages 203-204)
Connaître et utiliser le sens de variation des fonctions de la forme $x \mapsto ka^x$, selon le signe de k et les valeurs de a.	**Voir les exercices résolus 2 et 3**	58 59 60 107
Connaître les propriétés algébriques des fonctions exponentielles et les utiliser pour transformer des écritures numériques ou littérales.	**Voir l'exercice résolu 4**	61 62
Calculer le taux d'évolution moyen équivalent à des évolutions successives.	**Voir l'exercice résolu 5**	63 64 à 67 102 106 126
Utiliser le logarithme décimal pour résoudre une équation du type $a^x = b$ ou $x^a = b$ d'inconnue x réelle, une inéquation du type $a^x < b$ ou $x^a < b$ d'inconnue x réelle ou du type $a^n < b$ d'inconnue n entier naturel.	**Voir les exercices résolus 8 et 9**	73 à 87 108 à 112 119 123 126
Utiliser les propriétés algébriques de la fonction logarithme décimal pour transformer des expressions numériques ou littérales.		70 71 72 119 125
Étudier et représenter des fonctions obtenues par combinaisons linéaires de la fonction inverse et de fonctions polynomiales de degré au maximum 3.	**Voir l'exercice résolu 10**	89 à 95 96 à 99 115 116 118

Capacités attendues sur les situations algorithmiques avec les fonctions		
Calculer une valeur approchée d'une solution d'une équation par balayage.	**Voir l'exercice résolu 11**	
Calculer une valeur approchée d'une solution d'une équation par dichotomie.	**Voir l'exercice résolu 12**	105

Point histoire

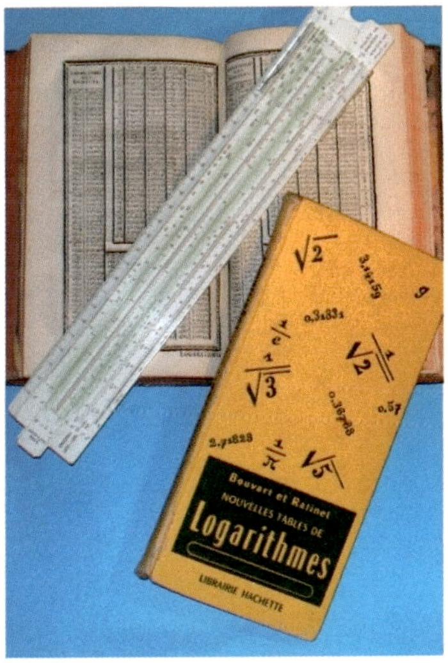

Un peu d'histoire des outils de calcul

Jusqu'à la vulgarisation des calculatrices, entre 1970 et 1980, pour faire des calculs « compliqués » on utilisait des tables de logarithmes décimaux, ou divers instruments de calcul utilisant les propriétés des fonctions logarithmes décimaux, comme la règle à calcul.

Sur la photographie ci-contre figurent une table de logarithme du XVIIIe siècle, une règle à calculs utilisée vers 1960 et la table de logarithmes décimaux de « Bouvart et Ratinet » que tous les lycéens de terminale avaient dans leur cartable entre 1950 et 1970. Aujourd'hui, pour obtenir les valeurs de la fonction logarithme décimal on utilise une calculatrice ou un ordinateur.

Activités avec logiciels

1 Approche de la fonction dérivée de la fonction $x \mapsto \frac{1}{x}$ avec un logiciel

Toutes séries

On considère la fonction *f* définie pour tout réel *x* strictement positif par $f(x) = \frac{1}{x}$ et on note $\mathscr{C}$ sa courbe représentative dans un repère orthonormé. Sur la courbe $\mathscr{C}$, on considère le point A d'abscisse *a* et le point M d'abscisse $a + h$.

A Construction de la figure

À l'aide d'un logiciel de géométrie dynamique, tracer la courbe $\mathscr{C}$ en introduisant f=Si[x>0,1/x] dans la barre de saisie. Créer deux curseurs pour *a* de 0 à 4 et *h* de –1 à 1 avec un incrément de 0,1.

Créer le point A en introduisant : A = (a, f(a)) dans la barre de saisie.

Créer le point *M* en introduisant : M = (a+h, f(a+h)) dans la barre de saisie.

Tracer la droite (AM).

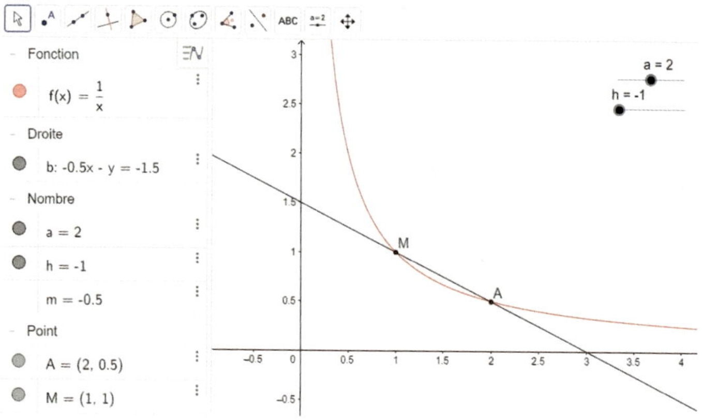

Calculer le coefficient directeur *m* de la droite (AM) en introduisant : m = (f(a+h) – f(a))/h dans la barre de saisie.

B Nombre dérivé pour $a = 2$

Dans cette partie, le point A est fixé à l'abscisse $a = 2$.

Manipuler le curseur *h* pour faire bouger le point M d'abscisse $1 + h$.

1 Reproduire et compléter le tableau suivant (donner les valeurs approchées arrondies à 10^{-2}).

h	–1	–0,5	–0,2	–0,1	0,1	0,2	0,5	1
m								

2 **a)** Que fait le logiciel pour $h = 0$?

b) Pourquoi *m* n'est-il pas calculé pour $h = 0$?

3 Faire se rapprocher M de A. La sécante (AM) tend vers une position limite appelée « tangente » à la courbe $\mathscr{C}$ au point A.

À l'aide du logiciel de géométrie dynamique, tracer la tangente à $\mathscr{C}$ au point *A*.

a) Quel est le coefficient directeur de cette tangente (regarder l'équation de la tangente dans la fenêtre algèbre du logiciel) ?

b) Le coefficient directeur de cette tangente est le « nombre dérivé de *f* en 2 » et on le note $f'(2)$. Quelle est la valeur de $f'(2)$?

C Vers la fonction dérivée

1 En manipulant le curseur *a* et en procédant comme dans la partie **B**, compléter, après l'avoir reproduit, le tableau suivant.

a	0,4	0,5	1	2	4
$f'(a)$					
$\frac{1}{a^2}$					

2 Pour *a* quelconque, strictement positif, proposer une expression de $f'(a)$ en fonction de *a*.

2 Approche de la notion d'asymptote avec un logiciel

Toutes séries

On considère la fonction *f* définie sur $]0, +\infty[$ par $f(x) = \dfrac{1}{x}$.

Représenter la fonction *f* à l'aide d'un logiciel de géométrie dynamique en entrant dans la barre de saisie : f(x) = Si[x>0,1/x].

Les axes sont dits « asymptotes » à la courbe représentative de *f*.

A Caractérisation de l'asymptote horizontale

Créer un curseur *t* allant de 2 à 20 avec un incrément de 0,1.

Créer les points A et B en entrant dans la barre de saisie A=(t,f(t)) et B=(t,0).

Créer le segment [AB] et afficher sa longueur.

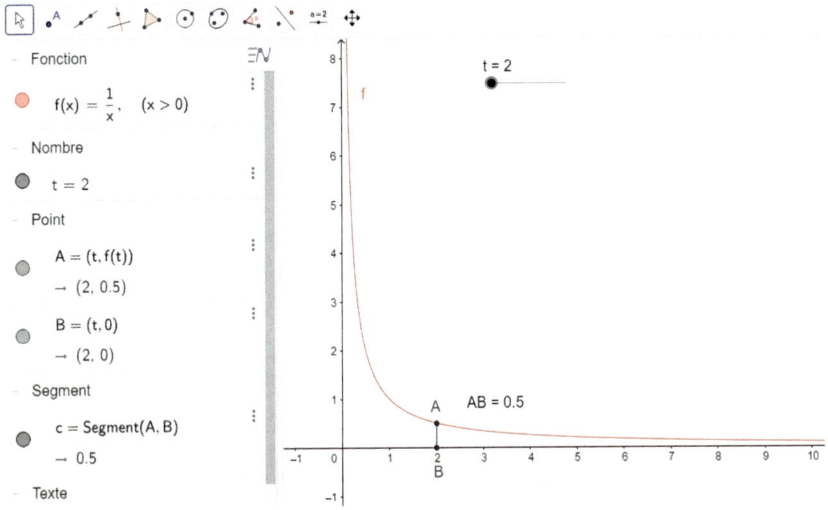

1. Que peut-on dire de la longueur AB lorsque *t* se rapproche de 20 ?
2. À laquelle des trois expressions suivantes la longueur AB est-elle égale ?
a) t ; **b)** $f(t)$; **c)** $t - f(t)$.
3. Que peut-on dire de $f(t)$ lorsque *t* devient « très grand » ?

B Caractérisation de l'asymptote verticale

Créer un curseur *h* allant de 0 à 2 avec un incrément 0,01.

Créer le point C d'abscisse *h* et situé sur la courbe représentative de *f*.

Créer le point D d'abscisse 0 et de même ordonnée que C.

Créer le segment [CD] et afficher sa longueur.

1. Que peut-on dire de la longueur CD lorsque *h* se rapproche de 0 ?
2. Que peut-on dire de $f(h)$ lorsque *h* se rapproche de 0 ?

Activités avec logiciels

3 Modéliser à l'aide d'une fonction exponentielle avec le tableur

Plutôt ST2S

La plus petite tumeur détectable par palpation est constituée d'environ 10^9 cellules et les métastases ne sont détectables par imagerie médicale qu'à partir de 10^8 cellules environ. Dans ces conditions, un modèle mathématique de la population de cellules tumorales est nécessaire pour affiner le diagnostic à partir des analyses réalisées en laboratoire.

On considère une tumeur dont le nombre de cellules, doublant tous les 15 jours, est modélisé par la suite géométrique (u_n) de premier terme $u_0 = 1$ et de raison 2.

1. Donner une interprétation de u_n.
2. Calculer, à l'aide d'un tableur, les valeurs de u_n pour n allant de 0 à 400.
3. Déterminer la première valeur de n pour laquelle $u_n > 10^9$.
À partir de combien de semaines, après l'apparition de la première cellule tumorale, la tumeur est-elle détectable par palpation ?
4. Représenter, à l'aide du tableur, les 33 premiers termes de la suite (u_n) en reliant les points par une courbe.
Cette courbe a pour équation $y = 2^x$. Pourquoi parle-t-on de croissance « exponentielle » ?
5. Un traitement chirurgical peut laisser un résidu indétectable de 10^3 cellules tumorales.
Résoudre l'équation $2^x = 10^6$ et en déduire qu'il faut prévoir un examen 40 semaines après le traitement.

4 Exploiter la fonction logarithme décimal en chimie, avec le tableur

ST2S

L'acidité d'une solution est mesurée par son pH défini par pH $= -\log x$, où log désigne le logarithme décimal et x la concentration en ions hydronium (H_3O^+) exprimée en moles par litre.

A Échelle logarithmique des pH

À l'aide d'un tableur, établir un tableau de valeurs des pH pour des concentrations en ions H_3O^+ allant de 10^{-9} mol/l à 1 mol/l avec un pas de 10. On pourra utiliser un format de cellule en notation scientifique et la fonction logarithme de base 10 notée LOG10.

1. Que fait le pH lorsque la concentration en ions H_3O^+ est divisée par 10 ?
2. Que fait la concentration en ions H_3O^+ lorsque le pH est diminué de 2 unités ?

B2 | fx Σ = | =-LOG10(A2)

	A	B	C
1	concentration	pH	
2	1,00E-009	9	
3	1,00E-008		
4	1,00E-007		
5	1,00E-006		
6	1,00E-005		
7	1,00E-004		
8	1,00E-003		
9	1,00E-002		
10	1,00E-001		
11	1,00E+000		

B Fonction donnant le pH selon la concentration en ions H_3O^+

On désigne par *f* la fonction donnant le pH selon la concentration *x* en ions H_3O^+ exprimée en mol/l. On a donc $f(x) = -\log x$.

On étudie l'évolution du pH d'une solution dont la concentration en ions H_3O^+ augmente régulièrement de 20 % à partir de la concentration de 10^{-9} mol/l.

À l'aide du tableur, tabuler la fonction *f* pour *x* débutant à 10^{-9} puis augmentant de 20 % jusqu'à atteindre $2{,}8 \times 10^{-7}$.

Représenter la fonction *f* en choisissant comme type de graphique « nuage de points » ou « XY dispersion », selon le tableur utilisé.

B2 | =-LOG10(A2)

	A	B
1	concentration	pH
2	1,00E-009	9
3	1,20E-009	8,921
4	1,44E-009	8,842
5	1,73E-009	8,762
6	2,07E-009	8,683
7	2,49E-009	8,604
8	2,99E-009	8,525
9	3,58E-009	8,446
10	4,30E-009	8,367
11	5,16E-009	8,287
12	6,19E-009	8,208
13	7,43E-009	8,129
14	8,92E-009	8,05
15	1,07E-008	7,971
16	1,28E-008	7,891
17	1,54E-008	7,812
18	1,85E-008	7,733
19	2,22E-008	7,654
20	2,66E-008	7,575
21	3,19E-008	7,496
22	3,83E-008	7,416
23	4,60E-008	7,337

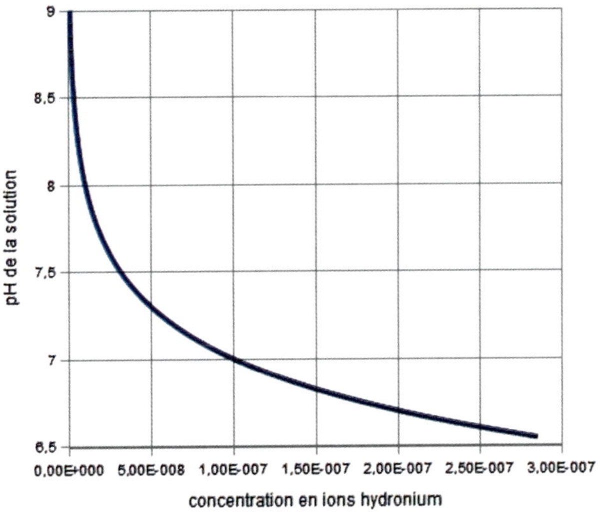

1. On suppose que la concentration en ions H_3O^+ dans le sang est $3{,}83 \times 10^{-8}$ mol/l, que vaut alors le pH du sang (arrondir à 10^{-1}) ?
2. En utilisant le graphique et les valeurs de la table, donner une valeur approchée arrondie à 10^{-8} de la concentration en ions H_3O^+ lorsqu'après un effort violent, le pH du sang vaut 7,2.

C Fonction donnant la concentration en ions H_3O^+ selon le pH

Pour répondre plus facilement à une question telle que la précédente, mieux vaut considérer la concentration en ions H_3O^+ en fonction du pH.

On désigne par *g* la fonction donnant la concentration en ions H_3O^+ exprimée en mol/l en fonction du pH.

À l'aide du tableur, représenter la fonction *g* sur l'intervalle [6,55 ; 9] en prenant la colonne des pH en abscisses et la colonne des concentrations en ordonnées.

1. D'après le graphique, quel est le sens de variation de la fonction g sur l'intervalle [6,55 ; 9] ?
2. Comment évolue la concentration en ions H_3O^+ lorsque le pH augmente ?
3. Donner une expression algébrique de $g(x)$.

Automatismes
Questions flash • QCM • vrai/faux

diaporama
foucherconnect.fr/20ltm07

Construire et entretenir des capacités dans le domaine du calcul et de l'information chiffrée.

Capacités attendues

CALCUL NUMÉRIQUE ET ALGÉBRIQUE

- Effectuer des opérations et des comparaisons entre des fractions simples 1 à 3
- Effectuer des opérations sur les puissances 4
- Passer d'une écriture d'un nombre à une autre (décimale, fractionnaire, scientifique) 5 à 7
- Estimer un ordre de grandeur 8
- Effectuer des conversions d'unités 9 à 14
- Résoudre une équation ou une inéquation du premier degré, une équation du type : $x^2 = a$ 15 à 18
- Déterminer le signe d'une expression du premier degré, d'une expression factorisée du second degré 19 à 22
- Isoler une variable dans une égalité ou une inégalité qui en comporte plusieurs sur des exemples internes aux mathématiques ou issus des autres disciplines 23 et 24
- Effectuer une application numérique d'une formule (notamment pour les formules utilisées dans les autres disciplines) 25 à 29
- Développer, factoriser, réduire une expression algébrique simple 30 et 31
- Calculer la dérivée d'une fonction polynomiale de degré inférieur ou égal à 3 32 et 33
- Calculer le coefficient directeur de la tangente en un point à une courbe à l'aide de la dérivée 34 à 37

FONCTIONS ET REPRÉSENTATIONS

- Déterminer graphiquement des images et des antécédents 38
- Résoudre graphiquement une équation, une inéquation du type : $f(x)=k, f(x)<k$... 38
- Déterminer le signe d'une expression factorisée du second degré à l'aide d'une image mentale de la courbe représentative de la fonction correspondante 40
- Déterminer graphiquement le signe d'une fonction ou son tableau de variations 38 et 39
- Exploiter une équation de courbe (appartenance d'un point, calcul de coordonnées) 41
- Tracer une droite donnée par son équation réduite ou par un point et son coefficient directeur 42 à 45
- Lire graphiquement l'équation réduite d'une droite 46 à 48
- Déterminer l'équation réduite d'une droite à partir des coordonnées de deux de ses points 49 à 51
- Déterminer graphiquement le coefficient directeur d'une tangente à une courbe 52 et 53
- Exploiter le lien entre le signe de la dérivée et le sens de variation de la fonction 54 et 55

Les automatismes suivants qui ont des contextes issus de la vie courante concernent, sauf exceptions signalées, l'ensemble des séries technologiques.

CALCUL NUMÉRIQUE ET ALGÉBRIQUE

Effectuer des opérations et des comparaisons entre des fractions simples

Sans calculatrice

1 Somme de fractions ★

1. Trouver une fraction irréductible égale à $\frac{4}{7}+\frac{3}{8}$.

2. Trouver une fraction irréductible égale à $3-\frac{2}{3}$.

3. Vérifier que : $\frac{1}{3}x+\frac{2}{5}=\frac{5x+6}{15}$.

4. Réduire : $A=\frac{4}{3}x-2x$.

5. Reproduire et compléter l'égalité suivante : $0{,}72=1-\frac{\dots}{100}$.

2 Produit de fractions ★

Si a, b, c, d sont quatre nombres réels non nuls alors : $\frac{a}{b}\times\frac{c}{d}=\frac{a\times c}{b\times d}=\frac{ac}{bd}$.

1. Calculer : $p=\frac{5}{12}\times\frac{16}{15}$. Simplifier le résultat obtenu.

2. Trouver une fraction irréductible égale à $\frac{15}{4}\times\frac{8}{25}$.

3. Calculer : $p=90\times\frac{30}{100}$.

4. Calculer : $p=40\times\left(1+\frac{10}{100}\right)$.

5. Développer : $p=\frac{1}{2}\left(\frac{3}{4}x+\frac{1}{3}\right)$.

3 Quotient de fractions ★

Si a, b, c, d sont quatre nombres réels non nuls alors :

$$\frac{a}{b}:\frac{c}{d}=\frac{\frac{a}{b}}{\frac{c}{d}}=\frac{a}{b}\times\frac{d}{c}=\frac{ad}{bc}.$$

1. Calculer : $q=\frac{3}{5}:\frac{4}{7}$.

2. Calculer : $3:\frac{4}{5}$.

3. Calculer : $q=\frac{2}{3}:\frac{4}{9}$. Simplifier le résultat obtenu.

4. Calculer : $q=\dfrac{2-\frac{3}{5}}{4-\frac{7}{5}}$. Mettre le résultat sous forme de fraction irréductible.

5. Reproduire et compléter l'égalité suivante : $\frac{2}{7}\times\ldots=\frac{3}{4}$.

Effectuer des opérations sur les puissances

Sans calculatrice

4 Compléter des égalités ★

Pour tous nombres réels **strictement positifs** a et b, et pour tous nombres entiers relatifs n et p :

- $a^n>0$;
- $(ab)^n=a^n\times b^n$;
- $a^n\times a^p=a^{n+p}$;
- $\left(\frac{1}{a}\right)^n=\frac{1}{a^n}$;
- $\frac{1}{a^n}=a^{-n}$ et $a^0=1$;
- $\frac{a^n}{a^p}=a^{n-p}$;
- $\left(\frac{a}{b}\right)^n=\frac{a^n}{b^n}$;
- $(a^n)^p=a^{np}$.

Reproduire et compléter chacune des égalités suivantes.

a) $10^{\cdots}\times10^4=10^{-2}$;
b) $10^{\cdots}\times10^{-3}=10^5$;

c) $10^{-4}\times10^{\cdots}=10^{-3}$;
d) $\frac{10^2}{10^{\cdots}}=10^{-2}$;

e) $\frac{10^{-4}}{10^{\cdots}}=10^4$;
f) $3x\times\ldots=12x^3$.

Passer d'une écriture d'un nombre à une autre

Sans calculatrice

- En astronomie, par exemple, les distances sont si grandes qu'on les exprime le plus souvent sous la forme $a\times10^n$ où a est un nombre décimal tel que $1\leq a<10$ et n un nombre entier naturel.

La notation $a\times10^n$ s'appelle l'écriture scientifique.

- ***Exemples***

– La distance moyenne de la Terre au soleil est d'environ $1,5\times10^{11}$ m ;

– l'apparition de l'homme actuel, Homo sapiens, remonte à environ 40 000 ans, c'est-à-dire à 4×10^4 ans.

5 Écrire en notation scientifique les nombres figurant dans chacune des phrases suivantes ★

a) Le big-bang marquant l'origine de l'univers a eu lieu il y a environ 15 milliards d'années.

b) La vitesse de la lumière est d'environ 299 792 000 $m.s^{-1}$.

c) L'aire de la Terre est d'environ 510 100 000 km^2.

d) L'étoile la plus proche du soleil est à environ 37 500 000 000 000 km.

6 Écrire sous forme décimale chacun des nombres suivants ★

a) $3,42\times10^3$;
b) $0,501\times10^4$;
c) $17,5\times10^{-2}$;
d) $0,02\times10^{-3}$.

7 Écrire sous forme décimale, puis sous forme scientifique, chacun des nombres suivants ★

a) $A=3\times10^3+2\times10^{-1}+5\times10^{-2}$;

b) $B=\frac{3\times10^2\times4\times10^3}{2\times10^{-3}}$.

Estimer un ordre de grandeur

Exemples

- La vitesse de la lumière est d'environ $299792000\,m.s^{-1}=2,99792\times10^8\,m.s^{-1}$. On peut prendre comme *ordre de grandeur* : $3\times10^8\,m.s^{-1}$.
- La semaine dernière, j'ai acheté trois articles dans une grande surface coûtant respectivement : 2,99 €, 11,95 € et 5,85 €. Le caissier m'a annoncé un total de 25,79 €. Sans calculatrice, j'ai réalisé qu'il y avait une erreur. En effet, en prenant un ordre de grandeur du prix de chaque article : $3+12+6=21$ €, chaque *ordre de grandeur* étant supérieur au prix réel ; le total devait être inférieur à 21 €.

8 Les courses sans calculatrice ★

Sans calculatrice

Dans chaque cas, donner un ordre de grandeur du résultat.

a) $S=4,98+8,01+9,96+26,02$;

b) $S=7,91+9,04+10,94+15,07$.

Automatismes
Questions flash • QCM • vrai/faux

Effectuer des conversions d'unités

9 à 12 **sans calculatrice**

9 Unités de longueur ★

On peut utiliser des multiples ou des sous-multiples du mètre.

Noms	Abréviations	Valeurs en mètres
kilomètre	km	1 000
hectomètre	hm	100
décamètre	dam	10
mètre	**m**	**1**
décimètre	dm	0,1
centimètre	cm	0,01
millimètre	mm	0,001
micron	µ	0,000 001

1. Convertir 7,5 km en m.

2. Convertir 3,45 m en cm, puis en mm.

3. Convertir 4 321 mm en m ; puis en dm ; puis en µ.

10 Unités de masse ★

On peut utiliser des multiples ou des sous-multiples du gramme.

Noms	Abréviations	Valeurs en grammes
kilogramme	kg	1 000
hectogramme	hg	100
décagramme	dag	10
gramme	**g**	**1**
décigramme	dg	0,1
centigramme	cg	0,01
milligramme	mg	0,001

1. Convertir 6,77 kg en grammes.

2. Convertir 5 781 g en dg, puis en kg.

11 Unités d'aires ★

Pour mesurer des aires, on peut utiliser des multiples ou des sous-multiples du mètre carré.

Noms	Abréviations	Valeurs en m^2
kilomètre carré	km^2	1 000 000
hectomètre carré	hm^2	10 000
décamètre carré	dam^2	100
mètre carré	m^2	1
décimètre carré	dm^2	0,01
centimètre carré	cm^2	0,0001
millimètre carré	mm^2	0,000 001

1. Convertir 36 500 cm^2 en m^2.

2. Convertir 5 km^2 en m^2 ; puis en dam^2.

12 Unités de volume ★

Pour mesurer des volumes, on peut utiliser des multiples ou des sous-multiples du mètre cube.
Pour les liquides, en prenant :
1 litre = 1 décimètre cube,
($1 L = 1 dm^3 = 0,001 m^3$) on peut utiliser des multiples ou des sous-multiples du litre.

Noms	Abréviations	Valeurs en L
hectolitre	hL	100
décalitre	daL	10
litre	L	1
décilitre	dL	0,1
centilitre	cL	0,01
millilitre	mL	0,001

1. Convertir 300 hL en L.

2. Convertir 300 L en m^3.

3. Convertir 5 daL en dL puis en cL.

13 Système sexagésimal ★

Pour exprimer des durées, on peut utiliser heures (h), minutes (min) et secondes (s). **1 h = 60 min = 3 600 s.**

1. *Calcul mental*

a) Un véhicule parcourt 20 mètres en une seconde. Combien parcourt-il en une minute ? en une heure ?

b) Convertir 36 km/h en m/s.

c) Convertir 25 m/s en km/h.

On note aussi $m.s^{-1}$ (pour m/s) et $km.h^{-1}$ (pour km/h).

2. *Durée donnée par un nombre décimal*

Les artisans utilisent souvent des nombres décimaux pour indiquer sur leurs factures la durée de leurs interventions.

PASSER DU SYSTÈME SEXAGÉSIMAL AU SYSTÈME DÉCIMAL

Exemple

Un artisan a mis 2 h 45 min pour effecteur une intervention. Il doit exprimer cette durée en « heures décimales » sur la facture. Dans 1 h, il y a 60 min.

2 h 45 min égale $2h + \frac{45}{60}h = 2h + 0,75h$.

La durée de l'intervention est donc : 2,75 h.

Exprimer une durée horaire donnée dans le système sexagésimal dans le système décimal :

On prend pour partie entière le nombre d'heure et pour partie décimale le quotient du nombre de minutes par 60.

a) Un réparateur a mis 1 h 36 min pour son intervention. Vérifier que l'on peut écrire que l'intervention a duré 1,6 heure.

b) Une intervention a duré 3 h 45 min.

Combien cela représente-t-il en système décimal ?

3. *Passer du système décimal au système sexagésimal*

> ***Exemple***
> On lit sur la facture d'un plombier que son intervention a duré 1,5 heure c'est-à-dire 1 h + 0,5 h ;
> 0,5 h : représente $0{,}5 \times 60 = 30$ min.
> La durée de l'intervention est : 1 h 30 min.
> *Exprimer une durée horaire donnée par un nombre décimal dans le système sexagésimal :*
> On prend pour nombre d'heures la partie entière et pour nombre de minutes le produit de la partie décimale pour 60.

a) Exprimer 4,5 h dans le système sexagésimal.
b) Pour poser 1 m^2 d'un plancher, un fournisseur annonce 0,45 h. Calculer le temps de pose, en heures et minutes, d'un plancher de 35 m^2.

14 Des unités de longueur anglo-saxonnes ★

Les unités suivantes sont utilisées dans différents domaines. Par exemple, le pouce (*inch*) est utilisé pour mesurer les écrans (de téléviseurs et d'ordinateurs) le pied (*foot*) est utilisé dans la navigation aérienne, le yard et le mille (*mile*) sont utilisés pour des compétitions sportives.
L'unité de longueur est le yard.

- 1 yard vaut environ 0,914 4 mètre ;
- 1 pied vaut $\frac{1}{3}$ du yard ;
- 1 pouce vaut $\frac{1}{12}$ de pied ;
- 1 mile vaut 1 760 yards.

1. Compléter le tableau suivant après l'avoir reproduit. Arrondir à 10^{-4}.

Nom	Valeur en yard	Abréviation	Valeur rapproché en mètres
Mille (Mile)	1 760	mi	
Yard	1	yd	0,914 4
Pied (Foot)	$\frac{1}{3}$	'	
Pouce (Inch)	.	"	

2. Convertir en cm 15,6" (15,6 pouces) et 17,3" (17,3 pouces). Arrondir à 10^{-1}. Ces deux nombres mesurent la longueur de la diagonale des écrans de deux ordinateurs portables.
3. Convertir en cm 4" et 6", qui sont les dimensions « historiques » d'un format de photo papier.

Résoudre une équation ou une inéquation du premier degré, une équation du type : $x^2 = a$

Sans calculatrice

15 Résoudre une équation du premier degré ou une équation se ramenant à des équations du premier degré ★

Résoudre dans $\mathbb{R}$ chacune des équations suivantes.

a) $0{,}2x = 7$; **b)** $12x = 0$;
c) $4x = 6x + 1$; **d)** $x = 0{,}2x - 1{,}6$;
e) $2x + 5 = x - 2 + \frac{1}{2}x$; **f)** $\frac{3}{4}x = \frac{1}{2}x + \frac{1}{3}$;
g) $4(x-6)(x-1) = 0$; **h)** $-2(3x+3)(-x+5) = 0$.

> Résoudre chacune des équations du ***g*** et du ***h*** conduit à résoudre deux équations du premier degré.

16 Déterminer le nombre réel *x* ou *t*, solution de chacune des équations suivantes ★

Déterminer le nombre réel *x* ou *t*, solution de chacune des équations suivantes.

a) $\frac{4x+1}{x+1} = 0$; **b)** $\frac{5t+4}{2t+1} = 3$.

17 Résoudre une inéquation du premier degré ★

Résoudre dans $\mathbb{R}$ chacune des inéquations suivantes.

a) $-3x \geq 1$; **b)** $-4x + 7 \leq 0$; **c)** $\frac{3}{4}x + \frac{1}{2} \geq 0$;
d) $-\frac{1}{3}x - \frac{2}{5} \leq 0$; **e)** $6x - 3 \leq -2x + 7$; **f)** $-4x + 9 \geq \frac{1}{3}x + 7$.

18 Résoudre une équation de la forme $x^2 = a$ ★

> **MÉTHODE**
> - Si $a < 0$, l'équation $x^2 = a$ n'a pas de solution.
> - Si $a > 0$, on peut écrire $a = (\sqrt{a})^2$, $x^2 = (\sqrt{a})^2$, est équivalent à : $x^2 - (\sqrt{a})^2 = 0$; en appliquant l'identité remarquable $x^2 - y^2 = (x-y)(x+y)$, on obtient : $(x - \sqrt{a})(x + \sqrt{a}) = 0$.
> D'où $x - \sqrt{a} = 0$, équivalent à : $x = \sqrt{a}$ ou $x + \sqrt{a} = 0$, équivalent à : $x = -\sqrt{a}$. L'équation $x^2 = a$ admet deux solutions : $-\sqrt{a}$ et $\sqrt{a}$.
> - Si $a = 0$, une solution : 0.

Résoudre dans $\mathbb{R}$ les équations suivantes.

a) $x^2 = 4$; **b)** $x^2 = 5$; **c)** $2x^2 + 3 = 0$; **d)** $x^2 - 7 = 0$.

Déterminer le signe d'une expression du premier degré, d'une expression factorisée du second degré

19 Résoudre une inéquation pour déterminer le signe d'une expression du premier degré ★ Sans calculatrice

a) Résoudre dans $\mathbb{R}$ l'inéquation $-2x + 1 \geq 0$.
b) À l'aide du **a)**, compléter, après l'avoir reproduit le tableau de signes suivant.

x	$-\infty$		?		$+\infty$
Signe de $-2x+1$		?	0	?	

Automatismes
Questions flash • QCM • vrai/faux

20 Déterminer le signe d'une expression du premier degré ★

Sans calculatrice

Déterminer le signe lorsque x varie dans $\mathbb{R}$, de l'expression $f(x)$.

a) $f(x)=3x+2$; **b)** $f(x)=4x+5$;
c) $f(x)=-3x+1$; **d)** $f(x)=-4x-3$.

MÉTHODE
- Résoudre l'inéquation $f(x)\geq 0$.
- Remplir un tableau de signes (c'est-à-dire procéder comme au 19).

21 Résoudre deux inéquations pour déterminer le signe d'une expression factorisée du second degré ★

1. Résoudre dans $\mathbb{R}$ l'inéquation $4x+1\geq 0$.

2. Résoudre dans $\mathbb{R}$ l'inéquation $-2x+3\geq 0$.

3. Compléter, après l'avoir reproduit, le tableau de signes suivant qui donne le signe de $(4x+1)(-2x+3)$.

x	$-\infty$		$-\frac{1}{4}$		$\frac{3}{2}$		$+\infty$
Signe de $4x+1$		?	0	?		?	
Signe de $-2x+3$		?		?	0	?	
Signe de $(4x+1)(-2x+3)$		?	0	?	0	?	

22 Déterminer le signe d'une expression factorisée du second degré ★

À l'aide d'un tableau de signes comme celui de l'exercice 21, déterminer le signe de l'expression $f(x)$.

a) $f(x)=3(2x+5)(5x+10)$; **b)** $f(x)=-2(-3x+4)(2x+3)$.

Isoler une variable dans une égalité ou une inégalité qui en comporte plusieurs

Sans calculatrice

23 Distance parcourue d, à la vitesse moyenne v, pendant le temps t ★

On donne $d=vt$. Exprimer t en fonction de d et v.

24 Valeur acquise d'un capital placé à intérêts simples ★

Pour un capital C placé à intérêts simples, à x % pour une période (un jour, une quinzaine, un mois, un trimestre, un semestre, un an) l'intérêt est :

$I=$ (capital en euros) × (intérêts pour 1 €) × (nombre n de périodes) ou, en posant $i=\frac{x}{100}$, $\boldsymbol{I=C\times i\times n}$.

Exprimer i en fonction de I, C et n.

Effectuer une application numérique d'une formule

25 Calcul mental ★ Sans calculatrice

On donne $a=2$; $b=-\frac{1}{4}$ et $c=-3$. Calculer mentalement la valeur numérique de chacune des expressions suivantes.

a) $A=abc$; **b)** $B=a^2bc$; **c)** $C=ab^2c$; **d)** $D=abc^2$.

26 Récupérateur d'eau de pluie ★

Un récupérateur d'eau de pluie est de forme cylindrique avec une hauteur h de 80 cm et un diamètre D de 60 cm.
On donne, pour calculer le volume du récupérateur la formule : $V=\pi\frac{D^2}{4}h$. Calculer V en litres. Arrondir à 1 litre.

27 Indice de masse corporelle ★

L'indice de masse corporelle (IMC) permet d'estimer la corpulence d'une personne, entre 18 et 65 ans. On donne : $\text{IMC}=\frac{\text{masse}}{(\text{taille})^2}$ où la masse est exprimée en kg et la taille en mètres. On convient que le « poids idéal » est obtenu avec $18,5\leq \text{IMC}\leq 25$. Calculer l'IMC pour une personne pesant 69 kg et mesurant 1,70 m. Arrondir à 10^{-1}. Que peut-on en conclure pour cette personne ?

28 Mouvement uniforme ★ Sans calculatrice

On rappelle la formule : $d=vt$. On donne $d=1,5\times 10^{11}$ m et $t=500$ s. Calculer la vitesse v en $\text{m}\cdot\text{s}^{-1}$.

v est la vitesse de la lumière dans le vide.

29 Remboursement d'un emprunt par annuités constantes ★

On amortit (on rembourse) une dette D au moyen d'annuités égales. Soit i le taux de l'emprunt et n le nombre d'années de remboursement.
La formule qui donne l'annuité constante a est :
$a=D\times\frac{i}{1-(1+i)^{-n}}$.
Déterminer a pour $D=350\,000$ €, $n=20$ ans, $i=0,01$ (c'est-à-dire un intérêt de 1 %).

Développer, factoriser, réduire une expression algébrique simple

Sans calculatrice

CONSEIL
Pour développer ou factoriser, on peut être amené à utiliser une ou plusieurs des identités remarquables suivantes :
- $(a+b)^2=a^2+2ab+b^2$;
- $(a-b)^2=a^2-2ab+b^2$;
- $(a-b)(a+b)=a^2-b^2$.

Dans ce qui suit, P est une fonction polynôme définie par tout nombre réel x.

30 Développer, réduire et ordonner ★

Développer et réduire chacune des expressions suivantes, puis ordonner les polynômes obtenus dans l'ordre des puissances décroissantes de x ou de t :

1. $P(x)=(x+1)(x+1)-(x+2)x$;

2. $P(t)=(2t-3)(2t+3)-(2t-3)^2$;

3. $P(x)=(-x-1)^2+(x+1)^2$;

4. $P(x)=x(3x+2)^2-(3x-2)^2$;

5. $P(t)=\left(t-\frac{1}{2}\right)^2-\left(t-\frac{1}{2}\right)\left(t+\frac{1}{2}\right)$;

6. $P(t)=\frac{t-5}{3}+\frac{2-t}{6}-t^2$.

31 Factoriser, puis résoudre une équation. On enchaîne deux automatismes ★★

Mettre $P(x)$ ou $P(t)$ sous forme d'un produit de facteurs du premier degré, puis résoudre l'équation $P(x)=0$ ou $P(t)=0$.

1. $P(x)=x^2-4x$.

2. $P(x)=(x-3)(x-2)-(2x-1)(x-3)$.

3. $P(x)=9x^2-6x+1$.

4. $P(x)=x^2-100$.

5. $P(x)=x^2-5$.

6. $P(t)=(7t-3)^2-25$.

7. $P(x)=(2x+1)^2-(-x+3)^2$.

8. $P(x)=(2x+3)^2+(x-5)(2x+3)$.

9. $P(x)=(2x-7)(-5x+9)+4x^2-49$.

Calculer la dérivée d'une fonction polynomiale de degré inférieur ou égal à 3

32 Calculer une dérivée ★ Sans calculatrice

RAPPEL

$f(x)$	$f'(x)$	Intervalle de validité
$f(x)=k$	$f'(x)=0$	$]-\infty,+\infty[$
$f(x)=x$	$f'(x)=1$	$]-\infty,+\infty[$
$f(x)=mx+p$	$f'(x)=m$	$]-\infty,+\infty[$
$f(x)=ax^2+bx+c$	$f'(x)=2ax+b$	$]-\infty,+\infty[$
$f(x)=ax^3+bx^2+cx+d$	$f'(x)=3ax^2+2bx+c$	$]-\infty,+\infty[$

Déterminer la dérivée f' de la fonction f sur l'ensemble donné où elle est définie et dérivable.

1. f définie sur $\mathbb{R}$ par : $f(x)=3$.

2. f définie sur $\mathbb{R}$ par : $f(x)=-4$.

3. f définie sur $\mathbb{R}$ par : $f(x)=-3x$.

4. f définie sur $\mathbb{R}$ par : $f(x)=7x-2$.

5. f définie sur $\mathbb{R}$ par : $f(x)=3x^2+4x+1$.

6. f définie sur $\mathbb{R}$ par : $f(x)=-x^2+\frac{1}{2}x+1$.

7. f définie sur $\mathbb{R}$ par : $f(t)=\frac{t^2}{3}+\frac{t}{4}-2$.

8. f définie sur $\mathbb{R}$ par : $f(q)=-3q^2+0{,}02q+3$.

9. C définie $[0,100]$ par : $C(q)=0{,}05q^2+3q+80$.

10. f définie sur $\mathbb{R}$ par : $f(x)=x^3+4x^2-x+2$.

11. f définie sur $\mathbb{R}$ par : $f(x)=0{,}75x^3-0{,}01x^2-1$.

12. f définie sur $\mathbb{R}$ par : $f(q)=7q^3+0{,}02q+3$.

13. f définie sur $\mathbb{R}$ par : $f(q)=-0{,}025q^3-100q^2-10\,000q$.

33 Deux automatismes : développer et dériver ★

La fonction f est définie et dérivable sur $\mathbb{R}$.
Développer et réduire l'expression de $f(x)$.
Déterminer la dérivée f' de la fonction f.

1. f définie sur $\mathbb{R}$ par : $f(x)=-3x(-x+1)$.

2. f définie sur $\mathbb{R}$ par : $f(x)=(4x+1)(-2x+1)$.

3. f définie sur $\mathbb{R}$ par : $f(x)=(2x+7)^2$.

4. f définie sur $\mathbb{R}$ par : $f(x)=(-3x-2)^2$.

5. f définie sur $\mathbb{R}$ par : $f(x)=(-x+1)(x^2-3x+1)$.

6. f définie sur $\mathbb{R}$ par : $f(x)=(-x+2)^2(2x+3)$.

Calculer le coefficient directeur de la tangente en un point à une courbe à l'aide de la dérivée

Sans calculatrice

Calculer le coefficient directeur de la tangente à la courbe représentative $\mathscr{C}$ de f au point d'abscisse a, c'est-à-dire le nombre dérivé $f'(a)$ (34 à 37) ★.

34 f définie sur $\mathbb{R}$ par : $f(x)=-4x^2+6x+1$, $a=1$.

35 f définie sur $\mathbb{R}$ par : $f(x)=\frac{x^2}{2}-\frac{1}{2}x+2$, $a=3$.

36 f définie sur $\mathbb{R}$ par : $f(x)=-\frac{1}{3}x^3+x^2$, $a=3$.

37 f définie sur $\mathbb{R}$ par : $f(x)=x^3-2x^2+x+1$, $a=-2$.

FONCTIONS ET REPRÉSENTATIONS

38 à 53 **sans calculatrice**

▸ Déterminer graphiquement des images et des antécédents

▸ Résoudre graphiquement une équation, une inéquation du type : $f(x)=k$, $f(x)<k$

▸ Déterminer graphiquement le signe d'une fonction ou son tableau de variation

38 Déterminer des images et des antécédents, résoudre une équation, une inéquation, établir un tableau de signes, un tableau de variation ★★

Le plan est muni du repère orthonormé $(O;\vec{i},\vec{j})$ (unité 1 cm). Soit f la fonction définie sur l'intervalle $[-1, 5]$ dont on donne la courbe représentative $\mathscr{C}$ sur la figure.

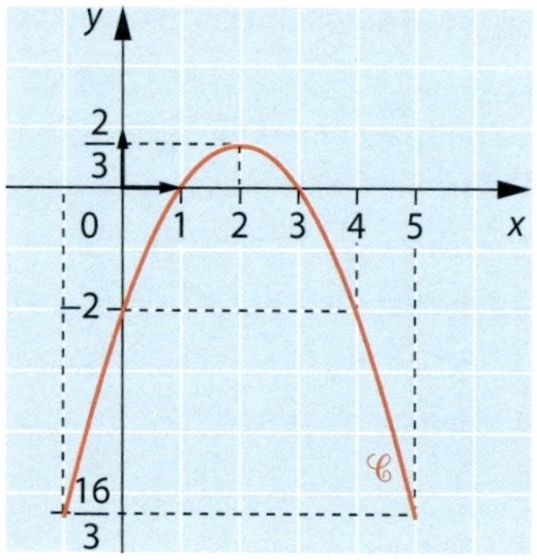

1. Utiliser ce graphique pour déterminer les valeurs de $f(-1)$, $f(0)$, $f(1)$, $f(2)$, $f(3)$, $f(4)$, $f(5)$.

2. Dans quel intervalle varie $f(x)$ lorsque x varie dans $[-1, 5]$?

3. Résoudre graphiquement dans $[-1, 5]$ les équations suivantes :

• $f(x)=0$; • $f(x)=1$; • $f(x)=-2$; • $f(x)=\frac{2}{3}$.

4. Déterminer graphiquement pour quelles valeurs de x comprises entre -1 et 5 le nombre $f(x)$ est positif.
En déduire, dans un tableau, le signe de $f(x)$ lorsque x varie dans $[-1, 5]$.

5. Résoudre graphiquement dans $[-1, 5]$ l'inéquation $f(x) \geq -2$.

6. Donner le tableau de variation de f sur $[-1, 5]$.
Pour quelle valeur de x la fonction f admet-elle un maximum ?

39 Lecture du sens de variation et du signe d'une fonction à partir de sa courbe représentative ★★

A. Dans le plan muni du repère orthonormé $(O;\vec{i},\vec{j})$ (unité 1 cm), la courbe $\mathscr{C}$ de la figure est la courbe représentative d'une fonction f définie sur l'intervalle $I=\left[-\frac{5}{2}, 2\right]$.

1. Établir le tableau de variation de f sur I. Indiquer éventuellement pour quelle(s) valeur(s) de x la fonction f admet un maximum, un minimum.

2. Utiliser les indications de la figure pour résoudre dans I l'équation $f(x)=0$.

3. Donner dans un tableau le signe de $f(x)$ lorsque x varie dans I.

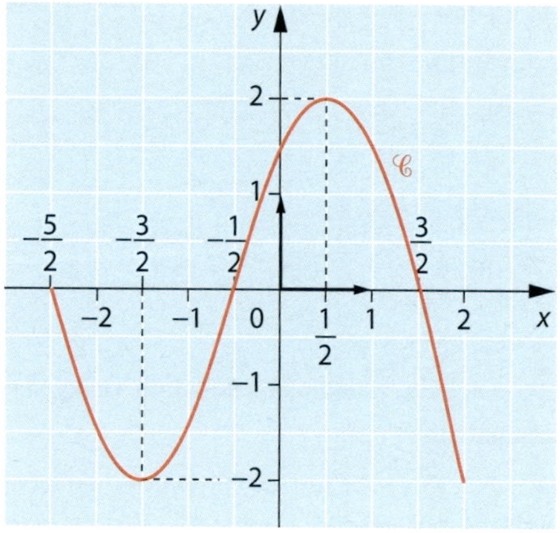

B. Mêmes questions qu'au **A.** en prenant $I=[-1, 3]$ et en remplaçant la figure par :

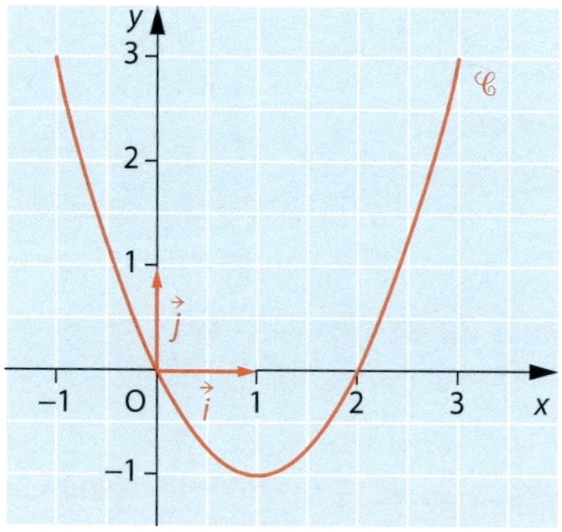

▸ Déterminer le signe d'une expression factorisée du second degré à partir d'une image mentale de la courbe représentative de la fonction correspondante

40 Signe d'une expression du second degré ★★

La fonction f est définie sur l'intervalle $[-2, 3]$ par :
$f(x)=(x+1)(x-2)$.

1. Dessiner l'allure (on ne demande pas un tracé précis) de la courbe représentative $\mathscr{P}$ de f à l'aide des seuls points où $\mathscr{P}$ coupe l'axe des abscisses et du sommet de la parabole $\mathscr{P}$.

2. En déduire le signe de $f(x)$ lorsque x varie dans l'intervalle $[-2, 3]$.

Exploiter une équation de courbe

41 Trois équations, trois courbes ★

f_1, f_2, f_3 sont des fonctions du second degré dont les représentations graphiques $\mathscr{P}_1, \mathscr{P}_2, \mathscr{P}_3$ sont données sur les figures 1, 2 et 3.

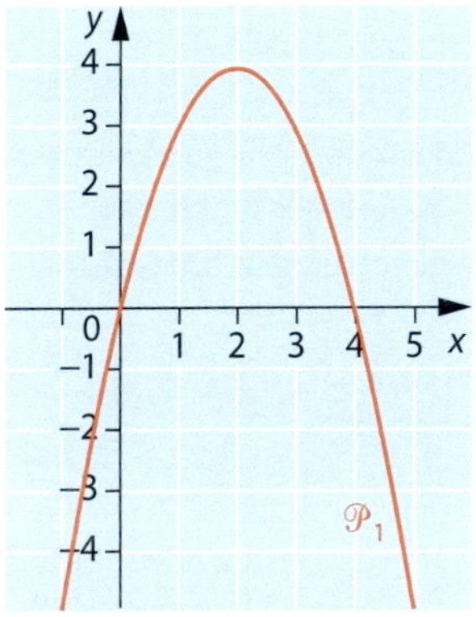

Figure 1

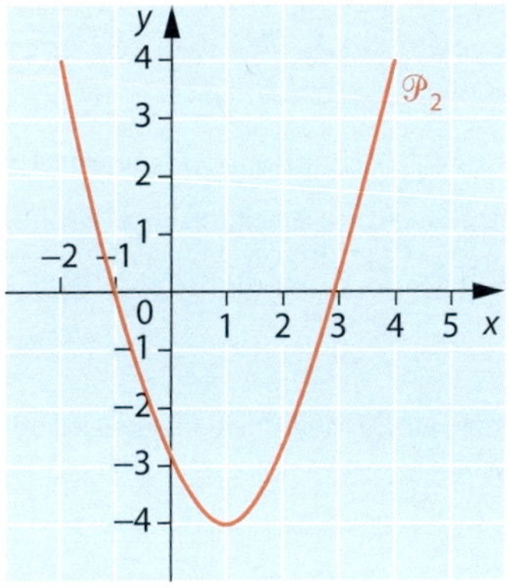

Figure 2

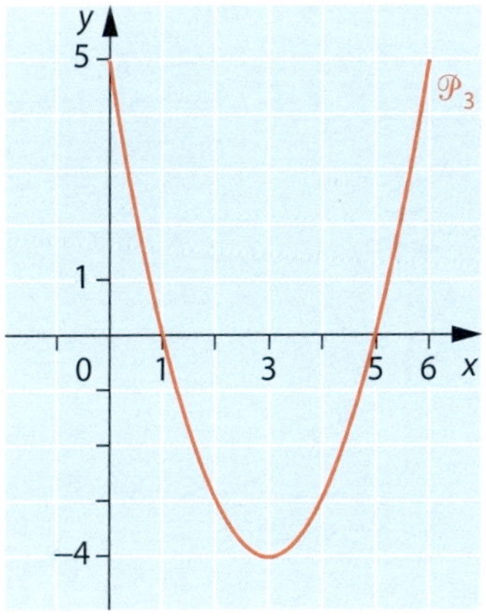

Figure 3

Choisir l'expression de $f_1(x)$, $f_2(x)$ et $f_3(x)$ parmi les trois expressions algébriques : $E = (x-1)(x-5)$, $F = -x(x-4)$ et $G = (x+1)(x-3)$.

Tracer une droite donnée par son équation réduite ou par un point et son coefficient directeur

42 Tracer une droite donnée par son équation réduite ★

1. Construire la droite $\mathscr{D}$ dont une équation est $y = -2x + 1$

CONSEIL

Chercher les coordonnées de deux points de la droite $\mathscr{D}$ en complétant, par exemple, ce tableau de valeurs :

x	0	1
$y = -2x + 1$		

2. Déterminer les coordonnées des points A et B où la droite $\mathscr{D}$ coupe les axes de coordonnées. Vérifier sur le graphique.

43 ★ Mêmes questions qu'au **42** avec $y = 2x - 3$.

44 Tracer une droite passant par un point et de coefficient directeur donné ★

RAPPELS ET MÉTHODE

- ***Coefficient directeur***

Soit $\mathscr{D}$ la droite d'équation $y = mx + p$ dans un repère $(O; \vec{i}, \vec{j})$, m est le ***coefficient directeur*** de $\mathscr{D}$ et p est l'ordonnée à l'origine de $\mathscr{D}$.

- ***Une méthode pour construire une droite passant par un point donné A et dont le coefficient directeur m est donné.***

À partir du point $A(x_A ; y_A)$ de la droite $\mathscr{D}$, d'équation $y = mx + p$, on obtient un deuxième point B de la droite $\mathscr{D}$ en ajoutant 1 à l'abscisse de A et m à l'ordonnée de A : $x_B = x_A + 1$ et $y_B = y_A + m$.

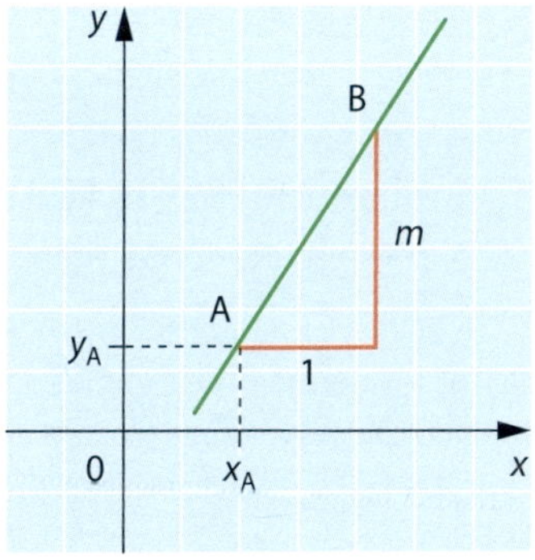

Sur cette figure, $m = \frac{3}{2}$.

Construire la droite $\mathscr{D}$ passant par le point A et admettant m pour coefficient directeur. $A(-1, 2)$; $m = 2$.

45 Même question qu'au **44** avec $A(2 ; 3)$; $m = -\frac{1}{2}$.

Automatismes
Questions flash • QCM • vrai/faux

Lire graphiquement l'équation réduite d'une droite

46 $\mathscr{D}$ **passe par les points A et B** ★

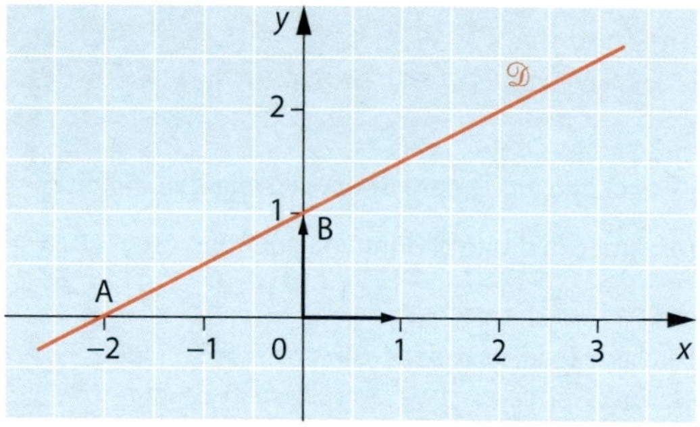

1. Déterminer le coefficient directeur m de la droite $\mathscr{D}$.

2. En déduire une équation de la forme $y = mx + p$ de $\mathscr{D}$.

MÉTHODE

On cherche une équation de la forme $y = mx + p$.

• *Détermination de m*

m est le ***coefficient directeur*** de la droite (AB) qui passe par les points $A(x_A, y_A)$ et $B(x_B, y_B)$: $m = \dfrac{y_B - y_A}{x_B - x_A}$.

• *Détermination de p*

Remplacer, dans l'équation de $\mathscr{D}$, x et y par les coordonnées du point A (ou du point B).

Les questions 3 et 4 enchaînent plusieurs automatismes (voir les capacités attendues page 88).

3. On admet que l'équation de $\mathscr{D}$ obtenue au **2.** est $y = \dfrac{1}{2}x + 1$. On désigne par f la fonction définie sur $\mathbb{R}$ par : $f(x) = \dfrac{1}{2}x + 1$; f est une fonction affine.

a) Résoudre graphiquement l'inéquation $f(x) \geq 0$.

b) Donner dans un tableau le signe de la fonction f lorsque x varie dans $\mathbb{R}$.

4. a) Résoudre graphiquement l'équation $f(x) = 2$. Vérifier par le calcul.

b) Déterminer les antécédents de $\dfrac{1}{2}$ et $\dfrac{3}{2}$ par f.

c) Quelles sont les valeurs de x pour lesquelles $f(x)$ est inférieur ou égal à 1 ?

47 ★ En utilisant les données de la figure, déterminer le coefficient directeur puis une équation de la droite (AB).

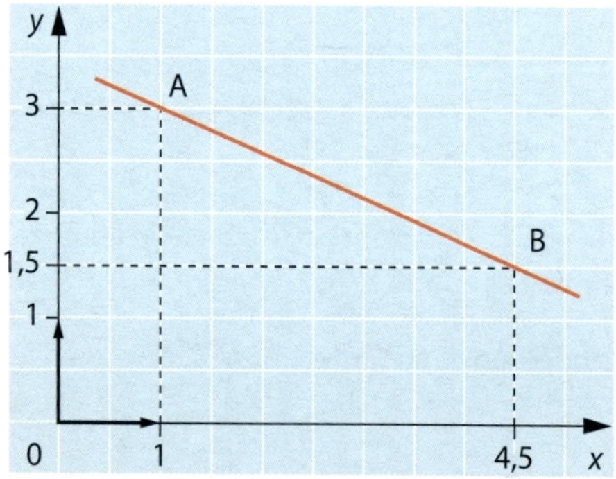

48 **QCM** ★

La droite $\mathscr{D}$ de la figure passe par les points A et B.

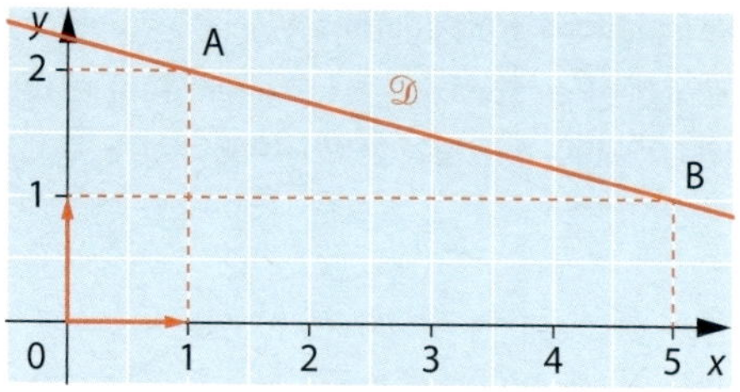

Pour chacune des questions suivantes trouver la bonne réponse parmi les réponses proposées.

1. Le coefficient directeur de la droite $\mathscr{D}$ est :

0,25 ? ; 4 ? ; −4 ? ; −0,25 ?

2. Une équation de $\mathscr{D}$ est :

$y = 0,25x - 2,25$?

$y = x - 9$?

$y = -\dfrac{1}{4}(x - 9)$?

$y = 0,25x - 225$?

Déterminer l'équation réduite d'une droite à partir des coordonnées de deux de ses points

49 ★ On donne les coordonnées des points A et B. Déterminer dans chaque cas, une équation de la droite (AB).

a) $A(-1, 2)$; $B(3, 4)$. **b)** $A\left(\dfrac{1}{2}, \dfrac{7}{2}\right)$; $B\left(-1, \dfrac{3}{4}\right)$.

CONSEIL

Procéder comme au **46** : déterminer d'abord le cœfficient directeur de la droite (AB).

50 **QCM** ★

Parmi les trois graphiques suivants, déterminer celui qui représente la fonction f définie sur $\mathbb{R}$ par $f(x) = 2x - 8$.

a)

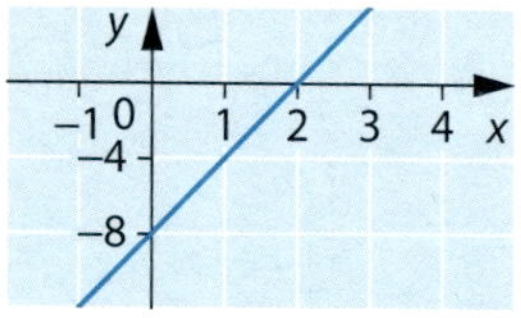

b)

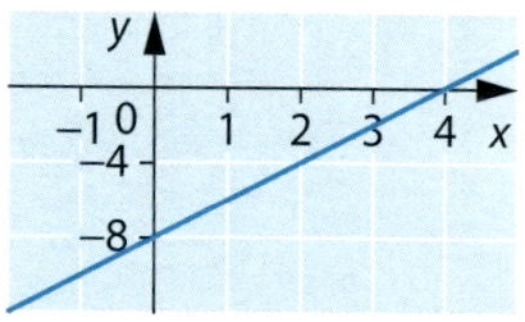

c)

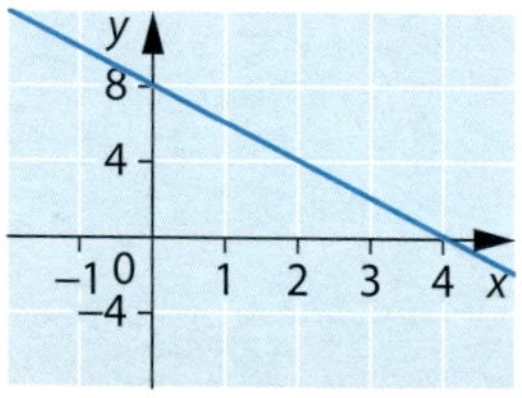

51 **Vrai-Faux** ★

Une équation de la droite $\mathscr{D}$ passant par les points $A(2, -1)$ et $B(-3, 4)$ est : $y = -x + 1$.

Déterminer graphiquement le cœfficient directeur d'une tangente à une courbe

52 Le cœfficient directeur d'une tangente ★

La figure donne la courbe représentative $\mathscr{C}$ d'une fonction f définie et dérivable sur l'intervalle [0, 6] dans le plan muni du repère orthonormé $(O; \vec{i}, \vec{j})$.

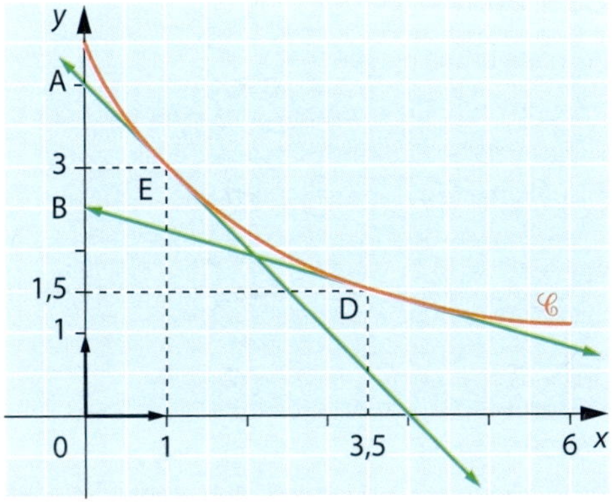

On précise qu'au point E de coordonnées (1, 3) la tangente à la courbe $\mathscr{C}$ est la droite (AE), A étant le point de coordonnées(0, 4). Au point D de coordonnées (3,5 ; 1,5), la tangente à la courbe $\mathscr{C}$ est la droite (BD), B étant le point de coordonnées (0 ; 2,5).

1. Déterminer les coefficients directeurs des tangentes (AE) et (BD).

2. En déduire les nombres dérivés $f'(1)$ et $f'(3,5)$.

> **RAPPEL**
> Si f est dérivable en a, la tangente à la représentation graphique de f au point $A(a, f(a))$ a pour coefficient directeur le nombre dérivé $f'(a)$.

53 Le coefficient directeur d'une droite ★

Le plan est muni du repère orthonormé $(O; \vec{i}, \vec{j})$ (unité : 2 cm).

Soit f la fonction définie sur l'intervalle [0, 2] dont on donne la courbe représentative $\mathscr{C}$ sur la figure.

1. À l'aide des données de la figure, déterminer le coefficient directeur de chacune des droites (AB) et (EF).

2. On admet que la droite (AB) est tangente à la courbe $\mathscr{C}$ au point B(1, 0) et que la droite (EF) est tangente à la courbe $\mathscr{C}$ au point F(2, 1). En déduire $f'(1)$ et $f'(2)$.

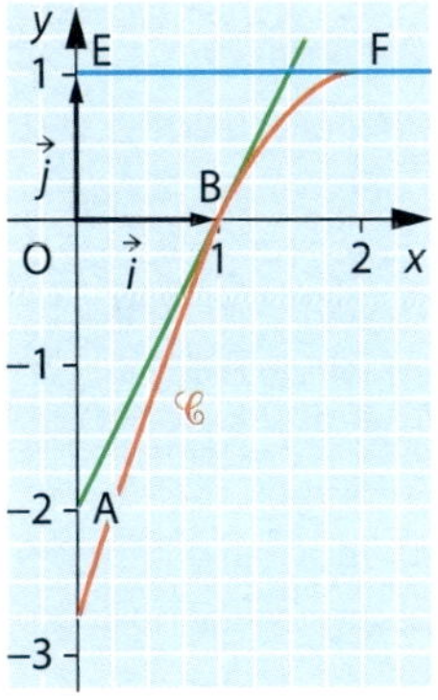

Sens de variation d'une fonction, lien avec le signe de la dérivée, tableau de variation

> **RAPPEL**
> Soit f une fonction dérivable sur un intervalle I
> • Si $f'(x)>0$ pour tout x de I, alors f est strictement croissante sur I.
> • Si $f'(x)<0$ pour tout x de I, alors f est strictement décroissante sur I.
> • Si $f'(x)=0$ pour tout x de I, alors f est constante sur I.

54 Établir un tableau de variation ★

La courbe $\mathscr{C}$ de la figure est la courbe représentative d'une fonction f définie et dérivable sur [−1, 8] dans le plan muni du repère orthonormé $(O; \vec{i}, \vec{j})$.

On précise que la tangente à la courbe $\mathscr{C}$ au point A(2, −1) est parallèle à l'axe des abscisses.

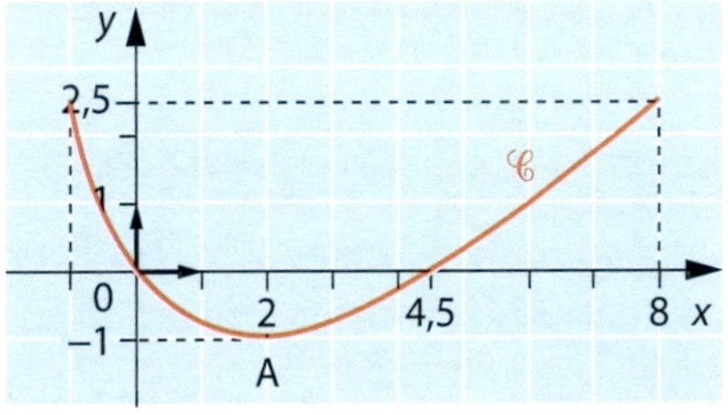

1. Résoudre graphiquement dans [−1, 8] les équations et inéquations suivantes :

a) $f'(x) = 0$; **b)** $f'(x) < 0$; **c)** $f'(x) > 0$.

2. Établir le tableau de variation de f sur [−1, 8].

55 La fonction est donnée par son tableau de variation ★★

f est une fonction définie sur [0, 3]. Son tableau de variation sur [0, 3] est :

x	0	2	3
Variations de f	0 ↗	$\frac{16}{3}$	↘ 3

1. f admet un nombre dérivé $f'(x)$ pour tout nombre x de [0, 3]. On admet que $f'(2) = 0$ et que $f'(x)$ ne s'annule que pour $x = 2$. Donner, dans un tableau, le signe de $f'(x)$ quand x varie dans [0, 3].

2. Tracer une courbe représentative possible de f dans un repère orthonormé où l'unité est le centimètre.

Exercices pour s'entraîner

Corrigés pages 203 à 204

Nombres de la forme a^x

56 ★ Déterminer la valeur approchée arrondie à 10^{-2} du nombre n, t ou i.

a) $n = (0,9)^{1,5}$.
b) $n = (1,035)^{10}$.
c) $n = 2 \times (0,92)^{12}$.
d) $n = 100(0,987\,5)^{125}$.
e) $t = (1,30)^{\frac{1}{3}} - 1$.
f) $i = 100\left[(1,05)^{\frac{1}{12}} - 1\right]$.

57 ★ Déterminer la valeur approchée arrondie à 10^{-2} de y.

a) $y = (0,85)^{1,2}$.
b) $y = (1,203)^{10}$.
c) $y = -2(0,93)^{11}$.
d) $y = 302(1,22)^{25}$.

Sens de variation des fonctions de la forme $x \mapsto ka^x$

58 ★ Pour chacune des fonctions suivantes, déterminer le sens de variation. Rappeler chaque fois le résultat du cours utilisé.

a) f définie sur [0, 10] par : $f(x) = (0,85)^x$.
b) f définie sur [0, 12] par : $f(t) = (1,03)^t$.
c) f définie sur [0, 7] par : $f(t) = 4(0,9)^t$.
d) f définie sur [0, 20] par : $f(x) = -0,005(2,2)^x$.

59 ★ Pour chacune des fonctions suivantes, déterminer le sens de variation. Rappeler chaque fois le résultat du cours utilisé.

a) f définie sur [0, 8] par : $f(t) = (0,95)^t$.
b) f définie sur $\mathbb{R}$ par : $f(x) = (1,025)^x$.
c) f définie sur [0, 10] par : $f(t) = -3(0,8)^t$.
d) f définie sur $\mathbb{R}$ par : $f(x) = -0,5(1,3)^x$.
e) f définie sur [0, 12] par : $f(t) = 0,01(0,75)^t$.
f) f définie sur $\mathbb{R}$ par : $f(x) = 5(1,035)^x$.

60 Classer des nombres a^x par ordre croissant ★

Sans utiliser de calculatrice, classer chaque fois par ordre croissant les trois nombres suivants. Justifier les réponses.

1. $3,14^{1,02}$; $3,14^{2,7}$; $3,14^{1,3}$.
2. $0,732$; $0,732^{-0,2}$; $0,732^{-3}$.

CONSEIL
On peut se reporter à l'exercice résolu **3** du cours.

Propriétés algébriques des fonctions exponentielles

61 Vrai ou Faux ★

Indiquer sans justification si chacune des égalités suivantes est vraie ou fausse.

a) $3^2 \times 2^3 = 6^5$;
b) $3^{-3} \times 3^3 = 1$
c) $\dfrac{5^6}{5^3} = 5^2$;
d) $(7^2)^3 = 7^5$.

Cas particulier de l'exposant $\frac{1}{n}$

62 Exposants de la forme $\frac{1}{n}$ ★

Déterminer la valeur approchée arrondie à 10^{-2} de x.

a) $x = 1,022\,5^{\frac{1}{2}}$.
b) $x = 4^{\frac{1}{3}}$.
c) $x = 2,25^{\frac{1}{6}}$.
d) $x = 3,5^{\frac{1}{12}}$.
e) $x = 0,70^{\frac{1}{6}}$.
f) $x = 0,5^{\frac{1}{12}}$.

63 Taux d'évolution moyen ★★

Fin 2016, une mutuelle comptait 506 000 sociétaires. L'évolution en pourcentage du nombre de sociétaires pour les trois années suivantes est donnée par le tableau suivant.

Année	2017	2018	2019
Taux d'évolution en pourcentage	+10 %	+6 %	+5 %

Par exemple, le taux d'évolution du nombre de sociétaires de fin 2017 à fin 2018 est de + 6 %.

1. a) Démontrer que le taux d'évolution global du nombre de sociétaires entre fin 2016 et fin 2019 est de 22,43 %.
b) En déduire le nombre de sociétaires à la fin de 2019. Arrondir à l'unité par défaut.
2. Calculer le taux d'*évolution annuel moyen* pour chacune des trois années 2017, 2018, 2019. Donner ce taux d'évolution sous forme de pourcentage arrondi à 0,01 %.

MÉTHODE
• En notant t_1, t_2, t_3 les trois taux d'évolution successifs et T le taux d'évolution global, on a l'égalité des coefficients multiplicateurs :
$$1 + T = (1 + t_1)(1 + t_2)(1 + t_3).$$
• Le ***taux d'évolution moyen** annuel* est le taux t_m tel que :
$$1 + t_m = (1 + T)^{\frac{1}{3}}.$$

64 Trouver le taux d'évolution moyen pour deux évolutions successives ★

Pour chacun des cas suivants :
• déterminer le coefficient multiplicateur de chacune des deux évolutions ;
• calculer le coefficient multiplicateur global ;
• en déduire le taux d'évolution moyen sous forme décimale, puis sous forme de pourcentage.
Arrondir à 10^{-4}.

a) Une hausse de 15 % suivie d'une baisse de 10 %.
b) Une baisse de 20 % suivie d'une hausse de 15 %.
c) Une hausse de 2,4 % suivie d'une baisse de 0,3 %.
d) Une baisse de 10 % suivie d'une baisse de 20 %.

65 Le nombre d'inscrits dans un club ★

Le tableau suivant donne le taux d'évolution en pourcentage du nombre d'inscrits dans un club sportif pendant trois années consécutives.

Rang de l'année	1	2	3
Évolution en pourcentage	+10 %	+20 %	+25 %

1. Démontrer que le taux d'évolution global pour les trois années est égal à +65 %.

2. a) Déterminer la valeur approchée arrondie à 10^{-4} du nombre $(1{,}65)^{\frac{1}{3}}$.

b) En déduire le taux d'évolution moyen annuel du nombre d'inscrits, sous forme de pourcentage.

66 Taux d'évolution moyen d'un chiffre d'affaires ★ ★

Un magasin de téléphonie mobile a fait 400 000 € de chiffre d'affaires pour l'année 2015. L'évolution du chiffre d'affaires pour les années suivantes est donnée dans le tableau suivant.

Année	2015	2016	2017	2018	2019
Taux d'évolution		+6 %	+5 %	+10 %	+7 %
Chiffre d'affaires	400 000				

1. Calculer, sous forme de pourcentage, le taux d'évolution global du chiffre d'affaires de fin 2015 à fin 2019.

2. Calculer le chiffre d'affaires pour 2019.

3. Calculer le taux d'évolution moyen annuel pour les années 2016 à 2019. Arrondir à 0,01 %.

67 C'est bon pour la planète... ★ ★ ★

Dans ce qui suit, les coefficients multiplicateurs sont à arrondir à 10^{-4}.

Le responsable d'une usine s'engage à diminuer un certain type de rejets de 40 % en cinq ans. La première année, il est prévu de diminuer ces rejets de 15 %, la deuxième année de les diminuer de 10 % et la troisième année, de les diminuer de 5 %.

1. Démontrer, qu'au bout des trois premières années, la baisse des rejets sera d'environ 27,33 %.

2. Pour atteindre l'objectif prévu au bout de cinq ans, quel pourcentage annuel de baisse faut-il prévoir, en supposant que ce pourcentage est le même pour les deux dernières années ?

Utiliser la définition de la fonction logarithme décimale

68 Résoudre une équation de la forme $\log x = b$ ★

Résoudre dans $]0, +\infty[$ chacune des équations suivantes d'inconnue x ou I.

a) $\log x = 1$; **b)** $\log x = -2$;

c) $\log\left(\frac{x}{3}\right) = 2$; **d)** $\log\left(\frac{I}{10^{-12}}\right) = 50$.

RAPPEL
Pour tout nombre réel strictement positif x :
$\log x = b$ si et seulement si : $x = 10^b$.

69
Résoudre dans $]0, +\infty[$ chacune des équations suivantes d'inconnue x. ★

a) $\log x = 2$; **b)** $\log x = -1$;

c) $\log\left(\frac{x}{2}\right) = -2$; **d)** $\log(2x) = 3$.

Propriété algébrique de la fonction logarithme décimale

70 QCM Sans calculatrice ★

Donner la bonne réponse parmi les trois valeurs proposées pour chacun des nombres $\log a$ suivants.

	$\log a$	Réponse 1	Réponse 2	Réponse 3
1	$\log 10^3$	1 000	30	3
2	$\log 0{,}1$	0,1	−1	1
3	$\log(100)$	100	0,01	2
4	$\log(10^{-3})$	0,001	−3	−30

71 Simplification d'expressions Sans calculatrice ★

Simplifier l'écriture de chacune des expressions suivantes.

a) $\log(10^3)$; **b)** $\log(10^{-4})$;

c) $\log\left(\frac{1}{10^2}\right)$; **d)** $\log(10^{t+10})$.

72 Valeur approchée ★

Déterminer la valeur approchée arrondie à 10^{-2} de chacun des nombres suivants.

a) $\log(4{,}3 \times 10^{-4})$; **b)** $\log(0{,}3 \times 10^{-12})$; **c)** $-\log(1{,}06 \times 10^{-6})$.

Utiliser le logarithme décimal pour résoudre une équation du type $a^x = b$

73 Solution d'équation ★

Déterminer le nombre réel strictement positif, x ou t, qui est solution de l'équation suivante.

Donner la valeur exacte puis la valeur approchée arrondie à 10^{-4} de la solution.

a) $(0{,}8)^x = 0{,}5$; **b)** $(1{,}05)^t = \frac{100}{67}$;

c) $3\,000\,(0{,}913)^x = 1\,500$; **d)** $0{,}4 \times 10^t + 90 = 102$.

Exercices pour s'entraîner

CONSEIL
On peut se reporter à l'exercice résolu **8** du cours.

74 Résolution d'équations d'inconnue réelle ★

Résoudre chacune des équations suivantes d'inconnue réelle x ou t. Donner la valeur exacte, puis la valeur approchée arrondie à 10^{-4} de la solution.

a) $(0{,}951)^x = 0{,}05$; **b)** $(1{,}035)^t = 2$;
c) $4(0{,}819)^x = 2{,}2$; **d)** $500(1 - 0{,}82^t) = 370$.

75 Plutôt ST2S Culture bactérienne ★★

On étudie l'évolution d'une culture bactérienne en milieu liquide non renouvelé. On admet que l'expression $f(t) = 400(1{,}22)^t$ donne le nombre de bactéries présentes dans cette culture en fonction du temps t, exprimé en heures.

1. Calculer le nombre de bactéries présentes dans le liquide :
a) à l'instant $t = 0$;
b) au bout de 5 h 30 min.
Le résultat est à arrondir à la dizaine d'unités la plus proche.

2. Déterminer au bout de combien de temps la population de bactéries aura doublé.

Utiliser le logarithme décimal pour résoudre une équation du type $x^a = b$

76 Équation $x^n = a$ ★

Résoudre chacune des équations suivantes d'inconnue x. Donner la valeur exacte, puis la valeur approchée arrondie à 10^{-4} de la solution.

a) $x^3 = 1{,}68$; **b)** $x^4 = 2{,}12$; **c)** $x^{12} = 0{,}85$.

77 Équation $x^n = a$ ★

Déterminer le nombre x strictement positif qui est solution de l'équation suivante. Donner la valeur exacte de la solution puis la valeur approchée arrondie à 10^{-4}.

a) $x^2 = 1{,}04$. **b)** $x^3 = 1{,}10$. **c)** $x^4 = 1{,}50$.
d) $x^{12} = 1{,}045$. **e)** $x^2 = 0{,}64$. **f)** $x^{12} = 0{,}36$.

Résoudre une inéquation du type $a^x \leq b$ ou $x^a \leq b$, d'inconnue x réelle ou $a^n \leq b$, d'inconnue n entier naturel

78 Inéquations de la forme $a^x \leq b$ ★

RAPPEL
Si a et b sont deux nombres réels strictement positifs : $a \leq b$ si et seulement si : $\log a \leq \log b$.

Résoudre les inéquations suivantes d'inconnue réelle x ou t.

a) $(0{,}9)^x \leq 0{,}4$; **b)** $10^4 \times (1{,}2)^t \leq 20\,000$.

CONSEIL
On peut se reporter à l'exercice résolu **9** du cours.

79 Inéquations de la forme $a^x \leq b$ ★

Résoudre les inéquations suivantes.

a) $(0{,}5)^x \leq 0{,}8$; **b)** $10^{-1} \times (1{,}1)^t \leq 1000$;
c) $2000(0{,}732)^x \leq 500$.

80 Fréquence cardiaque et résolution d'une inéquation ★★

Dans cet exercice on étudie le lien qui existe entre la puissance d'un effort fourni et la fréquence cardiaque d'un individu.

On admet que la fréquence cardiaque d'une sportive en fonction de la puissance de l'effort qu'elle fournit est donnée par la fonction f définie sur [0, 340] par :

$f(x) = 50 \times (1{,}004)^x + 10$ où :

- x est la puissance de l'effort fourni exprimée en watts (W),
- $f(x)$ est le nombre de battements du cœur par minute.

1. Calculer la fréquence cardiaque de cette sportive si elle exerce un effort d'une puissance de 200 W. On donnera la valeur exacte, puis la valeur approchée arrondie à l'unité.

2. Déterminer la puissance que doit fournir la sportive pour que sa fréquence cardiaque arrive à 180 battements par minute. On donnera la valeur exacte, puis la valeur approchée arrondie à l'unité.

CONSEIL
Voir également l'exercice **104**.

81 Inéquations de la forme $x^a < b$ ★

Résoudre les inéquations suivantes.

a) $x^3 < 3$; **b)** $x^{1,3} < 2$; **c)** $x^4 < 2{,}5$.

82 Inéquations de la forme $x^a < b$ ★

Résoudre les inéquations suivantes.

a) $x^{0,5} < 3$; **b)** $x^3 < 0{,}5$; **c)** $x^4 < 1{,}2$.

83 Inéquations de la forme $a^n \leq b$ ★

1. Déterminer le plus petit nombre entier positif n tel que : $(1{,}045)^n \geq 2$.

2. Déterminer le plus grand nombre entier positif n tel que : $(0{,}9)^n \geq 0{,}5$.

84 **Placement avec intérêts composés** ★ ★ ★

Dans cet exercice, on donnera éventuellement des valeurs approchées arrondies au centime des résultats.

On place un capital $C_0 = 1\,000$ € à 1 % par an avec intérêts composés, ce qui signifie que les intérêts d'une année s'ajoutent au capital, et que l'année suivante ils rapportent eux aussi des intérêts. C'est ce que les financiers appellent « l'effet cliquet ».

On note C_n le capital obtenu, ou « valeur acquise », au bout de n années.

1. Calculer C_1, C_2, C_3.

2. a) Donner, pour tout entier n, l'expression de C_{n+1} en fonction de C_n.

b) En déduire que les nombres $C_0, C_1, C_2, \ldots, C_n$ sont des termes successifs d'une suite géométrique de premier terme C_0 dont on précisera la raison.

c) Donner l'expression de C_n en fonction de n. Calculer C_{10}.

3. a) Déterminer le plus petit nombre entier positif n tel que $(1{,}01)^n \geq 1{,}2$.

b) Déduire du **a)** au bout de combien d'années le capital initial a augmenté de 20 %.

85 **Avec un livret A** ★ ★ ★

La suite géométrique (C_n) est définie par :

$C_0 = 1\,000$ et, pour tout entier n de $\mathbb{N}$,

$C_{n+1} = 1{,}007\,5\ C_n$.

Dans ce qui suit, arrondir les valeurs approchées à 10^{-2}.

1. Calculer C_1, C_2, C_3.

2. Pour tout entier n de $\mathbb{N}$, exprimer C_n en fonction de n.

3. Déterminer le plus petit nombre entier n tel que : $C_n \geq 1{,}1\ C_0$.

4. C_n est la valeur acquise au bout de n années d'un capital C_0 placé sur un livret A au taux annuel de 0,75 %. Donner une interprétation du résultat obtenu au 3.

86 **La production d'un médicament générique** ★ ★ ★

Au bout de la première semaine de fonctionnement, la production de boîtes d'un médicament générique est de 200 000 unités. Par la suite, on envisage d'augmenter cette production de 3 % par semaine. On note u_1 la production, en unités, à la fin de première semaine ($u_1 = 200\,000$), u_2 la production, en unités, à la fin de la deuxième semaine,…, u_n la production, en unités, à la fin de n-ième semaine.

1. Quelle est la nature de la suite (u_n) ? Préciser la raison de cette unité.

2. a) Exprimer u_n en fonction de n.

b) En déduire la production au bout de la 12e semaine. Le résultat est à arrondir à l'unité.

3. a) Déterminer le plus petit nombre entier positif tel que $200\,000 \times 1{,}03^{n-1} \geq 300\,000$.

b) Déduire de **a)** le nombre n de semaines nécessaires pour que la fabrication atteigne 300 000 boîtes.

REMARQUE
Le premier terme de la suite est u_1 (et non u_0).

87 **Plutôt ST2S** **Croissance d'une population bactérienne** ★ ★ ★

On s'intéresse, lors d'une expérience, à la croissance d'une population de bactéries dont le nombre triple toutes les heures. À l'instant $t = 0$ la population est de 10 germes.

1. Reproduire et compléter le tableau suivant :

Temps en heures	0	1	2	6	9
Nombre de germes	10				

2. On note u_0 le nombre de germes à l'instant $t = 0$, u_1 le nombre de germes à l'instant $t = 1, \ldots$, u_n le nombre de germes à l'instant $t = n$.

a) Exprimer u_{n+1} en fonction de u_n pour tout entier n.

b) En déduire la nature de la suite de terme général u_n et donner ses caractéristiques.

c) Donner l'expression de u_n en fonction de n pour tout entier n.

3. a) Résoudre dans $[0, +\infty[$ l'équation $3^x = 10^6$.

b) En déduire au bout de combien d'heures la population dépasse 10^7 germes.

88 **Utiliser le logarithme décimal en acoustique** ★ ★ ★

Le niveau sonore, ou niveau d'intensité acoustique, mesuré en décibels (dB), d'un son d'intensité I (exprimée en watt par m^2) est $L = 10\log\left(\frac{I}{I_0}\right)$ où I_0 est l'intensité de référence (c'est-à-dire, l'intensité du son le plus faible audible par l'oreille humaine). On donne $I_0 = 10^{-12}$.

Reproduire et compléter le tableau suivant.

Valeur de L (en dB)	10	30	40	50	60	100	120
Valeur de I (en W/m^{-2})							1

CONSEIL
Utiliser la définition du logarithme décimal, comme à l'exercice corrigé **68**.

Point histoire

La lettre « L », souvent utilisée pour le niveau d'intensité acoustique est la première lettre du mot anglais « level » (niveau).
Le « décibel » est une unité choisie en hommage au physicien américain Graham Bell (1847-1922), un des inventeurs du téléphone, en 1876.

DES NIVEAUX D'INTENSITÉ ACOUSTIQUE

• Avion au décollage :	130 dB ;
Seuil de douleur :	**120 dB**
• Concert :	105 dB ;
Seuil de danger :	**90 dB**
• Circulation automobile intense :	70 dB ;
• Salle de classe :	65 dB ;
• Voix humaine normale :	45 dB ;
• Chuchotements :	25 dB.

Exercices pour s'entraîner

Sur le boulevard périphérique ci-dessus, on a, $L = 70$ et $v \leq 70$...

Calculer la dérivée d'une fonction obtenue par combinaison linéaire de la fonction inverse et de fonctions polynomiales

En utilisant les règles de dérivation, déterminer la dérivée de la fonction f sur l'ensemble donné où elle est définie et dérivable (exercices 89 à 92).

CONSEIL
On peut se reporter à l'Essentiel. Pour chacun des exercices, on peut vérifier le résultat avec un logiciel de calcul.

89 ★ **a)** f définie sur $]0, +\infty[$ par : $f(x) = -\frac{4}{x}$;

b) f définie sur $]0, +\infty[$ par : $f(x) = 3x + \frac{1}{x}$;

c) f définie sur $]0, +\infty[$ par : $f(x) = -\frac{3}{2}\left(3x + \frac{1}{x}\right)$.

90 ★ **a)** f définie sur $]0, +\infty[$ par : $f(x) = \frac{7}{x}$;

b) f définie sur $]0, +\infty[$ par : $f(x) = -2x + 3 - \frac{1}{x}$.

91 ★ **a)** f définie sur $]0, +\infty[$ par : $f(x) = 2x + 1 - \frac{3}{x}$;

b) f définie sur $]0, +\infty[$ par : $f(x) = -\frac{1}{2}\left(x - \frac{1}{x}\right)$.

92 ★ **a)** f définie sur $]-\infty, 0[$ par : $f(x) = x^2 + \frac{1}{x}$;

b) f définie sur $]0, +\infty[$ par : $f(x) = 2x^2 + x + 3 - \frac{4}{x}$.

c) f définie sur $]0, +\infty[$ par : $f(x) = x^3 + 2x^2 - x + 4 + \frac{7}{x}$.

Justifier un résultat de dérivée donné par un logiciel de calcul

Justifier par un calcul détaillé l'expression de $f'(x)$ qui est donnée, obtenue par exemple avec un logiciel de calcul formel (exercices 93 à 95).

93 ★ Pour tout x de $]0, +\infty[$,
$f(x) = x + 60 + \frac{121}{x}$, $f'(x) = \frac{(x-11)(x+11)}{x^2}$.

94 ★ Pour tout x de $]0, +\infty[$, $f(x) = 400x + \frac{490\,000}{x}$,
$f'(x) = \frac{400}{x^2}(x+35)(x-35)$.

95 ★ Pour tout x de $]0, +\infty[$,
$f(x) = 0{,}003x + 60 + \frac{48\,000}{x}$,
$f'(x) = \frac{0{,}003}{x^2}(x - 4\,000)(x + 4\,000)$.

Étudier et représenter des fonctions obtenues par combinaisons linéaires de la fonction inverse et de fonctions polynomiales

96 Étude d'une fonction ★★

Soit f la fonction définie sur l'intervalle $[1, 8]$ par :
$$f(x) = x - 3 + \frac{4}{x}$$
et soit $\mathscr{C}$ sa courbe représentative dans un repère orthonormé.

1. Déterminer la fonction dérivée de f.
2. Étudier le signe de $f'(x)$.
3. En déduire le sens de variation de f.
4. Donner le tableau de variation de f.
5. Tracer la courbe $\mathscr{C}$.
6. Tracer la tangente d à $\mathscr{C}$ en son point A d'abscisse 1 et la tangente d' à $\mathscr{C}$ en son point d'abscisse 4.
7. Donner une équation de d et de d'.

97 Étude du sens de variation d'une fonction rationnelle, étude graphique d'une équation ★★

On considère la fonction f définie sur l'intervalle $[1, 10]$ par :
$f(x) = x - 6 + \frac{4}{x}$.

1. Calculer la dérivée f' de f et montrer que, pour tout x de $[1, 10]$, $f'(x) = \frac{(x-2)(x+2)}{x^2}$.
2. Déterminer le signe de $f'(x)$ sur $[1, 10]$ et donner le tableau de variation de f.
3. Recopier et compléter le tableau de valeurs suivant.

x	1	2	4	5	8	10
$f(x)$						

4. Tracer la courbe représentative $\mathscr{C}$ de la fonction f dans un repère orthonormé $(O ; \vec{i}, \vec{j})$, d'unité graphique : 2 cm.
5. La courbe $\mathscr{C}$ coupe l'axe des abscisses en un point A. Donner un encadrement par deux entiers consécutifs de l'abscisse du point A.

98 Recherche d'un minimum ★★★

A. *Étude d'une fonction*
Soit la fonction définie sur l'intervalle $[0{,}5 ; 4]$ par :
$f(x) = 2x + 4 + \frac{8}{x}$.
1. Déterminer la fonction dérivée f' de f.
2. Étudier le signe de $f'(x)$.
3. En déduire le sens de variation de f.

4. Donner le tableau de variation de *f*.

B. *Application*

On se propose de construire un réservoir en tôle en forme de parallélépipède rectangle dont le volume intérieur est 4 m^3 (voir la figure).

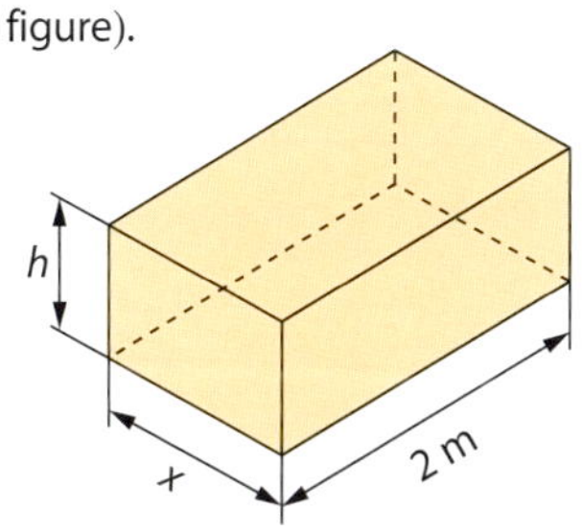

On admet que le volume du parallélépipède est $V = h \times x \times 2$.

1. Déduire de l'information relative au volume une relation entre *h* et *x*.

2. Montrer que la somme des aires des faces intérieures (sans couvercle) s'écrit en fonction de *x* :

$$S(x) = 2x + 4 + \frac{8}{x}.$$

3. Déduire des résultats obtenus dans la partie **A.** les valeurs de *x* et de *h* correspondant à une aire minimale.

Étude d'un coût moyen

99 **Plutôt STMG et STHR** **La production d'une entreprise** ★★

UN PEU DE GESTION

- Le **coût moyen unitaire** (d'un article) quand on en a fabriqué *q* est $C_m(q) = \frac{C(q)}{q}$ où $C(q)$ est le **coût total de production** pour *q* articles.
- On peut se reporter aux applications à la gestion dans l'Essentiel et à l'exercice résolu **10** du cours.

Une entreprise fabrique chaque mois une quantité *q* d'un certain produit, en tonnes. Le coût total de production est donné en euros pour tout nombre *q* de l'intervalle [10, 100] par : $C(q) = 3q^2 + 40q + 2\,700$.

On définit le **coût moyen unitaire** de production pour toute quantité produite *q*, par : $C_m(q) = \frac{C(q)}{q}$.

$C_m(q)$ est le coût moyen unitaire de production d'une tonne de produit quand on en a fabriqué q.

1. Vérifier que, pour tout *q* de [10, 100] :

$$C_m(q) = 3q + 40 + \frac{2\,700}{q}.$$

2. On désigne par C'_m la fonction dérivée de la fonction C_m sur [10, 100].

Démontrer que, pour tout *q* de [10, 100] :

$$C'_m(q) = \frac{3(q-30)(q+30)}{q^2}.$$

3. Étudier le signe de $C'_m(q)$ lorsque *x* varie dans [10, 100].

4. Établir le tableau de variation de la fonction C_m sur [10, 100].

5. Déterminer la valeur q_0 de *q* pour laquelle le coût moyen unitaire est minimal.

Exemples d'utilisation du tableur

100 **Calculer un taux d'évolution moyen** ★★

Le tableau ci-dessous, extrait d'une feuille de calcul, donne l'évolution de la fréquentation annuelle d'un parc de loisirs entre 2015 et 2019. La ligne 3 est au format pourcentage arrondi à 0,01 %.

	A	B	C	D	E	F
1	Année	2015	2016	2017	2018	2019
2	Nombre de visiteurs en millions	1,47	1,49	1,60	1,74	1,91
3	Taux d'évolution annuel		1,36 %			

1. Donner une formule qui, saisie dans la cellule C3, permet d'obtenir par recopie vers la droite les taux d'évolution annuels successifs de la ligne 3.

2. Calculer, au centième près, le taux d'évolution global du nombre de visiteurs du parc entre les années 2015 et 2019.

3. Calculer le taux d'évolution annuel moyen du nombre de visiteurs du parc entre 2015 et 2019. On donnera le résultat en pourcentage et arrondi au dixième.

101 **QCM** ★★

Pour chacune des questions de ce questionnaire à choix multiples, une seule des quatre propositions est exacte.

Indiquer le numéro de la question et la réponse choisie.

1. Le nombre d'allocataires d'une prestation sociale est passé de 150 000 en 2009 à 262 500 en 2019.

Entre 2009 et 2019, ce nombre a augmenté d'environ :

a) 42,9 % ; **b)** 112,5 % ; **c)** 75 % ; **d)** 57,1 %.

2. Un produit a subi deux baisses successives : la première de 6,7 % et la deuxième de 4,1 %. Le taux global de la baisse, arrondi à 0,1 %, est :

a) 10,8 % ; **b)** 11,1 % ; **c)** 2,2 % ; **d)** 10,5 %.

3. Le taux d'évolution moyen pour les deux baisses successives du **2.**, arrondi à 0,1 % est :

a) 4,5 % ; **b)** 5 % ; **c)** 5,3 % ; **d)** 5,4 %.

4. (u_n) est une suite géométrique de premier terme $u_0 = 120$ et de raison 0,75. u_{10}, arrondi à 10^{-2}, est égal à :

a) 6,76 ; **b)** 127,5 ; **c)** 112,5 ; **d)** 9,01.

5. On décide d'utiliser une feuille de calcul pour déterminer les autres termes de la suite (u_n) définie à la question **4.** ci-dessus.

	A	B	C	D	E	F	G	H	I
1	*n*	0	1	2					
2	u_n	120							

Quelle formule doit-on entrer en C2 et recopier vers la droite ?

a) =$B2*0,75 ; **b)** =B2*0,75^C1 ;

c) =$B2*0,75$C1 ; **d)** =B2*0,75.

6. Les solutions de l'inéquation $u_n < 5$ sont les entiers n tels que :

a) $n \leq \dfrac{-\log 24}{\log 0{,}75}$ **b)** $n \geq \dfrac{-\log 24}{\log 0{,}75}$

c) $n \geq \log 32$ **d)** $n \leq \log 32$

102 Étude d'une fonction de la forme $x \mapsto ka^x$ ★★

Le nombre trimestriel (en millions) d'abonnements dans un pays de l'Union européenne à l'Internet haut débit, est inscrit en colonne C de la feuille de calcul ci-contre, du premier trimestre 2019 au premier trimestre 2020.

Le tableur propose d'ajuster le nuage de points avec un modèle exponentiel, en utilisant la fonction f définie par : $f(x) = 1{,}78 \times 1{,}19^x$ où x correspond au rang du trimestre à partir du premier trimestre 2019.

1. On a entré en cellule D2 la formule =1,78*1,19^B2 que l'on a recopiée vers le bas.
Quelle est la formule contenue dans la cellule D3 ?

2. Quel est le nombre d'abonnements à l'Internet haut débit, en millions, prévu par le modèle, au deuxième trimestre 2020 ($x = 6$) et au premier trimestre 2021 ($x = 9$) ? Arrondir à 10^{-2}.

D2 fx =1,78*1,19^B2

	A	B	C	D	E
1	Trimestre	Rang du trimestre	Nb abonnements (millions)	f(x)	
2	T1 2019	1	2.236	2.1182	
3	T2 2019	2	2.45	2.520658	
4	T3 2019	3	2.79	2.99958302	
5	T4 2019	4	3.524	3.56950379	
6	T1 2020	5	4.406	4.24770951	

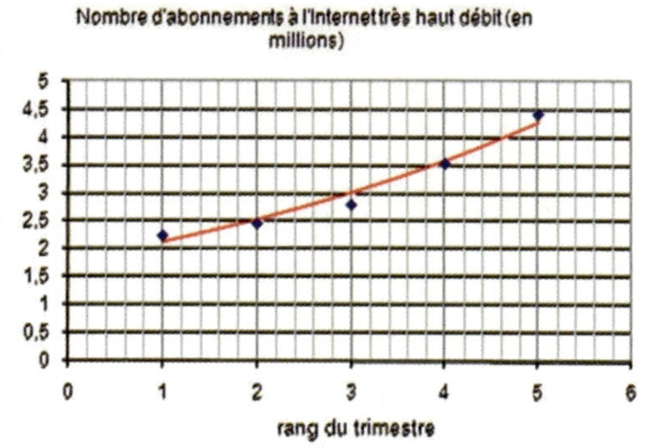

103 Plutôt ST2S Les bactéries dans le lait ★★★

Les bactéries se multiplient dans le lait et finissent par le transformer en lait caillé. On admet que pendant 22 heures le nombre de germes par millilitres, pour un temps x en heures, est donné par : $f(x) = (960 - 40x) \times 1{,}29^x$.

1. On étudie la fonction f avec un tableur. Quelle formule a-t-on entrée en B2 puis recopiée vers le bas ?

2. En utilisant les résultats affichés par le tableur, peut-on dire qu'au bout de 4 heures, la quantité de germes par millilitres a plus que doublé ? Justifier la réponse.

3. Par lecture graphique, déterminer au bout de combien de temps (à une demi-heure près) le nombre de germes par millilitre est égal à 12 000.

4. On sait que le lait se met à cailler 5 heures après que la quantité maximale de germes ait été atteinte. Déterminer, en utilisant le graphique, à quel moment environ le lait se met à cailler, dans ce cas précis.

B2 fx =(960-40*A2)*1,29^A2

	A	B
1	x	f(x)
2	0	960
3	0,5	1063,4886
4	1	1177,6
5	1,5	1303,33922
6	2	1441,792
7	2,5	1594,12868
8	3	1761,60768
9	3,5	1945,57845
10	4	2147,48365
11	4,5	2368,86039
12	5	2611,34012
13	5,5	2876,64687
14	6	3166,59349
15	6,5	3483,07513
16	7	3828,05968
17	7,5	4203,5741
18	8	4611,68602
19	8,5	5054,47941
20	9	5534,02322

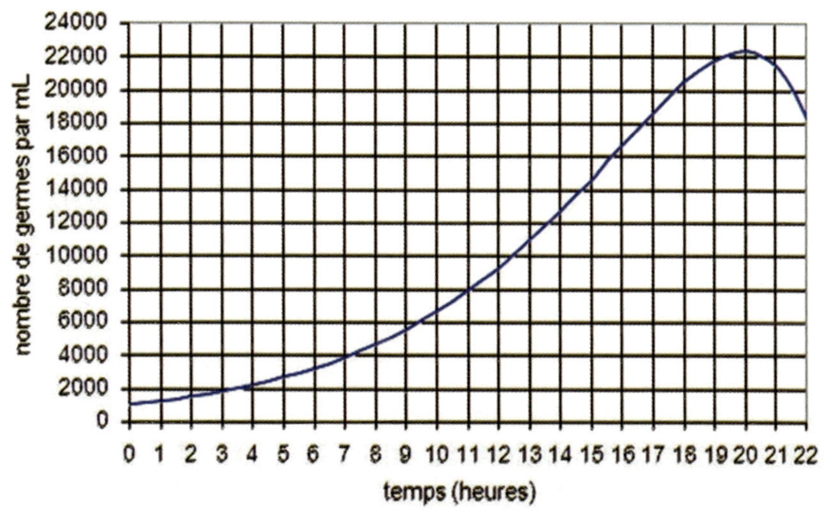

Programmation en Python

104 Fréquence cardiaque en Python ★★

On admet que le nombre de battements du cœur par minute d'une sportive en fonction de la puissance x de l'effort fourni, exprimée en watt, est donné par :

$$f(x) = 50 \times 1{,}004^{x} + 10.$$

On cherche la puissance que doit fournir la sportive pour que sa fréquence cardiaque arrive à 180 battements par minute. On admet que f est strictement croissante sur l'intervalle $[0, 340]$ où l'équation $f(x) = 180$ admet une solution unique.

1. On considère la fonction Python suivante :

```
def puissance1():
    x = 0
    while 50 * 1.004 ** x + 10 < 180:
        x = x + 0.01
    return(x - 0.01, x)
```

a) Expliquer la condition de la boucle `while`.

b) L'exécution de la fonction renvoie le résultat :
`(306.5499999998662, 306.5599999998662).`
Interpréter ce résultat dans le contexte de l'exercice.

2. On considère la fonction Python suivante :

```
def puissance2():
    a = 0
    b = 340
    while b - a > 0.01:
        m = (a + b)/2
        if 50 * 1.004 ** m + 10 < 180:
            a = m
        else:
            b = m
    return(a, b)
```

a) Quel est le rôle de la variable `m` ?

b) L'exécution de la fonction renvoie le résultat :
`(306.55303955078125, 306.5582275390625).`
Interpréter ce résultat dans le contexte de l'exercice.

105 Déterminer une valeur approchée d'une solution d'une équation par dichotomie ★★★

On considère un produit dont le prix unitaire, exprimé en euros, est noté x. L'objectif est la recherche d'un prix d'équilibre entre l'offre et la demande de ce produit.

La demande de ce produit est la quantité que les consommateurs sont prêts à acheter au prix x. On modélise la demande, exprimée en centaines d'unités, à l'aide de la fonction f définie sur l'intervalle $[1, 3]$ par : $f(x) = 19{,}735 \times 0{,}502^{x}$.

L'offre est la quantité de ce produit que les producteurs sont prêts à vendre au prix x. On suppose que l'offre, exprimée en centaines d'unités, peut-être modélisée par la fonction g définie sur l'intervalle $[1, 3]$ par : $g(x) = 0{,}15\,x + 2{,}35$.

On admet que la fonction $x \mapsto 19{,}735 \times 0{,}502^{x} - 0{,}15x - 2{,}35$ est strictement décroissante sur l'intervalle $[1\,;3]$ où l'équation $19{,}735 \times 0{,}502^{x} - 0{,}15x - 2{,}35 = 0$ admet une solution unique.

1. On considère la fonction Python de l'annexe 1.

a) Vérifier qu'au début de l'algorithme la condition de la boucle `while` est vérifiée.

b) Quand est-ce que s'effectue la sortie de la boucle `while` ?

c) L'exécution de la fonction renvoie le résultat :
`(2.839999999999983, 2.8499999999999828).`
Interpréter ce résultat dans le contexte de l'exercice.

2. On considère la fonction Python de l'annexe 2.

a) Compléter la condition `if` de façon à ce que la fonction permette une résolution approchée de l'équation selon l'algorithme de dichotomie.

b) L'exécution de la fonction renvoie le résultat :
`(2.84375, 2.8515625).`
Interpréter ce résultat dans le contexte de l'exercice.

Annexe 1 de l'exercice 105

```
def equilibre():
    x = 1
    while 19.735 * 0.502 ** x - 0.15 * x - 2.35 > 0:
        x = x + 0.01
    return(x - 0.01, x)
```

Annexe 2 de l'exercice 105

```
def dichotomie():
    a = 1
    b = 3
    while b - a > 0.01:
        x = (a + b)/2
        if 19.735 * 0.502 ** x - 0.15 * x - 2.35 ..............:
            a = x
        else:
            b = x
    return(a, b)
```

Exercices pour approfondir

Fonctions exponentielles de la forme $x \mapsto ka^x$ – Taux d'évolution moyen – Fonction logarithme décimal

Corrigés page 204

106 Taux d'évolution moyen ★ ★ ★

Avec le tableur

La feuille de calcul suivante, extraite d'un tableur, donne la part de la surface agricole couverte par l'agriculture biologique (en pourcentage de la surface agricole totale) dans un pays de l'Union européenne, entre 2013 et 2019.

	A	B	C	D	E	F	G	H
1	Année	2013	2014	2015	2016	2017	2018	2019
2	Surface couverte (en pourcentage de la surface agricole totale)	14,3	15,7	15,76	16,5	16,53	17,09	18,21
3	Taux d'évolution par rapport à 2010							

1. Quelle formule peut-on saisir en cellule C3 pour obtenir, par recopie vers la droite, les valeurs de la plage de cellules C3:H3 ?

2. Déterminer le taux d'évolution global de la part de la surface agricole couverte par l'agriculture biologique dans ce pays entre 2013 et 2019. On l'exprimera en pourcentage.

3. Déterminer le taux d'évolution annuel moyen de la part de la surface agricole couverte par l'agriculture biologique dans ce pays entre 2013 et 2019. On l'exprimera en pourcentage.

4. On suppose qu'à partir de 2019, la part de la surface agricole couverte par l'agriculture biologique augmente de 4 % par an dans ce pays. Déterminer en quelle année un quart de la surface agricole totale sera occupée par l'agriculture biologique.

107 Fonction de la forme $x \mapsto ka^x$, résolution d'équation ★ ★ ★

Le graphique ci-après fournit la courbe représentative d'une fonction f de la variable réelle t définie sur l'intervalle [0, 24].

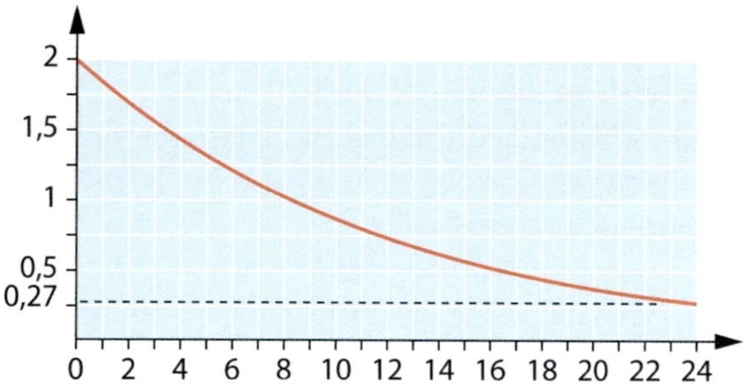

On injecte à un malade une dose de 2 centimètres cubes d'un certain médicament M. La quantité de ce médicament présente dans le sang du malade pendant les 24 heures suivant l'injection est $f(t)$ cm^3, où f est la fonction définie ci-dessus.

1. *Étude graphique*

À l'aide du graphique :

a) Déterminer combien de temps s'est écoulé après l'injection lorsque la quantité présente dans le sang est la moitié de la dose injectée, qui était de deux centimètres cubes.

b) Donner une approximation, à l'unité près, sous forme de pourcentage, de la proportion de la dose injectée restant dans le sang au bout de 24 heures.

2. On admet dans cette question que, pour tout t de [0, 24], $f(t) = 2(0{,}92)^t$.

a) Calculer $\dfrac{f(24)}{f(0)}$. Donner la valeur exacte du résultat, puis, sa valeur approchée arrondie à 10^{-3}. Interpréter le résultat obtenu dans le contexte de l'exercice.

b) Résoudre dans [0, 24] l'équation $f(t) = \dfrac{1}{2}f(0)$. Donner la valeur exacte de la solution puis, sa valeur approchée arrondie à 10^{-2}. Interpréter le résultat obtenu dans le contexte de l'exercice.

108 Suite géométrique et résolution d'une inéquation de la forme $a^n < b$ ★ ★

L'unité d'intensité du son utilisée dans cet exercice est le décibel (symbole dB). Une source sonore émet un son d'intensité 100 décibels ($u_0 = 100$). On appelle u_n l'intensité du son mesurée après la traversée de n plaques d'isolation phonique, sachant que chaque plaque d'isolation absorbe 10 % de l'intensité du son qui lui parvient. Par exemple, $u_1 = u_0 - \dfrac{10}{100}u_0$.

1. Calculer u_1, u_2, u_3.

2. Exprimer u_{n+1} en fonction de u_n.
En déduire la nature de la suite (u_n).

3. Donner l'expression de u_n en fonction de u_0 et de n.

4. Quelle intensité sonore obtient-on avec dix plaques d'isolation phonique ?

5. Déterminer à partir de quelle valeur de n l'intensité du son devient inférieure à 1 dB.

109 Taux d'évolution, résolution d'une inéquation ★★

Le 1er janvier 2019, la population d'un pays s'élevait à 30 millions d'habitants.
On estime que l'augmentation de la population pour les 15 ans à venir sera de 2 % par an.

1. Calculer la population au 1er janvier 2020, puis au 1er janvier 2026. Les résultats seront donnés en millions et arrondis à 10^{-3}.

2. Quelle est l'augmentation en pourcentage, entre la population au 1er janvier 2019 et la population au 1er janvier 2026 ? Le résultat sera arrondi à 0,1 %.

3. Résoudre dans l'ensemble $\mathbb{R}$ des nombres réels, l'inéquation : $1{,}02^x \geq 1{,}2$.

4. Déterminer l'année à partir de laquelle la population dépassera 36 millions d'habitants.

110 La répartition de la population d'une ville ★★★

On donne la répartition de la population d'une ville selon l'âge de ses habitants en 2020.

Moins de 20 ans	20-60 ans	Plus de 60 ans
27 000	50 300	35 980

On suppose que, pour cette ville et sur la période 2020-2070, la population évoluera selon les trois hypothèses suivantes :
(1) la population des *moins de 20 ans* va décroître de 500 habitants tous les cinq ans ;
(2) la population des *20-60 ans* va rester constante ;
(3) la population des *plus de 60 ans* va augmenter de 10 % tous les cinq ans.

1. Si ces hypothèses se vérifiaient, est-il possible que dans cette ville, en 2070, il y ait environ 4 fois plus d'habitants de plus de 60 ans que d'habitants de moins de 20 ans ?

2. Au bout de combien d'années la population des plus de 60 ans devrait-elle doubler ?

Exercices 111 à 114 ST2S

111 L'injection d'un calmant ★★★

On a injecté 1 cm^3 de produit calmant à un malade.
Toutes les demi-heures, son organisme élimine 10 % du produit restant chez le malade.

1. Quel volume de ce produit calmant a-t-il éliminé au bout de six heures ? Arrondir à 10^{-2}.

2. Sachant que ce produit n'est plus efficace lorsque le volume restant est inférieur à 500 mm^3, au bout de combien de temps le produit sera-t-il inefficace ?

112 Datation au carbone 14 ★★★

Le but de l'exercice est l'étude de la désintégration d'un corps radioactif : le carbone 14.

1. Soit N_0 le nombre d'atomes de carbone 14 à l'instant $t = 0$, N_1 le nombre d'atomes de carbone 14 un siècle après, N_k le nombre d'atomes de carbone 14 après k siècles (k entier).
On sait que le nombre d'atomes de carbone 14 diminue très lentement au cours du temps : environ 1,24 % par siècle.

a) Donner l'expression de N_1 en fonction de N_0, puis de N_{k+1} en fonction de N_k.
b) En déduire la nature de la suite (N_k) et l'expression de N_k en fonction de N_0 et k.
c) Donner, en le justifiant, le sens de variation de la suite (N_k).

2. Le carbone 14 est renouvelé constamment chez les êtres vivants ; à la mort de ceux-ci, l'assimilation cesse et le carbone 14 présent se désintègre.
Des archéologues ont trouvé des fragments d'os dont la teneur en carbone 14 est 40 % de celle d'un fragment d'os actuel de même masse, pris comme témoin.
Calculer l'âge de ces fragments. On arrondira le résultat au siècle près.

113 Potentiel d'hydrogène (pH) ★★★

La concentration en H_3O^+ d'une solution aqueuse est $1{,}75 \times 10^{-12}$ mol · L^{-1}. Calculer le pH de cette solution. Arrondir à 10^{-2}.

> **LE pH EN CHIMIE**
> En chimie, le « pH » (potentiel d'hydrogène) est défini par :
> $\text{pH} = -\log[H_3O^+]$ où $[H_3O^+]$ est la concentration en ions H_3O^+, exprimée en mol · L^{-1}, d'une solution aqueuse.

114 Concentration d'une solution ★

1. La concentration en H_3O^+ d'une solution est $2{,}4 \times 10^{-10}$ mole par litre. Calculer le pH de cette solution. Arrondir à 10^{-2}.

2. Le pH d'une solution est 3. Établir que la concentration en H_3O^+ est 10^{-3}.

3. Démontrer que si la concentration d'une solution est divisée par 100, son pH augmente de 2.

Étudier et représenter des fonctions obtenues par combinaisons linéaires de la fonction inverse et de fonctions polynomiales de degré inférieur ou égal à 3

115 Coût moyen unitaire, coût total ★★★

> **RAPPEL**
> Le **coût moyen unitaire** (d'un article) quand on en a fabriqué q est $C_m(q) = \dfrac{C(q)}{q}$ où $C(q)$ est le **coût total de production** pour q articles.

Exercices pour approfondir

Une entreprise fabrique chaque jour un produit chimique liquide. La production est comprise entre 0 et 30 m^3 par jour. Toutes la production est vendue.

A. On considère la fonction C définie sur l'intervalle $[1, 30]$ par : $C(x) = x^2 + 50x + 100$. Le coût de production, exprimé en euros, de x m^3 fabriqués est égal à $C(x)$.

1. Quel est le coût de production, en euros, de 10 m^3 ?

2. Calculer le coût unitaire, en euros, pour 10 m^3 produits.

B. À chaque quantité x de m^3 produits, on associe le coût unitaire, $\frac{C(x)}{x}$, exprimé en euros. On modélise ce coût par la fonction f, définie sur l'intervalle $[1, 30]$ par $f(x) = \frac{C(x)}{x}$.

On admet que la fonction f est dérivable sur l'intervalle $[1, 30]$ et on note f' sa fonction dérivée.

La courbe représentative de f est donnée dans le repère fourni en annexe.

1. Déterminer graphiquement une valeur approchée de $f(5)$ et de $f(25)$.

2. D'après le graphique, pour quelle quantité de m^3 produits, le coût unitaire, en euros, est-il inférieur ou égal à 80 ?

C. 1. Démontrer que $f(x) = x + 50 + \frac{100}{x}$ pour tout réel x de l'intervalle $[1, 30]$.

2. Démontrer que, pour tout réel x de l'intervalle $[1, 30]$,
$f'(x) = \frac{(x-10)(x+10)}{x^2}$.

3. Déterminer le signe de $f'(x)$ sur l'intervalle $[1, 30]$ et dresser le tableau de variation de f.

4. Préciser la quantité de m^3 de liquide à fabriquer par jour pour que le coût unitaire soit minimal. Quel est ce coût minimal ?

Annexe

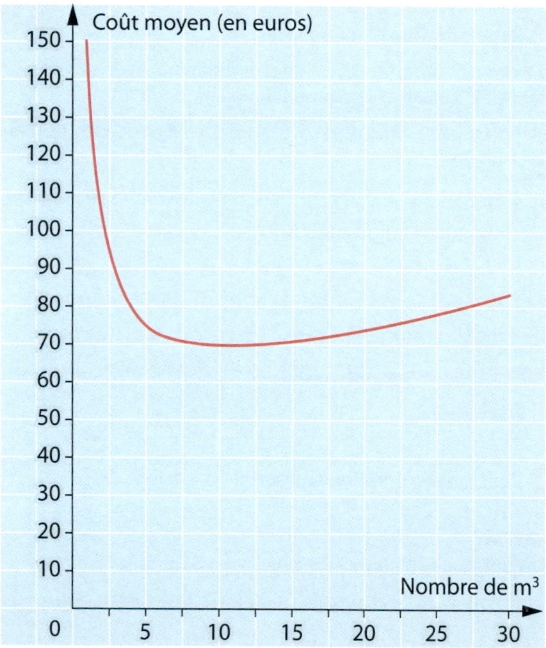

116 Volume d'un conteneur ★★★

On se propose de fabriquer avec le moins de tôle possible un conteneur en forme de parallélépipède rectangle dont le volume intérieur est 37,5 m^3 (voir la figure).

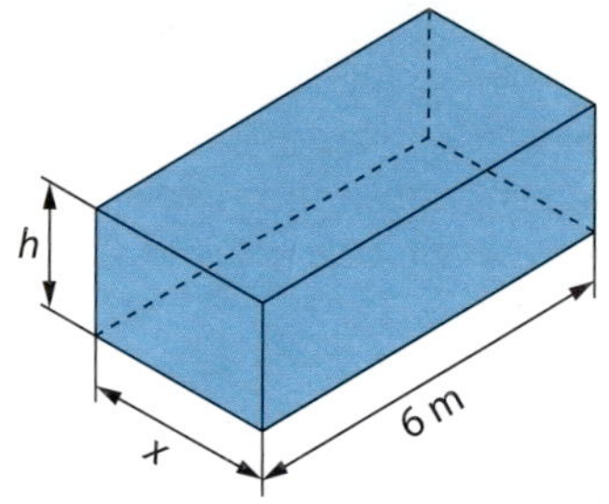

1. On admet que le volume du parallélépipède est $V = h \times x \times 6$. Déduire de l'information relative au volume une expression de h en fonction de x.

2. Montrer que l'aire totale du conteneur (c'est-à-dire la somme des aires des six faces) s'écrit en fonction de x :

$$S(x) = 12x + 12{,}5 + \frac{75}{x}.$$

3. On désigne par S la fonction définie sur $[0{,}5 ; 6]$ par :

$$S(x) = 12x + 12{,}5 + \frac{75}{x}.$$

a) Démontrer que pour x de $[0{,}5 ; 6]$:

$$S'(x) = \frac{12(x-2{,}5)(x+2{,}5)}{x^2}.$$

b) Établir le tableau de variation S sur $[0{,}5 ; 6]$.

c) En déduire les valeurs de x et h correspondant à une aire minimale.

LE TRANSPORT MARITIME PAR CONTENEURS

- Le conteneur assure 90 % du transport de marchandises solides par mer.
- Il existe différentes dimensions pour les conteneurs, y compris des dimensions « sur mesures ». Le modèle le plus répandu est le conteneur « de 20 pieds » dont la longueur est de 20 pieds (environ 6,096 m), la largeur de 8 pieds (environ 2,438 m) et la hauteur de 8,5 pieds (environ 2,591 m).
- L'unité de volume pour le transport maritime est le volume du conteneur de 20 pieds décrit ci-dessus. Cette unité est notée : 1 EVP (un équivalent vingt pieds, en anglais 1 TEU : *one twenty feet equivalent*). Le trafic annuel de conteneurs entre la Chine et l'Europe par le canal de Suez est de 10 à 13 millions d'EVP selon l'année.

Utiliser le tableur ou un logiciel de calcul

117 Profil du vent et développement durable ★★★

Avec le tableur

L'Ademe (Agence de l'environnement et de la maîtrise de l'énergie) et l'Arene (Agence régionale de l'environnement et des nouvelles énergies) ont établi un atlas du potentiel éolien en Île-de-France. Le « profil du vent » sur un site donné, est une fonction puissance donnant la vitesse moyenne annuelle v du vent (en mètres par seconde) selon la hauteur h par rapport au sol (en mètres) sous la forme :

$v(h) = ah^k$, où a et k sont des constantes positives.

Le coefficient k permet une classification des sites : on n'aura pas le même coefficient pour une zone urbaine, rurale ou maritime.

Pour le site « Les Alluets-le-Roi », dans le département des Yvelines, on possède les mesures suivantes.

Hauteur de la mesure h_i (en mètres)	1	10	30	60	90
Vitesse moyenne annuelle du vent v_i (en mètres par seconde)	2,7	4,6	5,4	6	6,3

1. À l'aide du tableur, représenter les points de coordonnées (h_i, v_i) et afficher l'équation de la « courbe de tendance » de type « puissance ».

2. On considère que le profil du vent est donné par $v(h) = 2{,}79h^{0{,}19}$. Estimer la vitesse moyenne annuelle du vent sur ce site pour $h = 25$ m.

118 Plutôt STMG-STHR Coût de stockage ★★★

Un atelier de sous-traitant pour l'industrie automobile cherche à diminuer ses coûts pour un produit qu'il distribue. Il a établi que le coût de renouvellement, en euros, pour une quantité de x dizaines de ce produit est $f(x) = 25x + 100$ et que le coût de stockage de x dizaines de ce produit est $g(x) = \dfrac{441}{x}$ avec x dans l'intervalle $[0{,}5 ; 10]$.

Pour étudier le coût total, défini par $C(x) = f(x) + g(x)$, on a complété la feuille de calcul de l'annexe 1 sur un tableur.

1. Quelles sont les formules qui, entrées en B2 et en C2, ont été recopiées vers le bas ?

2. Quelle formule peut-on entrer en D2, puis recopier vers le bas, pour tabuler la fonction C ?

Annexe 1 de l'exercice 118

	A	B	C	D
1	Quantité x commandée (en dizaines)	Coût de renouvellement $f(x)$	Coût de stockage $g(x)$	Coût total $C(x)$
2	0,5	112,50 €	882,00 €	994,50 €
3	0,6	115,00 €	735,00 €	850,00 €
4	0,7	117,50 €	630,00 €	747,50 €
5	0,8	120,00 €	551,25 €	671,25 €
6	0,9	122,50 €	490,00 €	612,50 €
7	1	125,00 €	441,00 €	566,00 €
8	1,1	127,50 €	400,91 €	528,41 €
9	1,2	130,00 €	367,50 €	497,50 €
10	1,3	132,50 €	339,23 €	471,73 €
11	1,4	135,00 €	315,00 €	450,00 €
12	1,5	137,50 €	294,00 €	431,50 €
13	1,6	140,00 €	275,63 €	415,63 €
14	1,7	142,50 €	259,41 €	401,91 €
15	1,8	145,00 €	245,00 €	390,00 €
16	1,9	147,50 €	232,11 €	379,61 €
17	2	150,00 €	220,50 €	370,50 €
18	2,1	152,50 €	210,00 €	362,50 €
19	2,2	155,00 €	200,45 €	355,45 €
20	2,3	157,50 €	191,74 €	349,24 €
21	2,4	160,00 €	183,75 €	343,75 €
22	2,5	162,50 €	176,40 €	338,90 €

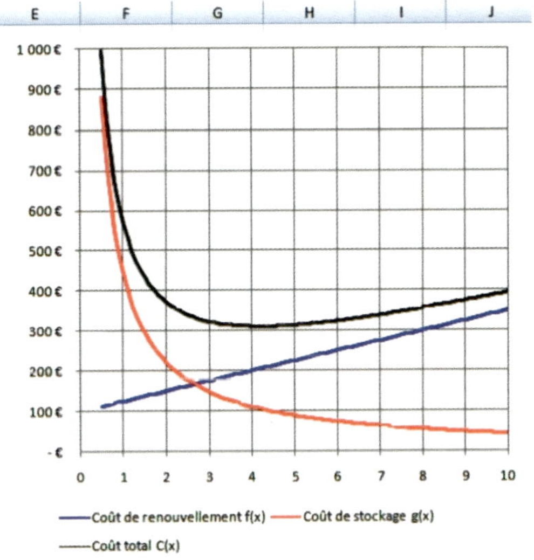

3. Donner le sens de variation sur l'intervalle [0,5 ; 10] des fonctions f et g.

4. Donner, à l'aide du graphique de l'image d'écran (annexe 1), une valeur approchée de x pour laquelle $C(x)$ est minimal.

5. En utilisant la partie ci-dessous de la feuille de calcul, donner la quantité de produit pour laquelle le coût total est minimal. Quel est le coût total minimal ?

Annexe 2

	A	B	C	D
37	4	200,00 €	110,25 €	310,25 €
38	4,1	202,50 €	107,56 €	310,06 €
39	4,2	205,00 €	105,00 €	310,00 €
40	4,3	207,50 €	102,56 €	310,06 €
41	4,4	210,00 €	100,23 €	310,23 €
42	4,5	212,50 €	98,00 €	310,50 €
43	4,6	215,00 €	95,87 €	310,87 €
44	4,7	217,50 €	93,83 €	311,33 €

119 Plutôt ST2S Test en laboratoire ★★

Un laboratoire pharmaceutique souhaite tester le temps de réaction d'un nouvel antibiotique contre le bacille de Koch, responsable des tuberculoses. Pour cela, on dispose d'une culture de 10^{10} bactéries dans laquelle on introduit l'antibiotique. On remarque que le nombre de bactéries est divisé par quatre toutes les heures.

A. On a créé la feuille de calcul suivante donnant le nombre de bactéries en fonction du temps n en heures.

	A	B
1	Nombre d'heures n	Nombre de bactéries
2	0	10 000 000 000
3	1	
4	2	
5	3	
6	4	
7	5	
8	6	

1. Quelle formule faut-il entrer dans la cellule B3 pour calculer le nombre de bactéries au bout d'une heure, de sorte qu'en recopiant cette formule vers le bas on puisse compléter les lignes suivantes ?

2. On a recopié la formule ci-dessus jusqu'en B18.

a) Quelle formule se trouve en B18 ?

b) Que représente concrètement la valeur calculée dans cette cellule ?

B. On note u_0 le nombre de bactéries au moment de l'introduction de l'antibiotique.

Soit (u_n), la suite représentant le nombre de bactéries, contenues dans la culture, n heures après l'introduction de l'antibiotique.

1. Exprimer u_{n+1} en fonction de u_n.

2. En déduire que la suite (u_n) est une suite géométrique de raison 0,25.

3. Exprimer u_n en fonction de n.

4. Calculer au bout de combien d'heures le nombre de bactéries deviendra inférieur à 100.

Programmation en Python

120 Algorithme de seuil ★★★

Un chauffe-eau de puissance 8 719 watts dans lequel l'eau froide arrive à la température de 10 °C fournit selon un débit Q, exprimé en kg.s^{-1}, de l'eau à la température T °C telle que :

$$T = 10 + \frac{8\,719}{4\,185 \times Q}.$$

Lorsque le débit Q devient important, la quantité $\frac{8\,719}{4\,185 \times Q}$ est proche de 0. On recherche la plus petite valeur de Q pour laquelle cette quantité est inférieure à 0,1 °C.

1. On considère la fonction Python suivante.

```
def seuil():
    Q = 0.05
    while 8719/(4185 * Q) > 0.1:
        Q = Q + 0.01
    return Q
```

a) La boucle de cette fonction dépend d'une condition. Laquelle ?

b) Quand sort-on de la boucle ?

c) Définir le rôle de la fonction.

2. Implanter cette fonction en Python et l'exécuter.
Quelle est la valeur renvoyée ? Interpréter dans le contexte de l'exercice.

Exercices Pour le bac

CONTRÔLE BAC CONTINU

Exercices 121 à 123 **Toutes séries**

121 Automatismes (5 points) ★

Sans calculatrice

Le jour de l'épreuve, une feuille réponse est fournie.

Énoncé	Réponse
1. Une augmentation du prix d'un article de 15 % représente une augmentation du prix de 30 euros. Déterminer le prix de cet article avant l'augmentation.	....
2. Compléter la phrase suivante : $0{,}65 \times 10^8$ est égal à… millions.	....
3. Un équipement informatique perd 20 % de sa valeur chaque année. Au bout de 2 ans il aura perdu : **a)** 30 % ; **b)** 36 % ; **c)** 40 % ; **d)** 60 % de sa valeur.	....

$\mathscr{P}$ est la courbe représentative d'une fonction f définie sur $[-2, 4]$.

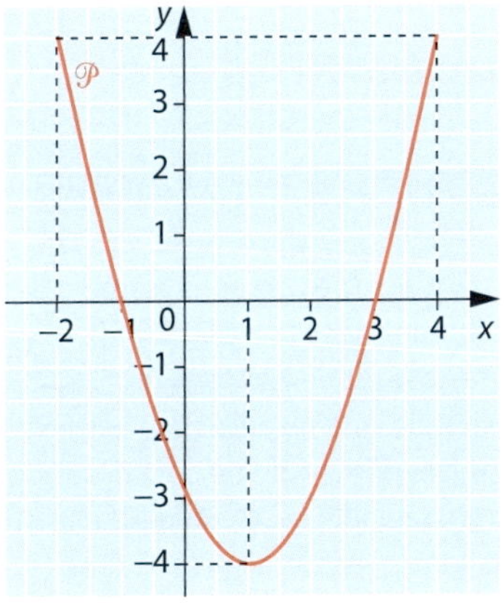

Énoncé	Réponse
4. L'image de 4 par f est :	....
5. Un antécédent de -3 par f est :	....
6. L'ensemble des solutions de l'inéquation $f(x) \leq 0$ est :	....
7. L'ensemble des solutions de l'équation $f(x) = 0$ est :	....
8. L'ensemble des solutions de l'inéquation $f'(x) < 0$ est :	....
9. Sur quel intervalle f est-elle strictement croissante ?	....
10. f' est la fonction dérivée de la fonction f définie et dérivable sur $\mathbb{R}$. **a)** $f(x) = 3x^2 - 6x + 1$; $f'(x) =$ **b)** $f(x) = -\frac{1}{3}x^3 + \frac{1}{2}x^2 + 6x + 3$; $f'(x) =$	....

Les exercices 127 à 128 sont à traiter **avec calculatrice**

Fonctions exponentielles de la forme $x \longmapsto ka^x$ – Taux d'évolution moyen – Fonction logarithme décimal

122 Suite géométrique, fonction exponentielle (5 points) ★★★

Une compagnie d'assurance estime que la valeur marchande d'une machine pour les laboratoires achetée 2 000 euros le 1er janvier 2019 baisse de 18 % par an.

1. Calculer la valeur résiduelle de la machine le 1er janvier 2020, le 1er janvier 2021.

2. Montrer que les valeurs résiduelles successives sont les termes d'une suite géométrique dont on précisera la raison.

3. On considère la fonction f définie sur $[0, 18]$ par :
$f(t) = 2\,000 \times (0{,}82)^t$.
On admet que f a les mêmes variations sur $[0, 18]$ que la fonction qui à t associe $(0{,}82)^t$. Quel est le sens de variation de la fonction f sur $[0, 18]$?

4. Résoudre, par le calcul, l'inéquation : $f(t) \leq 500$.

5. En déduire à partir de quelle année la valeur résiduelle de la machine est inférieure ou égale au quart de sa valeur initiale.

123 Conservation de denrée alimentaire (5 points) ★★★

L'objectif est d'étudier l'évolution du nombre de bactéries au cours du temps dans une situation expérimentale.

On dépose un morceau de viande sur un comptoir l'été à 14 h 00, la température avoisinant les 35 °C. Ce morceau de viande contient 100 bactéries, et dans ces conditions, le nombre de bactéries double toutes les 15 minutes.

On note u_0 le nombre de bactéries à 14 h 00, u_1 le nombre de bactéries à 14 h 15, u_2 le nombre de bactéries à 14 h 30, et u_n le nombre de bactéries n quarts d'heure après 14 h 00, n étant un entier naturel.

1. Recopier et compléter le tableau suivant :

Heure	14 h 00	14 h 15	14 h 30	14 h 45	15 h 00
Rang : n	0	1	2	3	4
Nombre de bactéries u_n	100				

2. Si u_n est le nombre de bactéries à un moment déterminé, u_{n+1} correspond au nombre de bactéries 15 minutes plus tard. Quelle est la relation entre u_n et u_{n+1} ?

3. Préciser la nature de la suite (u_n) définie précédemment et sa raison.

4. Exprimer u_n en fonction de n.

5. On estime qu'à partir de 150 000 bactéries présentes dans un aliment, celui-ci a atteint un niveau impropre à la consommation pour l'être humain. Jusqu'à quelle heure, arrondie au quart d'heure, l'être humain peut-il consommer sans risque le morceau de viande ?

Exercices Pour le bac

CONTRÔLE BAC CONTINU

124 **Plutôt ST2S** **Lectures graphiques, résolution d'équation (5 points)** ★★★

Le graphique suivant donne la courbe représentative $\mathscr{C}$ d'une fonction f de la variable t définie sur l'intervalle $[0, 12]$.

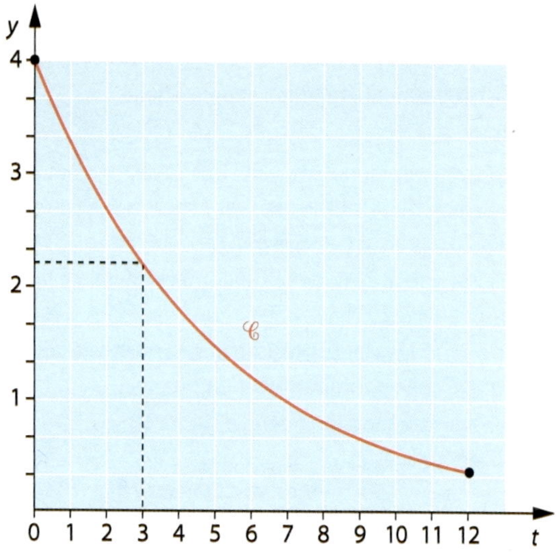

Un laboratoire étudie le processus d'élimination d'un produit anesthésiant pendant les 12 heures suivant l'injection.
À l'instant $t = 0$, on injecte à une personne une dose de 4 cm^3 du produit anesthésiant.
La quantité de ce produit présente dans le sang (exprimée en cm^3) en fonction du temps t (exprimé en heures) est donnée par $f(t)$ où f est la fonction définie ci-dessus, pour t appartenant à l'intervalle $[0, 12]$.

1. Lire sur le graphique la quantité de produit présente dans le sang 2 heures après l'injection.

2. Déterminer graphiquement combien de temps s'est écoulé après l'injection lorsque la quantité de produit contenue dans le sang est de 2,2 cm^3.

3. On admet dans cette question, que, pour tout t de $[0, 12]$, $f(t) = 4(0{,}819)^t$.

a) Déterminer la quantité de produit présente dans le sang 8 heures après l'injection. Arrondir à 10^{-2}.
En déduire le pourcentage de la quantité de produit présente dans le sang au bout de 8 heures par rapport à la dose injectée. Arrondir à 0,1 %.

b) Retrouver par le calcul le résultat obtenu à la question **2.**

Étude d'un coût moyen

125 **Plutôt STMG-STHR** **Coût moyen unitaire, coût total, bénéfice (5 points)** ★★★

A. *Étude d'une fonction*

Soit f la fonction définie sur l'intervalle $[30, 120]$ par
$f(x) = 2x - 230 + \dfrac{7\,200}{x}$.

1. On désigne par f' la fonction dérivée de f. Montrer que, pour tout x de $[30, 120]$:

$$f'(x) = \frac{2(x-60)(x+60)}{x^2}.$$

2. Étudier le signe de $f'(x)$ puis construire le tableau de variation sur l'intervalle $[30, 120]$.

B. *Application*

Dans un restaurant, le coût moyen unitaire de fabrication de x repas, exprimé en euros, est donné par la relation :
$C_M(x) = 2x - 230 + \dfrac{7\,200}{x}$, pour x compris entre 30 et 120.

1. En utilisant la partie **A.**, déterminer le nombre de repas qui donne un coût moyen unitaire minimal. Quel est ce coût ?

2. Montrer que le coût total de fabrication de x repas, exprimé en euros, est donné par la relation :

$$C(x) = 2x^2 - 230x + 7\,200.$$

3. Le restaurateur propose le repas au prix de 35 €.

a) Calculer le bénéfice réalisé $B(x)$ en fonction du nombre x de repas servis.

b) Calculer le bénéfice réalisé pour 60 repas servis.

Exemples d'utilisateur du tableur

126 **Plutôt ST2S** **Médicament par injections (5 points)** ★★★

Un médicament est prescrit sous forme d'injections qui doivent être administrées une fois par semaine. Le volume de la première dose est de 120 ml.
Chaque semaine, le volume de la dose administrée est augmenté de 5 %. Dès que le volume de la dose administrée est supérieur ou égal au double du volume initial, on interrompt le traitement après cette dernière injection.
On applique le traitement à une personne dont la masse corporelle est de 60 kg.
Pour déterminer les doses administrées, on s'aide de la feuille de calcul automatisé ci-dessous (les cellules de la plage [B2:G2] sont paramétrées pour afficher les valeurs arrondies au dixième).

	A	B	C	D	E	F	G
1	Numéro de l'injection	1	2	3	4	5	6
2	Dose administrée en ml à chaque injection	120	126	132,3	138,9	145,9	153,2

Tous les résultats seront arrondis au dixième.

1. Quelle formule peut-on saisir dans la cellule C2 qui, recopiée vers la droite, permet de calculer les valeurs des doses à administrer chaque semaine ?

2. On appelle V_n la valeur, en ml, du volume de la dose administrée lors de la n-ième injection. Ainsi, $V_1 = 120$.

a) Justifier que la suite (V_n) est géométrique et préciser sa raison.

b) Pour tout entier naturel n, exprimer V_n en fonction de n.

c) Calculer le volume administré lors de la 10e injection.

3. a) Expliquer pourquoi le nombre total d'injections administrées lors du traitement peut s'obtenir en résolvant l'inéquation d'inconnue n, entier naturel :

$$120 \times 1{,}05^{n-1} \geq 240.$$

b) Justifier que le traitement comporte au total 16 injections.

4. Déterminer le volume total de médicament administré au patient lors de l'ensemble du traitement. Arrondir au dixième de ml.

> **RAPPEL**
> Si (u_n) est une suite géométrique de raison $q \neq 1$ et n un entier naturel supérieur ou égal à 1 alors :
> $u_1 + u_2 + ... + u_n = u_1 \times \dfrac{1-q^n}{1-q}$.

Programmation en Python

127 **Toutes séries** **La qualité de l'eau (5 points)** ★★★

En France, l'eau du robinet est l'une des substances les plus contrôlées. Elle fait l'objet d'un suivi sanitaire permanent, destiné à en garantir la sécurité. Depuis plusieurs années, la communauté scientifique s'interroge sur la présence dans l'eau, à l'état de traces, de résidus de médicaments de type anxiolytique. Chaque année, les pouvoirs publics en mesurent la concentration.

En 2010, on constatait qu'il y avait en moyenne dans l'eau du robinet 2 microgrammes par litre ($\mu g \cdot L^{-1}$) de molécules d'anxiolytique.

Depuis 2010, on constate une réduction de 2 % par an de la quantité de molécules d'anxiolytique dans l'eau du robinet.

On choisit de modéliser la concentration de molécules d'anxiolytique par une suite. Pour tout entier naturel n, on note C_n la concentration de cette molécule d'anxiolytique dans l'eau l'année $(2010 + n)$. Cette concentration est exprimée en $\mu g \cdot L^{-1}$.

1. Donner la valeur de C_0 et calculer C_1.

2. a) Justifier que la suite (C_n) est géométrique. Préciser son premier terme et sa raison.

b) Pour tout entier naturel n, exprimer C_n en fonction de n.

3. Les pouvoirs publics souhaitent limiter la concentration en molécules d'anxiolytiques à 0,5 $\mu g.L^{-1}$.

Pour cela, on considère le programme en langage Python, incomplet, suivant :

```
1   c = 2
2   n = 0
3   while c > ..............:
4       n = n + 1
5       c = c * ..............
```

a) Recopier ce programme et compléter les lignes 3 et 5 afin que ce programme détermine la durée nécessaire à la réalisation de l'objectif fixé par les pouvoirs publics.

b) Déterminer la valeur de la variable n à la fin de l'exécution du programme. En quelle année l'objectif sera-t-il atteint ?

128 **Toutes séries** **Étude des connexions à Internet (5 points)** ★★★

L'INSEE a conduit une enquête sur l'usage des technologies de l'information et de la communication par les ménages entre 2009 et 2017.

Le tableau ci-dessous fournit les résultats de cette enquête pour les connexions à Internet et présente la part des personnes de plus de 15 ans résidant en France (en pourcentage arrondi au dixième) qui se sont connectées sur une période fixe.

Année	2009	2010	2011	2012	2013
Part des personnes s'étant connectées à Internet (en %)	65,1	68,2	71,4	74,7	75,3
Année	**2014**	**2015**	**2016**	**2017**	
Part des personnes s'étant connectées à Internet (en %)	77,3	78	79,3	80,5	

1. a) Calculer le taux d'évolution global, entre les années 2009 et 2017, de la part des personnes s'étant connectées à Internet. On exprimera le résultat en pourcentage, arrondi au dixième.

b) Comparer ce taux à celui de la période 2015-2017.

2. Montrer que le taux d'évolution annuel moyen de la part des personnes s'étant connectées à Internet entre les années 2015 et 2017 est, arrondi au dixième, de 1,6 %.

3. On admet que la part des personnes qui se connecteront à Internet augmentera de 1,6 % par an à compter de l'année 2017.

Estimer alors la part des personnes qui se connecteront à Internet en 2022.

4. On considère le programme en langage Python suivant.

```
a = 2017
p = 80.5
while p < 90:
    p = 1.016 * p
    a = a + 1
```

Quelle valeur contient la variable a après exécution du programme ? Interpréter cette valeur dans le contexte étudié.

#diaporama
foucherconnect.fr/20ltm08

Testez-vous !

1. Sans calculatrice

Au premier trimestre un élève a obtenu les notes suivantes en mathématiques :
8, 9, 9, 11, 12, 14, 16,17.

1. L'étendue est :
a) 4 ; **b)** 8 ; **c)** 9 ; **d)** 12,5.

2. La moyenne est :
a) 11 ; **b)** 12 ; **c)** 13 ; **d)** 14.

3. La médiane est :
a) 10,5 ; **b)** 11 ; **c)** 11,5 ; **d)** 12,5.

2. Avec la calculatrice

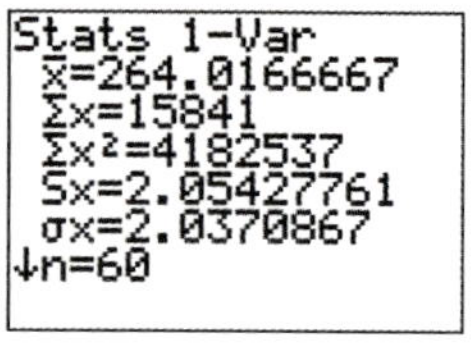

En entrant dans une calculatrice les données d'une série statistique, on a obtenu les résultats ci-dessus.

1. Quel est l'effectif de cette série statistique ?

2. Quelle est la moyenne ?

3. Quel est l'écart type ?

On peut se reporter à l'activité avec logiciels 1 de ce chapitre.

3. Nuage de points

On considère la série statistique **à deux variables** définie par le tableau suivant :

x_i	0	1	2	3	4
y_i	2,6	2,7	2,8	3	3,4

Dans le plan muni d'un repère, on associe au couple (x_i, y_i) de la série statistique double le point M_i de coordonnées x_i et y_i. On obtient le **nuage de points** de la figure ci-après (voir l'annexe).

1. On désigne par $\overline{x}$ la moyenne des nombres x_i et par $\overline{y}$ la moyenne des nombres y_i. Calculer $\overline{x}$ et $\overline{y}$.

2. Placer sur la figure (après l'avoir reproduite) le point G de coordonnées $\overline{x}$ et $\overline{y}$.

3. On considère les deux points G_1 (1 ; 2,7) et G_2 (3,5 ; 3,2).
a) Placer G_1 et G_2 sur la figure.
b) Tracer la droite $(G_1 G_2)$.
c) Déterminer l'équation réduite de la droite $(G_1 G_2)$.

4. Vérifier que le point G appartient à la droite $(G_1 G_2)$.

Remarquer que la droite $(G_1 G_2)$ *« passe au plus près » des points du nuage.*

Annexe

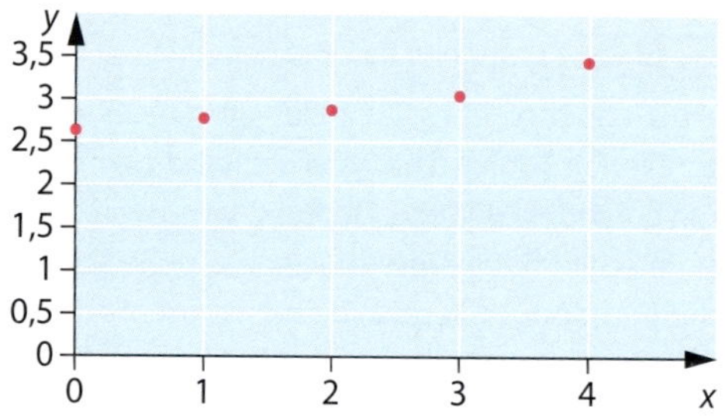

4. Coefficient directeur d'une droite

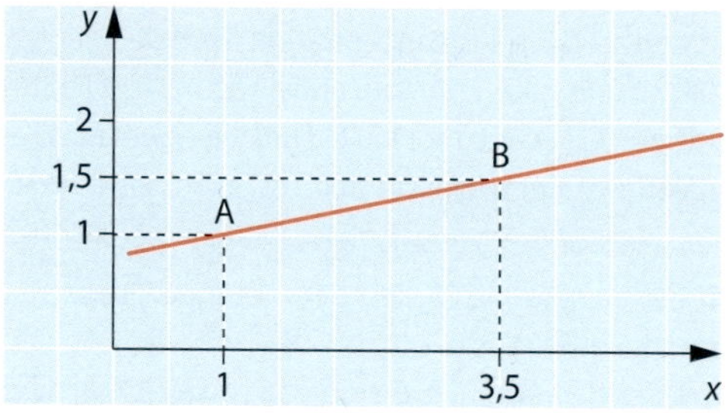

1. En utilisant les données de la figure, déterminer le coefficient directeur puis une équation de la droite (AB).

2. Construire la droite $\mathscr{D}$ (après avoir reproduit la figure) passant par le point A donné et de coefficient directeur $m = 2$.

Corrigés page 204

Chapitre 3

Séries statistiques à deux variables

Dans ce chapitre on se propose d'utiliser des séries statistiques à deux variables pour établir des prévisions de productions, de ventes, de chiffres d'affaires, des prévisions dans le domaine de la santé et de la protection sociale, de la démographie...

Sommaire du cours

La démarche algorithmique

- Automatiser le calcul de $\sum_i (y_i - (ax_i + b))^2$.
- Rechercher un couple (a, b) minimisant cette expression parmi un ensemble fini de couples proposés par les élèves ou générés par balayage, tirage aléatoire...

Activités d'approche

Activité 1 Extrapoler un chiffre d'affaires

Plutôt ST2S

Le secteur du commerce en ligne (e-commerce) est en pleine croissance notamment grâce au développement des ventes sur terminaux mobiles, tablettes ou smartphones.

Le tableau ci-dessous donne le chiffre d'affaires d'une entreprise du secteur du e-commerce entre 2013 et 2019. Il est exprimé en millions d'euros et est arrondi au dixième.

Année	2013	2014	2015	2016	2017	2018	2019
Rang de l'année : x_i	1	2	3	4	5	6	7
Chiffre d'affaires (en millions d'euros) : y_i	36,5	43,6	49,5	55,0	62,9	71,5	81,5

On a placé dans un repère les sept points M_i de coordonnées (x_i, y_i).

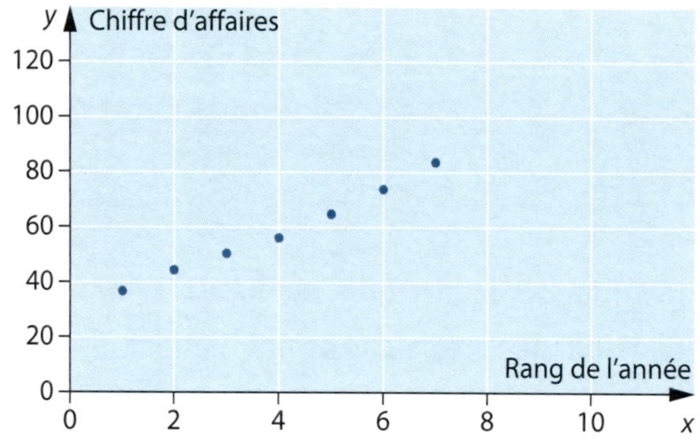

1 Déterminer l'équation réduite de la droite $(M_1 M_7)$.

2 Tracer la droite $(M_1 M_7)$ sur la figure après l'avoir reproduite.

3 La droite $(M_1 M_7)$ passe « très près » des sept points du nuage.

On admet que la droite $(M_1 M_7)$ a pour équation $y = 7,5x + 29$. Déduire de cette équation une estimation du chiffre d'affaires pour 2020 et 2021.

Activité 2 Avec la fonction logarithme décimal

On considère une population homogène de bactéries placées dans un milieu stable. La densité bactérienne est le nombre de bactéries par mm^3. On s'intéresse à l'évolution de la densité bactérienne en fonction du temps, exprimé en secondes.

1 Une série de six mesures expérimentales a donné les résultats suivants.

Temps en secondes : x_i	0	0,5	1	1,5	2	2,5
Densité : d_i	0,5	1,5	3,8	10	27	75

On a placé les points $M_i(x_i, d_i)$ dans un repère. On se propose de trouver une fonction f dont la courbe représentative passe « le plus près possible » des six points de la figure. Quel type de fonction peut-on envisager ?

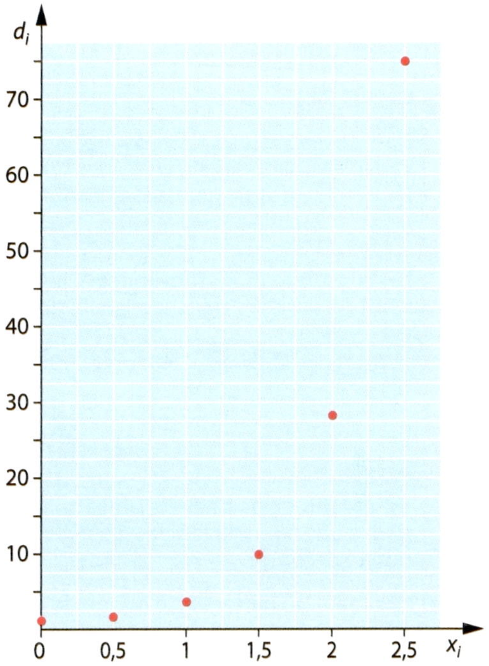

2 **a)** On pose $y = \log(d)$.

Compléter, après l'avoir reproduit, le tableau suivant. Arrondir les valeurs de y à 10^{-1}.

x_i	0	0,5	1	1,5	2	2,5
$y_i = \log(d_i)$		0,2				

b) Construire le nuage de points $M(x_i, y_i)$ associé à cette série statistique dans un repère orthonormé d'unité graphique 5 cm.

c) Que remarque-t-on pour les six points M_i obtenus ?

Point histoire

À l'origine (sans doute en Chine, plus de 2 000 ans avant Jésus-Christ, et en Égypte, vers 1700 avant Jésus-Christ), la **statistique** rassemblait des renseignements concernant la **population** (les premiers recensements permettaient de connaître le nombre d'habitants d'un pays et leur répartition par sexe, par âge, par « catégorie socioprofessionnelle »…) et l'**économie** (évaluation des ressources, de l'état des stocks…), ce qui explique le vocabulaire encore utilisé actuellement. Les méthodes statistiques sont aujourd'hui employées également dans l'industrie (organisation scientifique du travail, contrôle de qualité, gestion des stocks…), en agronomie (recherche d'engrais spécifiques, sélection des variétés…), en médecine (évaluation de l'efficacité d'un médicament, de l'état sanitaire d'une population…), en sociologie (enquêtes, sondages d'opinion) et dans bien d'autres domaines.
Le mot **statistique**, traduction du mot allemand ***statistik*** apparu au milieu du XVIIIe siècle, vient du mot latin *status* : État.

Cours 1 Nuage de points associé à une série statistique à deux variables quantitatives

On observe que, dans certains cas, il semble exister un lien entre les deux caractères d'une **série statistique à deux variables**, par exemple entre le poids et la taille d'un nouveau-né, entre le chiffre d'affaires et le montant des charges d'une société, entre la consommation et la vitesse d'une voiture… Il est alors intéressant d'étudier simultanément deux caractères d'une même population. Nous pouvons présenter les résultats sous forme de tableau ou de graphique.

1 | Exemples

Exemple 1

Dans l'exercice résolu 1 ci-contre, la série statistique donnée par le tableau est constituée de deux variables quantitatives, chacune correspondant à une ligne du tableau.
L'ensemble des six points M_i constitue le **nuage de points représentant cette série statistique**.

Exemple 2

Les consommations moyennes et les vitesses correspondantes d'un véhicule sanitaire roulant en palier (ou en descente) ont été relevées.

Vitesse en km/h : x_i	10	20	30	40	50	60	70	80	90
Consommation en L/100 km : y_i	16,5	11,5	9,0	7,5	6,8	6,6	7,0	7,5	9,0

Comme dans l'exemple 1, la série statistique donnée par le tableau est constituée de deux variables quantitatives, chacune correspondant à une ligne du tableau. Le nuage de points correspondant est donné ci-contre.

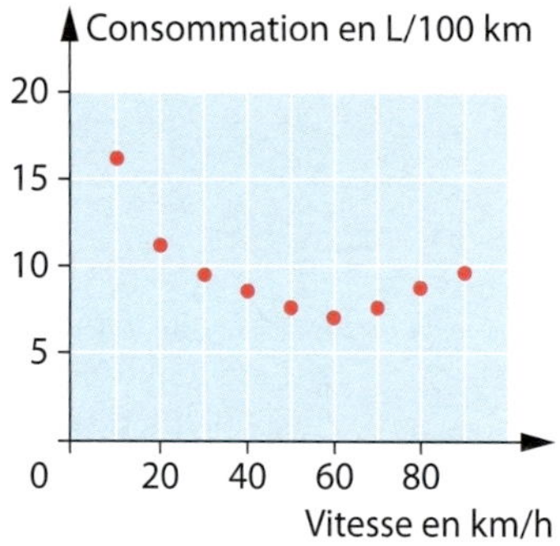

D'une manière générale, le nuage de points correspondant à une série statistique à deux variables quantitatives étant dessiné, on peut essayer de trouver une fonction f dont la courbe représentative d'équation $y = f(x)$ passe « le plus près possible » des points du nuage : c'est le **problème de l'ajustement**.

Pour l'exemple 1, l'exercice résolu a permis de tracer une **droite** « satisfaisante » qui est la représentation graphique d'une **fonction affine** : $f(x) = ax + b$. On dit alors que l'on a réalisé un **ajustement affine**.

Pour l'exemple 2, un ajustement affine ne convient pas ; on peut penser à « approcher » le nuage de points par une parabole (de sommet le point d'abscisse 60).

Certains nuages sont constitués de points dispersés de façon quelconque, notamment quand il n'existe pas de lien entre les deux variables quantitatives : par exemple, la taille et le nombre de frères et sœurs.

2 | Point moyen d'un nuage de points

Nous savons que la moyenne arithmétique est un indicateur de « tendance centrale » pour une variable quantitative. Dans le cas de deux variables quantitatives, les deux moyennes arithmétiques obtenues servent de coordonnées d'un point appelé **point moyen du nuage de points**.

DÉFINITION

On appelle **point moyen** d'un nuage de n points M_i de coordonnées (x_i, y_i) le point G de coordonnées : $x_G = \overline{x}$ et $y_G = \overline{y}$.

Exemple

Dans l'exemple 1 le point moyen a pour coordonnées (4, 2).
Le vérifier.

REMARQUE

La remarque de l'exercice résolu **1** conduit à présenter une méthode d'ajustement débouchant sur une droite **unique** qui pourra ensuite être exploitée pour estimer certaines valeurs liées aux variables étudiées.

Exercices résolus

1 | Nuage de points pour des ventes

ÉNONCÉ

Le tableau ci-dessous donne les ventes dans six magasins d'un accessoire A intervenant dans la pose d'un produit B, pendant la même période.

Nombre d'unités de A vendues (en milliers) : x_i	4	2	6	3	3	6
Nombre d'unités de B vendues (en milliers) : y_i	2,4	1,2	3	1,5	1,2	2,7

1. Placer dans un repère les six points M_i de coordonnées (x_i, y_i).

2. Placer le point G de coordonnées $(\overline{x}, \overline{y})$, où $\overline{x}$ et $\overline{y}$ sont les moyennes arithmétiques respectives des x_i et des y_i.

3. Tracer « au jugé » une droite passant par le point G et « le plus près possible » des six points M_i.

SOLUTION

REMARQUE

Dans cet exercice **chacun peut tracer une droite différente**, ce qui peut poser des problèmes lorsqu'on utilise cette droite, par exemple pour estimer le nombre d'unités de B vendues lorsque 5 000 unités de A sont vendues. On lit sur le graphique : environ 2 300 unités, mais cela dépend de la droite tracée.

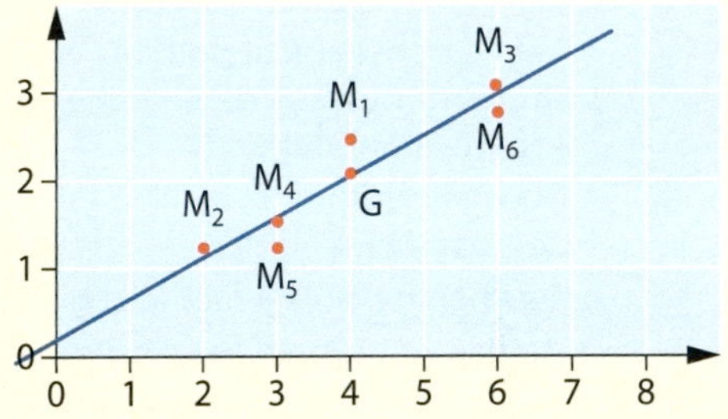

2 | Ajustement affine pour interpoler

ÉNONCÉ

Une enquête pour étudier le nombre y d'acheteurs potentiels (en milliers) d'un produit en fonction de son prix de vente x (en euros) a permis d'obtenir les résultats suivants.

x_i	1	1,5	2	3	4
y_i	3,75	2,8	2	1	0,5

1. Représenter le nuage de points avec en abscisse 4 cm pour 1 € et en ordonnée 2 cm pour 1 000 acheteurs et son point moyen G.

2. Tracer la droite d'équation $y = -1{,}06\,x + 4{,}45$.

3. Utiliser l'ajustement affine par cette droite pour estimer le nombre d'acheteurs potentiels pour un prix de vente égal à 2,50 €.

SOLUTION

1. Le point moyen du nuage de points est G(2,3 ; 2,01).

3. Pour $x = 2{,}5$ on a :
$y = -1{,}06 \times 2{,}5 + 4{,}45$
$y = 1{,}8$.

Il y a 1 800 acheteurs potentiels du produit au prix de 2,50 €.

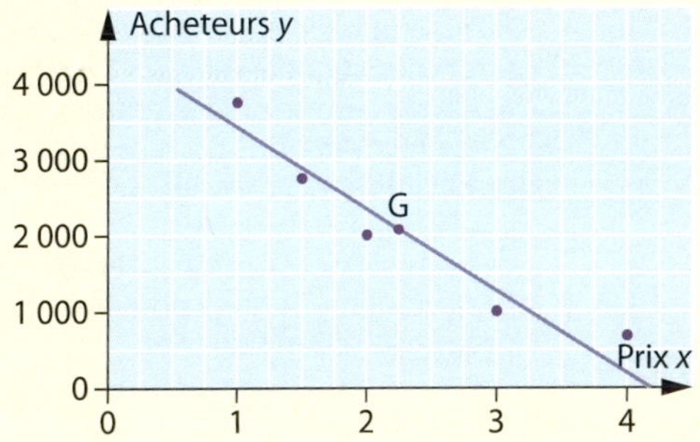

Cours 2 Ajustement affine par la méthode des moindres carrés

Les données suivantes, exprimées en millions d'euros, ont été recueillies dans une grande surface spécialisée dans la micro-informatique et l'électroménager et portent sur cinq périodes.

Dépenses publicitaires : x_i	0,5	2,0	2,9	4,5	5,6
Chiffres d'affaires : y_i	15	17	55	72	70

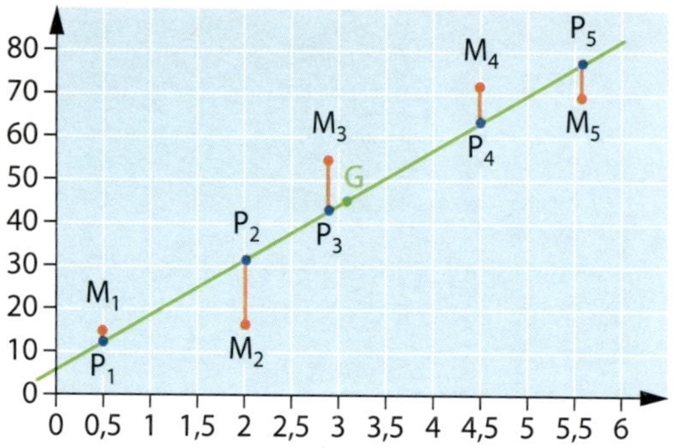

Sur la figure ci-contre le nuage des cinq points $M_i(x_i, y_i)$ est représenté avec le point moyen G(3,1 ; 45,8) et une droite qui semble passer « au plus près » des points M_i.
Pour mesurer l'écart entre chaque point M_i et la droite, nous avons privilégié l'axe des ordonnées : en notant P_i le point de la droite ayant même abscisse que M_i, cet écart est mesuré par la différence des ordonnées $y_{M_i} - y_{P_i}$.
Cet écart est positif pour M_1, M_3 et M_4 qui sont situés au-dessus de la droite ; il est négatif pour M_2 et M_5 situés au-dessous de la droite. On constate alors que les écarts positifs et négatifs se compensent, leur somme étant nulle.
Nous admettons ici qu'il en est de même avec toute droite non verticale qui passe par le point moyen G du nuage de points.
On cherche alors à minimiser la somme $P_1M_1^2 + P_2M_2^2 + \ldots + P_5M_5^2$ des carrés des écarts $\left(y_{M_i} - y_{P_i}\right)^2 = P_iM_i^2$.
On démontre le résultat suivant que nous admettons.

THÉORÈME

Étant donné un nuage de n points M_i, il existe une droite unique passant par le point moyen G du nuage telle que la somme des carrés des écarts (ou **résidus**) $P_1M_1^2 + P_2M_2^2 + \ldots + P_nM_n^2$ soit minimale.

DÉFINITION

Cette droite s'appelle la **droite de régression de *y* en *x***.

Exemple

La droite de la figure ci-dessus est la droite de régression de y en x du nuage des cinq points M_i.

MÉTHODE

La droite de régression de y en x d'un nuage de points a une équation $y = ax + b$ où **les valeurs des coefficients *a* et *b* sont obtenues à l'aide d'une calculatrice ou d'un tableur (voir les activités avec logiciels 1 et 2 de ce chapitre)**.

Exemple

À l'aide d'une calculatrice ou d'un tableur, on obtient pour la droite de la figure les valeurs suivantes arrondies au millième : $a = 12{,}768$ et $b = 6{,}219$.
La droite a donc pour équation : $y = 12{,}768x + 6{,}219$.
Cette relation nous permet d'estimer, par exemple, le montant du chiffre d'affaires associé à des dépenses publicitaires de 3,5 millions d'euros.
$y = 12{,}768 \times 3{,}5 + 6{,}219$,
donc $y \approx 50{,}907$ millions d'euros.
Graphiquement nous pouvons observer sur la figure que le point de la droite dont l'abscisse est 3,5 a une ordonnée voisine de 50,9.

Exercices résolus

3 | Ajustement affine après changement de variable

ÉNONCÉ

Deux fournisseurs A et B sont en concurrence sur un marché en expansion.

Dans le tableau ci-dessous, x_i est le rang de l'année considérée, y_i le nombre de contrats obtenus par A et t_i le nombre de contrats obtenus par B dans l'année.

Ces données sont reprises dans le graphique où, en ordonnée, les nombres de contrats sont exprimés en milliers.

Année	x_i	y_i	t_i
2015	1	975	4 012
2016	2	1 443	4 813
2017	3	2 049	5 872
2018	4	2 930	7 281
2019	5	4 220	8 664
2020	6	5 850	10 432

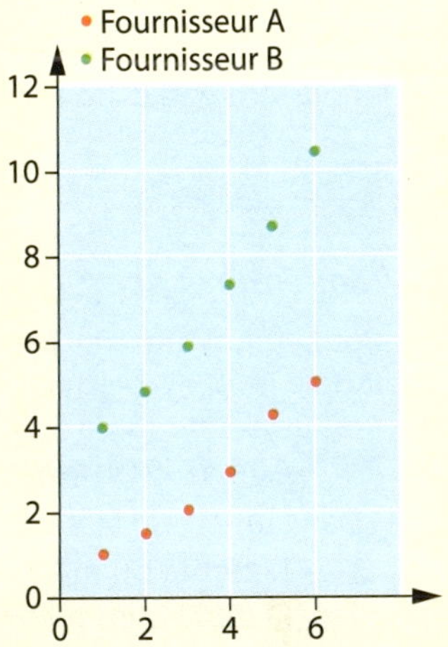

1. L'allure du nuage de points rouges associé à la série statistique (x_i, y_i) permet d'envisager un ajustement exponentiel, c'est-à-dire avec une fonction f définie par $f(x) = a^x$.

a) On pose $Y_i = \log(y_i)$.

Calculer les six valeurs de Y_i.

b) Écrire une équation de la droite d'ajustement de Y en x par la méthode des moindres carrés. Arrondir les coefficients à 10^{-4}.

Les calculs sont à effectuer sans explication avec une calculatrice ou un tableur.

c) Avec cet ajustement, donner une estimation du nombre de contrats prévisible pour le fournisseur A en 2022.

2. Pour le fournisseur B, l'allure du nuage de points verts associée à la série statistique (x_i, t_i) permet aussi d'envisager un ajustement exponentiel. On admet qu'en posant $T_i = \log(t_i)$, on obtient par la méthode des moindres carrés une droite d'ajustement d'équation : $T = 0{,}083\,8\,x + 3{,}518\,7$. En utilisant cet ajustement, donner une estimation du nombre de contrats prévisible pour le fournisseur B en 2022.

3. En supposant que les ajustements précédents restent pertinents, déterminer l'année à partir de laquelle le nombre de contrats du fournisseur A dépassera celui du fournisseur B. Justifier la réponse.

SOLUTION

1. a) $Y_1 = \log(975) \approx 2{,}989$; $Y_2 \approx 3{,}159$; $Y_3 \approx 3{,}312$; $Y_4 \approx 3{,}467$; $Y_5 \approx 3{,}625$; $Y_6 \approx 3{,}767$.

b) $Y = 0{,}155\,5\,x + 2{,}086\,2$.

c) L'année 2022 a le rang 8. Donc $Y_8 = 0{,}155\,5 \times 8 + 2{,}842\,2 = 4{,}086\,2$.

$Y_8 = \log(y_8)$; donc $\log(y_8) = 4{,}086\,2$ et $y_8 = 10^{4{,}086\,4} \approx 12\,196$.

Avec le modèle de l'ajustement réalisé, le fournisseur A aura environ 12 200 contrats en 2022.

2. De même $T = 0{,}083\,8\,x + 3{,}518\,7$. Or $T_i = \log(t_i)$, donc $\log(t_8) = 0{,}083\,8 \times 8 + 3{,}518\,7 = 4{,}189\,1$; alors $t_8 = 10^{4{,}189\,1}$ et $t_8 \approx 15\,456$. Avec le modèle de l'ajustement réalisé, le fournisseur B aura environ 15 460 contrats en 2022.

3. Le nombre de contrats du fournisseur A dépasse celui du fournisseur B lorsque $y_i > t_i$ qui est équivalent à : $\log(y_i) > \log(t_i)$ d'après une propriété du logarithme décimal vue au chapitre 2.

Or, avec le modèle des ajustements précédents, $\log(y) = Y = 0{,}155\,5\,x + 2{,}842\,2$ et $\log(t) = T = 0{,}083\,8\,x + 3{,}518\,7$.

On est donc amené à résoudre l'inéquation $0{,}155\,5\,x + 2{,}842\,2 > 0{,}083\,8\,x + 3{,}518\,7$ qui est équivalente à :

$0{,}155\,5\,x - 0{,}083\,8\,x > 3{,}518\,7 - 2{,}842\,2$; $0{,}071\,7\,x > 0{,}676\,5$; $x > \dfrac{0{,}6765}{0{,}0717}$; $x > 9{,}4$.

Le premier nombre entier supérieur à 9,4 est 10. L'année cherchée est donc 2024.

REMARQUE

La relation $\log(y) = 0{,}155\,5\,x + 2{,}842\,2$ est équivalente à $y = 10^{0{,}155\,5\,x + 2{,}842\,2}$, c'est-à-dire $y = 10^{0{,}155\,5\,x} \times 10^{2{,}842\,2}$ car $10^{a+b} = 10^a \times 10^b$.
Donc $\boldsymbol{y \approx 695 \times 10^{0{,}155\,5\,x}}$ car $10^{2{,}842\,2} \approx 695$. L'expression de y en fonction de x montre que l'ajustement de la série statistique (x_i, y_i) est un **ajustement exponentiel**. De même pour la série statistique (x_i, t_i).

L'ESSENTIEL

Ce qu'il faut savoir

1 Séries statistiques à deux variables quantitatives

On appelle **point moyen** d'un nuage de n points M_i de coordonnées (x_i, y_i) le point G de coordonnées : $x_G = \overline{x}$ et $y_G = \overline{y}$.

• Pour **l'usage de la calculatrice** se reporter aux pages calculatrices à la fin de cet ouvrage ou à l'activité avec logiciels 1.

• Pour **l'usage d'un tableur** se reporter à l'activité avec logiciels 2.

2 Rappels

Moyenne et écart type

Pour la **moyenne** et l'**écart type**, on demande seulement les résultats obtenus avec une calculatrice ou un tableur (voir les pages calculatrices à la fin de cet ouvrage).

Médiane et interquartile

• Dans une série statistique de n termes classés par ordre croissant, la **médiane** *Me* est :
  • le terme du milieu, si n est impair ;
  • la demi-somme des deux termes du milieu, si n est pair.

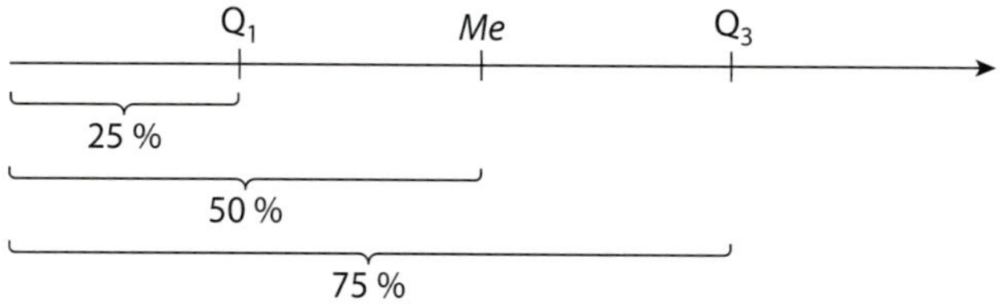

• Q_1 est le **premier quartile** ; Q_3 est le **troisième quartile**.
• L'**écart interquartile** est $Q_3 - Q_1$.

Fréquence d'une sous-population

• La **fréquence** d'une sous-population A dans une population E est le rapport des effectifs : $f = \frac{n_A}{n_E}$.

Fréquence marginale

• Dans un **tableau croisé d'effectifs**, une sous-population dont l'effectif figure dans une marge ne dépend que d'une seule variable et sa fréquence est qualifiée de **fréquence marginale**.

Fréquence conditionnelle

• Pour toutes sous-populations A et B d'effectifs non nuls d'une population E, **la fréquence de B sachant A est $f_A(B) = \frac{n_{A \cap B}}{n_A}$**.

• **La fréquence de B sachant A est $f_A(B) = \frac{f_{A \cap B}}{f_A}$**.

Ce qu'il faut savoir faire

Capacités attendues en statistique à deux variables	MÉTHODE (Exercices résolus du cours)	EXERCICES (Corrigés des exercices en vert pages 204)
Représenter un nuage de points.	Voir les exercices résolus 1 et 2	
Déterminer et utiliser un ajustement affine pour interpoler ou extrapoler des valeurs inconnues.	Voir les exercices résolus 2 et 3	10 à 12 13 14 à 23 24 26 à 31 34 35 39 40 41 42 à 45 48 à 52
Représenter un nuage de points en effectuant un changement de variable donné (par exemple u^2, $\frac{1}{t}$, $\frac{1}{\sqrt{n}}$, $\log(y)$…) afin de conjecturer une relation de linéarité entre de nouvelles variables.	Voir l'exercice résolu 3	24 30 31 40 49 50

Capacités attendues sur les situations algorithmiques en statistique		
Automatiser le calcul de $\Sigma_i(y_i - (ax_i + b))^2$.	Activité avec logiciels 5	
Rechercher un couple (a, b) minimisant cette expression parmi un ensemble fini de couples proposés par les élèves ou générés par balayage, tirage aléatoire…	Activité avec logiciels 5	

Point info

Les recensements en France

En France, les communes de moins de 10 000 habitants sont recensées sur toute leur population une année sur cinq et les communes de 10 000 habitants ou plus effectuent tous les ans une enquête par sondage auprès d'un échantillon d'adresses représentant 8 % des logements.

Le recensement permet de savoir combien de personnes vivent en France et d'établir la population officielle de chaque commune. Il fournit des informations sur les caractéristiques de la population : âge, profession, moyens de transport utilisés, conditions de logement…

La connaissance de ces statistiques est un des éléments qui permettent de définir les politiques publiques nationales et, au niveau local, elle sert à prévoir les équipements collectifs nécessaires (écoles, hôpitaux, infrastructures des transports…). Elle aide également à cibler les besoins en logements, elle permet aux entreprises de mieux connaître leurs clients, aux associations de mieux répondre aux besoins de la population.

Activités avec logiciels

1 Trouver un ajustement à l'aide d'une calculatrice

Le tableau ci-dessous donne le chiffre d'affaires du e-commerce en France entre 2011 et 2017. Il s'exprime en milliard d'euros et est arrondi au dixième. Toutes séries

Année	2011	2012	2013	2014	2015	2016	2017
Rang de l'année : x_i	1	2	3	4	5	6	7
Chiffre d'affaires du e-commerce (en milliard d'euros) : y_i	36,5	43,6	49,5	55,0	62,9	71,5	81,7

On souhaite utiliser une calculatrice pour ajuster le nuage des points de coordonnées (x_i, y_i) à l'aide d'une droite d'équation $y = ax + b$, puis exploiter cette équation pour effectuer une prévision.

A Procédure sur une calculatrice CASIO

Se placer dans le menu **Statistique**. Effacer le contenu des listes par **DEL-ALL**. Entrer les valeurs x_i en List 1 et les valeurs y_i en List 2. Régler les colonnes pour le calcul par **CALC** **SET** puis **2Var X List : List 1** ; **2Var Y List : List 2** ; **2 Var Freq : 1** ; **EXE**.

Afficher les résultats de la « régression linéaire » (ajustement affine) par **REG** **ax+b**.

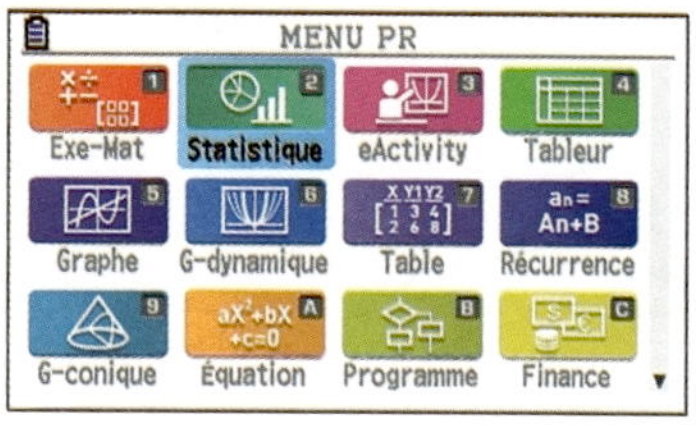

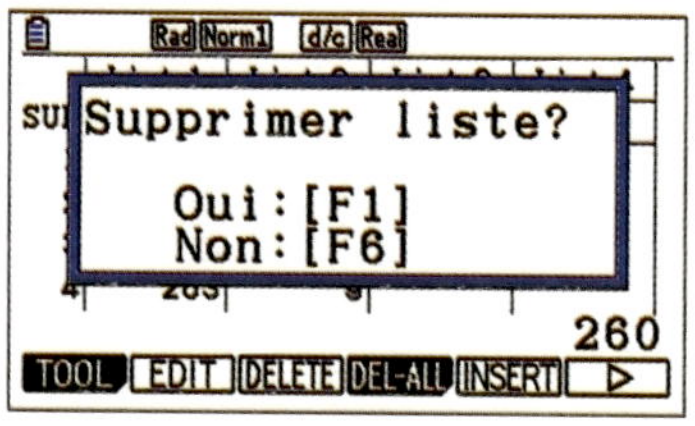

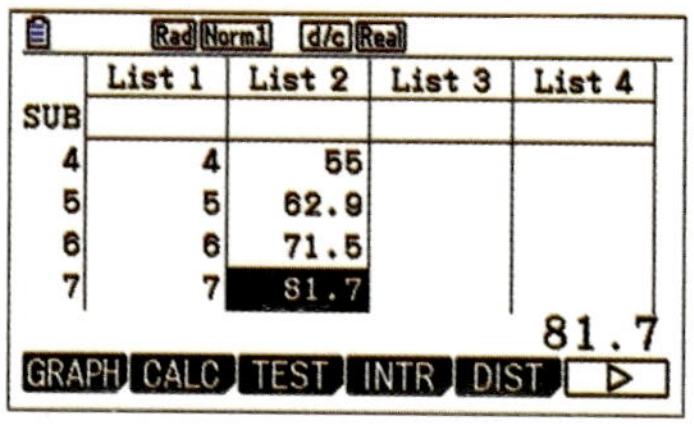

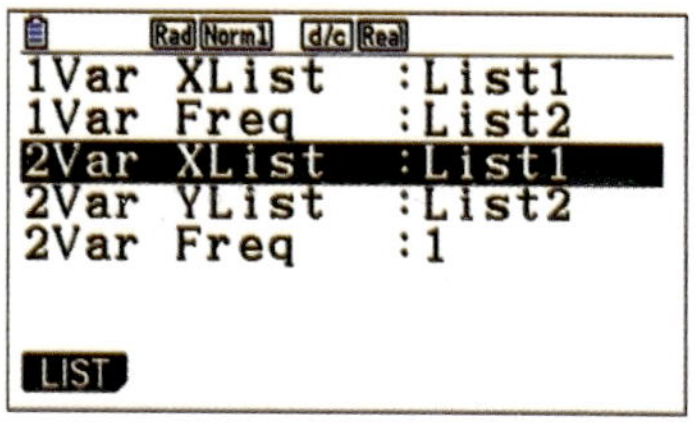

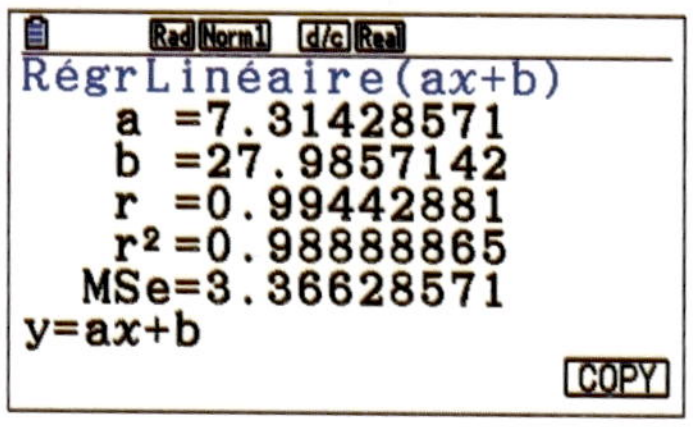

B Procédure sur une calculatrice TI

Se placer dans le menu de statistique par la touche **stats**. Effacer les listes par **stats** **4 : EffListe L_1, L_2** (les noms des listes L_1 et L_2 sont au clavier). Entrer les données par **stats** **1 : Modifier…** puis saisir les x_i en L_1 et les y_i en L_2.

Afficher les résultats de la « régression linéaire » (ajustement affine) par **stats** **CALC 4 :RegLin(ax+b) Xliste : L_1 , Yliste : L_2** **Calculer**.

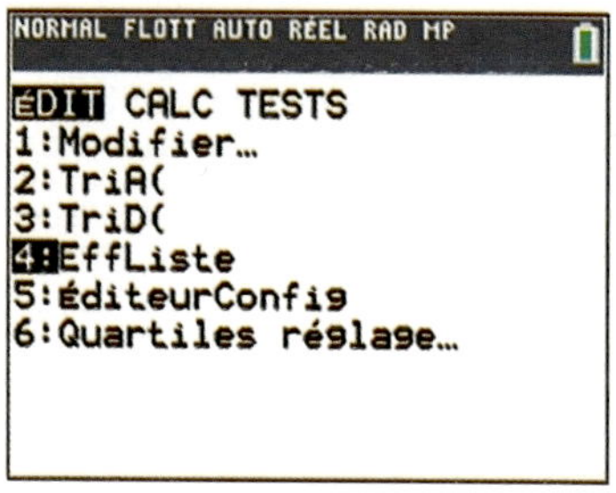

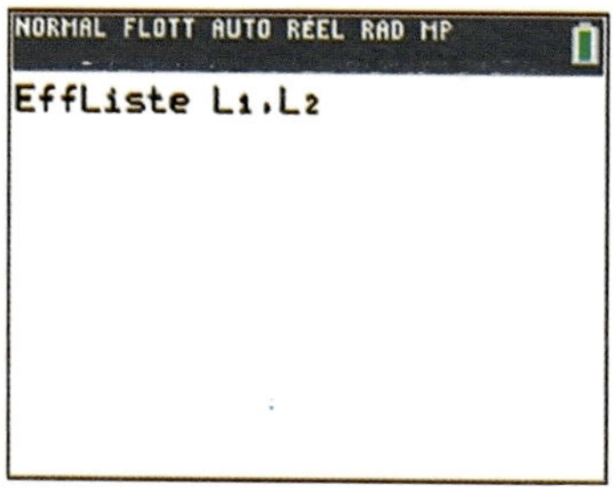

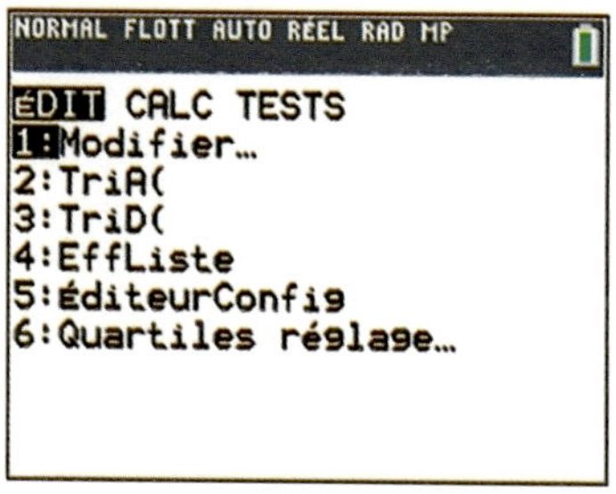

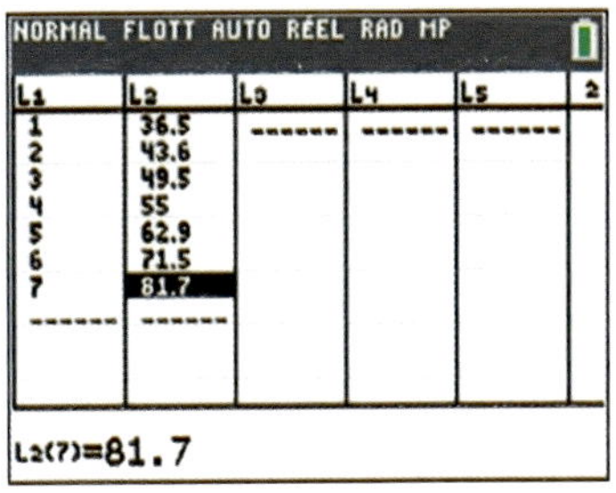

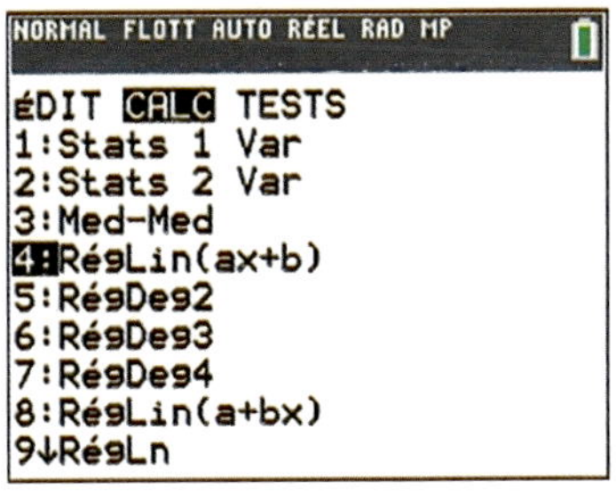

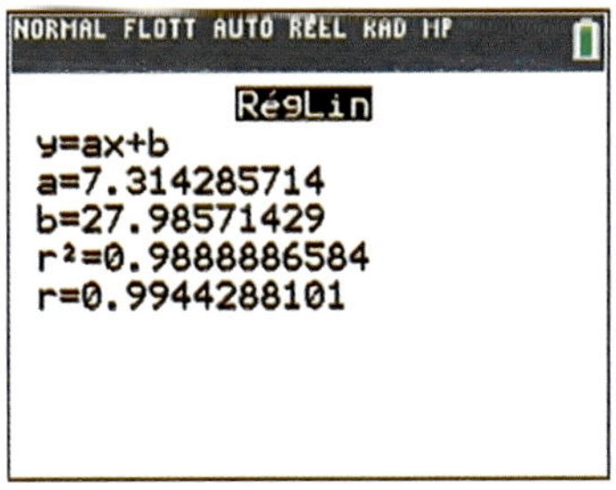

C Procédure sur une calculatrice NumWorks

Se placer dans l'application **Régressions**. Pour effacer des données, se placer dans l'onglet **Donnees**, sélectionner le nom d'une colonne, faire **OK** puis **Effacer la colonne**.
Sous l'onglet **Donnees**, entrer les valeurs dans les colonnes **X1** et **Y1**.
Sélectionner l'onglet **Stats** pour afficher les calculs statistiques.

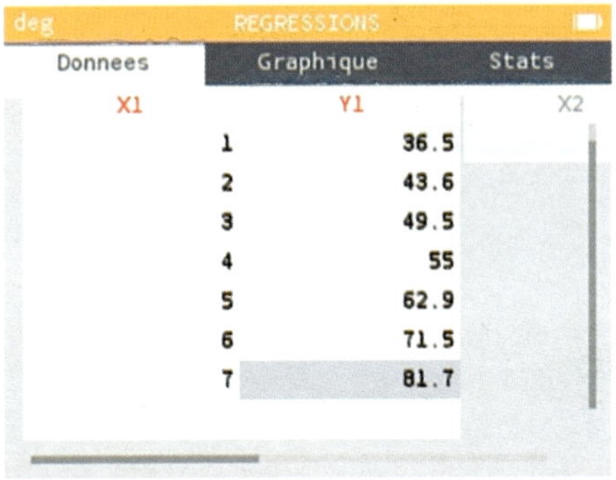

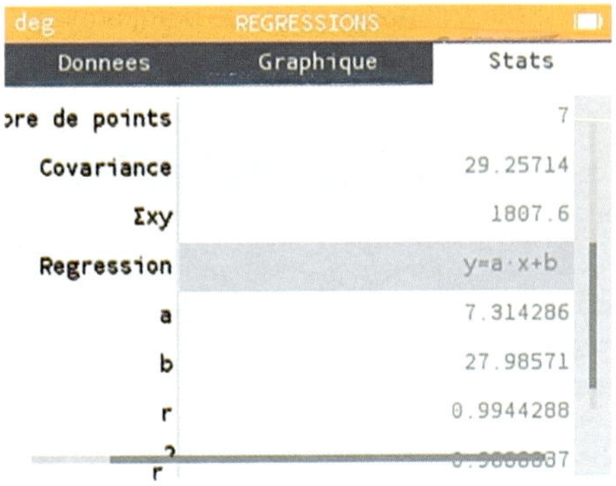

1 Donner l'équation réduite de la droite d'ajustement de y en x obtenue avec la calculatrice. Les coefficients sont à arrondir au centième.

2 D'après ce modèle, quel chiffre d'affaires du e-commerce peut-on prévoir en France pour l'année 2026 ?

Activités avec logiciels

2 Trouver un ajustement à l'aide d'un tableur

Ouvrir le fichier « chiffre_affaires.xls » ou « chiffre_affaires.ods », donnant le chiffre d'affaires, en milliards d'euros, d'un grand groupe vendant des produits de luxe.

Toutes séries

 # fichier tableur
foucherconnect.fr/20ltm01

	A	B	C	D	E	F
1	Année	Rang de l'année	Chiffre d'affaires en milliards d'euros	y = ax + b	Ecarts verticaux	Ecarts au carré
2	2007	1	28	28,125	-0,125	0,015625
3	2009	3	27,2	30,125	-2,925	8,555625
4	2014	8	37,6	35,125	2,475	6,125625
5	2019	13	40,7	40,125	0,575	0,330625
6					Somme	15,0275
7	Moyennes	6,25	33,375			
8	a =	1				
9	b =	27,125				
10						
11						
12						

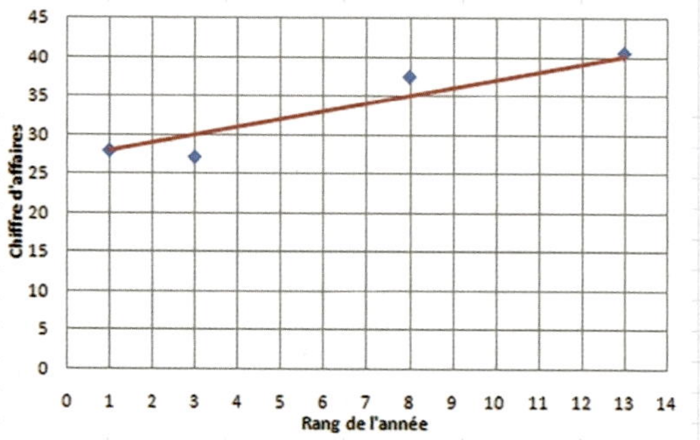

On recherche une droite d'équation $y = ax + b$, passant par le point moyen et ajustant « au mieux » le nuage des quatre années données.

A Ajustement « manuel » d'une droite passant par le point moyen

1. Dans quelles cellules sont calculées les coordonnées $(\overline{x}, \overline{y})$ du point moyen ?

2. Puisque la droite passe par le point moyen, on a $b = \overline{y} - a\overline{x}$.
Expliquer la formule entrée en B9.

3. La colonne E contient les écarts verticaux entre les points du nuage et les points correspondants de la droite. La colonne F contient les carrés de ces écarts.

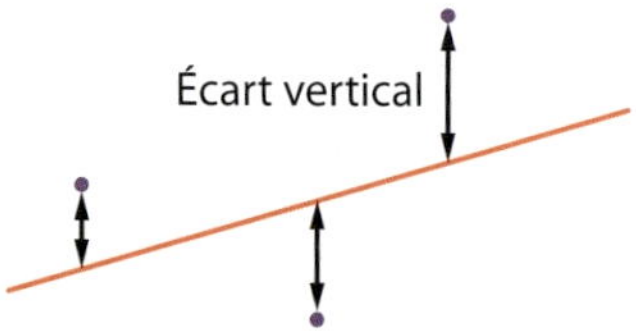

Pourquoi la somme des écarts contenus en colonne E ne permet-elle pas de savoir si la droite est proche des points du nuage et quel est l'avantage de considérer la somme des écarts au carré ?

4. Modifier en B8 la première décimale du coefficient directeur a de la droite (prendre 1,1 ; 1,2 ; 1,3…) de sorte à obtenir en F6 une somme des écarts au carré minimale (observer en même temps la droite sur le graphique). Quel est, à 10^{-1} près, le coefficient a optimal ?

B Utilisation des fonctionnalités d'ajustement du tableur

Le tableur peut afficher directement la droite d'ajustement obtenue selon le principe précédent, dit « des moindres carrés ». Sur le graphique, cliquer sur un point du nuage situé à l'écart de la droite à l'aide du bouton droit de la souris et choisir « Courbe de tendance… ». Dans la boîte de dialogue, choisir « Linéaire » et cocher « Afficher l'équation ».

1. Quelle est l'équation de la droite d'ajustement donnée par le tableur ?

2. Comparer au résultat obtenu à la question A 4.

3. On souhaite exploiter l'équation de la droite précédente pour estimer le chiffre d'affaires en 2021 (année de rang 15). Dans une cellule vide de la feuille de calcul, entrer la formule :
=PREVISION(15;C2:C5;B2:B5) .
Quel est le résultat affiché (arrondir au milliard d'euro) ?
Comparer avec le calcul $a \times 15 + b$ où a et b correspondent à l'équation de la droite d'ajustement donnée par le tableur à la question B 1.

Fiche tableur

AJUSTEMENT GRAPHIQUE

Pour représenter le nuage de points, on **sélectionne** la plage de cellules contenant les données statistiques (x_i, y_i) puis :

– avec **Excel**, on choisit **Insertion/Nuage de points** ;

– avec **OpenOffice** ou **LibreOffice Calc**, on clique sur l'icône **Diagramme** puis on choisit **XY** (**dispersion**).

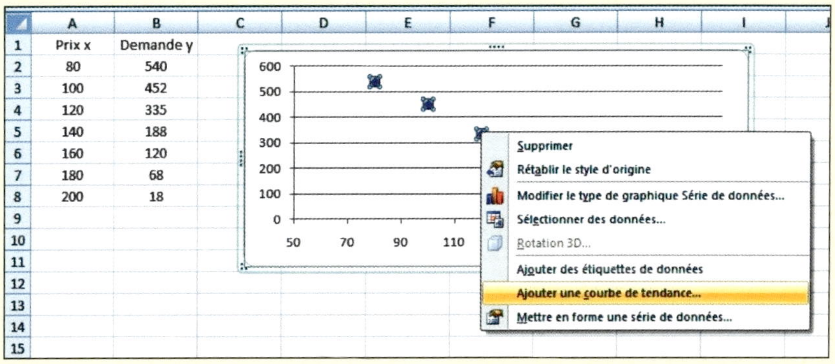

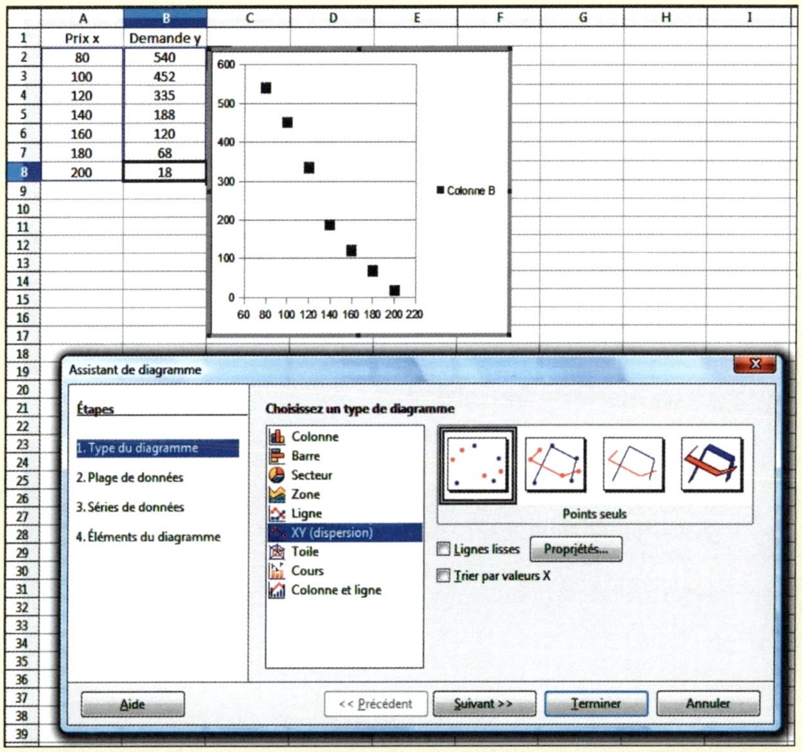

Pour obtenir une droite d'ajustement selon les moindres carrés, on clique avec le bouton droit sur l'un des points du nuage et on choisit (clic gauche) **Ajouter une courbe de tendance...** avec Excel ou **Insérer une courbe de tendance...** avec Calc.

Dans la boîte de dialogue, on sélectionne **Linéaire** et on coche la case **Afficher l'équation sur le graphique**.

FONCTIONS D'AJUSTEMENT AFFINE

Le tableur est pourvu de fonctions réalisant un ajustement affine sans nécessiter un graphique.

DROITEREG

Cette fonction calcule les coefficients a et b de l'équation $y = ax + b$ selon la méthode des moindres carrés.

Il s'agit d'une « fonction matricielle » dont la validation est particulière et ne s'effectue pas simplement par la touche ENTREE. Il faut d'abord ***sélectionner*** deux cellules vides côte à côte puis écrire la formule et enfin valider en enfonçant les deux touches CTRL et ⇑ (majuscule) puis en faisant ENTREE.

La syntaxe est =DROITEREG(plage des y donnés ; plage des x donnés ; VRAI ; FAUX).

Des accolades { et } s'ajouteront après validation pour montrer qu'il s'agit d'une fonction matricielle. Les valeurs de a et b s'affichent dans les deux cellules prévues à cet effet.

Si l'on veut éviter l'usage d'une « fonction matricielle », on peut obtenir a et b par les deux fonctions suivantes.

PENTE
Cette fonction fournit le coefficient directeur a de la droite d'ajustement de y en x selon les moindres carrés.
La syntaxe est =PENTE(plage des y donnés ; plage des x donnés).
Dans l'exemple précédent, =PENTE(B2:B8;A2:A8) affiche la valeur – 4,55178571.

ORDONNEE.ORIGINE
Cette fonction fournit l'ordonnée à l'origine b de la droite d'ajustement de y en x selon les moindres carrés.
La syntaxe est =ORDONNEE.ORIGINE(plage des y donnés ; plage des x donnés).
Dans l'exemple précédent, =ORDONNEE.ORIGINE(B2:B8;A2:A8) affiche la valeur 883,107143.

PREVISION
Cette fonction calcule la valeur de y correspondant à une valeur x donnée selon l'équation $y = ax + b$ de la droite d'ajustement de y en x selon la méthode des moindres carrés.
La syntaxe est =PREVISION(valeur de x ; plage des y connus ; plage des x connus).
Dans l'exemple précédent =PREVISION(130;B2:B8;A2:A8) affiche le résultat 291,375.

TENDANCE
Cette fonction a le même rôle que la précédente lorsque la valeur de x pour laquelle on souhaite évaluer y est contenue dans une cellule.
Par exemple =TENDANCE(B2:B8;A2:A8;A14) affiche 291,375 lorsque la valeur 130 de x est contenue en cellule A14.

3 Statistique à une ou deux variables avec des données de la vie économique et sociale

Ouvrir le fichier « chomage.xls » ou « chomage.ods ». Il fournit le nombre trimestriel de chômeurs en France métropolitaine de 1975 à 2018 (au sens du Bureau International du Travail, données corrigées des variations saisonnières). Toutes séries

Source : INSEE (données actualisées : https://www.insee.fr/fr/statistiques).

fichier tableur
foucherconnect.fr/20ltm02

A Étude statistique globale

1. Choisir un type de graphique permettant d'illustrer l'évolution du chômage, le réaliser, puis le commenter.
2. À l'aide d'indicateurs statistiques, montrer que le chômage demeure à un niveau assez élevé début 2019, par rapport à la moyenne $\overline{x}$ de la totalité de la période 1975-2018.

(On pourra comparer l'écart $n - \overline{x}$ où n est la valeur début 2019 avec l'écart interquartile et l'écart type.)

B Prévision à court terme

On souhaite prévoir le nombre de chômeurs du trimestre suivant, à partir d'un ajustement affine réalisé sur les quatre derniers trimestres.

1. Représenter à l'aide du tableur le nuage des quatre points $M_1(1, y_1)$, $M_2(2, y_2)$, $M_3(3, y_3)$ et $M_4(4, y_4)$, correspondant au nombre de chômeurs pour chacun des quatre derniers trimestres connus.
2. Ajuster, à l'aide du tableur, une droite au nuage de points précédent et en donner une équation.
3. Exploiter l'équation précédente pour obtenir une estimation du nombre de chômeurs pour le trimestre suivant (de rang 5).

Vérifier votre réponse en utilisant la fonction PREVISION du tableur.

Fiche tableur

GRAPHIQUES EN SECTEURS OU EN BARRES

Sélectionner les valeurs à représenter. S'il y a plusieurs séries, garder la touche **Ctrl** enfoncée entre les sélections.

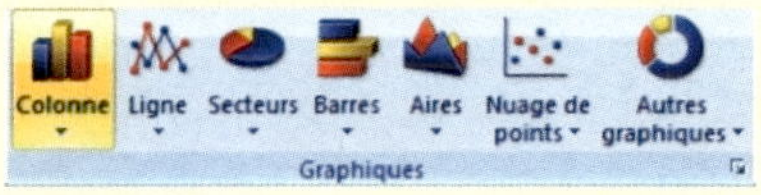

Avec **Excel** : dans le menu **Insertion**, choisir **Secteurs** pour un diagramme en secteurs et **Colonne** pour un diagramme en barres verticales.

Avec **OpenOffice Calc** : cliquer sur l'icône **Diagramme**, puis choisir **Secteurs** pour un diagramme en secteurs et **Colonne** pour un diagramme en barres verticales.

CALCULER MOYENNE, ÉCART TYPE, MÉDIANE ET QUARTILES POUR DES DONNÉES NON REGROUPÉES

La série statistique (non regroupée) figure dans une plage de cellules du type A1:E50.
La syntaxe est la suivante (remplacer plage par les adresses de la première et de la dernière cellule séparées par :) :

Moyenne	=MOYENNE(plage)
Écart type	=ECARTYPEP(plage)
Minimum	=MIN(plage)
Premier décile	=CENTILE(plage;0,1)
Premier quartile	=QUARTILE(plage;1)
Médiane	=MEDIANE(plage)
Troisième quartile	=QUARTILE(plage;3)
Neuvième décile	=CENTILE(plage;0,9)
Maximum	=MAX(plage)

REMARQUES
- Attention à utiliser ECARTYPEP et non pas ECARTYPE.
- Les valeurs des quartiles et déciles, obtenues par interpolation, sont parfois un peu différentes de celles attendues selon d'autres définitions.

4 Exploiter un ajustement affine pertinent avec le tableur

A Étude d'un échantillon

Toutes séries

On dispose des données suivantes concernant un échantillon de 20 hommes : âges t_i en années, tailles x_i en mètres et poids y_i en kg.

n°	1	2	3	4	5	6	7	8	9	10	11	12	13	14	15	16	17	18	19	20
Âge : t_i	22	26	33	35	38	40	42	42	43	44	45	48	49	50	51	53	56	61	64	75
Taille : x_i	1,82	1,71	1,72	1,75	1,77	1,97	1,94	1,76	1,68	1,98	1,79	1,82	1,8	1,87	1,72	1,65	1,9	1,81	1,75	1,68
Poids : y_i	75	66	64,4	74,2	70,5	93,2	90,4	71,5	59,8	95,2	73,1	74,2	71	82,8	75,4	68,7	75,1	73	82,6	64

On peut trouver ces données sur le fichier « **lorentz.xls** » ou « **lorentz.ods** ».
On souhaite examiner de quelle manière le poids est lié à l'âge et à la taille.

 # fichier tableur
foucherconnect.fr/ 20ltm03

1. Représenter avec un tableur les nuages des points $M_i(t_i, y_i)$ et $N_i(x_i, y_i)$.
2. D'après l'aspect de ces deux nuages, peut-on considérer que, sur cet échantillon, le poids est lié à l'âge ? Que le poids est lié à la taille ?
3. Effectuer un ajustement affine du nuage de points $N_i(x_i, y_i)$ à l'aide du tableur. Donner une équation de la droite obtenue.
4. Selon la tendance observée sur cet échantillon, estimer le poids d'un homme mesurant 1,85 m.

B Formule de Lorentz

La formule de Lorentz donne le poids moyen selon la taille :

$$\text{poids} = 100 \times \left(\text{taille} - 1 - \frac{\text{taille} - 1,5}{a}\right).$$

(Taille en mètres ; poids en kg ; $a = 4$ pour un homme ; $a = 2,5$ pour une femme.)

1. Que fournit la formule pour un homme de 1,85 m ? Une femme de 1,73 m ?
2. Cette formule a-t-elle un sens si elle est appliquée à un petit garçon de 80 cm ?
3. Montrer que, dans les cas des hommes, la formule de Lorentz peut s'écrire sous la forme $y = 75x - 62,5$ où x désigne la taille en mètre et y le poids en kilogramme.
4. Calculer y pour $x = 1,85$ et comparer au résultat de la question A 4.

5 Automatiser le calcul de $\Sigma(y_i - (ax_i + b))^2$ et minimiser cette expression parmi un ensemble de couples (a, b) générés par balayage en Python

Toutes séries

On se propose, à l'aide d'un algorithme en langage Python, d'ajuster le nuage de points (x_i, y_i) suivant.

Une enquête du service commercial d'une chaîne de magasins de vêtements a permis de connaître l'évolution de la demande y_i d'unités d'un certain modèle de parka, selon le prix x_i auquel elle est proposée :

Prix TTC en euros : x_i	Demande mensuelle : y_i
80	540
100	452
120	335
140	188
160	120
180	68
200	18

A Automatiser le calcul de $\Sigma(y_i - (ax_i + b))^2$

1. Créer deux listes x et y correspondant aux données statistiques.

```
x = [80, 100, 120, 140, 160, 180, 200]
y = [540, 452, 335, 188, 120, 68, 18]
```

2 Compléter la fonction Python suivante afin qu'elle renvoie la somme des carrés des écarts :

$$\sum_{i=0}^{6}(y_i - (ax_i + b))^2.$$

```
def sommeCE(a, b):
    s = 0
    for i in range(7):
        s = ..........................................
    return s
```

B Minimiser $\Sigma(y_i - (ax_i + b))^2$ parmi un ensemble de couples (a, b)

Un premier ajustement « au jugé » permet de rechercher une droite d'ajustement d'équation $y = ax + b$ avec a proche de 5 et b proche de 900. On cherche à optimiser cet ajustement en recherchant les valeurs de a et b minimisant la somme des carrés des écarts pour un ensemble donné de couples (a, b).

On utilise, pour ce faire, la fonction Python suivante.

```
def moindres_carres():
    A = [-6 + k * 0.1 for k in range(21)]
    B = range(800, 1001)
    amin = A[0]
    bmin = B[0]
    min = sommeCE(amin, bmin)
    for a in A:
        for b in B:
            val = sommeCE(a, b)
            if val < min:
                amin = a
                bmin = b
                min = val
    return amin, bmin
```

1 Décrire, en extension, les listes A et B correspondant aux ensembles des valeurs prises par a et b.

2 Quel est le rôle de la variable `min` ?

3 Implanter les fonctions précédentes et exécuter la fonction `moindres_carres()`. Interpréter le résultat obtenu.

4 Modifier la fonction `moindres_carres()` de façon à obtenir une valeur approchée de a arrondie à 0,01 minimisant la somme des carrés des écarts pour b entier.

C Utiliser une fonction du module Scipy

Le module Scipy possède une fonction permettant d'obtenir les coefficients de la droite d'ajustement (dite droite « de régression ») de y en x selon la méthode des « moindres carrés ».

Vérifier que le module Scipy est installé (sinon faire par exemple `pip install scipy`).

Puis, exécuter les instructions suivantes :

```
from scipy import stats
a, b, r, p, s = stats.linregress(x, y)
```

Quelles sont les valeurs de a et b obtenues ?

Comparer avec le résultat de la question C 4.

Automatismes
Questions flash • QCM • vrai/faux

diaporama
foucherconnect.fr/20ltm09

Construire et entretenir des capacités dans le domaine du calcul et de l'information chiffrée.

Capacités attendues

ÉVOLUTIONS ET VARIATIONS

- Appliquer un taux d'évolution pour calculer une valeur finale ou initiale 1

FONCTIONS ET REPRÉSENTATIONS

- Tracer une droite donnée par son équation réduite ou par un point et son coefficient directeur 2 et 8
- Lire graphiquement l'équation réduite d'une droite 4 et 5
- Déterminer l'équation réduite d'une droite à partir des coordonnées de deux de ses points 4 et 5

REPRÉSENTATIONS GRAPHIQUES DE DONNÉES CHIFFRÉES

- Lire un graphique, un histogramme, un diagramme en barres ou circulaire, un diagramme en boîte ou toute autre représentation (repérer l'origine du repère, les unités de graduations ou les échelles...) 6 et 7
- Passer du graphique aux données et vice-versa 6 et 7

1 à 9 sans calculatrice

ÉVOLUTIONS ET VARIATIONS

1 Appliquer un taux d'évolution pour calculer une valeur initiale ou finale ★

1. Calculer 30 % de 60.

2. Le prix d'un article coûtant 35 euros subit une baisse de 40 %. Calculer le prix après la réduction.

3. Une réduction de 50 % représente une baisse du prix d'un article de 27 euros. Calculer le prix de l'article avant la réduction.

FONCTIONS ET REPRÉSENTATIONS

2 Tracer une droite donnée par son équation réduite ★

1. Construire dans un repère la droite $\mathcal{D}$ d'équation $y = 1{,}5x - 3$.

2. Compléter, après l'avoir reproduite, la phrase suivante : La droite $\mathcal{D}$ passe par le point A(... ; 1,5).

3 Tracer une droite donnée par un point et son coefficient directeur ★

Construire dans un repère la droite $\mathcal{D}$ passant par le point A(4, 2) et admettant pour coefficient directeur $m = -\frac{1}{2}$.

4 Lire graphiquement l'équation réduite d'une droite ★

On donne la droite $\mathcal{D}$ sur la figure suivante.

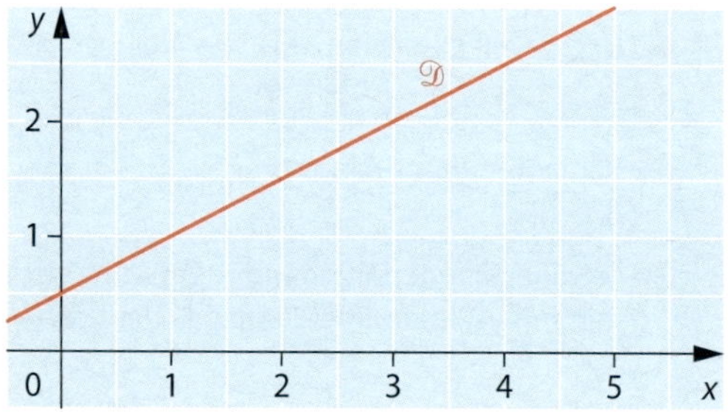

Déterminer l'équation réduite de la droite $\mathcal{D}$.

5 Lire graphiquement l'équation réduite d'une droite (bis) ★

On donne la droite $\mathcal{D}$ sur la figure suivante.

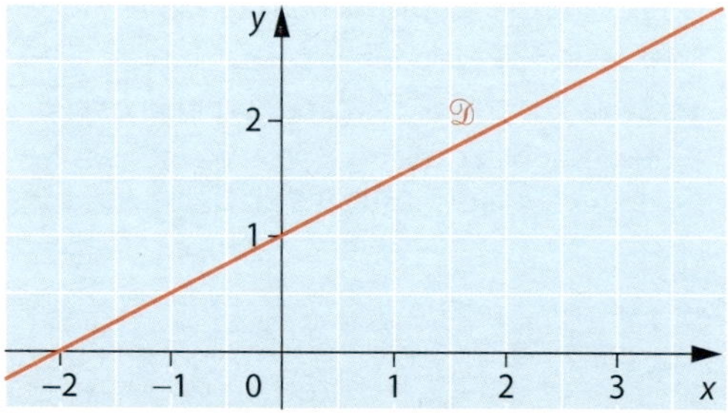

1. Déterminer l'équation réduite de la droite $\mathcal{D}$.

2. Déterminer l'ordonnée du point de $\mathcal{D}$ d'abscisse 3.

REPRÉSENTATIONS GRAPHIQUES DE DONNÉES CHIFFRÉES

6 Lire un graphique, passer d'un graphique aux données ★

Le diagramme en barres de la figure donne la répartition de 50 clients d'une entreprise de vente par internet suivant le nombre de commandes passées annuellement.

Le nombre de commandes x_i figure en abscisse, l'effectif correspondant n_i figure en ordonnée.

1. Utiliser la figure pour construire un tableau donnant les effectifs des classes.

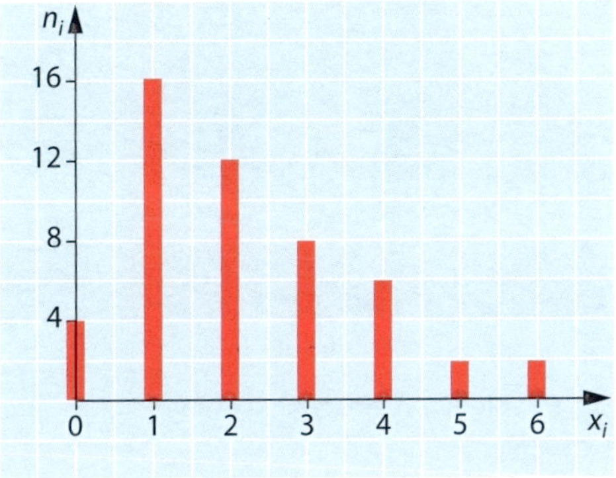

2. Déterminer le pourcentage des clients effectuant moins de trois commandes par an.

7 Lire un graphique, passer d'un graphique aux données ★

Une entreprise emploie 400 employés. Le diagramme ci-après indique leur répartition selon leur sexe et leur qualification.

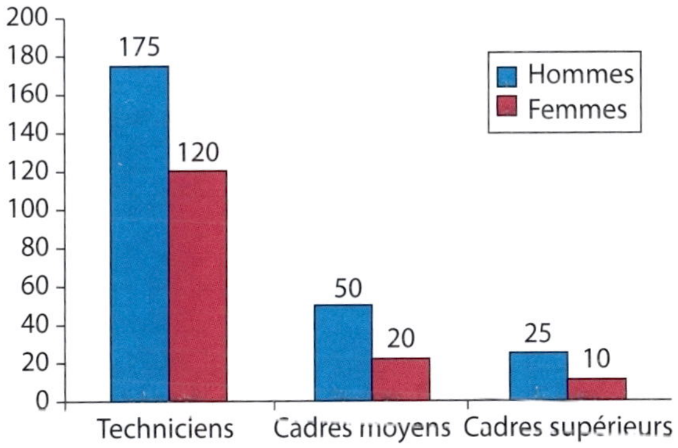

Compléter, après l'avoir reproduit, le tableau suivant.

	Techniciens	Cadres moyens	Cadres supérieurs	Total
Hommes				
Femmes				
Total				400

8 Passer des données au graphique ★

Pour chacune des 20 journées de travail d'un mois donné, on donne le nombre de colis expédiés d'un dépôt d'un site de vente par Internet :

520 ; 450 ; 460 ; 485 ; 510 ; 450 ; 405 ; 460 ; 499 ; 380 ; 398 ; 455 ; 385 ; 409 ; 390 ; 424 ; 459 ; 407 ; 410 ; 428.

1. Regrouper ces données en classes d'amplitude 25 en commençant par la classe [375, 400[. Compléter le tableau suivant :

Nombre de colis	[375, 400[	...	
Effectif	4		

2. Construire l'histogramme correspondant.

9 Vrai-faux ★

On considère le diagramme en boîte ci-dessous :

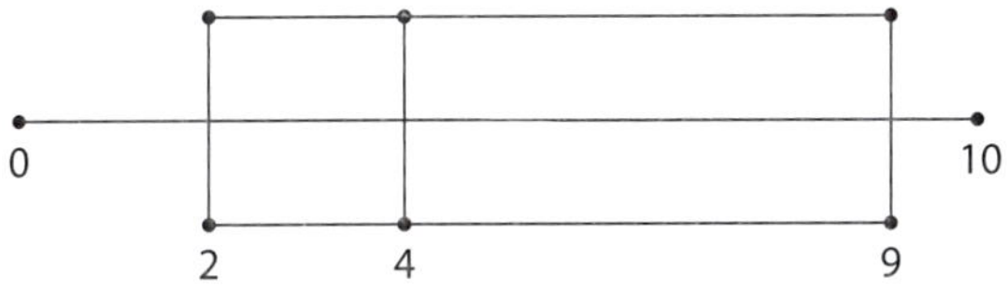

Indiquer si ces affirmations sont vraies ou fausses.

a) La médiane est 4.

b) Le troisième quartile est 10.

c) L'intervalle interquartile est [0, 10].

RAPPEL

• **Médiane et interquartile**

On peut se reporter à l'Essentiel de ce chapitre.

• **Diagramme en boîte**

Les diagrammes en boîte résument graphiquement une série statistique en partageant les valeurs de la série suivant des segments correspondant à des quartiles.

Exemple

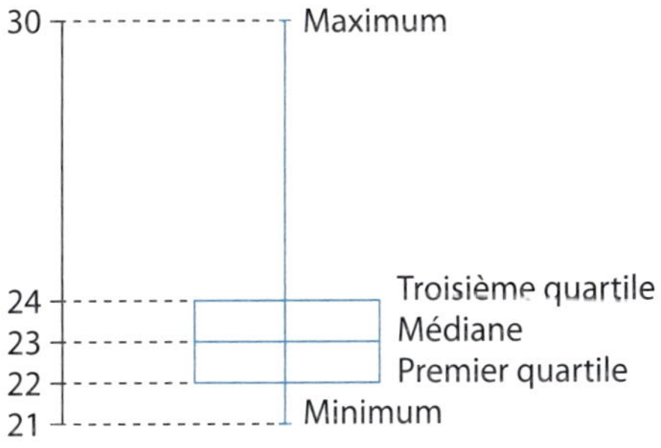

Pour la série statistique représentée, l'*étendue* est 30 – 21 = 9. La *médiane* est égale à 23. Le *premier* et le *troisième quartile* sont respectivement égaux à 22 et à 24.

Exercices pour s'entraîner

Corrigés page 204

Tracer « au jugé » une droite d'ajustement

10 Ajustement affine pour extrapoler ★★

Le tableau ci-dessous rend compte de l'évolution du prix (en euros) du m³ d'eau, dans une ville, entre 2015 et 2019.

Année	2015	2016	2017	2018	2019
Rang de l'année : x_i	0	1	2	3	4
Prix en euros du m³ d'eau : y_i	2,64	2,76	2,81	2,95	3,39

1. Calculer le pourcentage d'augmentation du prix entre 2015 et 2019. Donner le résultat arrondi à 0,1 %.

2. Le nuage de points associé à cette série statistique est représenté ci-dessous :

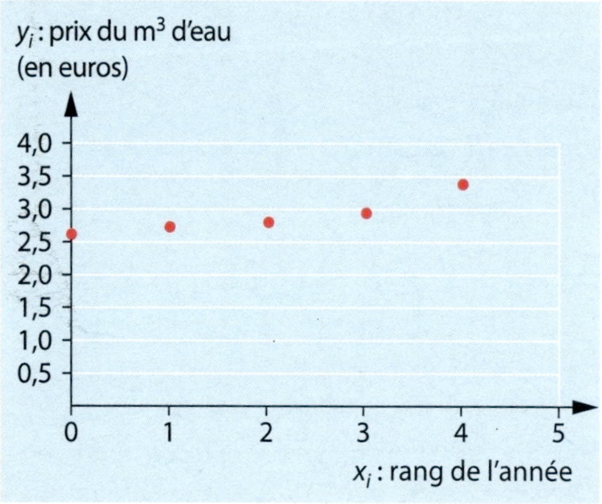

a) Choisir une droite d'ajustement de ce nuage. Donner son équation.

b) Quelle estimation du prix en euros (arrondie au centième d'euro) du m³ d'eau peut-on en déduire pour 2023 ?

3. Avec un tableur, on a obtenu une droite d'ajustement d'équation $y = 0{,}17x + 2{,}57$. Reprendre la question du **2. b)**.

REMARQUE
Dans cet exercice, au **2.a)**, chacun(e) peut tracer une droite différente.

11 Ajustement affine pour extrapoler (bis) ★★

Une entreprise étudie l'évolution de la proportion de cadres parmi ses employés pendant huit années consécutives. Le tableau suivant donne la proportion de cadres, en pourcentage, pour chacune de ces huit années.

Rang de l'année : x	1	2	3	4	5	6	7	8
Proportion des cadres en pourcentage : y	11,9	14,2	15,8	18,1	19,6	20,3	21,2	22,9

1. Dans un repère orthonormé $(O ; \vec{i}, \vec{j})$ d'unité graphique 1 cm, représenter le nuage des points M de coordonnées (x, y). Graduer l'axe des ordonnées à partir de 10.

2. On nomme G le point moyen du nuage de points.

a) Calculer les coordonnées du point G et placer ce point sur le graphique.

b) Tracer sur le graphique une droite $\mathscr{D}$ passant par G qui réalise un bon ajustement affine du nuage de points.

c) Déterminer une équation de la droite $\mathscr{D}$.

3. On réalise, à l'aide de la droite $\mathscr{D}$, un ajustement affine du nuage représenté. Utiliser l'équation de la droite $\mathscr{D}$ pour estimer :

a) La proportion de cadres, sous forme de pourcentage parmi les employés de l'entreprise l'année de rang 9.

b) Le rang de l'année à partir de laquelle la proportion de cadres parmi les employés de l'entreprise dépasserait 30 %.

12 Taux d'évolution et ajustement affine pour extrapoler ★★

Le tableau suivant rend compte de l'évolution du prix (en euros) du kilogramme d'une matière première utilisée dans l'industrie pharmaceutique, pendant cinq années consécutives.

Rang de l'année : x_i	0	1	2	3	4
Prix en euros du kg : y_i	1,51	2,25	2,80	2,95	3,40

A. *Pourcentage d'évolution*

Calculer le pourcentage d'augmentation du prix entre l'année de rang 0 et l'année de rang 4. Donner le résultat arrondi à 0,1 %.

B. *Ajustement affine*

Le nuage de points associé à cette série statistique est représenté ci-après en annexe.

1. Choisir une droite d'ajustement de ce nuage. Donner son équation.

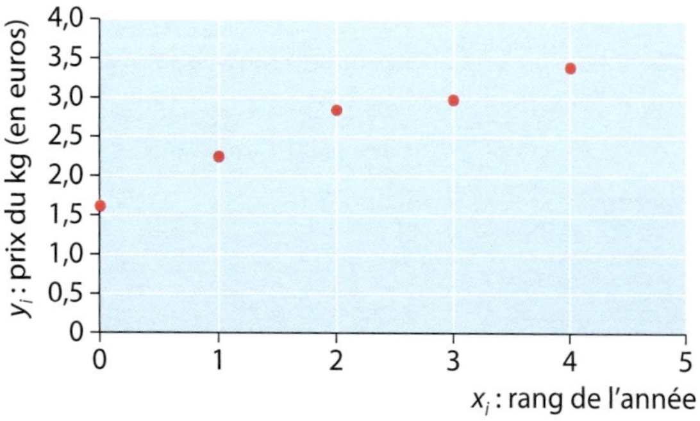

2. Quelle estimation du prix en euros (arrondie au centième d'euro) du kilogramme de matière première peut-on en déduire pour l'année de rang six ?

3. Avec un tableur, on a obtenu une droite d'ajustement d'équation $y = 0{,}487x + 1{,}647$.
Reprendre la question du **B. 2**.

Déterminer par un calcul l'équation d'une droite d'ajustement

13 Ajustement affine pour interpoler ★★

Le tableau suivant donne le prix de vente d'un article en fonction de la quantité commandée.

Quantité commandée : x_i	50	100	150	200	250	300
Prix en milliers d'euros : y_i	2,8	2,4	2,3	2	1,65	1,6

Le nuage de points correspondant est représenté ci-dessous.

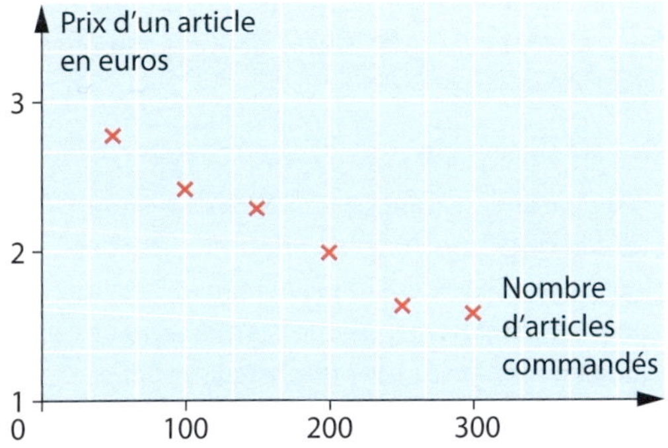

1. Calculer les coordonnées du point moyen G de ce nuage de points.

2. Reproduire la figure. On donne le point A(250 ; 1,75).
Placer les points G et A. Tracer la droite (AG).

3. On admet que la droite (AG) est une droite d'ajustement du nuage.

a) Déterminer graphiquement une estimation du prix de vente d'un article si on en commande 230.
Faire apparaître les tracés utiles.

b) On admet qu'une équation de (AG) est : $y = 3 - 0{,}005x$.
Retrouver par le calcul l'estimation demandée au **a)**.

14 Plutôt ST2S Ajustement affine pour interpoler et extrapoler ★★

Un médicament est injecté par voie intraveineuse. Dans les heures qui suivent, la substance est éliminée par les reins. La quantité q_i présente dans le sang (q_i en milligrammes) à l'instant t_i (t_i en heures) a été mesurée par des prises de sang toutes les deux heures :

t_i (en heures)	0	2	4	6	8
q_i (en mg)	9,9	7,5	5,5	3,9	3

Le nuage de points associé à la série statistique (t_i, q_i) est représenté dans le repère orthogonal ci-après.

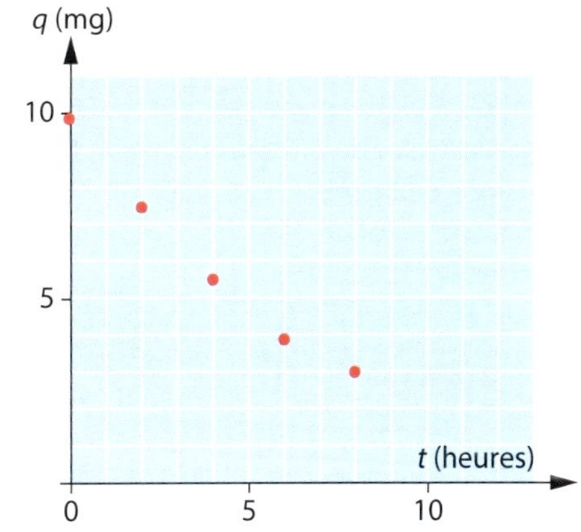

1. On désigne par G le point moyen du nuage. Calculer les coordonnées du point G.

2. On désigne par A le point du nuage de coordonnées (8, 3).

a) Construire la droite (AG) sur la figure, après l'avoir reproduite.

b) Démontrer qu'une équation de la droite (AG) est :
$y = -0{,}74\,x + 8{,}92$.

3. On décide de prendre la droite (AG) comme droite d'ajustement affine du nuage. En admettant que l'évolution observée se poursuive et en utilisant l'ajustement affine, estimer la quantité de médicament présente dans le sang au bout de 10 heures.

a) Utiliser l'ajustement affine pour estimer la quantité de médicament présente dans le sang au bout de 5 heures.

b) En admettant que l'évolution observée se poursuive et en utilisant l'ajustement affine, estimer la quantité de médicament présente dans le sang au bout de 10 heures.

15 Extrapoler des dépenses de santé ★★

Le tableau suivant donne les dépenses de santé, en milliards d'euros, d'un pays pour quatre années consécutives.

Rang de l'année : x_i	1	2	3	4
Dépenses en milliards d'euros : y_i	64,34	69,07	74,84	80,94

1. Représenter graphiquement le nuage de points associé à la série (x_i, y_i) dans un repère orthogonal.

2. On désigne par A et B les points de coordonnées (1 ; 64,34) et (4 ; 80,94). On décide de prendre comme droite d'ajustement du nuage la droite (AB).

a) Déterminer une équation de la droite (AB) sous la forme $y = ax + b$. Arrondir a et b à 10^{-2}.

b) Déduire du **a)** une prévision des dépenses pour l'année de rang 5.

16 Extrapoler la population d'une ville nouvelle ★★

Le tableau suivant donne la population d'une ville nouvelle entre les années 1985 et 2015.

Année	1985	1990	1995	2000	2005	2010	2015
Rang de l'année : x	0	5	10	15	20	25	30
Population en milliers d'habitants : y	18	21	25	30	36	42	50

1. Représenter le nuage de points associé à ce tableau dans un repère orthonormé. On prendra comme unité graphique 1 cm pour 5.

2. On désigne par A et B les points du nuage de coordonnées (5, 21) et (25, 42). Déterminer une équation de la droite (AB).

3. a) Expliquer pourquoi on peut prendre la droite (AB) comme droite d'ajustement du nuage.

b) Déduire de cet ajustement une estimation de la population en 2025.

17 Le coefficient directeur d'une droite d'ajustement est donné ★★

Le tableau suivant donne l'évolution des ventes de lait, en hectolitres, dans une région pendant cinq années consécutives.

Rang de l'année : x_i	1	2	3	4	5
Volume des ventes en hectolitres : y_i	114 671	114 772	114 394	115 621	116 321

1. On considère le nuage de points $M_i(x_i, y_i)$ dans un repère orthogonal $(O ; \vec{i} ; \vec{j})$. Déterminer les coordonnées $(\overline{x}, \overline{y})$ du point moyen G de ce nuage.

2. On ajuste le nuage de points précédent par la droite Δ d'équation $y = 414{,}9x + p$. Déterminer p pour que la droite Δ passe par le point G.

3. À l'aide de l'équation obtenue au **2.**, estimer le volume des ventes l'année de rang 6. Arrondir à l'unité.

18 Épidémie de grippe ★★

Dans un lycée il y a 1 280 élèves.

Dès l'apparition des premiers symptômes de l'épidémie, l'infirmière du lycée relève pendant 8 jours le nombre d'élèves malades. Le tableau ci-dessous indique les résultats observés.

Numéro du jour	1	2	3	4	5	6	7	8
Nombre d'élèves grippés	2	5	9	14	17	23	27	31

1. Construire dans un repère orthogonal le nuage de points associés à cette série statistique. On prendra les unités suivantes : en abscisse, 2 cm pour 1 jour ; en ordonnée, 1 cm pour 2 élèves.

2. Calculer les coordonnées du point G du nuage et le placer sur le graphique.

3. On admet que la droite $\mathcal{D}$ passe par G et de coefficient directeur 4,26 constitue une droite d'ajustement convenable du nuage. Déterminer une équation de $\mathcal{D}$ de la forme $y = 4{,}26x + b$.

4. En utilisant cet ajustement, estimer à partir de combien de jours au moins 5 % des élèves du lycée seront atteints par la grippe.

19 Régime alimentaire ★★

Avant de partir en vacances, une personne entreprend un régime afin de perdre du poids, en suivant les conseils d'un nutritionniste. Elle se pèse régulièrement à la fin de chaque semaine de régime, le même jour, à la même heure. Elle note l'évolution de son poids dans le tableau suivant.

Rang de la semaine : x_i	1	2	3	4	5	6	7	8
Poids en kg : y_i	63	62,6	61,4	61	61,2	60,6	60,4	59,8

1. Représenter le nuage de points de coordonnées (x_i, y_i) associé à cette série statistique dans un repère orthogonal.
Prendre pour unités graphiques :
- en abscisse 1,5 cm pour 1 semaine ;
- en ordonnée 5 cm pour 1 kg.

Graduer l'axe des abscisses à partir de 0, l'axe des ordonnées à partir de 59.

2. Déterminer les coordonnées du point moyen G du nuage et le placer sur le graphique précédent.

3. Soit $\mathcal{D}$ une droite d'équation $y = -0{,}42x + p$.
Déterminer le nombre p sachant que $\mathcal{D}$ passe par G.

4. On admet que la droite d'équation $y = -0{,}42x + 63{,}14$ constitue un bon ajustement affine du nuage de points pendant 10 semaines.

a) Construire cette droite sur le graphique.

b) La personne voudrait atteindre le poids de 59 kg. Si son régime dure 9 semaines, selon les conditions ci-dessus, aura-t-elle atteint son objectif ? (Justifier votre réponse à l'aide du graphique).

c) Retrouver le résultat de la question précédente en résolvant l'inéquation $-0{,}42x + 63{,}14 \leq 59$.

L'équation de la droite d'ajustement est donnée

20 Le nuage de points est donné ★★

Le tableau ci-dessous donne la dépense médicale en soins hospitaliers, dans un pays de l'Union européenne, en milliards d'euros.

Année	2014	2015	2016	2017	2018	2019
Rang x_i	0	1	2	3	4	5
Dépense en soins hospitaliers en milliards d'euros y_i	47,6	52,7	54,8	58	64,3	67,1

Le nuage de points de coordonnées (x_i, y_i) avec $0 \leq i \leq 5$ est représenté ci-dessous, où la graduation en ordonnée débute à 40 milliards.

1. Déterminer les coordonnées, arrondies au dixième, du point moyen G.
Placer le point G sur le graphique, après l'avoir reproduit.

2. On souhaite réaliser un ajustement affine.
À l'aide d'un logiciel, on a obtenu une droite d'ajustement $\mathscr{D}$ d'équation : $y = 3{,}9x + 47{,}67$.
Tracer la droite $\mathscr{D}$ sur le graphique.

3. En supposant que le modèle reste valable dans les trois années suivantes, prévoir la dépense en soins hospitaliers en 2022. Indiquer la méthode utilisée.

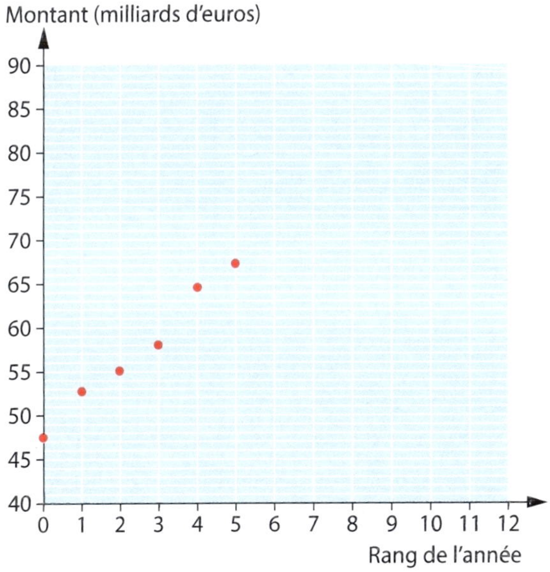

21 Pour préserver l'environnement ★★

On s'intéresse aux dépenses engendrées par la gestion des déchets dans un pays de l'Union européenne.
Le tableau ci-dessous présente les données pendant six années consécutives.

Rang de l'année : x_i	0	1	2	3	4	5	6
Dépenses en millions d'euros : y_i	9 432	9 926	10 233	10 462	11 411	12 304	12 833

Le nuage de points de coordonnées (x_i, y_i) pour i variant de 0 à 6, est donné en annexe.

1. Calculer les coordonnées du point moyen G de ce nuage.

2. On décide d'ajuster le nuage avec la droite $\mathscr{D}$ d'équation $y = 575{,}3x + 9\,217{,}1$.

a) Tracer la droite $\mathscr{D}$ sur le graphique figurant sur l'annexe, après l'avoir reproduit.

b) Vérifier que le point G appartient à la droite $\mathscr{D}$.

c) En utilisant cet ajustement affine, estimer la dépense engendrée par la gestion des déchets l'année de rang 10.

3. Au cours de quelle année, la dépense atteindra-t-elle 14 milliards d'euros ?

Annexe

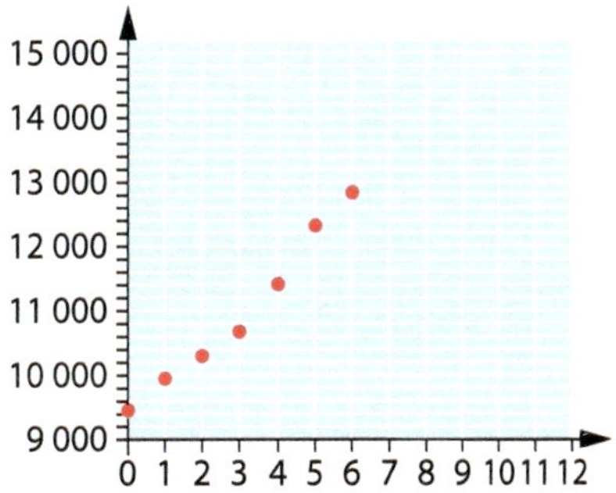

22 On propose deux droites d'ajustement ★★

Le tableau suivant donne l'évolution de la population d'une ville pendant huit années consécutives.

Rang de l'année : x_i	0	1	2	3	4	5	6	7
Population en milliers d'habitants : y_i	149	157,5	170	174	177	191	198,5	207

1. Représenter le nuage de points $M_i(x_i, y_i)$ dans un repère orthogonal d'unités graphiques :

• 2 cm pour l'unité en abscisse ;

• 1 cm pour 5 unités en ordonnée en partant de 140.

2. Calculer les coordonnées du point moyen G du nuage de points.

3. Construire la droite $\mathscr{D}_1$ d'équation $y = 8x + 150$ et la droite $\mathscr{D}_2$ d'équation $y = 10x + 143$.

Exercices pour s'entraîner

Vérifier par le calcul que ces deux droites passent par le point G.

4. Laquelle de ces deux droites ajuste au mieux le nuage de points ? En utilisant la droite choisie, quelle population peut-on prévoir pour l'année de rang 10 ?

Ajustement affine après changement de variable

23 Population d'une ville moyenne ★★

Le tableau ci-dessous donne l'évolution de la population d'une ville moyenne au cours des 5 dernières années.

Rang de l'année : x_i	0	1	2	3	4
Nombre d'habitants en milliers : z_i	58	59,04	59,88	60,55	61,1
$y_i = z_i - 58$	0	1,04	1,88	2,55	3,1

Le plan est muni d'un repère orthonormé $(O\,; \vec{i}, \vec{j})$ d'unités graphiques : 2,5 cm pour une unité en abscisse et 2,5 cm pour 1 millier d'habitants en ordonnée.

1. Représenter le nuage de points associé à la série statistique (x_i, y_i).

2. a) On prend pour modèle d'ajustement la droite Δ d'équation : $y = 0{,}771x + 0{,}172$.

b) Construire la droite Δ.

3. Calculer une estimation de la population de cette ville pour l'année de rang 6.

24 Suivi d'une épidémie ★★

Le tableau ci-dessous donne le nombre n estimé de personnes nouvellement contaminées par une épidémie dans une région pendant six semaines consécutives $(1 \leq i \leq 6)$ de mi-février à début avril.

Valeur de i	1	2	3	4	5	6
Numéro de la semaine dans l'année : x_i	8	9	10	11	12	13
Nombre de nouveaux contaminés : n_i	16 650	11 620	8 100	5 660	3 950	2 750

L'allure du nuage des points $M_i\,(x_i, n_i)$ ne justifiant pas un ajustement affine, on effectue un changement de variable en posant $y_i = \log(n_i)$.

1. Calculer les six valeurs de $y_i = \log(n_i)$. Arrondir à 0,01.

2. Représenter le nuage des points $N_i\,(x_i, y_i)$ dans un repère où les axes se coupent au point A (7, 3) avec pour unités 1 cm en abscisse et 10 cm en ordonnée.

3. Calculer les coordonnées du point moyen G du nuage des points N_i (arrondir à 0,01) et placer G sur le graphique.

4. On choisit de prendre comme ajustement affine la droite passant par le point G et le point N_6. Déterminer l'équation de cette droite de la forme $y = mx + p$. Arrondir m et p à 0,01.

5. En utilisant cette équation, évaluer le nombre de personnes nouvellement contaminées la semaine numéro 15 si la tendance observée se prolonge. Arrondir à la dizaine.

Trouver un ajustement affine par la méthode des moindres carrés

25 Retrouver à l'aide d'une calculatrice ou d'un tableur l'équation de la droite d'ajustement qui est donnée ★

Dans chacun des cas suivants, on donne une série statistique double à l'aide d'un tableau. On demande de retrouver chaque fois, à l'aide d'une calculatrice ou d'un tableur, l'équation, qui est donnée, de la droite d'ajustement de y en x par la méthode des moindres carrés.

CONSEIL
Pour l'utilisation de la calculatrice et du tableur, on pourra se reporter aux activités avec logiciels 1 et 2 de ce chapitre.

a)

x	0	1	2	3	4
y	7,204	6,23	5,429	4,357	3,555

Une équation de la droite d'ajustement de y en x, sous la forme $y = ax + b$ où a et b sont arrondis à 10^{-2} est : $y = -0{,}92x + 7{,}19$.

b)

x	1	2	3	4	5	6
y	25,33	24,43	18,17	15,06	10,76	5,52

Une équation de la droite d'ajustement de y en x, sous la forme $y = ax + b$ où a et b sont arrondis à 10^{-2} est : $y = -4{,}09x + 30{,}86$.

c)

x	1	2	3	4	5	6	7	8
y	1,609	2,015	2,219	2,398	2,907	3,114	3,434	3,761

Une équation de la droite d'ajustement de y en x, sous la forme $y = ax + b$ où a et b sont arrondis à 10^{-3} est : $y = 0{,}302x + 1{,}324$.

d)

x	0	1	2	3	4	5
y	3	4,42	5,18	5,71	6,29	6,53

Une équation de la droite d'ajustement de y en x, sous la forme $y = ax + b$ où a et b sont arrondis à 10^{-2} est : $y = 0{,}68x + 3{,}49$.

26 Prévisions des ventes ★★

Une chaîne de magasins commercialise un certain modèle de lampes de salon ; elle souhaite étudier l'évolution du nombre de lampes vendues en fonction du nombre de magasins dans lesquels ce modèle est proposé. Le tableau suivant présente cette évolution.

Nombre de magasins : x_i	15	40	70	90	100	150
Nombre de lampes vendues : y_i	60	254	362	504	615	810

1. À l'aide d'une calculatrice ou d'un tableur, déterminer une équation de la droite d'ajustement de y en x obtenue par la méthode des moindres carrés sous la forme $y = ax + b$ où les coefficients a et b sont à arrondir à 10^{-3}.

2. Dans cette question on prend comme équation de la droite d'ajustement : $y = 5{,}57x + 2{,}48$.

3. En déduire une estimation du nombre de lampes vendues, si la chaîne présente celles-ci dans 200 magasins.

27 Prévisions de chiffre d'affaires ★★

Le tableau suivant donne le chiffre d'affaires mondial d'une entreprise entre 2013 et 2019 en millions d'euros.

Année	2013	2014	2015	2016	2017	2018	2019
Rang de l'année : x_i	0	1	2	3	4	5	6
Chiffre d'affaires : y_i (en millions d'euros)	18,3	20,1	23,3	25,3	27,8	30,6	32,4

1. Représenter le nuage de points $M_i(x_i, y_i)$ dans un repère avec pour unités : 1 cm pour 1 en abscisse et 1 cm pour 5 en ordonnée.

2. a) À l'aide d'une calculatrice ou d'un tableur, donner une équation de la droite d'ajustement affine de y en x obtenue par la méthode des moindres carrés. Les coefficients sont à arrondir au centième.

b) Dans la suite, on choisit la droite d d'équation $y = 2{,}4x + 18{,}1$ comme ajustement affine du nuage de points. Tracer la droite d sur la figure du **1**.

3. En supposant que cet ajustement demeure valable pendant plusieurs années, estimer le chiffre d'affaires de cette entreprise en 2020. Arrondir au million près.

28 Le temps passé devant un écran ★★

Pour les habitants d'une grande métropole le temps moyen quotidien, en heures, passé par une personne devant un écran d'ordinateur, de tablette ou de smartphone est donné dans le tableau suivant :

Année	2015	2016	2017	2018	2019
Rang de l'année : x_i	0	1	2	3	4
Temps passé devant un écran en heures : y_i	2,78	3,27	3,52	3,77	3,97

1. Représenter le nuage de points $M_i(x_i, y_i)$ dans un repère avec pour unités : 1 cm pour 1 en abscisse et 1 cm pour 1 en ordonnée.

2. À l'aide de la calculatrice, déterminer une équation de la droite d'ajustement de y en x par la méthode des moindres carrés. Arrondir les coefficients au millième.

3. Dans la suite de l'exercice, on prend la droite $\mathcal{D}$ d'équation $y = 0{,}3x + 2{,}9$ comme droite d'ajustement du nuage de points.

a) Tracer la droite $\mathcal{D}$ dans le repère de la figure du **1**.

b) En utilisant cet ajustement, déterminer une estimation du temps quotidien passé devant un écran en 2021.

c) D'après ce modèle, en quelle année va-t-on atteindre les 5 heures devant un écran ?

29 Interpoler pour une offre de week-end ★★

Un hôtel situé en bordure de la côte atlantique cherche à attirer une nouvelle clientèle durant le week-end. Pour cela, le responsable commercial a décidé de mettre en place une offre « week-end détente » qui inclut une chambre pour une nuit et de nombreuses autres options.

Depuis 2015, le responsable a testé plusieurs prix pour cette offre en fonction des options proposées. Voici les résultats obtenus :

Prix : x_i	150	180	200	250	270
Nombre d'offres vendues : y_i	130	111	97	70	57

1. Représenter le nuage de points $M_i(x_i, y_i)$ dans un repère où les axes se coupent au point A(150, 50) avec pour unités 1 cm pour 10 en abscisse et 1 cm pour 10 en ordonnée.

2. Calculer les coordonnées du point moyen G de ce nuage de points. Placer le point G sur la figure.

3. Déterminer, à l'aide d'une calculatrice ou un tableur une équation de la droite Δ d'ajustement de y en x obtenue par la méthode des moindres carrés sous la forme $y = mx + p$ où m est à arrondir à 10^{-1} et p à arrondir à l'unité.

4. a) On prend pour modèle d'ajustement la droite Δ d'équation : $y = -0{,}6x + 219$. Construire la droite Δ sur la figure.

b) Vérifier que le point G appartient à la droite Δ.

c) À l'aide de cet ajustement, estimer le nombre d'offres vendues si le prix de l'offre week-end est fixé à 220 euros.

Ajustement affine par la méthode des moindres carrés après changement de variable

30 Gestion de production ★★★

Le tableau ci-dessous donne l'évolution sur plusieurs années de la production dans un pays d'une matière première utilisée dans les industries agroalimentaire et cosmétique.

Année	1979	1989	1999	2004	2009	2014	2019
Rang de l'année : x_i	0	10	20	25	30	35	40
Production en tonnes : y_i	250	761	1 262	1 958	1 681	2 366	2 600

Exercices pour s'entraîner

L'allure du nuage des points $M_i(x_i, y_i)$ ne justifiant pas un ajustement affine, on effectue un changement de variable en posant $z_i = \log(y_i)$.

1. Calculer les sept valeurs de $z_i = \log(y_i)$. Arrondir à 0,01.

2. Représenter le nuage des sept points $N_i(x_i, z_i)$ dans un repère où les axes se coupent au point A (0, 2) avec pour unités : 1 cm pour 5 en abscisse et 10 cm pour 1 en ordonnée.

3. Calculer les coordonnées point moyen G du nuage des points N_i (arrondir à 0,01) et placer G sur le graphique.

4. À l'aide d'une calculatrice ou d'un tableur, déterminer une équation de la droite d'ajustement de z en x obtenue par la méthode des moindres carrés sous la forme $z = ax + b$, où les coefficients a et b sont à arrondir au dix millième. Tracer cette droite dans le repère.

5. On prend pour modèle d'ajustement la droite d'équation $z = 0{,}024x + 2{,}545$.
Quelle serait, selon ce modèle, la production de cette matière première en 2024 ?

31 Plutôt ST2S Vitamine B12 ★ ★

La vitamine B12 est une vitamine essentielle au fonctionnement normal du cerveau, du système nerveux et à la formation du sang. Sa concentration dans le sang se mesure en picogramme par millilitre (pg.mL^{-1}).
Le tableau ci-dessous donne l'évolution sur plusieurs semaines de la concentration en vitamine B12 dans le sang d'une personne qui, se plaignant d'une fatigue persistante, reçoit chaque jour une injection de cette vitamine.

Durée écoulée en semaine : t_i	0	1	3	5	7	9
Concentration de vitamine B12 en pg.mL^{-1} : y_i	100	104	118	128	141	156

L'allure du nuage des points $M_i(t_i, y_i)$ ne justifiant pas un ajustement affine, on effectue un changement de variable en posant $z_i = \log(y_i)$.

1. Calculer les six valeurs de $z_i = \log(y_i)$. Arrondir à 0,001.

2. À l'aide d'une calculatrice ou d'un tableur, déterminer une équation de la droite d'ajustement de z en t obtenue par la méthode des moindres carrés sous la forme $z = at + b$, où les coefficients a et b sont à arrondir au dix millième.

3. On prend pour modèle d'ajustement la droite d'équation $z = 0{,}02t + 2$.
Quelle serait, selon ce modèle, la durée nécessaire pour que la concentration en vitamine B12 dans le sang devienne supérieure à 500 pg.mL^{-1}, permettant ainsi de faire disparaître les symptômes de fatigue ?

Exemples d'utilisation du tableur

32 Production éolienne par continent ★

Le fichier tableur « **production_eolienne** » présent sur le site du manuel fournit des données sur la production éolienne en MW de 23 pays de 1997 à 2016 (source Wikipedia).

1. Créer un tableau croisé dynamique analogue au tableau suivant.

	A	B	C
1		Valeurs	
2	**Étiquettes de lignes**	**Somme de 2000**	**Somme de 2016**
3	**⊟ Amérique**	**2723**	**108351**
4	Brésil	22	10740
5	Canada	137	11900
6	États-Unis	2564	82184
7	Mexique		3527
8	**⊟ Asie**	**1780**	**206705**
9	Chine	352	168690
10	Inde	1267	28700
11	Japon	142	3234
12	Turquie	19	6081
13	**⊟ Europe**	**12839**	**147008**
14	Allemagne	6095	50018
15	Autriche		2632
16	Belgique		2386
17	Danemark	2417	5228
18	Espagne	2535	23074
19	France	68	12066
20	Irlande	119	2830
21	Italie	427	9257
22	Pays-Bas	440	4328
23	Pologne	5	5782
24	Portugal	83	5316
25	Roumanie	0	3028
26	Royaume-Uni	409	14543
27	Suède	241	6520
28	**⊟ Océanie**	**30**	**4327**
29	Australie	30	4327
30	**Total général**	**17372**	**466391**

2. Interpréter les valeurs affichées en cellules B13 et C30.

3. Comparer la part de la production d'énergie éolienne européenne en 2000 et en 2016.

33 Plutôt ST2S La taille des bébés ★ ★

Pendant un mois, on a relevé la taille des nouveau-nés à la maternité A.
Les résultats figurent dans le tableau ci-dessous.

	A	B	C	D	E	F	G	H	I
1	**Maternité A**								
2	Taille (en cm)	46	46,5	47	47,5	48	48,5	49	49,5
3	Effectif	1	0	0	2	3	5	5	7
4	Fréquences cumulées	1,8%	1,8%	1,8%	5,3%	10,5%	19,3%	28,1%	40,4%

J	K	L	M	N	O	P	Q
50	50,5	51	51,5	52	52,5	53	total
9	8	7	5	2	2	1	57
56,1%	70,2%	82,5%	91,2%	94,7%	98,2%	100,0%	

1. On a saisi la valeur 46 dans la cellule B2. Quelle formule a-t-on entrée en C2 puis recopiée jusqu'en P2 ?

2. Les cellules de B4 à P4 sont au format pourcentage avec une décimale. La cellule B4 contient la formule =B3/Q3.

Quelle formule peut-on entrer en C4 puis recopier jusqu'en P4 ?

3. Lire sur le tableau les valeurs des premier décile, premier quartile, médiane, troisième quartile et neuvième décile.

4. Le même mois, on a mesuré la taille des nouveau-nés de la maternité B.

Les diagrammes en boîte ci-dessous permettent de comparer les résultats (les « moustaches » correspondent aux valeurs extrêmes).

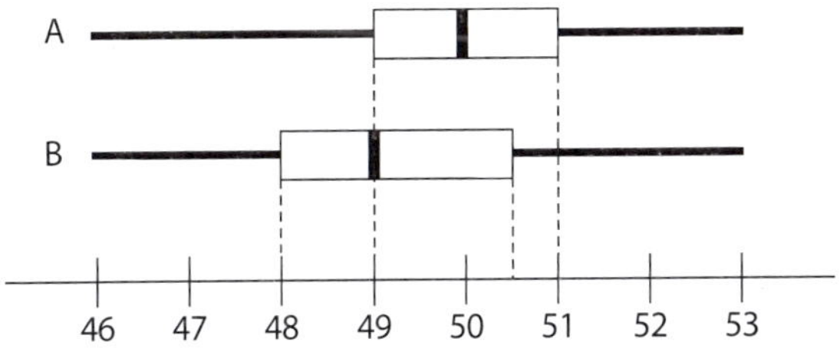

Une seule des deux maternités possède un service pour les naissances prématurées. Peut-on trouver laquelle ? Justifier la réponse.

CONSEIL
On peut se reporter à l'Essentiel de ce chapitre et à l'information suivant l'exercice 9.

34 Jeux vidéos avec le tableur ★★

On étudie à l'aide d'un tableur le chiffre d'affaires d'un éditeur mondial de jeux vidéos. Ce chiffre d'affaires, en milliards de dollars, est connu pour les années 2015 à 2019 et a été entré dans les cellules de B2 à B6, puis représenté sous forme d'un nuage de points.

1. À quoi correspond la droite d'équation $y = 0{,}485\,x + 0{,}869$ inscrite sur le graphique ?

2. En cellule B8, on a fait appel à la fonction « Prévision » du tableur dont on a complété ainsi la boîte de dialogue :
X : 6 ; Y_connus : B2:B6 ; X_connus : A2:A6.

a) Que cherche-t-on à faire ?

b) Le résultat affiché est 3,779. Que signifie-t-il ?

c) Quel est le calcul qui a permis d'obtenir cette réponse ?

Annexe de l'exercice 34

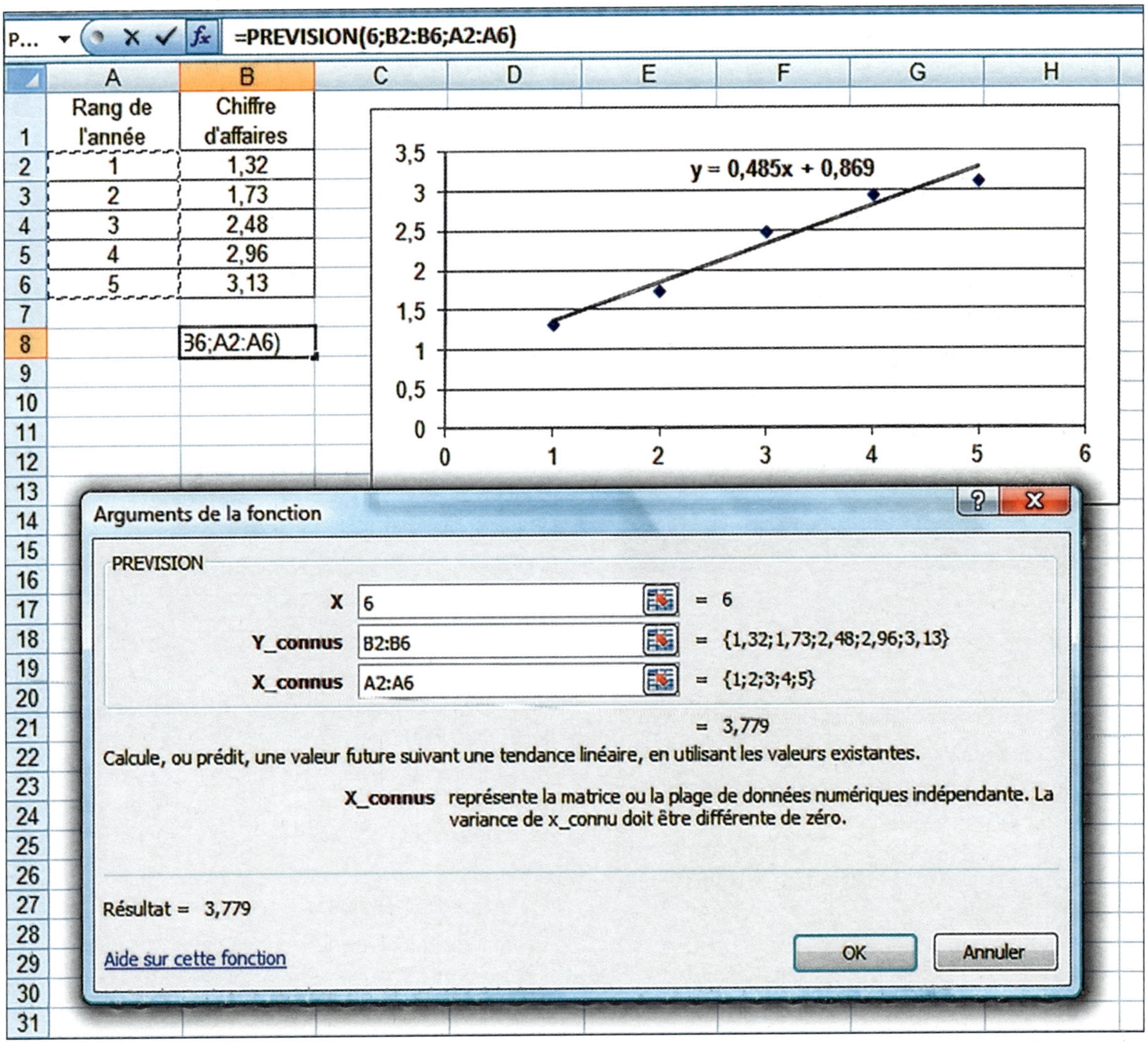

Exercices pour s'entraîner

35 Parc de loisirs ★★

Un parc de loisirs propose également des nuits d'hôtel sur place. On dispose des statistiques de 12 journées. Le nombre d'entrées est inscrit dans les cellules de A2 à A13 et le nombre de nuitées correspondant dans les cellules contiguës de la colonne B.

Au vu du nuage de points, un ajustement sous forme d'une « droite de tendance » a été demandée au tableur.

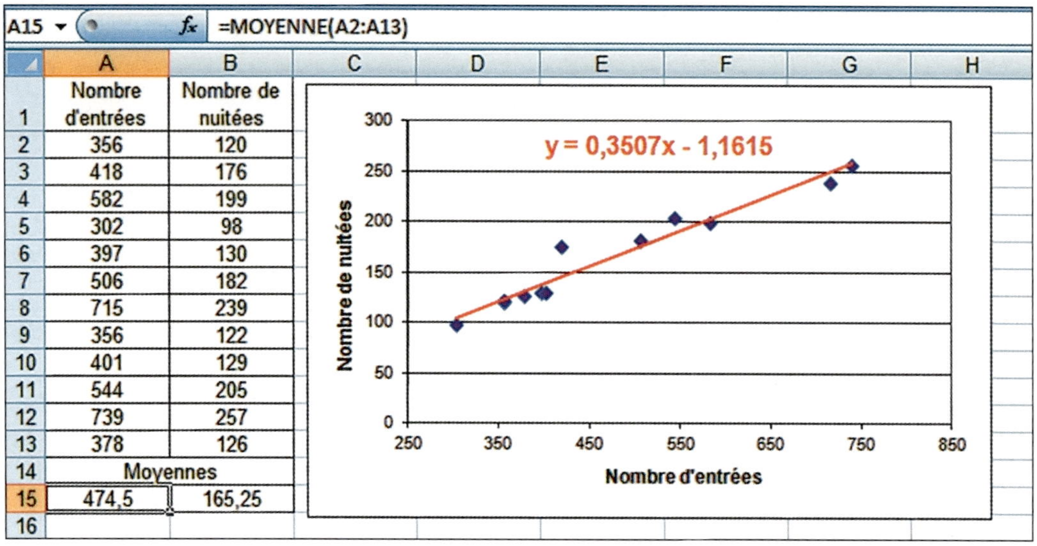

A15 =MOYENNE(A2:A13)

	A	B
1	Nombre d'entrées	Nombre de nuitées
2	356	120
3	418	176
4	582	199
5	302	98
6	397	130
7	506	182
8	715	239
9	356	122
10	401	129
11	544	205
12	739	257
13	378	126
14	Moyennes	
15	474,5	165,25
16		

1. On a entré en A15 la formule =MOYENNE(A2:A13) qui a été recopiée vers la droite en B15. Vérifier, qu'aux arrondis près, le point moyen appartient à la droite d'ajustement.

2. Un jour donné, on enregistre 472 entrées. Utiliser l'ajustement affine pour estimer le nombre de nuitées.

Programmation en Python

36 Tableau croisé Pandas obtenu par crosstab ★★★

Le fichier « **accidents2017.csv** », disponible sur le site du manuel, correspond aux victimes d'accidents de la route en France en 2017 (source data.gouv.fr).

Écrire en Python le programme suivant (le fichier « **accidents2017.csv** » doit se trouver dans le même dossier que le programme Python).

```
import pandas
T = pandas.read_csv('accidents2017.csv')
TC = pandas.crosstab(T['catu'], T['grav'],
margins = True)
```

1. a) Afficher les cinq premières lignes de la table T grâce à la commande `T.head()`.

b) Lister les variables par la commande `T.dtypes`.

c) Quelle information apporte la commande `len(T)` ?

2. On s'intéresse à deux variables de la table T.

La variable `catu` est la catégorie de l'usager impliqué dans un accident. Elle prend les valeurs 1 (conducteur), 2 (passager), 3 (piéton) ou 4 (piéton avec roulettes).

La variable `grav` est la gravité de l'accident. Elle prend les valeurs 1 (indemne), 2 (tué), 3 (blessé hospitalisé) ou 4 (blessé léger).

Compléter le tableau croisé suivant en affichant le tableau TC.

grav / catu	1	2	3	4	Total
1					
2					
3					
4					
Total					

3. Exécuter la commande `TC[1] / TC['All']` et interpréter le résultat obtenu.

4. Comparer la fréquence conditionnelle des tués parmi les piétons impliqués dans un accident et celle des tués parmi les conducteurs.

37 La tête dans les étoiles ★★★

L'astronome Hubble a publié une étude en 1929 dans laquelle il montre qu'il y a une relation linéaire entre la distance d séparant les galaxies et leur vitesse d'éloignement v. La loi de Hubble est $v = H \times d$ où H est la constante de Hubble.

On peut considérer les données suivantes provenant du télescope spatial Hubble.

Galaxie	d_i : distance en Mpc (Megaparsec)	v_i Vitesse en km/s
NGC0300	2	133
NGC095	9,16	664
NGC1326A	16,14	1 794
NGC1365	17,95	1 594
NGC1425	21,88	1 473
NGC2403	3,22	278
NGC2541	11,22	714
NGC2090	11,75	882
NGC3031	3,63	80
NGC3198	13,8	772
NGC3351	10	642
NGC3368	10,52	768
NGC3621	6,64	609
NGC4321	15,21	1 433
NGC4414	17,7	619
NGC4496A	14,86	1 424
NGC4548	16,22	1 384
NGC4535	15,78	1 444
NGC4536	14,93	1 423
NGC4639	21,98	1 403
NGC4725	12,36	1 103
IC4182	4,49	318
NGC5253	3,15	232
NGC7331	14,72	999

Le fichier « **hubble.py** » fourni reprend ces données dans deux listes nommées d et v.
On utilise les modules `scipy`, `matplotlib` et `numpy` qu'il faut importer.

```
from scipy.stats import linregress
import matplotlib.pyplot as plt
import numpy as np
```

1. On fait un ajustement affine du nuage de points (d_i, v_i) par une droite d'équation $y = ax + b$ à l'aide de la fonction `linregress` du module `scipy` de la façon suivante.

```
ajust = linregress(d, v)
a = ajust[0]
b = ajust[1]
```

Donner les valeurs de a et b arrondies à 0,1.

2. Les instructions suivantes permettent de tracer le nuage de points et la droite d'ajustement précédente.

```
plt.scatter(d, v)
x = np.array(d)
plt.plot(x, a * x + b, 'r')
plt.show()
```

a) La droite d'ajustement passe-t-elle par l'origine ?

b) Combien vaut, d'après les calculs précédents, la constante de Hubble ?

38 Un lien entre la consommation de chocolat et le nombre de prix Nobel ? ★★★

Un article publié en 2012 dans le *New England Journal of Medicine* étudiait le lien entre la consommation de chocolat et le nombre de prix Nobel par habitant. On possède, à ce propos, les données suivantes.

Pays	Consommation de chocolat en kg par habitant et par an	Nombre de prix Nobel pour 10 millions d'habitants
Allemagne	11,6	12,6
Australie	4,8	5,1
Autriche	8,7	24,7
Belgique	5,7	9
Canada	3,9	6,3
Danemark	8,2	24,9
Espagne	3,2	1,7
États-Unis	5,3	10,8
Finlande	6,8	7,4
France	6,6	9,2
Grèce	2,5	1,8
Irlande	8,8	13
Italie	4,1	3,3
Norvège	9,2	21,6
Pays-Bas	4,5	11,3
Pologne	2,7	3,1
Portugal	2,7	1,9
Royaume-Uni	9,8	19,2
Suède	6,2	30,3
Suisse	11,9	30,9

Le fichier « **chocolatNobel.py** » fourni reprend ces données dans deux listes nommées x et y. On utilise les modules `scipy`, `matplotlib` et `numpy` qu'il faut importer.

1. Effectuer un ajustement affine du nuage de points (x_i, y_i) par une droite d'équation $y = ax + b$ à l'aide de la fonction `linregress` du module `scipy`.
Donner les valeurs de a et b arrondies à 0,01.

2. Tracer le nuage de points et la droite d'ajustement précédente (voir les fonctions utilisées dans l'exercice 37).

3. D'après le graphique, l'ajustement affine vous semble-t-il justifié ? La consommation de chocolat et le nombre de prix Nobel par habitant sont-ils corrélés ? L'un est-il la cause de l'autre ?

Un thème d'exposé oral : corrélation et causalité

On peut discuter du lien entre corrélation et causalité. Lorsque deux variables sont fortement corrélées (nuage de points de forme allongée se prêtant bien à un ajustement affine), l'une peut être la cause de l'autre ou elles peuvent être la conséquence d'autres causes... ou alors cela est complètement dû au hasard. Il est possible de rechercher sur Internet des exemples de corrélations « invraisemblables ».

Exercices pour approfondir

Ajustement affine par la méthode des moindres carrés

39 Un nouveau spectacle ★★★

Une salle de théâtre contient 2 000 places assises. Lors du lancement d'un nouveau spectacle, le directeur s'attend à ce que le nombre de spectateurs augmente au fil du temps et note en conséquence chaque jour le nombre de personnes souhaitant y assister.
Les résultats sont consignés dans le tableau suivant :

Rang du jour : x_i	1	2	3	4	5	6	7
Nombre de spectateurs : y_i	975	1 025	1 100	1 225	1 275	1 350	1 450

1. Calculer le pourcentage d'évolution du nombre de spectateurs entre le premier et le septième jour de représentation. Arrondir le résultat au dixième.

2. Dans un repère orthogonal, représenter le nuage de points associé à cette série statistique.
Unités : 2 cm pour 1 jour en abscisse et 1 cm pour 50 spectateurs en ordonnée en commençant les graduations de l'axe des ordonnées à 800.

3. La forme du nuage permet-elle d'envisager un ajustement affine ? Pourquoi ?

4. Calculer les coordonnées du point moyen G de ce nuage et placer G sur le graphique précédent.

5. a) Donner, à l'aide de la calculatrice, l'équation réduite de la droite $\mathscr{D}$ d'ajustement de y en x obtenue par la méthode des moindres carrés. Arrondir les valeurs numériques obtenues au dixième.

b) Construire cette droite $\mathscr{D}$ sur le graphique précédent.

6. On admet dans cette question que la tendance se poursuit suivant le modèle établi dans la question précédente.

a) Combien le directeur peut-il prévoir de spectateurs le dixième jour de représentation du spectacle ?

b) Au bout de combien de jours la salle affichera-t-elle complet ? Combien de personnes le directeur devra-t-il alors refuser ce jour là ?

40 Des huîtres pour les fêtes ★★★

Une bactérie est apparue en août 2018 chez un ostréiculteur. Le tableau ci-dessous donne la quantité d'huîtres contaminées par la bactérie chez cet ostréiculteur pendant dix mois consécutifs ($1 \leq i \leq 10$) d'août 2018 à mai 2019.

Numéro du mois : x_i	1	2	3	4	5	6	7	8	9	10
Quantité d'huîtres en tonne affectées par la bactérie : y_i	20	210	320	390	440	480	510	540	560	570

L'allure du nuage des points $M_i(x_i, y_i)$ ne justifiant pas un ajustement affine, on effectue un changement de variable en posant $z_i = \dfrac{750}{750 - y_i}$.

1. Calculer les dix valeurs de z_i. Arrondir à 0,01.

2. Représenter le nuage des dix points $N_i(x_i, z_i)$ dans un repère (unités : 1 cm en abscisse et 4 cm en ordonnée).

3. Calculer les coordonnées point moyen G du nuage des points N_i et placer G sur le graphique.

4. À l'aide d'une calculatrice ou d'un tableur, déterminer une équation de la droite d'ajustement de z en x obtenue par la méthode des moindres carrés sous la forme $z = ax + b$, où les coefficients a et b sont à arrondir au dix millième. Tracer cette droite dans le repère.

5. Déterminer avec ce modèle d'ajustement la quantité d'huîtres affectées par la bactérie en décembre 2019, le mois de décembre étant la période de vente la plus importante pour un ostréiculteur. Arrondir à la dizaine de tonnes.

Exemples d'utilisation du tableur

41 Taux d'évaluation ajustement affine, suite géométrique ★★★

On a relevé le prix trimestriel, en dollars, de la tonne d'une matière première sur le marché mondial, du 1er trimestre 2017 au 2e trimestre 2019. Les prix ont été insérés dans la feuille de calcul de l'annexe 1.

A. 1. Calculer le taux d'évolution du prix de la matière première du 1er trimestre au 2e trimestre 2017.

2. Calculer le taux d'évolution global du prix de la matière première du 1er trimestre 2017 au 2e trimestre 2019.

B. Sur la figure de l'annexe 2 on a représenté, par un nuage de points, la série statistique double des rangs x_i des trimestres et des prix y_i de la matière première.

1. À l'aide de la calculatrice, déterminer, par la méthode des moindres carrés, une équation de la droite de régression de y en x sous la forme $y = ax + b$; arrondir les coefficients a et b à 10^{-2}.

2. On décide d'ajuster le nuage avec la droite $\mathcal{D}$ d'équation $y = 8{,}7x + 95$.
Tracer $\mathcal{D}$ dans un repère semblable à celui de l'annexe 2.

3. En utilisant cette droite, estimer graphiquement le prix de la matière première en dollars par tonne au 4e trimestre 2020. Faire apparaître sur le graphique les tracés utiles.

C. 1. Si l'on admet que le prix de la matière première augmente de 5 % par trimestre après le 2e trimestre 2019, quelle formule, à recopier vers le bas, faut-il placer en cellule C12 pour obtenir les prix au-delà du 2e trimestre 2019 ?

2. a) Calculer la valeur contenue dans la cellule C12.

b) Calculer la valeur contenue dans la cellule C17.

Annexe 1

	A	B	C
1	Trimestre	Rang x_i	Prix y_i en dollars par tonne
2	1er-2017	1	116,1
3	2e-2017	2	117,7
4	3e-2017	3	120,0
5	4e-2017	4	118,3
6	1er-2018	5	129,7
7	2e-2018	6	138,0
8	3e-2018	7	145,5
9	4e-2018	8	182,6
10	1er-2019	9	171,6
11	2e-2019	10	189,0
12	3e-2019	11	
13	4e-2019	12	
14	1er-2020	13	
15	2e-2020	14	
16	3e-2020	15	
17	4e-2020	16	

Annexe 2

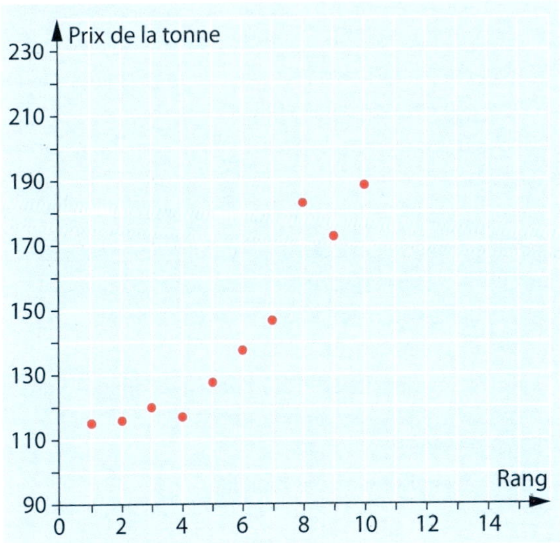

42 Taux d'évolution moyen, ajustement affine, suite géométrique ★★★

La puissance électrique, exprimée en mégawatt (MW), que peut délivrer l'ensemble des éoliennes terrestres installées en France, s'appelle « puissance éolienne installée ». La feuille de calcul d'un tableur reproduite ci-dessous contient les valeurs de la « puissance éolienne installée terrestre », exprimée en mégawatt (MW), en France depuis 2010.

	A	B	C	D	E
1	Année	2010	2011	2012	2013
2	Rang de l'année : x_i	0	1	2	3
3	Puissance : y_i	5 660	6 684	7 196	8 243

	F	G	H	I	J	K	L
1	2014	2015	2016	2017	2018	2019	2020
2	4	5	6	7	8	9	10
3	9 285	10 358	12 066	13 559			

A. 1. Quel est le taux d'évolution de la puissance éolienne terrestre installée en France entre 2010 et 2017 ?

2. Calculer le taux d'évolution moyen annuel entre 2010 et 2017.

B. 1. Représenter le nuage de points $M_i(x_i, y_i)$ dans un repère où les axes se coupent au point A(0, 4 000) avec pour unités : 1 cm pour 1 en abscisse et 1 cm pour 5 000 en ordonnée.

2. À l'aide d'une calculatrice ou d'un tableur, déterminer une équation de la droite d'ajustement de y en x obtenue par la méthode des moindres carrés. Les coefficients sont à arrondir au centième.

3. Dans la suite du problème on décide d'ajuster le nuage de points (x_i, y_i) par la droite $\mathcal{D}$ d'équation $y = 1\,104x + 5\,268$.

a) Déterminer les coordonnées de deux points de cette droite, puis construire cette droite sur le graphique de la question **B. 1.**

b) Quelle serait suivant ce modèle la puissance installée en 2020 ?

C. Pour tout entier naturel n, on note u_n la puissance éolienne terrestre, exprimée en MW, installée en France lors de l'année $2017 + n$.

On fait l'hypothèse que la puissance éolienne installée augmente chaque année de 13 % à partir de 2017.

1. Quelle formule doit-on saisir dans la cellule J3 de la feuille de calcul représentée ci-dessus pour obtenir la puissance éolienne installée en 2018, puis par recopie vers la droite, la puissance éolienne installée jusqu'en 2020 ?

2. Exprimer u_{n+1} en fonction de u_n, pour tout entier naturel n.

3. Quelle est la nature de la suite (u_n) ?

4. Déterminer en quelle année la puissance installée dépassera 26 000.

Exercices pour approfondir

43 Pourcentage d'évolution et ajustement affine ★★

Une personne a consommé de l'alcool au début de la soirée. Sachant qu'elle devra conduire pour rentrer chez elle, elle procède à une première mesure de son alcoolémie à l'aide d'un éthylomètre. Celui-ci indique 1,1 gramme d'alcool par litre de sang.

La personne procède ensuite à plusieurs mesures successives. Les résultats obtenus sont consignés dans une feuille d'un tableur. La colonne C est au format pourcentage.

	A	B	C
1	Durée écoulée (en heures) depuis la première mesure	Alcoolémie en g/L	Taux d'évolution par rapport à l'alcoolémie de départ
2	0	1,10	
3	0,25	1,07	
4	0,75	1,00	
5	1	0,95	
6	2	0,83	
7	3	0,73	
8	4	0,63	

A. *On ne demande pas de compléter le tableau.*

1. La colonne C (de C3 à C8) doit permettre de calculer le taux d'évolution de l'alcoolémie, *par rapport à l'alcoolémie de départ*. Quatre formules sont proposées à saisir en C3 puis à recopier vers le bas. Une seule est exacte. Indiquez cette formule sur la copie.

A : =(B3–B2)/B2

B : =(B3–B$2)/B$2

C : =B3/B2

D : =B3/B$2

2. Dans les textes de la sécurité routière on lit : « L'alcoolémie en gramme d'alcool par litre de sang diminue **toutes les heures** de 0,10 à 0,20 gramme »

Cette affirmation vous paraît-elle exacte en ce qui concerne cette personne pendant la période de 4 heures considérée ? Justifier votre réponse.

B. *Les résultats de la partie A sont traités à l'aide de la statistique dans cette partie.*

Durée écoulée en heures depuis la première mesure : x_i	0	0,25	0,75	1	2	3	4
Alcoolémie en g/L : y_i	1,10	1,07	1,00	0,95	0,83	0,73	0,63

1. Représenter le nuage de points de coordonnées (x_i, y_i) dans un repère orthogonal avec pour unités : 2 cm pour 1 heure sur l'axe des abscisses et 10 cm pour 1 g/L sur l'axe des ordonnées.

2. a) Calculer les coordonnées du point moyen G de ce nuage. Arrondir les résultats à 10^{-2}.

b) Placer le point G sur le graphique.

3. On admet que la droite $\mathscr{D}$ passant par G et de coefficient directeur $-0{,}12$ constitue une droite d'ajustement convenable du nuage.

a) Montrer qu'une équation de $\mathscr{D}$ est : $y = -0{,}12x + 1{,}09$ (les coefficients ayant été arrondis à 10^{-2}).

b) Tracer la droite $\mathscr{D}$ dans le repère précédent.

c) Déterminer à l'aide du graphique la durée nécessaire, selon l'ajustement choisi, pour que la personne puisse conduire à nouveau.

On rappelle qu'en France pour pouvoir conduire, l'alcoolémie doit être inférieure à 0,5 g/L de sang.

4. Déterminer par le calcul, la durée nécessaire pour que l'alcoolémie soit, selon l'ajustement choisi, inférieure à 0,3 g/L. (Arrondir à l'entier le plus proche).

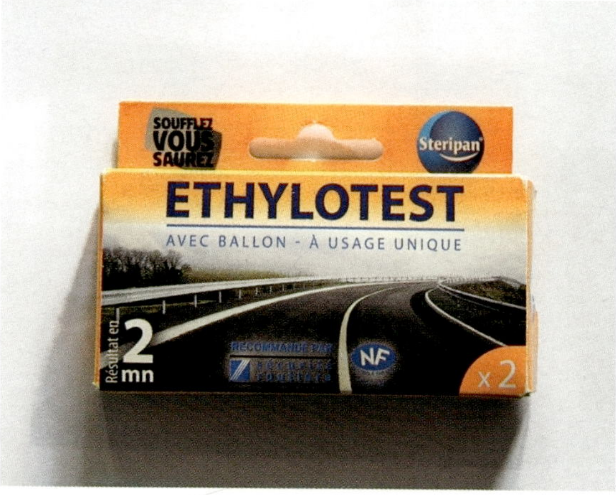

44 Réchauffement climatique ★★★

Ouvrir le fichier « **rechauffement.xls** » ou « **rechauffement.ods** » fourni qui donne, de 1880 à 2015, la différence en °C de la température moyenne annuelle globale sur Terre par rapport à la moyenne de la période 1951-1980 (Source : Goddard Institute for Space Studies – NASA).

1. Effectuer un ajustement affine du nuage de points. Quelle est l'équation affichée par le tableur ?

2. Le tableur Excel fournit un ajustement par une parabole d'équation :

$$y = 0{,}000\,08x^2 - 0{,}205\,88x + 286{,}83.$$

(Avec Excel, choisir « Polynomiale Ordre 2, avec OpenOffice ou Libre Office, tracer la parabole à l'aide de sa formule.)

Quel est, de l'ajustement affine ou de l'ajustement parabolique, celui qui semble préférable ?

3. Donner une estimation de l'écart de la température globale en 2040 par rapport à la période 1951-1980 :

- en utilisant l'ajustement affine ;
- en utilisant l'ajustement parabolique.

Température globale mondiale

Source : Goddard Institute for Space Studies - NASA

Année	Différence de la moyenne annuelle avec la moyenne 1951-1980
1880	-0,2
1881	-0,11
1882	-0,09
1883	-0,2
1884	-0,27
1885	-0,3
1886	-0,3
1887	-0,33
1888	-0,2
1889	-0,11
1890	-0,36
1891	-0,24
1892	-0,27
1893	-0,3
1894	-0,31
1895	-0,21
1896	-0,15
1897	-0,11

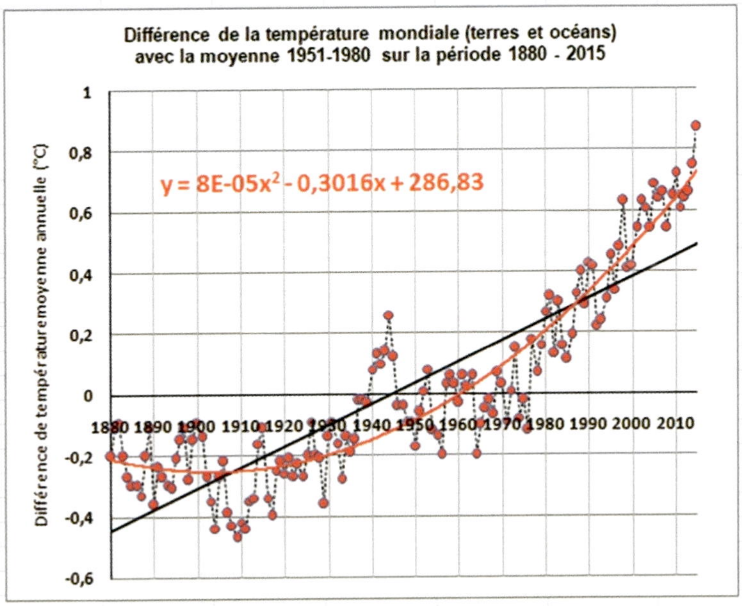

UN PEU D'ÉCOLOGIE

Le réchauffement de la planète est une inquiétude majeure. Il est responsable, entre autres, de la fonte de la calotte glaciaire et du recul des glaciers. Ce réchauffement est principalement dû à ce qu'on appelle l'effet de serre. Le principe de l'effet de serre est simple. Un certain nombre de gaz réfléchissent ou « gardent » une partie de la chaleur émise par la Terre : la vapeur d'eau, le dioxyde de carbone (CO_2), le méthane, le protoxyde d'azote, les gaz CFC et l'ozone.

À l'origine, l'effet de serre est une bonne chose : si l'atmosphère ne contenait aucun gaz à effet de serre, la température moyenne de la Terre serait inférieure d'environ 33 °C à ce qu'elle est... La vie ne serait pas possible...

En brûlant de grandes quantités de combustibles fossiles (pétrole, gaz, charbon) l'homme a fait augmenter la quantité de gaz à effet de serre dans l'atmosphère, en particulier celle du CO_2. La présence accrue de ces gaz dans l'atmosphère entraîne une hausse de la température de la Terre. Cet effet de serre additif est dit « anthropique ». Actuellement, les scientifiques ne savent pas chiffrer exactement les parts respectives de l'homme et de la nature dans l'effet de serre.

Cette photographie, qui montre le recul glaciaire, a été prise à environ 1 000 km du pôle Nord, dans l'archipel norvégien du Svalbard.

Un thème d'exposé oral

Étudier et présenter des données statistiques liées au thème du réchauffement climatique (températures, phénomènes climatiques extrêmes, fonte des glaciers...).

Exercices pour approfondir

45 Chiffre d'affaires trimestriel ★★★

Sur la feuille de calcul ci-dessous, sont entrés de C2 à F6 les chiffres d'affaires trimestriels, en milliers d'euros, d'une petite entreprise pour les années 2015 à 2019.

1. Le graphique de gauche représente les chiffres d'affaires de chacun des quatre trimestres d'une année. Que peut-on dire des variations saisonnières ?

2. a) Quelle formule, entrée en G2 puis recopiée vers le bas jusqu'en G6, permet d'obtenir le chiffre d'affaires de chaque année ?

b) Les chiffres d'affaires annuels sont représentés sur le graphique de droite. Un outil du tableur a permis d'y ajouter la droite d'équation $y = 54{,}3\,x + 448{,}7$.

Que représente cette droite ?

c) Que fait-on en entrant en G10 la formule =54,3*6+448,7 ?

3. On a entré en C7 la formule =MOYENNE(C2:C6) qui a été recopiée vers la droite jusqu'en F7. En G7 figure la formule =SOMME(C7:F7) . Les cellules de la ligne 8 sont au format Pourcentage.

Quelle est, parmi les trois formules suivantes, celle qui, entrée en C8 puis recopiée vers la droite jusqu'en G8, permet d'obtenir la part en pourcentage de la moyenne chaque trimestre : =C7/$G7 ; =(C7/G7)*100 ; =C7/G$7 ?

4. Expliquer la formule =C8*$G10, entrée en C10 puis recopiée vers la droite jusqu'en F10 pour estimer le chiffre d'affaires de chacun des quatre trimestres de 2020.

G10 fx =54,3*6+448,7

	A	B	C	D	E	F	G	H
1	Année	Rang	T1	T2	T3	T4	Total	
2	2015	1	202	150	50	100	502	
3	2016	2	210	170	60	110	550	
4	2017	3	230	190	76	129	625	
5	2018	4	245	197	88	135	665	
6	2019	5	260	209	101	146	716	
7		Moyenne	229,4	183,2	75	124	611,6	
8		Pourcentage	37,51%	29,95%	12,26%	20,27%	100,00%	
9								
10	Estimation 2020		290,5	232,0	95,0	157,0	774,5	

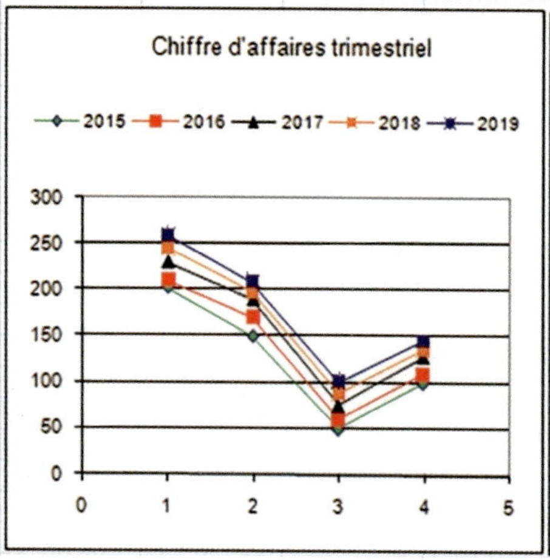

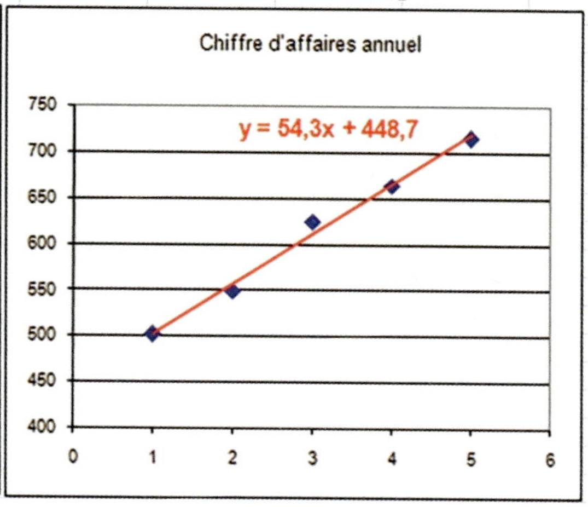

Programmation en Python

46 Requêtes dans une table Pandas ★★

Créer la table Pandas `data` suivante, comportant 500 lignes et deux variables A et B prenant comme valeurs un chiffre aléatoire.

```
import pandas
import random
import numpy as np
a = np.random.random_integers(0, 9, 500)
b = np.random.random_integers(0, 9, 500)
data = pandas.DataFrame({"A": a, "B": b})
```

1. Quelle requête permet de créer une sous-table `r1` correspondant aux lignes de `data` où A est supérieur à B ?

2. Quelle requête permet de créer une sous-table `r2` correspondant aux lignes de `data` où A ou B valent 7 ?

3. Quelle requête permet de créer une sous-table `r3` correspondant aux lignes de `data` où A et B valent 7 ou 1 ?

4. Quelle requête permet de créer une sous-table `r4` correspondant aux lignes de `data` où l'on a le contraire de A et B valent 7 ?

On donnera deux méthodes, l'une en utilisant `not`, l'autre sans l'utiliser.

5. Vérifier les réponses en Python en utilisant la fonction `head()` qui montre les 5 premières lignes d'un dataframe.

Exercices Pour le bac

CONTRÔLE BAC CONTINU

Exercices 47 à 49 **Toutes séries**

47 Automatismes (5 points) ★

Sans calculatrice

Le jour de l'épreuve, une feuille réponse est fournie.

Énoncé	Réponse
1. En 2018, en France, le montant total des impôts et taxes prélevées par l'État s'est élevé à 427,4 milliards d'euros. Le montant total de la TVA prélevée était de 168,9 milliards d'euros ce qui représente en proportion environ : **a)** 30 % **b)** 35 % **c)** 40 % **d)** 45 %	....
2. En 2018, il y a eu en France environ 200 millions d'entrées dans les cinémas, ce qui représente une baisse de 5 % par rapport à 2017. Quel a été le nombre d'entrées en 2017 ?	....
3. On a constaté que, depuis 2015, le chiffre d'affaires d'un club de vacances augmentait chaque année de 3 %. Par quelle suite peut-on modéliser cette situation ?	....
4. Donner la raison de la suite trouvée à la question 3.	....
5. 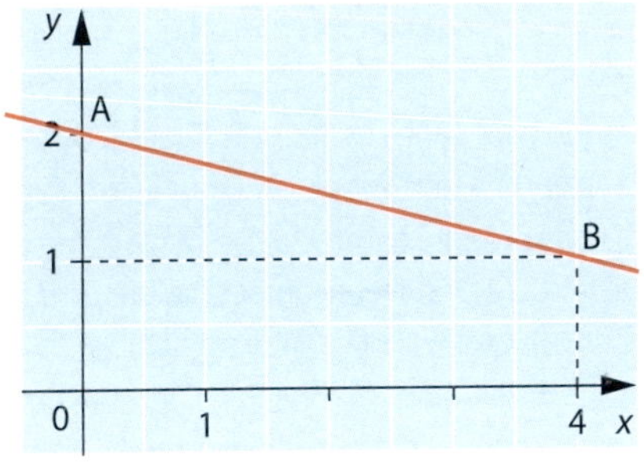	
Une équation de la droite (AB) est : **a)** $y=\frac{1}{4}x-2$; **b)** $y=-\frac{1}{2}x+4$; **c)** $y=-\frac{1}{4}x+2$; **d)** $y=-\frac{1}{2}x+2$;	....
6. f est la fonction définie sur $\mathbb{R}$ par $f(x)=x^3-2x^2-1$. f' est la fonction dérivée de f.	$f'(x)=$..............
7. Le coefficient directeur de la tangente à la courbe représentative de f, définie au **6.**, au point d'abscisse -1 est :	....

Les trois figures ci-dessous donnent la représentation graphique de fontions avec leur tangente au point A.
Pour chaque figure, indiquer sans explication l'équation réduite de la tangente en A à choisir parmi les huit équations suivantes :

$E_1 : y=4x+1$; $E_2 : y=2x+1$; $E_3 : y=-4x-1$;
$E_4 : x=0,5$; $E_5 : y=-2x-1$; $E_6 : y=1,5$;
$E_7 : y=2x-1$; $E_8 : y=4x-1$.

8. 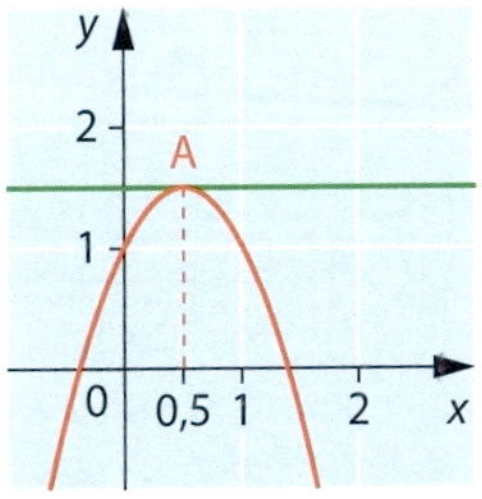	....
9. 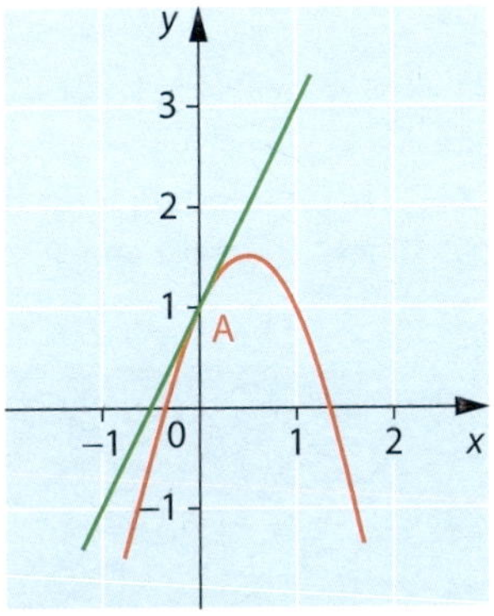	....
10. 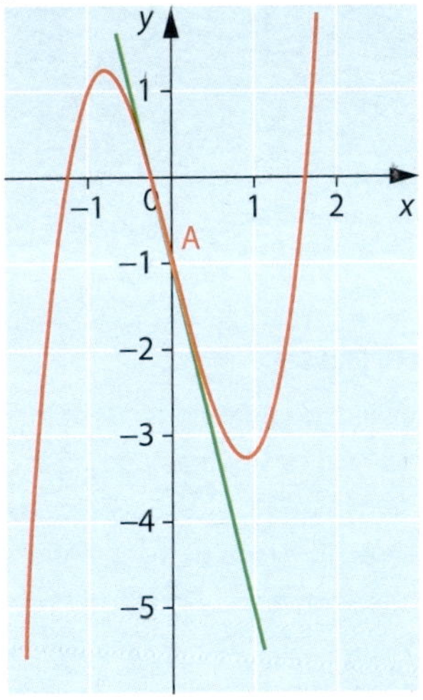	....

Exercices Pour le bac

CONTRÔLE BAC CONTINU

Les exercices 48 à 53 sont à traiter avec calculatrice

48 Chiffres d'affaires d'un camping (5 points) ★★

Le tableau suivant donne l'évolution du chiffre d'affaires d'un camping de 2015 à 2019 :

Année	2015	2016	2017	2018	2019
Rang de l'année : x_i	1	2	3	4	5
C.A. en milliers d'euros : y_i	92	99	103	107	112

1. Représenter le nuage de points $M_i(x_i, y_i)$ dans un repère où les axes se coupent au point A(0, 80) avec pour unités : 1 cm pour 1 en abscisse et 1 cm pour 10 en ordonnée.

2. On décide d'ajuster ce nuage de points par la droite D d'équation $y = 5x + 88$. Tracer la droite D dans le repère du **1**.

3. Déterminer graphiquement une estimation du chiffre d'affaires en 2021.

4. Calculer une estimation du chiffre d'affaires en 2024.

5. On estime qu'il faudra embaucher du personnel quand le chiffre d'affaires dépassera les 140 milliers d'euros. En utilisant l'ajustement affine, déterminer en quelle année cette embauche pourra avoir lieu.

49 Gestion de fabrication (5 points) ★★★

Une machine a été mise au point pour fabriquer des blocs de glace utilisables par exemple sur des bateaux de pêche. Le tableau ci-dessous donne, dans sept cas ($1 \leq i \leq 7$), l'épaisseur des blocs de glace en fonction du temps de congélation.

Temps de congélation en heures : t_i	1	2	4	8	12	18	26
Épaisseur du bloc de glace en cm : y_i	4	8	11	16,5	20,5	24,5	28,5

L'allure du nuage des points $M_i(t_i, y_i)$ ne justifiant pas un ajustement affine, on effectue un changement de variable en posant $x_i = \log(y_i)$.

1. Calculer les sept valeurs de $x_i = \log(t_i)$. Arrondir à 0,01.

2. Représenter le nuage des sept points $N_i(x_i, y_i)$ dans un repère où les axes se coupent au point A(0, 4) avec pour unités 5 cm pour 1 en abscisse et 1 cm pour 4 en ordonnée.

3. Calculer les coordonnées point moyen G du nuage des points N_i (arrondir à 0,01) et placer G sur le graphique.

4. À l'aide d'une calculatrice ou d'un tableur, déterminer une équation de la droite d'ajustement de y en x obtenue par la méthode des moindres carrés sous la forme $y = ax + b$, où les coefficients a et b sont à arrondir au millième. Tracer cette droite dans le repère.

5. On prend pour modèle d'ajustement la droite d'équation $y = 17{,}14x + 2{,}54$.
Quelle serait, selon ce modèle, le temps nécessaire pour fabriquer un bloc de glace de 32 cm d'épaisseur ? Arrondir à l'heure.

50 Plutôt ST2S Culture microbienne (5 points) ★★★

Le tableau ci-dessous décrit l'évolution d'une culture microbienne au cours du temps.

Valeur de i	1	2	3	4	5	6
Nombre d'heures : t_i	2	3	4	5	6	8
Nombre de microbes en milliers : x_i	0,9	1,5	2,5	4	6,7	18

L'allure du nuage des six points $M_i(t_i, x_i)$ ne justifiant pas un ajustement affine, on effectue un changement de variable en posant $y_i = \log(x_i)$.

1. Calculer les six valeurs de $y_i = \log(x_i)$. Arrondir à 0,01.

2. Représenter le nuage des six points $N_i(t_i, y_i)$ dans un repère avec pour unités 1 cm en abscisse et 10 cm en ordonnée.

3. Calculer les coordonnées point moyen G du nuage des points N_i (arrondir à 0,01) et placer G sur le graphique.

4. On choisit de prendre comme ajustement affine une droite d'équation $y = 0{,}22\,t + b$. Déterminer la valeur de b arrondie à 0,01 pour que la droite passe par le point G.

5. En utilisant cette équation, évaluer le nombre de microbes présents dans le milieu de culture au bout de 10 heures si la tendance observée se prolonge. Arrondir au millier.

51 Toutes séries Le nombre de nuitées (5 points) ★★★

Le tableau ci-dessous donne le nombre de nuitées (en milliers) dans l'hôtellerie dans une grande région touristique au mois de janvier, entre 2015 et 2019.

Année	Janvier 2015	Janvier 2016	Janvier 2017	Janvier 2018	Janvier 2019
Rang de l'année : x_i	0	1	2	3	4
Nombre de nuitées en milliers : y_i	310	323,7	339,4	347,9	368,9

A. 1. Calculer le taux d'évolution global du nombre de nuitées au mois de janvier entre 2015 et 2019.

2. Calculer le taux d'évolution annuel moyen du nombre de nuitées au mois de janvier entre 2015 et 2019. Arrondir à 0,01 %.

B. 1. Représenter le nuage des cinq points $M_i(x_i, y_i)$ dans un repère où les axes se coupent au point A(0, 300) avec pour unités : 1 cm pour 1 en abscisse et 1 cm pour 10 en ordonnée.

2. Calculer les coordonnées du point moyen G de ce nuage de points.

3. Dans la suite, on décide de prendre comme droite d'ajustement de y en x la droite D d'équation $y = 14x + 310$.

a) Tracer la droite D sur le graphique.

b) Estimer le nombre de nuitées dans cette région au mois de janvier 2022.

52 Toutes séries **Fréquentation d'un parc de loisirs (5 points)** ★★★

Le tableau ci-dessous, extrait d'une feuille automatisée de calcul, donne l'évolution de la fréquentation annuelle d'un parc de loisirs entre 2010 et 2017. La plage de cellules C4:I4 est au format pourcentage, arrondi au centième.

	A	B	C	D	E	F	G	H	I
1	Année	2010	2011	2012	2013	2014	2015	2016	2017
2	Rang de l'année : x_i	0	1	2	3	4	5	6	7
3	Nombre de visiteurs en millions : y_i	1,47	1,49	1,60	1,74	1,91	2,10	2,20	2,26
4	Taux d'évolution annuel		1,36 %						

A. 1. Donner une formule qui, saisie dans la cellule C4, permet d'obtenir par recopie vers la droite les taux d'évolution annuels successifs de la ligne 4.

2. Calculer, au centième près, le taux d'évolution global du nombre de visiteurs du parc entre les années 2012 et 2015.

3. Calculer le taux d'évolution annuel moyen du nombre de visiteurs du parc entre 2012 et 2015. On donnera le résultat en pourcentage et arrondi au dixième.

B. On considère le nuage des points dont les coordonnées (x_i, y_i) figurent dans le tableau de 2010 à 2017.

1. On a obtenu une droite d'ajustement de y en x de ce nuage de points à l'aide du tableur selon la capture d'écran suivante. Donner, à l'aide de cet ajustement, une estimation du nombre de visiteurs du parc de loisirs pour l'année 2019.

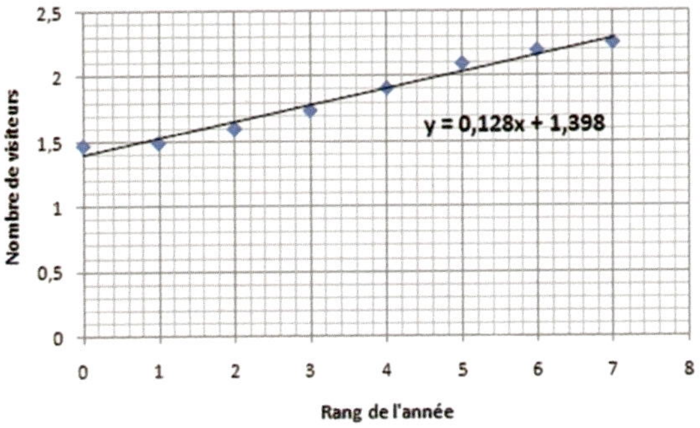

2. Grâce à ce modèle, estimer l'année à partir de laquelle la fréquentation annuelle atteindra au moins 2 750 000 visiteurs. Présenter la démarche utilisée.

53 **QCM (5 points)**

A. Parmi les trois nuages de points suivants, indiquer celui pour lequel un ajustement affine semble possible.

a) fig. 1

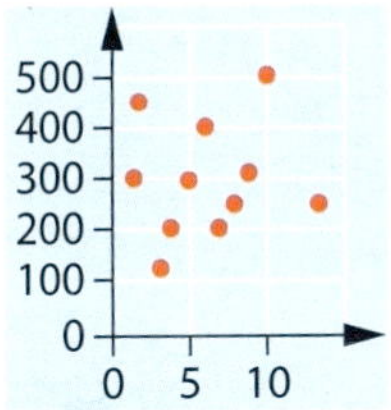

b) fig. 2

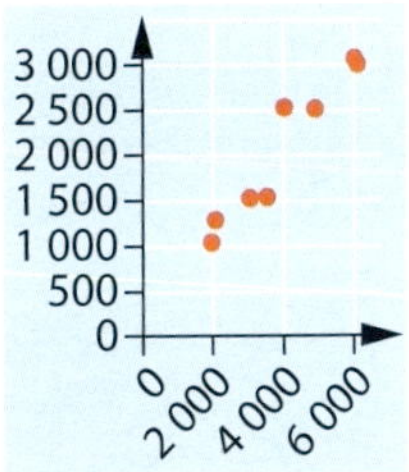

c) fig. 3

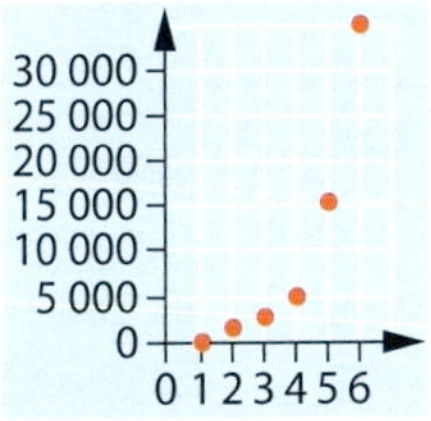

B. Le tableau suivant donne l'évolution pendant huit années consécutives du nombre de locations saisonnières dans une station balnéaire.

Année	2012	2013	2014	2015	2016	2017	2018	2019
Rang de l'année : x_i	0	1	2	3	4	5	6	7
Nombre de locations : y_i	613	646	673	704	719	747	777	808

1. Les coordonnées du point moyen de nuage de points de coordonnées (x_i, y_i) sont :
a) (4, 711) ; **b)** (4, 710) ; **c)** (3,5 ; 710,875) ;

2. La droite d'ajustement affine de y en x obtenue par la méthode des moindres carrés a pour équation (en arrondissant les coefficients à 10^{-2}) : **a)** $y = 26{,}87x - 616{,}83$; **b)** $y = 26{,}87x + 616{,}83$; **c)** $y = -26{,}87x + 616{,}83$.

3. On décide d'ajuster ce nuage par la droite d'équation $y = 27x + 617$.
On peut prévoir pour 2021 le nombre de locations suivant :
a) 880 ; **b)** 870 ; **c)** 860.

4. Avec l'ajustement du **3.**, on peut estimer que, si cette évolution se poursuit, le nombre de locations aura dépassé 1 000 : **a)** en 2025 ; **b)** en 2026 ; **c)** en 2027.

#diaporama
foucherconnect.fr/20ltm10

Testez-vous !

1. Pile ou face

1. On lance une pièce de monnaie non truquée trois fois de suite. On note par exemple (P, P, F) le résultat obtenu « pile au premier lancer, pile au second lancer, face au troisième lancer ». Le nombre des résultats possibles est :

a) 6 ; **b)** 8 ; **c)** 10 ; **d)** 12.

2. On reprend l'épreuve du **1.** On suppose que tous les résultats sont équiprobables ; la probabilité de l'événement E : « le résultat contient exactement deux piles » est :

a) $\frac{1}{4}$; **b)** $\frac{1}{2}$; **c)** $\frac{3}{8}$; **d)** $\frac{7}{8}$.

2. Probabilités conditionnelles

Le tableau ci-dessous résume une partie des informations concernant les pratiques artistiques et sportives de 400 élèves d'un lycée.

Nombre d'élèves…	Pratiquant une activité artistique	Ne pratiquant pas d'activité artistique	Total
Pratiquant un sport			240
Ne pratiquant pas un sport		70	
Total	180	220	400

1. Compléter le tableau après l'avoir reproduit. Aucune justification n'est demandée.
On choisit un élève de ce lycée au hasard. Tous les élèves ont la même probabilité d'être choisis. On définit les événements suivants :
A : « l'élève choisi pratique une activité artistique » ;
S : « l'élève choisi pratique un sport ».

2. La probabilité que l'élève choisi pratique un sport et une activité artistique est :

a) 90 ; **b)** 0,175 ; **c)** 0,225 ; **d)** 0,825.

3. Sachant qu'un élève pratique un sport, la probabilité qu'il pratique une activité artistique est :

a) 0,375 ; **b)** 0,45 ; **c)** 0,225 ; **d)** 0,825.

4. La probabilité qu'un élève de ce lycée choisi au hasard pratique un sport ou une activité artistique est :

a) 0,375 ; **b)** 0,175 ; **c)** 0,325 ; **d)** 0,825.

5. La probabilité $P_A(S)$ est égale à :

a) 0,375 ; **b)** 0,500 ; **c)** 0,625 ; **d)** 0,681.

3. Variable aléatoire

La loi de probabilité d'une variable aléatoire X est définie par :

x_i	-10	0	10
p_i	0,50	0,30	0,20

1. L'espérance mathématique de X est :

a) -3 ; **b)** $-2,7$; **c)** 3.

2. X est une variable aléatoire qui à chaque partie d'un jeu associe le gain en euros du joueur.
Le jeu est équitable.

a) Oui. **b)** Non.

4. Algorithmique et programmation

1. *Simulation avec un tableur*

a) On entre dans la cellule A1 d'une feuille de calcul la formule :
=SI(ALEA()<0,2;"BLEU";"ROUGE").
Que produit cette formule ?

b) On recopie la formule entrée précédemment en A1 vers le bas jusqu'à la cellule A1000.

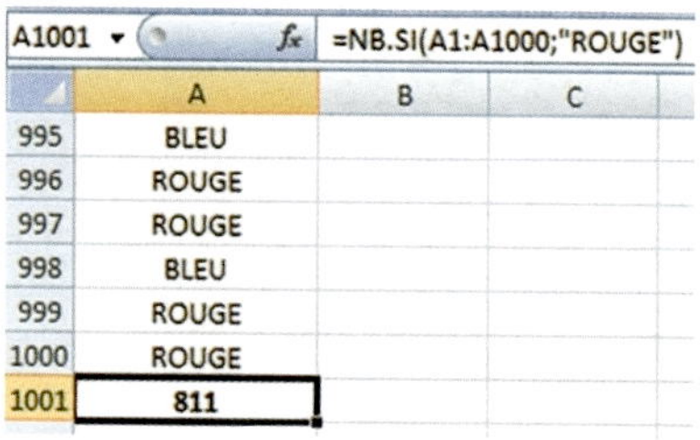

On entre ensuite en cellule A1001 la formule :
=NB.SI(A1:A1000;"ROUGE").
Interpréter l'affichage obtenu en cellule A1001.

2. *Simulation en Python*

Que permet de simuler la fonction suivante, écrite en Python ?

```
from random import randint

def simulation(n):
    L = []
    for i in range(n):
        L.append(randint(1, 6))
    return L
```

Corrigés pages 204-205

Chapitre 4

Probabilités

- Il s'agit d'utiliser les probabilités conditionnelles pour déterminer la probabilité d'événements issus de différents domaines (économique, industriel, médical...).
- La loi binomiale formalise le travail fait en classe de première sur la répétition d'épreuves indépendantes selon une même loi de Bernouilli.

Sommaire du cours

La démarche algorithmique

Générer un triangle de Pascal de taille n donnée. Représenter par un diagramme en bâtons la loi de probabilité d'une loi binomiale $\mathcal{B}(n, p)$. Calculer l'espérance $\sum p_i x_i$ d'une variable aléatoire suivant une loi de probabilité donnée ; cas particulier d'une variable aléatoire suivant la loi binomiale $\mathcal{B}(n, p)$. Représenter graphiquement l'espérance de lois binomiales $\mathcal{B}(n, p)$, avec n ou p variable.

Activités d'approche

Activité 1 Des probabilités conditionnelles

Le tableau ci-dessous donne les résultats d'une enquête réalisée en France il y a quelques années auprès de 10 508 personnes âgées de 18 à 75 ans pour étudier la relation entre le tabagisme et les revenus.

	Revenus « inférieurs »	Revenus « moyens »	Revenus « supérieurs »	Total
Fumeurs	1 126	1 155	914	3 195
Non-fumeurs	2 403	2 596	2 314	7 313
Total	3 529	3 751	3 228	10 508

On choisit au hasard la fiche d'une personne ayant participé à l'enquête et on définit les événements suivants :
F : « la fiche choisie est celle d'un fumeur » ;
I : « la fiche choisie est celle d'une personne dont les revenus sont dans la tranche des revenus "inférieurs" » ;
M : « la fiche choisie est celle d'une personne dont les revenus sont dans la tranche des revenus "moyens" » ;
S : « la fiche choisie est celle d'une personne dont les revenus sont dans la tranche des revenus "supérieurs" ».

1 Calculer la probabilité que la fiche choisie soit celle d'une personne dont les revenus sont dans la tranche des revenus « moyens ».

2 Calculer $P(F \cap M)$ et interpréter ce résultat dans le contexte de l'activité.

3 Sachant que la fiche choisie est celle d'une personne dont les revenus sont dans la tranche des revenus « moyens », déterminer la probabilité qu'il s'agisse d'un fumeur.

4 Calculer $P_S(F)$ et interpréter ce résultat dans le contexte de l'activité.

5 Calculer $P_F(S)$ et interpréter ce résultat dans le contexte de l'activité.

Activité 2 Arbre de probabilités et variable aléatoire discrète

Pour attirer les clients, un magasin installe la « roue de la chance » ci-contre. Elle permet à chaque client, en la faisant tourner deux fois, de bénéficier d'un rabais sur ses achats dont le pourcentage est obtenu en multipliant les deux nombres obtenus : ainsi avec 5 au premier lancer de la roue et 2 au second, le rabais est de $5 \times 2\,\% = 10\,\%$.
On effectue deux lancers indépendants de la roue, supposée bien équilibrée et on définit les événements C : « la roue s'arrête sur 5 » et D : « la roue s'arrête sur 2 ».

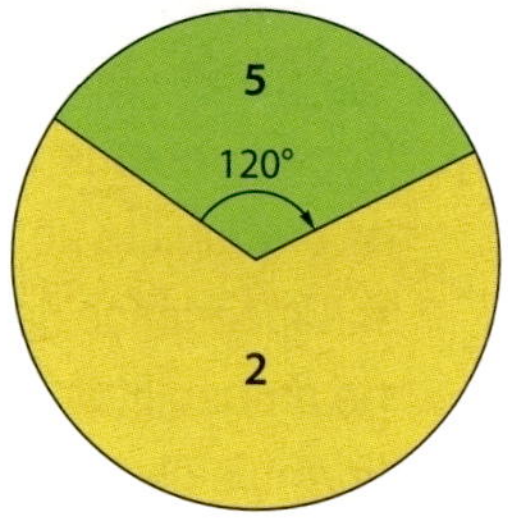

1 Justifier que la probabilité que la roue s'arrête sur 5 est $\frac{1}{3}$.

2 Représenter l'arbre de probabilités correspondant à deux lancers de la roue en indiquant la probabilité associée à chaque branche.

3 On note X la variable aléatoire qui à tout double lancer de la roue associe le produit des deux nombres obtenus.

a) Donner la liste des valeurs pouvant être prises par la variable aléatoire X.

b) Reproduire et compléter le tableau ci-dessous donnant la loi de probabilité de la variable aléatoire X. Les probabilités doivent être justifiées et écrites sous forme de fractions.

x_i			
$P(X = x_i)$			

4 Calculer l'espérance $E(X)$. Interpréter le résultat dans le contexte de l'activité (rabais pour un client).

Activité 3 Simuler une surréservation *(overbooking)* avec un tableur et conjecturer

Pour obtenir un taux de remplissage convenable, les compagnies aériennes sont régulièrement amenées à réserver davantage de places que n'en comporte l'avion. Il faut cependant évaluer le risque de surréservation car les passagers ayant réservé et ne pouvant embarquer doivent être dédommagés.

On considère une ligne aérienne entre deux villes pour laquelle :

- tous les avions utilisés ont 50 places ;
- 53 réservations sont vendues pour chaque vol ;
- chaque personne ayant réservé une place a 9 chances sur 10 de se présenter à l'embarquement (et 1 chance sur 10 de ne pas s'y présenter) ;
- chaque personne ayant réservé une place se présente ou non à l'embarquement indépendamment des autres personnes ayant réservé sur le même vol.

1 **a)** Expliquer pourquoi la formule =SI(ALEA()<0,9;1;0) peut permettre de simuler sur un tableur le nombre de personnes se présentant à l'embarquement d'un avion de cette ligne.

b) Réaliser cette simulation.

2 **a)** Réaliser une simulation de l'embarquement pour 1 000 vols sur cette ligne.

B3 =ENT(ALEA()+0,9)

	A	B	C	D	E	F
1	**Surréservation**					
2		vol n°1	vol n°2	vol n°3	vol n°4	vol n°5
3	Passager 1	1	1	0	1	1
4	Passager 2	1	1	1	1	1
5	Passager 3	1	1	1	0	1
6	Passager 4	1	1	1	0	1
7	Passager 5	1	1	1	1	1
8	Passager 6	0	1	1	1	1
9	Passager 7	1	1	1	1	1

b) Déterminer, pour cette simulation :

- la fréquence des cas où plus de 50 personnes se présentent à l'embarquement ;
- le nombre moyen de personnes se présentant à l'embarquement.

On peut utiliser les formules =NB.SI(plage;"> 50") et =MOYENNE(plage).

3 **a)** Pour chacun des 1 000 vols simulés, déterminer le nombre de personnes à dédommager.
On pourra utiliser la formule =MAX(ref – 50;0) où ref est la référence de la cellule comportant le nombre de personnes se présentant à l'embarquement.

b) En déduire le nombre moyen de personnes à dédommager par vol.

4 À l'aide des simulations réalisées (on peut utiliser la touche F9), conjecturer :

a) le risque de surréservation que prend la compagnie, c'est-à-dire le pourcentage de vols pour lesquels plus de 50 personnes se présentent à l'embarquement parmi un très grand nombre de vols (arrondir à 0,1 %).

b) la moyenne prévisible, sur un grand nombre de vols, du nombre de personnes se présentant à l'embarquement (arrondir au dixième) ;

c) la moyenne prévisible, sur un grand nombre de vols, du nombre de personnes à dédommager par vol (arrondir au centième).

REMARQUE
Les flottes aériennes régionales des grandes compagnies aériennes utilisent des avions de 50 places. Parmi les avions de ce type, on peut citer un avion brésilien : l'Embraer 145, et un avion canadien : le Bombardier CRJ100.

Cours 1 Probabilités conditionnelles

1 | Conditionnement par un événement de probabilité non nulle

DÉFINITION

Lorsque les issues de l'univers Ω sont **équiprobables**, pour tous événements A et B de cardinaux non nuls, la **probabilité de B sachant A est $P_A(B) = \dfrac{\text{Card}(A \cap B)}{\text{Card}(A)}$**.

Cette définition, donnée en première dans le cas particulier de l'**équiprobabilité**, donne en divisant par $\text{Card}(\Omega)$ le numérateur et le dénominateur : $P(A \cap B)$ au numérateur et $P(A)$ au dénominateur.
Les nombres $P(A \cap B)$ et $P(A)$ étant définis en dehors de ce cas particulier, on adopte la définition suivante.

DÉFINITION

Pour tous événements A et B tels que $P(A) \neq 0$, **la probabilité de B sachant A est :**

$$P_A(B) = \frac{P(A \cap B)}{P(A)}.$$

Exemple 1

On lance un dé tétraédrique mal équilibré dont les faces qui portent les nombres 1 à 4 ont pour probabilités respectives : $p_1 = 0{,}2$; $p_2 = 0{,}25$; $p_3 = 0{,}3$ et $p_4 = 0{,}25$.
A est l'événement « obtenir un nombre pair » et B est l'événement « obtenir 3 ou 4 ».
$P(A) = p_2 + p_4 = 0{,}5$.
$A \cap B$ est l'événement « obtenir 4 », donc $P(A \cap B) = p_4 = 0{,}25$.
D'après la définition ci-dessus, $P_A(B) = \dfrac{0{,}25}{0{,}5} = 0{,}5$.

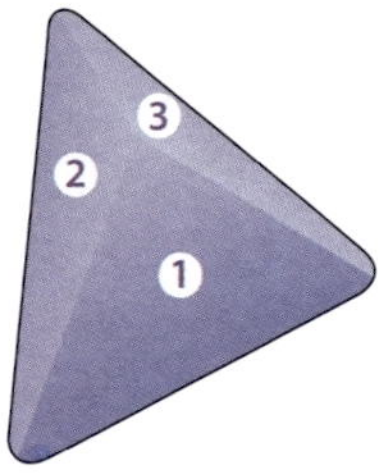

Nous admettons que P_A est une probabilité, comme P, ce qui signifie que **les calculs avec une probabilité conditionnelle P_A s'effectuent comme avec une probabilité P.**
Donc, par exemple, pour l'événement contraire de B, noté $\overline{B}$, on a : $P_A(\overline{B}) = 1 - P_A(B)$.

2 | Indépendance de deux événements de probabilités non nulles

Exemple 2

On tire au hasard une carte d'un paquet de huit cartes constitué des quatre as (trèfle, carreau, cœur, pique) et des quatre rois. Il y a équiprobabilité des tirages.
A est l'événement « obtenir un trèfle » et B est l'événement « obtenir un as », donc $A \cap B$ est l'événement « obtenir l'as de trèfle ».
$P(A) = \dfrac{2}{8} = 0{,}25$ et $P(A \cap B) = \dfrac{1}{8} = 0{,}125$ donc $P_A(B) = \dfrac{0{,}125}{0{,}25} = 0{,}5$. Or $P(B) = \dfrac{4}{8} = 0{,}5$.
Nous constatons que $P_A(B) = P(B)$, ce qui signifie que la réalisation de l'événement A ne modifie pas la probabilité de l'événement B. On dit que l'événement B est **indépendant** de l'événement A.

DÉFINITION

Pour tous événements A et B tels que $P(A) \neq 0$, **B est indépendant de A** si et seulement si **$P_A(B) = P(B)$**.

Exemple 3

Reprenons l'exemple du dé tétraédrique où nous avons obtenu : $P_A(B) = 0{,}5$.
$P(B) = p_3 + p_4 = 0{,}3 + 0{,}25 = 0{,}55$.
Nous constatons que $P(B) \neq P_A(B)$, ce qui signifie que la réalisation de l'événement A modifie la probabilité de l'événement B. L'événement B **n'est pas indépendant** de l'événement A.

PROPRIÉTÉS

Pour tous événements A et B de probabilités non nulles, **si B est indépendant de A, alors A est indépendant de B.**
Deux événements A et B de probabilités non nulles sont **indépendants** si et seulement si **$P(A \cap B) = P(A) \times P(B)$**.

Exercices résolus

1 | Calculer des probabilités conditionnelles

ÉNONCÉ

On lance un dé cubique non équilibré dont les six faces qui portent les numéros 1 à 6 ont pour probabilités respectives : $p_1 = 0{,}2$; $p_2 = 0{,}15$; $p_3 = 0{,}1$; $p_4 = 0{,}15$; $p_5 = 0{,}2$ et $p_6 = 0{,}2$.

A est l'événement « obtenir un nombre pair », B est l'événement « obtenir au moins 4 » et C est l'événement « obtenir un multiple de 3 ».

Calculer $P_A(B)$, $P_A(C)$, $P_B(A)$ et $P_C(B)$.

SOLUTION

• $A \cap B$ est l'événement « obtenir 4 ou 6 », donc $P(A \cap B) = p_4 + p_6 = 0{,}15 + 0{,}2 = 0{,}35$.

$P(A) = p_2 + p_4 + p_6 = 0{,}15 + 0{,}15 + 0{,}2 = 0{,}5$.

D'après la définition ci-contre, $P_A(B) = \dfrac{0{,}35}{0{,}5} = 0{,}7$.

• $A \cap C$ est l'événement « obtenir 6 », donc $P(A \cap C) = p_6 = 0{,}2$. Donc $P_A(C) = \dfrac{0{,}2}{0{,}5} = 0{,}4$.

• $P(B) = p_4 + p_5 + p_6 = 0{,}15 + 0{,}2 + 0{,}2 = 0{,}55$. Donc $P_B(A) = \dfrac{0{,}35}{0{,}55} \approx 0{,}64$.

• $B \cap C$ est l'événement « obtenir 6 », donc $P(B \cap C) = p_6 = 0{,}2$.

$P(C) = p_3 + p_6 = 0{,}1 + 0{,}2 = 0{,}3$. Donc $P_C(B) = \dfrac{0{,}2}{0{,}3} \approx 0{,}67$.

2 | Étudier l'indépendance de deux événements

ÉNONCÉ

1. On reprend les notations et les résultats de l'exercice 1 ci-dessus.

a) Les événements A et B sont-ils indépendants ?

b) Les événements A et C sont-ils indépendants ?

2. On conserve les événements A, B et C de l'exercice 1 mais, le dé cubique utilisé étant maintenant bien équilibré, ses six faces sont équiprobables. Reprendre les questions **1.a** et **1.b**.

SOLUTION

1. a) $P(A) = 0{,}5$; $P(B) = 0{,}55$ et $P(A \cap B) = 0{,}35$. Donc $P(A) \times P(B) = 0{,}275 \neq P(A \cap B)$.

D'après la dernière propriété ci-contre, les événements A et B ne sont pas indépendants.

b) $P(A) = 0{,}5$; $P(C) = 0{,}3$ et $P(A \cap C) = 0{,}2$. Donc $P(A) \times P(C) = 0{,}15 \neq P(A \cap C)$. D'après la dernière propriété ci-contre, les événements A et C ne sont pas indépendants.

2. a) $P(A) = p'_2 + p'_4 + p'_6 = \dfrac{1}{6} + \dfrac{1}{6} + \dfrac{1}{6} = 0{,}5$. De même $P(B) = p'_4 + p'_5 + p'_6 = 0{,}5$ et $P(A \cap B) = p'_4 + p'_6 = \dfrac{1}{3}$. Donc $P(A) \times P(B) = 0{,}25 \neq P(A \cap B)$: les événements A et B ne sont pas indépendants.

b) $P(C) = p'_3 + p'_6 = \dfrac{1}{3}$ et $P(A \cap C) = p'_6 = \dfrac{1}{6}$. Donc $P(A) \times P(C) = 0{,}5 \times \dfrac{1}{3} = \dfrac{1}{6}$.

Donc $P(A) \times P(C) = P(A \cap C)$: les événements A et C sont indépendants.

DÉMONSTRATION

Si B est indépendant de A, alors $P_A(B) = P(B)$, donc $\dfrac{P(A \cap B)}{P(A)} = P(B)$, donc $P(A \cap B) = P(A) \times P(B)$ qui peut s'écrire $P(A) = \dfrac{P(A \cap B)}{P(B)}$, c'est-à-dire $P(A) = P_B(A)$ qui est la définition de : A est indépendant de B.

3 I Formule des probabilités totales

Exemple 1

Un jeu s'effectue en deux étapes : on commence par lancer un dé cubique pour lequel les six faces sont équiprobables. Si on obtient 1 ou 6, on tire ensuite une boule d'une première urne contenant 3 boules rouges et 2 boules bleues. Dans le cas contraire, on tire une boule d'une seconde urne contenant 6 boules rouges, 2 boules bleues et 2 boules noires. Pour chaque urne les tirages sont équiprobables.
Cette expérience aléatoire peut être représentée par un arbre de probabilités semblable à ceux réalisés en première avec ici les notations suivantes :
A est l'événement « obtenir 1 ou 6 dans l'étape 1» et $\bar{A}$ est son événement contraire ;
R est l'événement « obtenir une boule rouge dans l'étape 2 » et de même pour B et N.

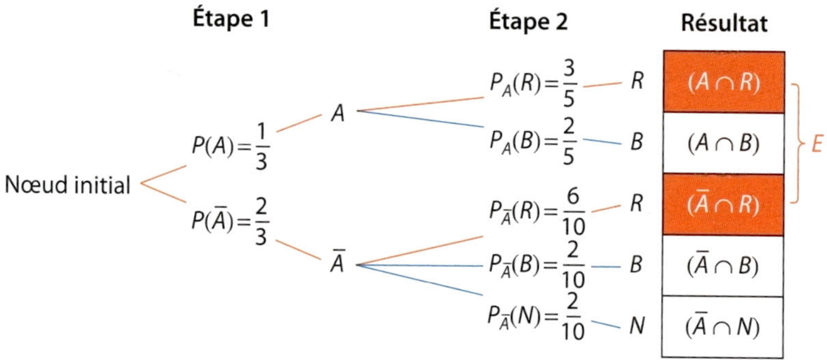

Soit E l'événement « obtenir une boule rouge à la fin des deux étapes ».
E est réalisé de deux façons : en suivant les deux chemins représentés en rouge.
Donc $E = (A \cap R) \cup (\bar{A} \cap R)$.
Ces deux derniers événements étant incompatibles,
$P(E) = P(A \cap R) + P(\bar{A} \cap R) = \frac{1}{3} \times \frac{3}{5} + \frac{2}{3} \times \frac{6}{10} = \frac{3}{5}$.

Nous avons démontré, sur cet exemple, que la probabilité d'obtenir un résultat correspondant à deux chemins est égale à la somme des probabilités de ces deux chemins.
La formule des probabilités totales énonce ce résultat qui se généralise à n chemins (ci-dessous $n = 3$).

PROPRIÉTÉ

Soit A_1, A_2 et A_3 des événements de probabilités non nulles, deux à deux disjoints, dont l'union est l'univers Ω.
Pour tout événement B, on a : $\boldsymbol{P(B) = P(B \cap A_1) + P(B \cap A_2) + P(B \cap A_3)}$.

REMARQUES

Avec les conditions ci-dessus les événements A_1, A_2 et A_3 forment une **partition** de l'univers Ω.
L'égalité ci-dessus peut aussi s'écrire, en utilisant la définition de $\boldsymbol{P_A(B)}$:
$\boldsymbol{P(B) = P_{A_1}(B) \times P(A_1) + P_{A_2}(B) \times P(A_2) + P_{A_3}(B) \times P(A_3)}$.

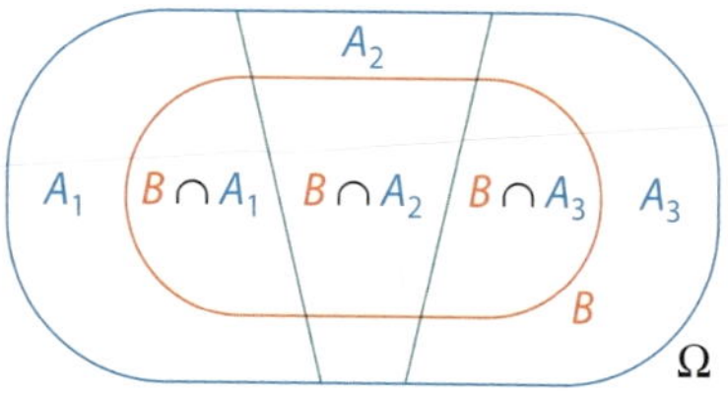

Les trois règles liées à un arbre de probabilités peuvent s'énoncer de la façon suivante.

À RETENIR

- Les probabilités indiquées sur les branches partant d'un même nœud ont pour somme 1.
- La probabilité d'un chemin est le produit des probabilités indiquées sur ses branches.
- La probabilité d'un événement constitué de plusieurs chemins est la somme des probabilités de ces chemins.

Exercices résolus

3 | Pratiquer le compostage

ÉNONCÉ

Une enquête sur la pratique du compostage par les habitants d'une ville permet d'établir que :
- 20 % des personnes interrogées ont moins de 30 ans dont 30 % pratiquent le compostage ;
- la moitié des personnes interrogées de plus de 30 ans et moins de 50 ans pratiquent le compostage ;
- 35 % des personnes interrogées ont plus de 50 ans dont 70 % pratiquent le compostage.

On choisit une personne au hasard parmi les personnes interrogées : il y a équiprobabilité du choix de la personne. On considère les événements suivants :

J : « la personne choisie a moins de 30 ans » ;

M : « la personne choisie a entre 30 ans et 50 ans » ;

S : « la personne choisie a plus de 50 ans » ;

C : « la personne choisie pratique le compostage ».

1. Recopier et compléter l'arbre de probabilités ci-contre.

2. Définir par une phrase l'événement $J \cap C$ et calculer sa probabilité.

3. Calculer la probabilité de l'événement « la personne choisie a plus de 50 ans et pratique le compostage ».

4. Est-il vrai qu'il y a plus d'une chance sur deux que la personne choisie pratique le compostage ? Justifier.

5. Sachant que la personne choisie pratique le compostage, quelle est la probabilité qu'elle ait plus de 50 ans ? Arrondir au centième.

6. Sachant que la personne choisie ne pratique pas le compostage, quelle est la probabilité qu'elle ait moins de 30 ans ? Arrondir au centième.

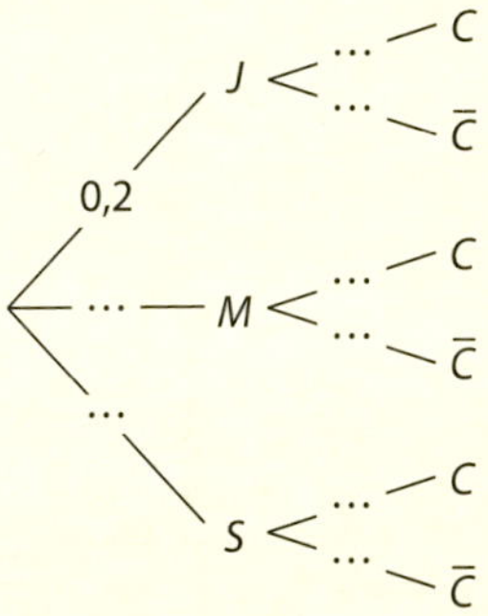

SOLUTION

1. Les nombres en bleu correspondent aux données de l'énoncé (0,3 ; 0,5 ; 0,35 ; 0,7) et les nombres en rouge sont obtenus avec la première règle des arbres de probabilités :
$1 - 0,2 - 0,35 = 0,45$; $1 - 0,3 = 0,7$; $1 - 0,5 = 0,5$; $1 - 0,7 = 0,3$.

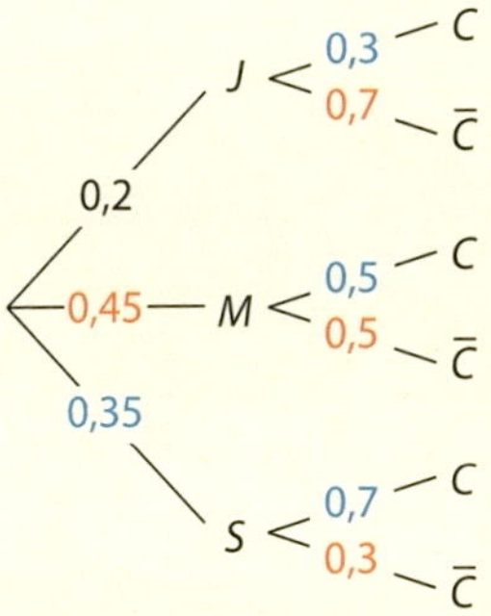

2. $J \cap C$ est l'événement « la personne choisie a moins de 30 ans et pratique le compostage ». En utilisant la définition de $P_J(C)$, on obtient :
$P(J \cap C) = P(J) \times P_J(C) = 0,2 \times 0,3 = 0,06$.

3. L'événement « la personne choisie a plus de 50 ans et pratique le compostage » est $S \cap C$.
$P(S \cap C) = P(S) \times P_S(C) = 0,35 \times 0,7 = 0,245$.

4. Les trois événements J, M et S forment une partition de l'univers Ω. Donc d'après la formule des probabilités totales, on a :
$P(C) = P(J \cap C) + P(M \cap C) + P(S \cap C)$, $P(C) = 0,06 + 0,45 \times 0,5 + 0,245 = 0,53 > 0,5$.

Il est vrai qu'il y a plus d'une chance sur deux que la personne choisie pratique le compostage.

5. La probabilité que la personne choisie ait plus de 50 ans sachant qu'elle pratique le compostage est :

$$P_C(S) = \frac{P(S \cap C)}{P(C)} = \frac{0,245}{0,53} \approx 0,46.$$

6. La probabilité que la personne choisie ait moins de 30 ans sachant qu'elle ne pratique pas le compostage est $P_{\overline{C}}(J) = \dfrac{P(J \cap \overline{C})}{P(\overline{C})}$. Or $P(J \cap \overline{C}) = 0,2 \times 0,7 = 0,14$ et $P(\overline{C}) = 1 - P(C) = 0,47$.

Donc $P_{\overline{C}}(J) = \dfrac{0,14}{0,47} \approx 0,30$.

Cours 2 Variables aléatoires discrètes finies

1 | Espérance d'une variable aléatoire discrète

L'activité d'approche 2 a permis de rappeler les éléments du programme de première relatifs à une variable aléatoire discrète.

À RETENIR

Une **variable aléatoire discrète X** prend, lors d'une expérience aléatoire, des valeurs $x_1, x_2, \dots, x_i, \dots, x_n$ avec des probabilités $p_1, p_2, \dots, p_i, \dots, p_n$.

Ici X prend pour valeurs le produit de deux nombres obtenus avec la roue.

DÉFINITION

Soit X une variable aléatoire discrète prenant, lors d'une expérience aléatoire, des valeurs $x_1, x_2, \dots, x_i, \dots, x_n$ avec des probabilités $p_1, p_2, \dots, p_i, \dots, p_n$.
La **loi de probabilité** associée à X est la fonction f qui à tout x_i associe $f(x_i) = P(X = x_i) = p_i$.

Ici la loi de probabilité de X est donnée par le tableau suivant.

x_i	4	10	25
$P(X = x_i)$	$\frac{4}{9}$	$\frac{4}{9}$	$\frac{1}{9}$

DÉFINITION

L'**espérance** d'une variable aléatoire X prenant m valeurs x_i avec les probabilités $p_i = P(X = x_i)$ est :

$$\boldsymbol{E(X) = p_1x_1 + p_2x_2 + \dots + p_mx_m}.$$

Ici $E(X) = 9$. Si les clients **en très grand nombre** font tourner deux fois la roue, la moyenne des pourcentages de rabais obtenus devient voisine de 9 %.

2 | Loi binomiale

Épreuve de Bernoulli

Rappelons que Jacques Bernoulli est l'aîné d'une famille de mathématiciens suisses qui, dès 1685, a écrit sur « *l'art de mesurer aussi exactement que possible les probabilités des choses* ».

Exemple

On prélève une boule d'une urne contenant 7 boules vertes et 3 boules noires. Les boules sont indistinguables au toucher et le tirage est équiprobable. Le tirage d'une boule verte est considéré comme un succès et celui d'une boule noire comme un échec.
Cette épreuve aléatoire correspond à l'arbre des probabilités suivant :

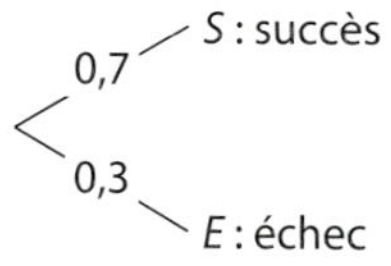

DÉFINITION

Une **épreuve de Bernoulli de paramètre p** (nombre réel compris entre 0 et 1) est une épreuve aléatoire comportant deux issues.

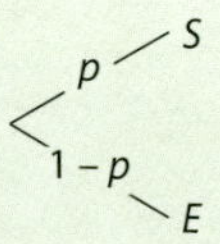

Exercices résolus

4 | Étude d'une variable aléatoire

ÉNONCÉ

Deux roues indépendantes A et B comportent chacune quatre secteurs numérotés comme dans le schéma ci-contre. L'expérience aléatoire consiste à faire tourner les deux roues, les flèches indiquant les deux secteurs obtenus. La probabilité d'obtenir chacun des secteurs d'une roue est la même.

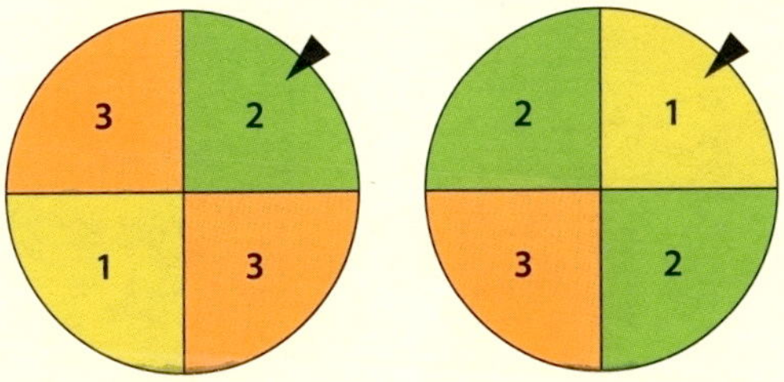

Roue A Roue B

On appelle X la variable aléatoire qui à chaque expérience aléatoire associe la somme des deux chiffres obtenus : **2** + **1** = **3** dans le cas de la figure.

1. Représenter l'arbre de probabilités correspondant à cette expérience aléatoire en ajoutant à droite une colonne pour les issues (ou résultats) et une colonne pour les probabilités associées.

2. Donner la loi de probabilité de la variable aléatoire X.

3. Calculer l'espérance $E(X)$ et interpréter le résultat dans le contexte de l'expérience aléatoire.

SOLUTION

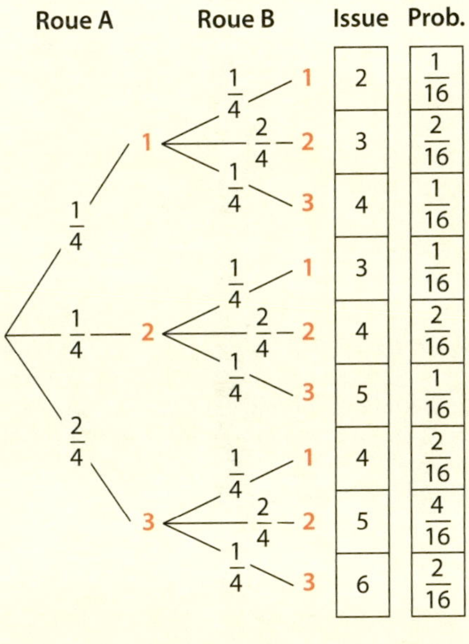

1. Les probabilités sont obtenues à l'aide de la règle 2 des arbres de probabilités et, pour faciliter les calculs ultérieurs, on ne simplifie pas les fractions.

2. La variable aléatoire X peut prendre les valeurs 2, 3, 4, 5 et 6.

$P(X=2)=\frac{1}{16}$.

D'après la règle 3 des arbres de probabilités,

$P(X=3)=\frac{2}{16}+\frac{1}{16}=\frac{3}{16}$. On obtient de même :

$P(X=4)=\frac{5}{16}$, $P(X=5)=\frac{5}{16}$ et $P(X=6)=\frac{2}{16}$.

3. $E(X)=\frac{2}{16}+\frac{9}{16}+\frac{20}{16}+\frac{25}{16}+\frac{12}{16}=\frac{68}{16}$.

Si on réalise **un très grand nombre de fois** l'expérience aléatoire, la moyenne des sommes des deux chiffres ainsi obtenus sera voisine de 4,25.

5 | Deux épreuves de Bernoulli indépendantes

ÉNONCÉ

On lance deux dés indépendants A et B dont les six faces équiprobables ont été modifiées.

1. Représenter l'arbre de probabilités de l'épreuve de Bernoulli associée à chacun de ces deux dés.

2. Calculer la probabilité $P(E)$, où E est l'événement : « obtenir avec le dé A un chiffre inférieur à celui obtenu avec le dé B ».

Patron du dé A Patron du dé B

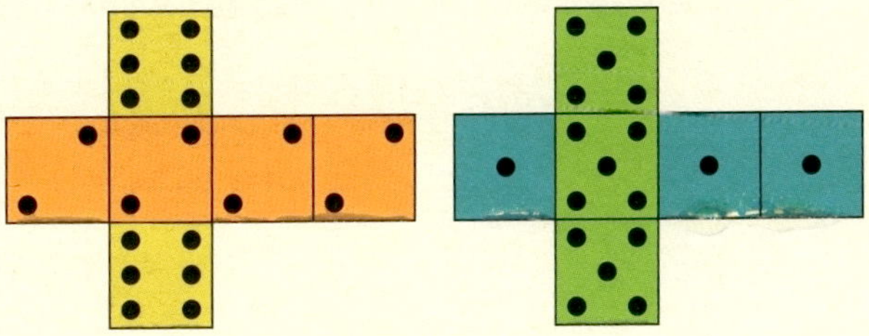

Schéma de Bernoulli

Exemple (suite)

Deux prélèvements dans l'urne sont successivement réalisés, en remettant la première boule tirée dans l'urne avant d'effectuer le second tirage (tirage avec remise). Il s'agit de la répétition de deux épreuves de Bernoulli identiques et indépendantes.

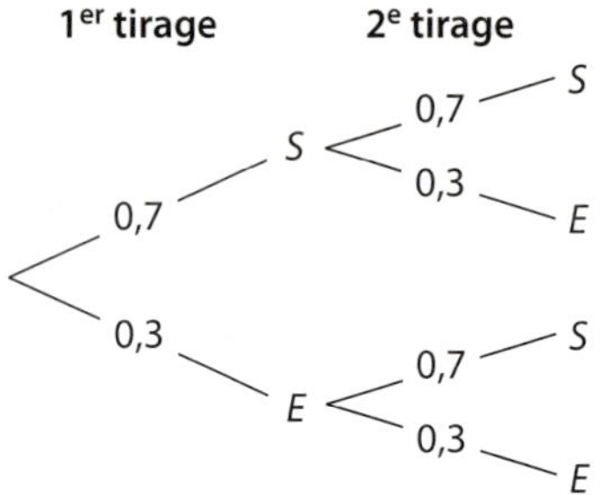

Issue	Probabilité de l'évènement	
(S, S)	$0{,}7 \times 0{,}7 = 0{,}49$	d'après la règle 2 des arbres pondérés
(S, E)	$0{,}7 \times 0{,}3 = 0{,}21$	
(E, S)	$0{,}3 \times 0{,}7 = 0{,}21$	
(E, E)	$0{,}3 \times 0{,}3 = 0{,}09$	

DÉFINITION

Un **schéma de Bernoulli de paramètres *n* et *p*** est une épreuve aléatoire consistant à répéter n fois, de façon identique et indépendante, une épreuve de Bernoulli de paramètre p.

Dans l'exemple ci-dessus, $n = 2$ et $p = 0{,}7$.
Dans l'exercice résolu 6, $n = 3$ et $p = 0{,}98$.

Variable aléatoire modélisant le nombre de succès dans un schéma de Bernoulli

Exemple

L'arbre pondéré représenté ci-dessus permet d'observer que le nombre de succès au cours des deux tirages successifs est :
2 dans le cas de l'issue (S, S) avec la probabilité 0,49,
1 dans le cas des deux issues (S, E) et (E, S) avec la probabilité $0{,}21 + 0{,}21 = 0{,}42$,
0 dans le cas de l'issue (E, E)avec la probabilité 0,09.
Associons à ce schéma de Bernoulli la variable aléatoire X modélisant le nombre de succès (0, 1 ou 2).
Ainsi, l'événement « obtenir exactement 1 succès » est noté $\{X = 1\}$, lu « *X prend la valeur* 1 », et sa probabilité est notée $P(X = 1)$.
La loi de probabilité de la variable aléatoire X est donnée par le tableau suivant.

k	0	1	2
$P(X = k)$	0,09	0,42	0,49

L'exercice résolu 6 donne, dans la question 3., un autre exemple de loi de probabilité d'une variable aléatoire modélisant le nombre de succès dans un schéma de Bernoulli où $n = 3$.

Pour pouvoir conjecturer (c'est-à-dire proposer sans démontrer) l'expression de $P(X = k)$, où $0 \leq k \leq n$, en fonction de k, n et p, dans le cas général où n est un entier quelconque, nous allons reprendre les tableaux définissant la loi de probabilité de X quand n est égal à 1, 2 ou 3 en gardant la lettre p et en ajoutant le coefficient multiplicatif **1** lorsqu'il n'y a pas de coefficient numérique.

	Cas où $n = 1$		Cas où $n = 2$			Cas où $n = 3$			
k	0	1	0	1	2	0	1	2	3
$P(X = k)$	$1 - p$ $\mathbf{1}(1 - p)$	p $\mathbf{1}\,p$	$(1 - p)^2$ $\mathbf{1}(1 - p)^2$	$2\,p(1 - p)$ $\mathbf{2}\,p(1 - p)$	p^2 $\mathbf{1}\,p^2$	$(1 - p)^3$ $\mathbf{1}(1 - p)^3$	$3\,p(1 - p)^2$ $\mathbf{3}\,p(1 - p)^2$	$3\,p^2(1 - p)$ $\mathbf{3}\,p^2(1 - p)$	p^3 $\mathbf{1}\,p^3$

Exercices résolus

SOLUTION (EXERCICE RÉSOLU 5)

1.

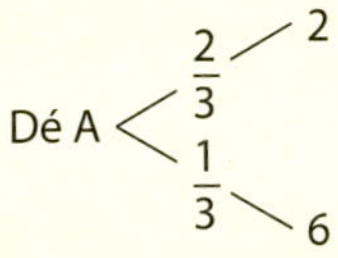

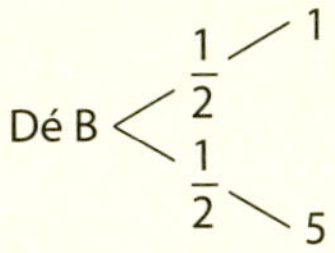

2. L'événement E est réalisé dans le seul cas où l'on obtient 2 avec le dé A et 5 avec le dé B, ce qui se traduit, avec des notations évidentes, par : $P(E) = P(\text{“2”} \cap \text{“5”})$.

Les deux dés étant indépendants, $P(E) = P(\text{“2”}) \times P(\text{“5”})$, donc $P(E) = \frac{2}{3} \times \frac{1}{2} = \frac{1}{3}$.

6 I Schéma de Bernoulli

ÉNONCÉ

1. À la réception d'un important lot de couteaux utilisés dans la restauration dans lequel 98 % des couteaux sont conformes au cahier des charges, on prélève au hasard un couteau du lot.

On assimile la conformité à un succès S et la non-conformité à un échec E.

Montrer qu'il s'agit d'une épreuve de Bernoulli en donnant l'arbre de probabilités associé.

2. Trois prélèvements de couteaux du lot sont effectués **avec remise**, ce qui constitue la répétition de trois épreuves de Bernoulli identiques et indépendantes.

Représenter l'arbre de probabilités correspondant à cette expérience aléatoire en ajoutant à droite une colonne pour les issues (ou résultats) présentées sous forme de triplets du type (S, S, E) et une colonne pour les probabilités associées présentées sous forme de produits.

3. On note X la variable aléatoire qui à ce schéma de Bernoulli associe le nombre de succès, c'est-à-dire le nombre de couteaux conformes lors du prélèvement avec remise de trois couteaux du lot. Donner dans un tableau la loi de probabilité de la variable aléatoire X où les probabilités sont présentées sous forme de produits.

SOLUTION

1. Cette épreuve aléatoire débouche sur deux issues.

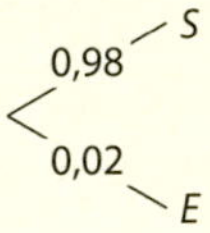

2.

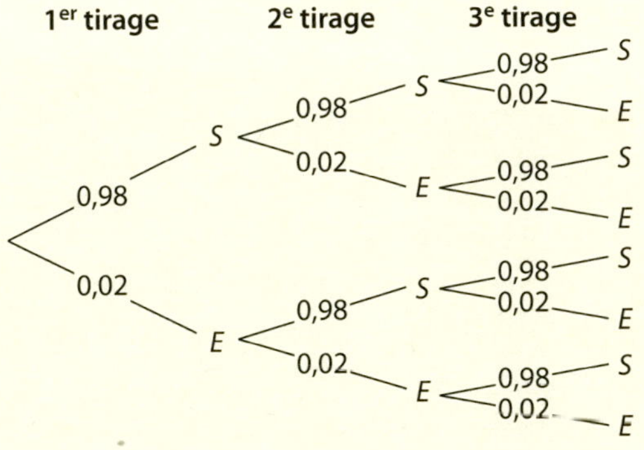

Issue	Probabilité de l'évènement
(S, S, S)	$0{,}98 \times 0{,}98 \times 0{,}98 = 0{,}98^3$
(S, S, E)	$0{,}98 \times 0{,}98 \times 0{,}02 = 0{,}98^2 \times 0{,}02$
(S, E, S)	$0{,}98 \times 0{,}02 \times 0{,}98 = 0{,}98^2 \times 0{,}02$
(S, E, E)	$0{,}98 \times 0{,}02 \times 0{,}02 = 0{,}98 \times 0{,}02^2$
(E, S, S)	$0{,}02 \times 0{,}98 \times 0{,}98 = 0{,}98^2 \times 0{,}02$
(E, S, E)	$0{,}02 \times 0{,}98 \times 0{,}02 = 0{,}98 \times 0{,}02^2$
(E, E, S)	$0{,}02 \times 0{,}02 \times 0{,}98 = 0{,}98 \times 0{,}02^2$
(E, E, E)	$0{,}02 \times 0{,}02 \times 0{,}02 = 0{,}02^3$

3. Le nombre de succès est : 3 dans le cas de l'issue (S, S, S),

2 dans le cas des trois issues (S, S, E), (S, E, S) et (E, S, S) incompatibles (*les probabilités s'ajoutent*),

1 dans le cas des trois issues incompatibles (S, E, E), (E, S, E) et (E, E, S)

0 dans le cas de l'issue (E, E, E).

k	0	1	2	3
Probabilité d'obtenir k succès : $P(X=k)$	$0{,}02^2$	$3 \times 0{,}98 \times 0{,}02^2$	$3 \times 0{,}98^2 \times 0{,}02$	$0{,}98^3$

Cours 2 *Suite*

Nous pouvons observer que, pour chaque valeur de n, les coefficients en rouge sont égaux au nombre de chemins qui conduisent à k succès au cours de n épreuves de Bernoulli identiques et indépendantes : il s'agit de k succès parmi les n succès possibles.

NOTATIONS

Si n est un entier naturel et si k est un entier compris entre 0 et n, on note $\binom{n}{k}$ et ont « k parmi n » le nombre de chemins qui réalisent exactement k succès dans l'arbre à n niveaux, associé à un schéma de Bernoulli.

Avec cette notation on a par exemple $\binom{3}{1}=3$ que l'on lit « 1 parmi 3 ».

Les résultats figurant dans le tableau précédent donnant $P(X=k)$ pour les valeurs possibles de k lorsque n est égal à 1, 2 ou 3 peuvent alors s'écrire par une formule unique que nous admettons rester valable pour toute valeur de l'entier n.

$$P(X=k)=\binom{n}{k}p^k(1-p)^{n-k}.$$

Nous pouvons maintenant définir la loi binomiale et énoncer le théorème suivant.

DÉFINITION

La **loi binomiale de paramètre *n* et *p*** notée $\mathcal{B}(n,p)$ est la loi de la variable aléatoire X qui donne le nombre de succès dans la répétition de n épreuves de Bernoulli de paramètre p.

THÉORÈME

Pour la variable aléatoire X qui suit la loi binomiale $\mathcal{B}(n,p)$, où n est un entier naturel et p un nombre réel de l'intervalle $[0,1]$, on a pour tout entier k compris entre 0 et n :

$$P(X=k)=\binom{n}{k}p^k(1-p)^{n-k}.$$

Les **activités avec logiciels 2 et 3** indiquent comment effectuer le calcul de $P(X=k)$ avec une calculatrice ou un tableur et réaliser le diagramme des probabilités d'une loi binomiale avec un tableur.

PROPRIÉTÉ

L'**espérance** d'une variable aléatoire X suivant une **loi binomiale** $\mathcal{B}(n,p)$ est $E(X)=np$.

Dans le cas de l'urne contenant 7 boules vertes et 3 boules noires, on a $E(X)=2\times 0{,}7$: si on répète un très grand nombre de fois les deux tirages, la moyenne du nombre de boules vertes obtenues est environ 1,4.

Coefficients binomiaux, triangle de Pascal

En développant, on obtient $(a+b)^2 = \mathbf{1}\,a^2 + \mathbf{2}\,ab + \mathbf{1}\,b^2$ et de même $(a+b)^3 = \mathbf{1}\,a^3 + \mathbf{3}\,a^2b + \mathbf{3}\,ab^2 + \mathbf{1}\,b^3$.
Nous retrouvons en rouge les coefficients figurant, également en rouge, dans un tableau précédent donnant l'expression de $P(X)$ dans le cas où n est égal à 2 ou 3.
Ces coefficients sont appelés **coefficients binomiaux** car ils apparaissent dans le développement du binôme de Newton $(a+b)^n$ où n est un entier naturel quelconque.
Ces nombres sont présentés depuis très longtemps sous forme de triangle, ce qui permet de voir facilement une propriété de symétrie et la propriété $\binom{\boldsymbol{n}}{\boldsymbol{k}}=\binom{\boldsymbol{n-1}}{\boldsymbol{k-1}}+\binom{\boldsymbol{n-1}}{\boldsymbol{k}}$ démontrée par Blaise Pascal (1623-1662) en observant que k succès sont obtenus en n épreuves de Bernoulli, soit avec $k-1$ succès dans les $n-1$ premières épreuves suivies d'un succès, soit avec k succès dans les $n-1$ premières suivies d'un échec.

Point histoire

Page suivante, est représenté le triangle du mathématicien chinois Yang Hui (XIIIe siècle). Pascal a été le premier à démontrer 19 propriétés de ce triangle en introduisant le raisonnement par récurrence dont le principe peut être illustré par les dominos représentés ci-contre : si le premier domino tombe et si dès qu'un domino tombe le suivant tombe aussi, alors tous tombent.

Exercices résolus

7 | Loi binomiale

ÉNONCÉ

Lors d'une course cyclosportive ayant rassemblé de très nombreux participants, la probabilité qu'un cycliste ait terminé la course en moins de cinq heures est 0,513.

Un journaliste interroge indépendamment dix cyclistes au hasard. On note X la variable aléatoire qui donne, parmi les dix cyclistes interrogés, le nombre de cyclistes ayant fait le parcours en moins de cinq heures. On suppose le nombre de cyclistes suffisamment important pour assimiler le choix de dix cyclistes à un tirage aléatoire avec remise.

1. Quelle est la loi de probabilité suivie par X ?

2. Calculer la probabilité, arrondie au millième, qu'exactement quatre des dix cyclistes aient réalisé le parcours en moins de cinq heures. On donne $\binom{10}{4}=210$.

3. Calculer la probabilité, arrondie au millième, qu'au moins trois des dix cyclistes aient réalisé le parcours en moins de cinq heures.

SOLUTION

1. La variable aléatoire X mesure le nombre de succès dans la répétition, de façon identique et indépendante, de 10 épreuves de Bernoulli de paramètre $p=0{,}513$. Donc X suit la loi binomiale de paramètre $n=10$ et $p=0{,}513$.

2. La probabilité cherchée est : $P(X=4)=\binom{10}{4}\times(0{,}513)^4\times(0{,}487)^6\approx 0{,}194$.

3. La probabilité cherchée est $P(X\geqslant 3)$. On cherche la probabilité $P(X<3)$ de l'événement contraire :

$P(X<3)\approx P(X=0)+P(X=1)+P(X=2)$

$P(X<3)=\binom{10}{0}\times 0{,}513^0\times 0{,}487^{10}+\binom{10}{1}\times 0{,}513^1\times 0{,}487^9+\binom{10}{2}\times 0{,}513^2\times 0{,}487^8$

$P(X<3)\approx 0{,}053$; donc $P(X\geqslant 3)=1-P(X<3)\approx 0{,}947$.

8 | Triangle de Pascal

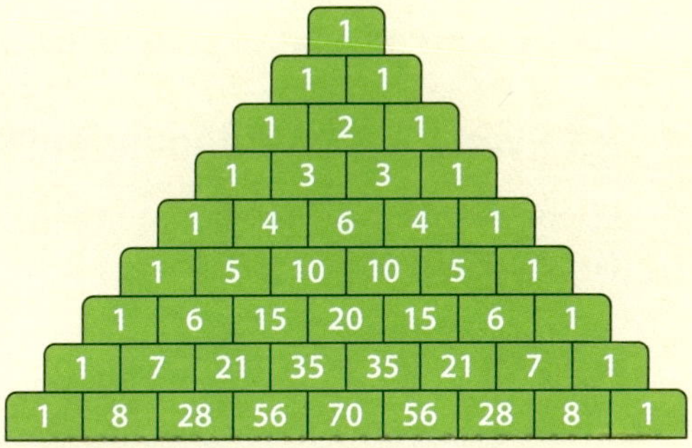

ÉNONCÉ

1. À l'aide des premières lignes du triangle de Pascal ci-contre, déterminer les nombres binomiaux suivants : $\binom{9}{3}$, $\binom{9}{4}$ et $\binom{10}{4}$.

2. X est une variable aléatoire suivant la loi binomiale de paramètres $n=10$ et $p=0{,}4$. Déterminer l'expression de $P(X=4)$ et calculer sa valeur arrondie au millième.

SOLUTION

1. $\binom{9}{3}=\binom{8}{2}+\binom{8}{3}=8+28=36.$

$\binom{9}{4}=\binom{8}{3}+\binom{8}{4}=28+56=84.$

$\binom{10}{4}=\binom{9}{3}+\binom{9}{4}=36+86=120.$

2. $P(X=4)=\binom{10}{4}(0{,}4)^4(0{,}6)^6.$

$P(X=4)\approx 0{,}143.$

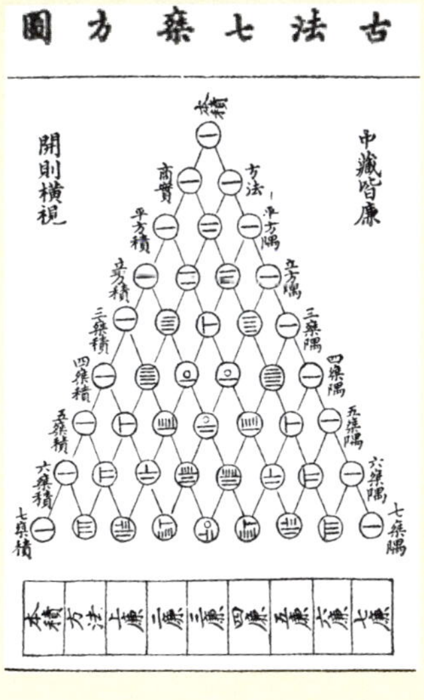

Le triangle de Yang Hui

L'ESSENTIEL

Ce qu'il faut savoir

1 Calculs des probabilités

• La **probabilité d'un événement** d'un univers fini Ω est la somme des probabilités des issues qui constituent A. La probabilité de Ω est 1.

• Pour tout événement A, $\mathbf{0 \leq P(A) \leq 1}$.

• L'**équiprobabilité** correspond au cas où toutes les issues ont la même probabilité.
Dans ce cas, la probabilité d'un événement élémentaire est :

$$\frac{\mathbf{1}}{\textbf{nombre d'éléments de } \Omega} = \frac{\mathbf{1}}{\textbf{Card}(\Omega)}$$

et pour tout événement A,

$$P(A) = \frac{\textbf{nombre d'éléments de } A}{\textbf{nombre d'éléments de } \Omega} = \frac{\textbf{Card}(A)}{\textbf{Card}(\Omega)} = \frac{\textbf{nombre de cas favorables}}{\textbf{nombres de cas possibles}}.$$

• Pour tous événements **disjoints** (ou **incompatibles**) A, B, c'est-à-dire tels que $A \cap B = \varnothing$,

$$P(A \cup B) = P(A) + P(B).$$

• Pour tout événement A, d'événement contraire $\overline{A}$, $P(\overline{A}) = 1 - P(A)$. En particulier $P(\varnothing) = 0$.

• Pour tous événements A, B, $P(A \cup B) = P(A) + P(B) - P(A \cap B)$.

2 Probabilités conditionnelles

• Lorsque les issues de l'univers Ω sont **équiprobables** pour tous événements A et B de cardinaux non nuls, **la probabilité de B sachant A est** $P_A(B) = \dfrac{\textbf{Card}(A \cap B)}{\textbf{Card}(A)}$.

• **Dans le cas général, la probabilité de B sachant A est** $P_A(B) = \dfrac{P(A \cap B)}{P(A)}$.

3 Événements indépendants

• Deux événements A et B sont **indépendants** si et seulement si $P(A \cap B) = P(A) \times P(B)$ ou : $P_B(A) = P(A)$.

4 Arbre de probabilité

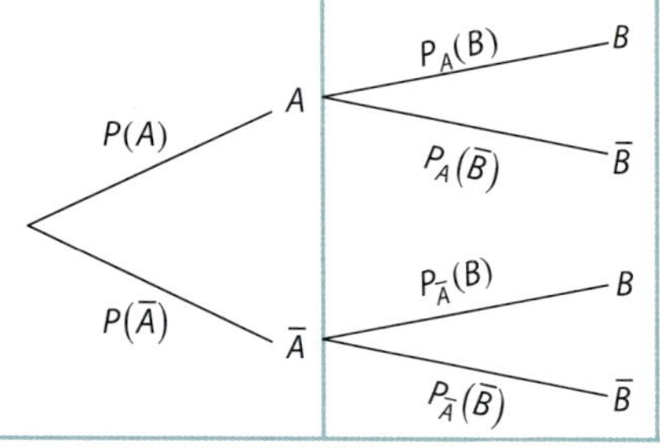

Étape 1	Étape 2	Résultat	Probabilité du résultat
		$A \cap B$	$P(A \cap B) = P(A) \times P_A(B)$
		$A \cap \overline{B}$	$P(A \cap \overline{B}) = P(A) \times P_A(\overline{B})$
		$\overline{A} \cap B$	$P(\overline{A} \cap B) = P(\overline{A}) \times P_{\overline{A}}(B)$
		$\overline{A} \cap \overline{B}$	$P(\overline{A} \cap \overline{B}) = P(\overline{A}) \times P_{\overline{A}}(\overline{B})$

• Les probabilités indiquées sur les branches partant d'un même nœud ont pour somme 1.

• La probabilité d'un chemin est le produit des probabilités indiquées sur ses branches.

• La probabilité d'un événement constitué de plusieurs chemins est la somme des probabilités de ces chemins.

5 Variable aléatoire discrète

• Une **variable aléatoire discrète** X prend, lors d'une expérience aléatoire, des valeurs $x_1, x_2, \ldots, x_n$ avec des probabilités $p_1, p_2, \ldots, p_n$.
La **loi de probabilité associée à X** est la fonction f qui à tout x_i associe $f(x_i) = P(X = x_i) = p_i$.
• L'**espérance d'une variable aléatoire X** prenant m valeurs x_i avec les probabilités $p_i = P(X = x_i)$ est

$$\boldsymbol{E(X) = p_1x_1 + p_2x_2 + \ldots + p_mx_m}.$$

6 Épreuve de Bernoulli

Une **épreuve de Bernoulli de paramètre p** (nombre réel compris entre 0 et 1) est une épreuve aléatoire comportant deux issues :

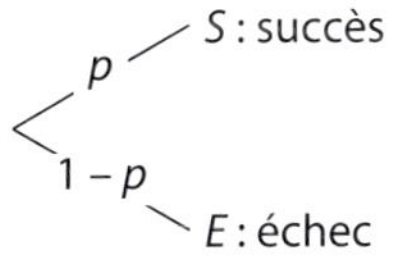

7 Schéma de Bernoulli

Un **schéma de Bernoulli de paramètres n et p** est une épreuve aléatoire consistant à répéter n fois, de façon identique et indépendante, une épreuve de Bernoulli de paramètre p.

8 Loi binomiale

• Si n est un entier naturel et si k est un entier compris entre 0 et n, on note $\binom{n}{k}$ et on lit « k parmi n » le nombre de chemins qui réalisent exactement k succès dans l'arbre à n niveaux associé à un schéma de Bernoulli. Ces nombres sont appelés **coefficients binomiaux**.
• La **loi binomiale de paramètres n et p** notée $\mathscr{B}(\boldsymbol{n, p})$ est la loi de la variable aléatoire X qui donne le nombre de succès dans la répétition de n épreuves de Bernoulli identiques et indépendantes de paramètre p.
• Pour la variable aléatoire X qui suit la loi binomiale $\mathscr{B}(n, p)$, où n est un entier naturel et p un nombre réel de l'intervalle $[0, 1]$, on a pour tout entier k compris entre 0 et n :

$$\boldsymbol{P(X = k) = \binom{n}{k} p^k (1 - p)^{n-k}}.$$

• **L'espérance** d'une variable aléatoire X suivant une loi binomiale $\mathscr{B}(n, p)$ est : $\boldsymbol{E(X) = np}$.

9 Triangle de Pascal

Dans le triangle de gauche ci-dessous, dit « triangle de Pascal », chaque nombre est la somme des deux nombres situés immédiatement à gauche et à droite sur la ligne du dessus, par exemple ① + ② → ③. On obtient alors les différentes valeurs de $\binom{n}{k}$ indiquées à droite.

On a : $\binom{n}{k} = \binom{n-1}{k-1} + \binom{n-1}{k}$

```
            1
          1   1
        ① + ②   1
      1   ③   3   1
    1   4   6   4   1
  1   5   10  10  5   1
```

$$\begin{array}{c}
\binom{0}{0} \\
\binom{1}{0} \quad \binom{1}{1} \\
\binom{2}{0} \quad \binom{2}{1} \quad \binom{2}{2} \\
\binom{3}{0} \quad \binom{3}{1} \quad \binom{3}{2} \quad \binom{3}{3} \\
\binom{4}{0} \quad \binom{4}{1} \quad \binom{4}{2} \quad \binom{4}{3} \quad \binom{4}{4} \\
\binom{5}{0} \quad \binom{5}{1} \quad \binom{5}{2} \quad \binom{5}{3} \quad \binom{5}{4} \quad \binom{5}{5}
\end{array}$$

Ce qu'il faut savoir faire

Capacités attendues sur les probabilités conditionnelles et les variables aléatoires discrètes finies	MÉTHODE (Exercices résolus du cours)	EXERCICES (Corrigés des exercices en vert pages 204-206)
Construire un arbre de probabilités associé à une situation aléatoire donnée.	**Voir les exercices résolus 3 et 5**	60
Interpréter les pondérations de chaque branche d'un arbre en termes de probabilités, et notamment de probabilités conditionnelles.	**Voir les exercices résolus 3 et 5**	17 18 et 19 20 21 à 23
Faire le lien entre la définition des probabilités conditionnelles et la multiplication des probabilités des branches du chemin correspondant.	**Voir l'exercice résolu 3**	17 18 et 19 20 21 à 23 51
Utiliser un arbre de probabilités pour calculer des probabilités.	**Voir l'exercice résolu 3**	17 18 et 19 20 21 à 23 54 56 à 60
Calculer la probabilité d'un événement connaissant ses probabilités conditionnelles relatives à une partition de l'univers.	**Voir l'exercice résolu 1**	5 6 13 14 à 18 54
Calculer l'espérance d'une variable aléatoire discrète dans des cas simples et l'interpréter.	**Voir l'exercice résolu 4**	24 25 26 27 et 28 61
Calculer des coefficients binomiaux $\binom{n}{k}$ à l'aide du triangle de Pascal pour $n \leq 10$.	**Voir l'exercice résolu 8**	32
Reconnaître une situation relevant de la loi binomiale et en identifier le couple de paramètres.	**Voir l'exercice résolu 7**	33 34 35 à 40 62 à 64
Lorsque la variable aléatoire X suit une loi binomiale : – interpréter l'événement $\{X=k\}$ sur un arbre de probabilité ; – calculer les probabilités des événements $\{X=0\}$, $\{X=1\}$, $\{X=n\}$, $\{X=n-1\}$ et de ceux qui s'en déduisent par réunion ; – calculer la probabilité de l'événement $\{X=k\}$ à l'aide des coefficients binomiaux.	**Voir l'exercice résolu 6**	

Capacités attendues sur les situations algorithmiques en probabilités		
Générer un triangle de Pascal de taille n donnée.	**Activité avec logiciels 1**	
Représenter par un diagramme en bâtons la loi de probabilité d'une loi binomiale $\mathcal{B}(n, p)$.	**Activités avec logiciels 3 et 5**	43
Calculer l'espérance $\sum x_i p_i$ d'une variable aléatoire suivant une loi de probabilité donnée ; cas particulier d'une variable aléatoire suivant la loi binomiale $\mathcal{B}(n, p)$.	**Activité avec logiciels 4**	41 45 46

Activités avec logiciels

1 Générer un triangle de Pascal en Python

Toutes séries

L'objectif de cette activité est de créer une fonction Python permettant de générer un triangle de Pascal de taille donnée. On donne ci-dessous le triangle de Pascal de taille 5 (nombres en gras).

	0	1	2	3	4	5
0	**1**					
1	**1**	**1**				
2	**1**	**2**	**1**			
3	**1**	**3**	**3**	**1**		
4	**1**	**4**	**6**	**4**	**1**	
5	**1**	**5**	**10**	**10**	**5**	**1**

Les lignes et les colonnes sont numérotées à partir de 0 (tout comme les listes en Python). Le principe de construction est le suivant :

• les lignes 0 et 1 sont données et constituées de 1 ;

• pour tout $i \geq 2$, la ligne i est constituée de $i + 1$ nombres ; elle commence et se termine par 1, et, pour tout j compris entre 1 et $i - 1$, le nombre de la ligne i et de la colonne j s'obtient en ajoutant les deux nombres de la ligne $i - 1$ situés aux colonnes $j - 1$ et j.

Par exemple, le nombre situé à la ligne 5 et à la colonne 3, est obtenu comme la somme des deux nombres situés à la ligne 4 et aux colonnes 2 et 3 : $6 + 4 = 10$.

1 Le triangle de Pascal en Python sera une liste de liste.
Ainsi, le triangle de Pascal de taille 1 est la liste `T = [[1], [1, 1]]`.

a) Pour la liste T précédente, donner `T[0] et T[1]`.

b) Quelle est la liste correspondant au triangle de Pascal de taille 2 ?

2 On considère la fonction Python suivante, dont l'objectif est d'imprimer la ligne i du triangle de Pascal T.

```
1  def ligne(T, i):
2      T.append([1])
3      for j in range(1, i):
4          T[i].append(T[i - 1][j - 1] + T[i - 1][j])
5      T[i].append(1)
6      print(T[i])
```

a) Qu'effectue l'instruction en ligne 2 ? Quelle différence avec l'instruction de la ligne 5 ?

b) Quelles valeurs la variable j prend-elle dans la boucle des lignes 3 et 4 ?

c) À quelle règle correspond la ligne 4 ?

3 Compléter la fonction Python suivante afin qu'elle imprime un triangle de Pascal de taille n.

```
def Pascal(n):
    T = [[1], [1, 1]]
    print(T[0])
    print(T[1])
    for i in range(..............,..............):
        ligne(T, i)
```

4 Implanter les fonctions précédentes et les tester en exécutant `Pascal(10)`.

Activités avec logiciels

Point histoire

C'est **Pascal** (1623-1662), mathématicien, physicien, philosophe et écrivain français qui peut être considéré comme le fondateur du calcul des probabilités. À partir de quelques problèmes particuliers, il sut imaginer des méthodes générales de résolution ; l'exemple le plus célèbre est celui du chevalier de Méré : lorsqu'une partie d'un jeu de hasard doit être arrêtée avant la victoire d'un des joueurs, comment répartir entre ceux-ci les sommes d'argent misées ?
Ainsi vers 1654 avec, en particulier, la correspondance entre Pascal et Fermat, les probabilités deviennent une branche des mathématiques.
Le triangle dit « de Pascal » était bien connu avant Pascal, notamment des mathématiciens du Moyen-Orient comme **Al-Karaji** (953-1029) ou **Omar Khayyam** (XIe siècle). Il apparaît ensuite dans les ouvrages de la Renaissance, comme chez **Tartaglia** (1499-1557). Il est d'ailleurs connu sous le nom de « triangle de Tartaglia » en Italie. Cependant, Blaise Pascal est le premier à lui consacrer un ouvrage, le *Traité du triangle arithmétique* dans lequel il démontre nombre de ses propriétés. Le traité est disponible sur « gallica.bnf.fr ». Pascal y introduit les termes de « rang parallèle » et « rang perpendiculaire » et il définit ainsi le triangle arithmétique : « le nombre de chaque cellule est égal à celui de la cellule qui la précède dans son rang perpendiculaire, plus à celui de la cellule qui la précède dans son rang parallèle ».

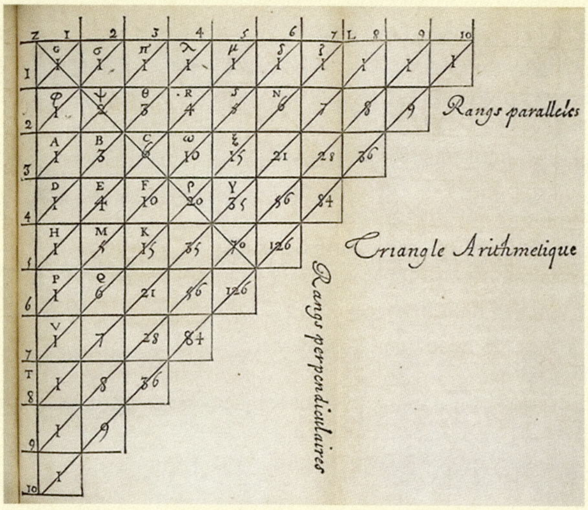

2 Calculer des probabilités dans le cadre de la loi binomiale avec une calculatrice

Toutes séries

Le responsable des ressources humaines d'une grande entreprise a mené une étude sur l'absentéisme des employés.

La probabilité qu'un employé soit absent un jour donnée est $p = 0{,}05$.

Soit X la variable aléatoire qui, à un employé choisi au hasard, associe son nombre de jours d'absence sur une période donnée de 100 jours travaillés.

On suppose que les cent événements possibles : « Être absent le jour j », pour j allant de 1 à 100, sont mutuellement indépendants.

1. Justifier que la variable aléatoire X suit une loi binomiale, dont on déterminera les paramètres.
2. Quelle est l'espérance de la variable aléatoire X ? Interpréter le résultat.
3. La plupart des modèles de calculatrices permettent d'obtenir, pour tout entier k compris entre 0 et 100, les probabilités $P(X = k)$ et $P(X \leq k)$. Utiliser une telle calculatrice pour déterminer les valeurs approchées arrondies à 10^{-3} des probabilités suivantes :

a) $P(X = 2)$; **b)** $P(X \leq 2)$;

c) $P(E)$ où E est l'événement : « Sur la période considérée, l'employé a eu plus de 10 jours d'absence ».

A Procédure à suivre sur une calculatrice CASIO

Se placer dans le Menu Statistique. Accéder à la loi binomiale par DIST (F5) puis BINOMIAL (F5).

Pour calculer $P(X = k)$, on utilise l'instruction Bpd (*Binomial probability distribution*) par F1.

Pour calculer $P(X \leq k)$, on utilise l'instruction Bcd (*Binomial cumulative distribution*) par F2.

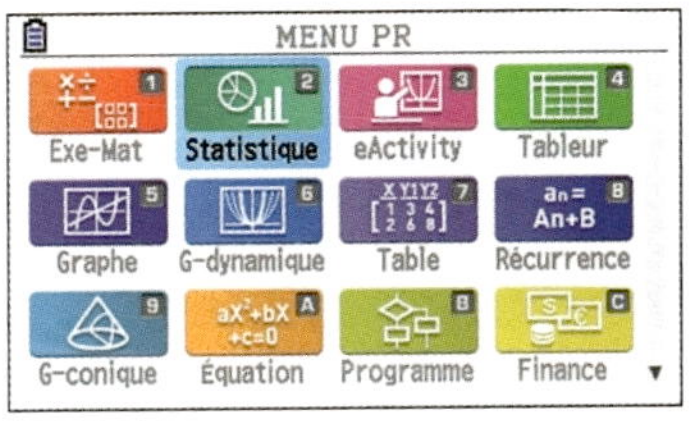

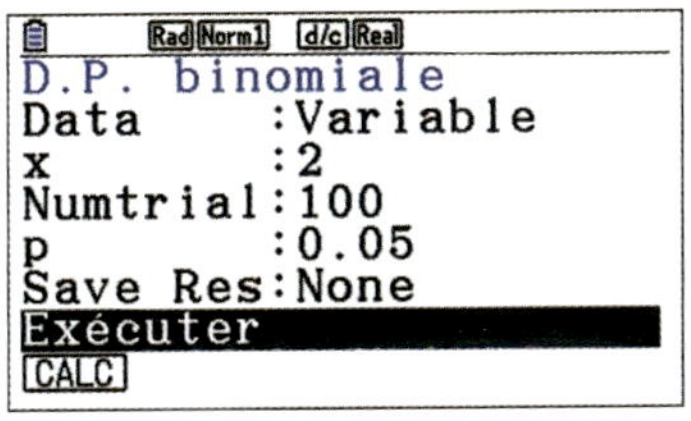

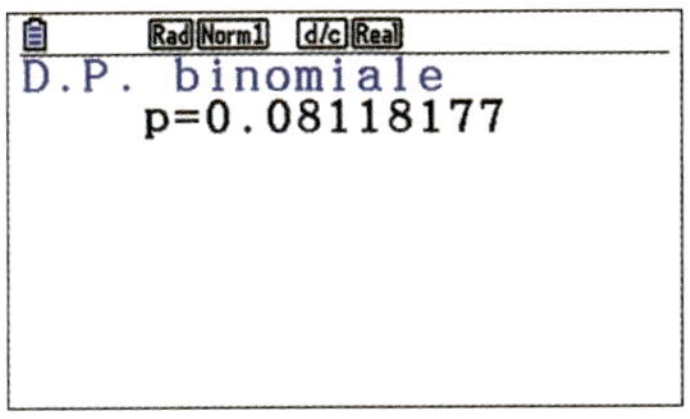

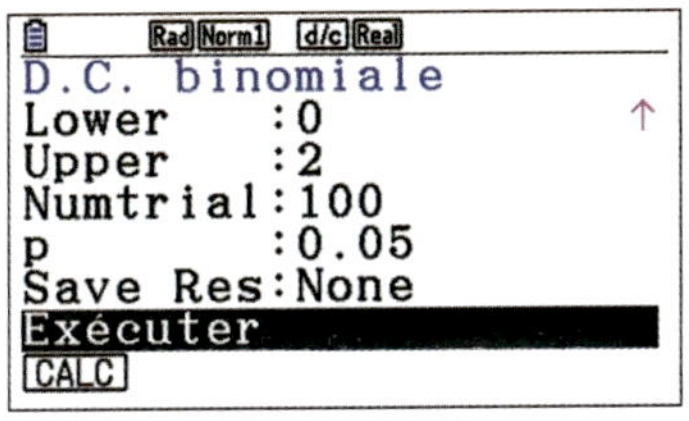

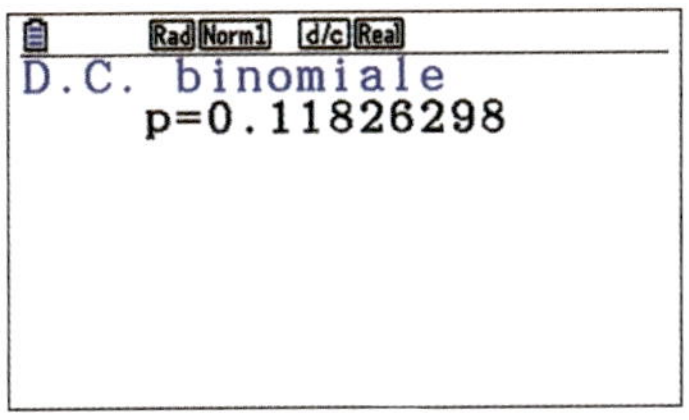

B Procédure à suivre sur une calculatrice TI

Accéder au menu « distribution » par 2nde / distrib.

Pour calculer $P(X = k)$, on utilise l'instruction binomFdp (*Fonction densité de probabilité*), choix A.

Pour calculer $P(X \leq k)$, on utilise l'instruction binomFRép (*Fonction Répartition*), choix B.

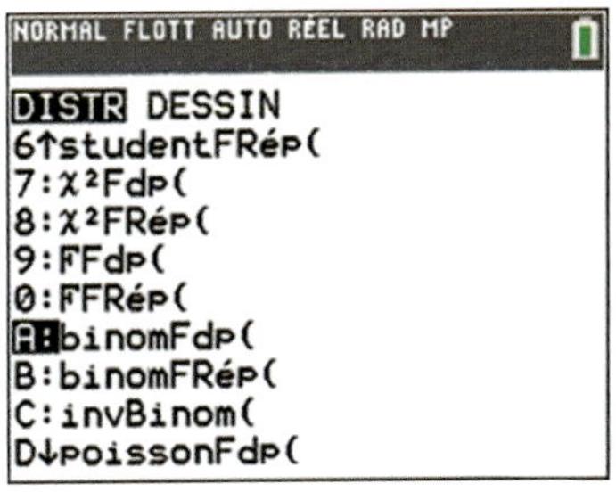

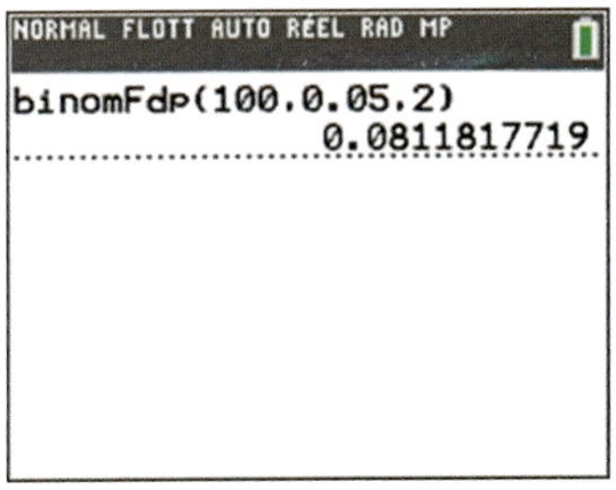

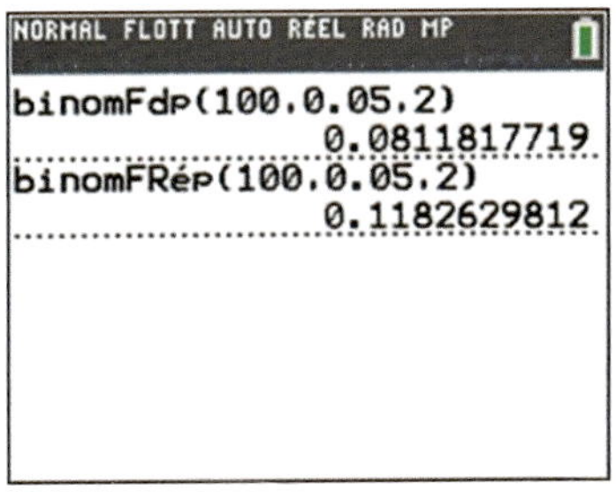

Activités avec logiciels

C Procédure à suivre sur une calculatrice NumWorks

Se placer dans l'application Probabilites. Choisir la loi Binomiale. Entrer les valeurs des paramètres n et p.
Pour calculer $P(X=k)$ ou $P(X \leq k)$, choisir l'icône graphique correspondant et compléter comme ci-dessous.

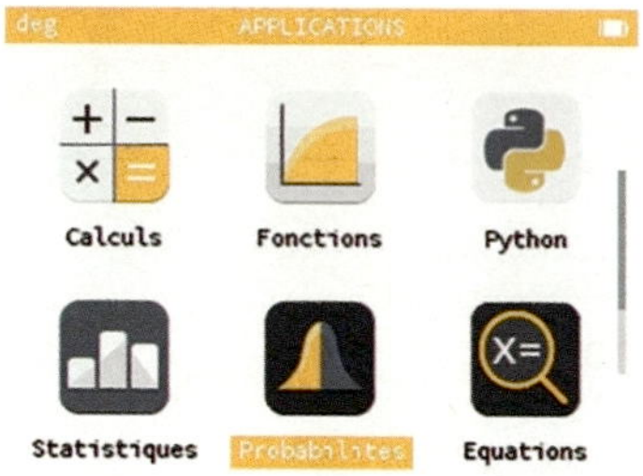

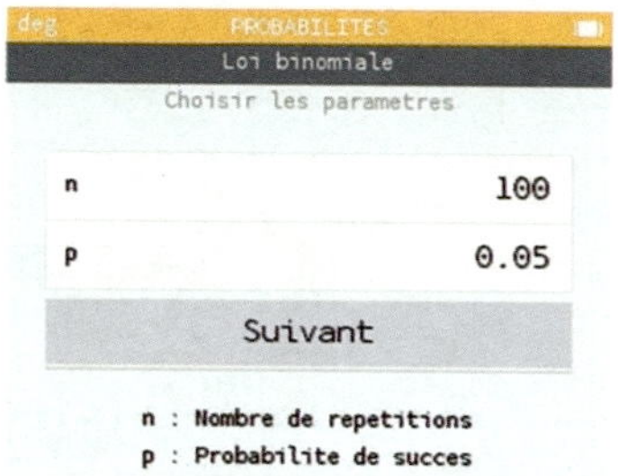

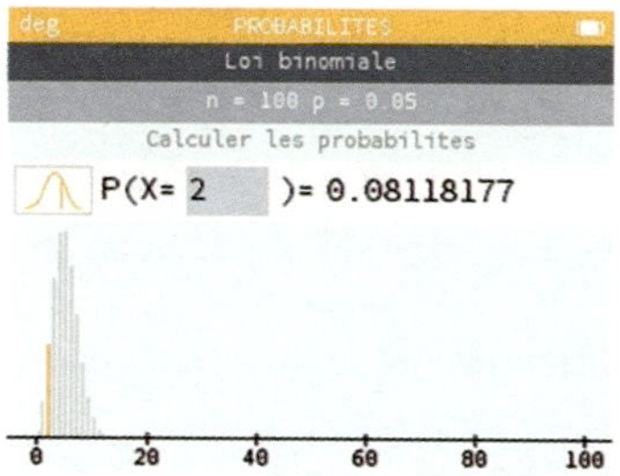

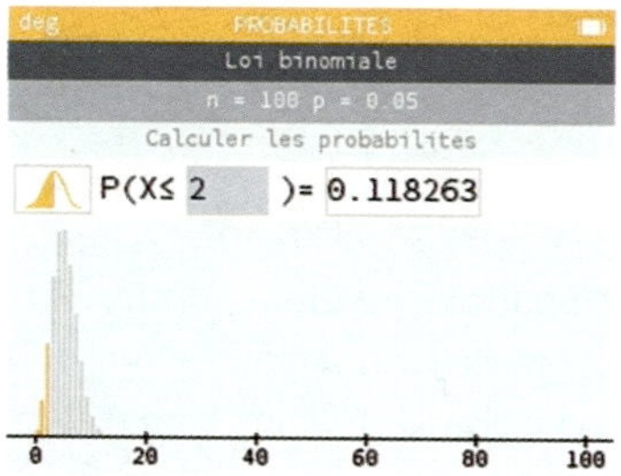

3 Simuler des échantillons d'une loi de Bernoulli et faire le lien avec la loi binomiale, avec un tableur

Toutes séries

Dans une station de ski, une étude statistique a établi qu'un client sur quatre pratique le surf. On considère un groupe de 80 clients de la station prenant un téléski et on s'intéresse au nombre de ceux qui pratiquent le surf. On suppose que les clients prennent le téléski de façon indépendante et que la clientèle est suffisamment importante pour considérer qu'il s'agit d'un tirage avec remise de 80 personnes parmi la clientèle.
Soit X la variable aléatoire correspondant au nombre de clients pratiquant le surf dans un tel groupe de 80 clients.

1. Justifier que X suit une loi binomiale dont on donnera les paramètres.

2. **a)** Justifier que l'instruction =SI(ALEA()<0,25;1;0) simule une réalisation d'une variable aléatoire de loi de Bernoulli de paramètre 0,25.

b) Interpréter, dans le contexte de l'activité, le résultat « 1 », obtenu en cellule B2 ci-dessous.

B2 | fx | =SI(ALEA()<0,25;1;0)

	A	B	C	D
1		client 1	client 2	client 3
2	Télécabine 1	1	0	0
3	Télécabine 2	1	1	0

3 **a)** Dans un tableur, recopier la cellule B2 vers la droite pour simuler un échantillon de taille 80 de la loi de Bernoulli de paramètre 0,25.

b) Entrer en cellule CD2 la formule =SOMME(B2:CC2).

Comment peut-on interpréter, dans le contexte de l'activité, le nombre affiché en cellule CD2 ?

4 Recopier la ligne 2 vers le bas pour simuler 1 000 échantillons de taille 80 de la loi de Bernoulli de paramètre 0,25.

5 Dans la plage de cellules CF2:CH82, construire un tableau contenant en colonne CF le nombre de surfeurs de 0 à 80.

CG2 f_x =NB.SI(CD$2:CD$1001;CF2)/1000

	CC	CD	CE	CF	CG	CH
1	client 80	total		Nombre de surfeurs	Fréquence	Probabilité
2	0	16		0	0	1,01135E-10
3	0	19		1	0	2,69693E-09
4	1	28		2	0	3,55096E-08
5	0	21		3	0	3,0775E-07
6	0	15		4	0	1,97473E-06

a) Saisir en CG2 la formule =NB.SI(CD$2:CD$1001;CF2)/1000 et la recopier vers le bas. Que calcule cette formule ?

b) Saisir en CH2 la formule =LOI.BINOMIALE(CF2;80;0,25;FAUX) et la recopier vers le bas. Que calcule cette formule ?

6 Représenter les valeurs du tableau précédent sous forme d'un diagramme en bâtons.

7 Comparer le diagramme en bâtons correspondant aux fréquences et celui correspondant aux probabilités (faire F9 pour régénérer les simulations).

Quelle explication peut-on donner ?

Activités avec logiciels

Fiche tableur

LA FONCTION ALEA

Les simulations de base s'effectuent à l'aide du générateur de nombres pseudo-aléatoires nommé ALEA (l'équivalent de la touche random des calculatrices).

La formule =ALEA() (avec des parenthèses vides) affiche un nombre décimal « au hasard » entre 0 et 1 (le nombre 1 est exclu).

LA FONCTION SI

La syntaxe est =SI(test logique ; valeur si vrai ; valeur si faux). Cette formule permet de conditionner deux actions alternatives au résultat d'un test.

Exemples :
– La formule =SI(ALEA<0,5;"pile";"face") affichera le texte « pile » si le résultat de ALEA() est inférieur à 0,5 (c'est-à-dire avec une probabilité égale à 0,5) et affichera le texte « face » sinon. On peut simuler ainsi un lancer à pile ou face avec une pièce supposée équilibrée.
– La formule =SI(ALEA<0,3;"Rouge";"Bleue") affichera le texte « Rouge » avec une probabilité égale à 0,3 et affichera le texte « Bleue » sinon, donc avec une probabilité égale à 0,7. On peut simuler ainsi le tirage au hasard d'une boule dans une urne contenant 30 % de boules rouges et 70 % de boules bleues.

LA FONCTION ALEA.ENTRE.BORNES

La formule =ALEA.ENTRE.BORNES(1;6) affiche un nombre entier au hasard entre 1 et 6. On peut ainsi simuler le lancer d'un dé cubique supposé équilibré.

LA TOUCHE F9

La touche F9 permet le « recalcul » des fonctions (dont ALEA) et donc d'effectuer instantanément de nouvelles simulations.

LA FONCTION CONCATENER

Cette fonction assemble plusieurs chaînes de caractères pour n'en former qu'une seule. Elle est utile dans la simulation d'expériences aléatoires dont l'issue résulte d'expériences successives : une première expérience débouchant sur S ou M et une seconde sur *n* ou *d* (par exemple) fournissant quatre cas possibles *Sn*, *Sd*, *Mn*, *Md*.
Par exemple la formule =CONCATENER(A1;B1) inscrite en cellule C1 y affichera bout à bout le texte affiché en A1, résultat de la première expérience (S ou M) et en B1, résultat de la seconde expérience (*n* ou *d*).

LA FONCTION NB.SI

La syntaxe est =NB.SI(plage;critère). Elle affiche le nombre de cellules qui, dans la plage indiquée, satisfont au critère spécifié.
Par exemple =NB.SI(A1:B50;"<=0,5") affiche le nombre de cellules qui, dans la plage de A1 à B50, contiennent un nombre inférieur ou égal à 0,5.

4 Calculer l'espérance d'une variable aléatoire en Python

Toutes séries

On considère une variable aléatoire X dont la loi de probabilité est donnée par le tableau suivant :

k	−2	1	2	3	4
$P(X = k)$	0,4	0,1	0,1	0,2	0,2

1 On considère les deux listes :
`x = [-2, 1, 2, 3, 4]` et `p = [0.4, 0.1, 0.1, 0.2, 0.2]`.
La fonction Python `produit` est définie comme suit :

```
def produit(x, p):
    prod = []
    for i in range(len(x)):
        prod.append(x[i] * p[i])
    return prod
```

a) Quel est le type de l'objet renvoyé par la fonction `produit` ?
b) Qu'effectue la fonction `produit` ?

2 Créer une fonction `esperance` prenant en paramètres deux listes x et p et renvoyant l'espérance de la variable aléatoire dont la loi correspond aux listes x et p.

3 Implanter la fonction précédente et la tester en calculant $E(X)$.

4 Dans cette question, on cherche à appliquer la fonction `esperance` au cas particulier d'une variable aléatoire Y suivant la loi binomiale de paramètres $n = 10$ et $p = 0{,}2$.
a) Importer la fonction `binom` de la bibliothèque `scipy.stats` puis exécuter les instructions suivantes.

```
from scipy.stats import binom
y = [i for i in range(11)]
va = binom(10, 0.2)
pr = [va.pmf(i) for i in range(11)]
```

À quoi correspondent les listes y et `pr` définies ici ?
b) Exécuter la fonction `esperance` avec les listes y et `pr` précédentes. Quel résultat du cours retrouve-t-on ?

5 Une planche de Galton en Python

Toutes séries

Une planche de Galton à 5 niveaux est schématisée ci-contre. Une bille arrive par le haut et rencontre le premier « plot » ; elle passe à droite (issue D) ou à gauche (issue G) avec d'égales chances ; il en est de même à chacun des 4 plots rencontrés. La bille achève son parcours dans l'une des 5 cases numérotées de 0 à 4.
On souhaite simuler le fonctionnement d'une telle planche en Python.

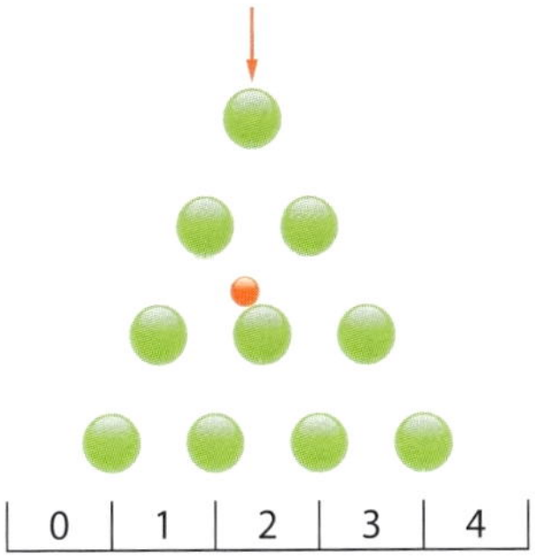

Activités avec logiciels

1 On considère la fonction `chute` suivante.

```
from random import random
def chute():
    chemin = []
    for n in range(4):
        if random() < 0.5:
            chemin.append('G')
        else:
            chemin.append('D')
    return chemin
```

Indiquer le numéro de la case où tombe la bille lorsque la fonction chute() renvoie :

a) `['G', 'D', 'G', 'D']`.

b) `['D', 'D', 'G', 'G']`.

2 On considère la fonction case suivante.

```
def case():
    chemin = chute()
    return chemin.count('D')
```

Que renvoie cette fonction ?

3 On considère la fonction `simulation` suivante, renvoyant la distribution du nombre de billes observées dans chaque case lorsqu'on simule le lancer de N billes.

```
def simulation(N):
    L = [0, 0, 0, 0, 0]
    for k in range(N):
        i = case()
        L[i] = L[i] + 1
    return L
```

La requête `simulation(1000)` fournit le résultat `[57, 266, 369, 239, 69]`.

a) Combien de billes ont été lancées (en simulation) ?

b) Interpréter le nombre 266.

4 On exécute le script suivant et on obtient le diagramme ci-contre.

```
import matplotlib.pyplot as plt
L = simulation(1000)
F = [l / 1000 for l in L]
plt.bar([0, 1, 2, 3, 4], F)
plt.show()
```

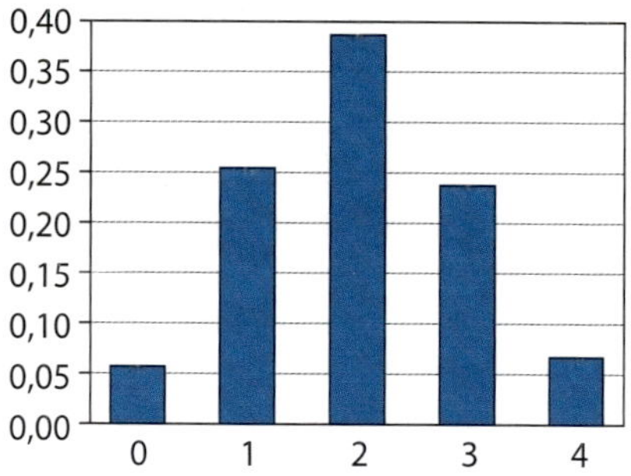

À quoi correspond ce diagramme en barres ? Indiquer une légende pour chaque axe.

5 On désigne par X la variable aléatoire correspondant au numéro de la case dans laquelle aboutit une bille dans le modèle de la planche de Galton à 5 niveaux.

a) Montrer que X suit la loi binomiale de paramètres 4 et 0,5.

b) Tracer le diagramme en barres représentant la loi de X et comparer au diagramme obtenu par simulation.

Point histoire

Si chaque bille a un trajet qui lui est propre et qui varie à chaque essai, le comportement de 1 000 billes est toujours globalement le même, avec une répartition quasi identique des billes dans les cases (voir, plus loin, la « loi des grands nombres »).
Francis Galton (1822-1911), scientifique anglais, appliqua cette expérience aux comportements humains, en particulier dans les problèmes d'hérédité. Peu versé dans les mathématiques, Galton eut le souci de représenter physiquement les phénomènes aléatoires, en faisant construire des machines. En 1889, dans *Natural Inheritance* (*L'hérédité naturelle*), il donne la figure ci-contre de sa planche (page 63 de l'ouvrage).

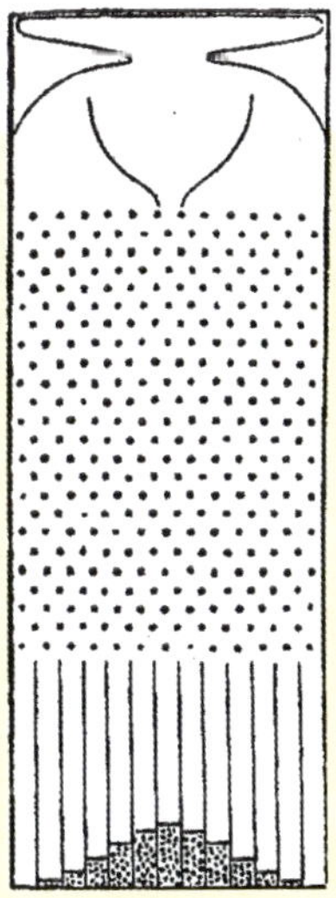

Fiche algorithmique et programmation

LE MODULE (OU BIBLIOTHÈQUE) RANDOM

Le module random de Python comporte les fonctions de simulation de tirages aléatoires.
Pour importer les fonctions du modules random, on peut faire :

```
from random import *
```

qui importe toutes les fonctions du module random (ce qui peut poser problème si l'on importe deux fonctions de même nom de deux modules différents) ou, pour importer une seule fonction du module random :

```
from random import random
from random import randint
```

LA FONCTION RANDOM

La fonction `random()`, sans paramètre, renvoie un nombre décimal « au hasard » entre 0 et 1 (le nombre 1 est exclu).

Exemple :
Fonction simulant un tirage au hasard dans une urne contenant 30 % de boules rouges et 70 % de boules bleues.

Programme	Exécutions

`from random import random`
`def tirage():`
`    if random() < 0.3:`
`        return("Rouge")`
`    else:`
`        return("Bleue")`
	`>>> tirage()`
	`'Bleue'`
	`>>> tirage()`
	`'Rouge'`
	`>>> tirage()`
	`'Bleue'`

LA FONCTION RANDINT

La fonction `randint(a,b)` renvoie un nombre entier au hasard compris entre les nombres entiers a et b (inclus).

Exemple :
Fonction simulant le lancer d'un dé cubique supposé équilibré.

Programme	Exécutions

`from random import randint`
`def lancer():`
`    return(randint(1, 6))`
	`>>> lancer()`
	`5`
	`>>> lancer()`
	`3`
	`>>> lancer()`
	`2`

Automatismes
Questions flash • QCM • vrai/faux

#diaporama foucherconnect.fr/20ltm11

Entretenir des capacités dans le domaine des proportions, des pourcentages et du calcul numérique.

Capacités attendues

PROPORTIONS ET POURCENTAGES

- Calculer, appliquer, exprimer une proportion sous différentes formes (décimale, fractionnaire, pourcentage).
- Calculer la proportion d'une proportion

CALCUL NUMÉRIQUE

- Effectuer des opérations et des comparaisons entre des fractions simples..

1 à 4 sans calculatrice

PROPORTIONS ET POURCENTAGES

1 Les résultats d'une enquête ★

Une enquête a été réalisée auprès de 1 000 habitants d'une ville où est implanté un restaurant. Les résultats sont les suivants : 10 % ont moins de 30 ans ; 40 % ont entre 30 et 50 ans ; 50 % ont plus de 50 ans.

À la question : « avez-vous déjà mangé dans ce restaurant ? » : 20 % des moins de 30 ans ont répondu « oui » ; 35 % des personnes âgées entre 30 et 50 ans ont répondu « oui » ; 60 % des plus de 50 ans ont répondu « oui ».

1. Compléter, après l'avoir reproduit, le tableau suivant :

	Ont répondu oui	Ont répondu non	Total
Ont moins de 30 ans			
Ont entre 30 et 50 ans			
Ont plus de 50 ans			
Total			1 000

2. Quelle est la proportion des habitants qui ont répondu oui, parmi les habitants de l'échantillon ?

2 Un acte citoyen ★

Dans une région, 60 % des donneurs de sang sont des hommes. Parmi eux, 30 % ont moins de 40 ans.

Parmi les femmes donnant leur sang, 40 % ont moins de 40 ans.

1. Quelle est la proportion des hommes de moins de 40 ans parmi la population des donneurs de sang de cette région ?

2. Quelle est la proportion des femmes de moins de 40 ans parmi la population des donneurs de sang de cette région ?

3. Vrai/Faux. La proportion de donneurs de sang de moins de 40 ans dans cette région est de 34 %.

3 Contrôle de qualité ★★

Une entreprise fabrique des batteries pour téléphone. 60 % des batteries sont fabriquées dans l'atelier A et le reste dans l'atelier B. Après contrôle, 90 % des batteries fabriquées dans l'atelier A ne présentent aucun défaut, et 5 % des batteries fabriquées dans l'atelier B présentent au moins un défaut.

1. Quelle proportion de l'ensemble de la production représentent les batteries fabriquées dans l'atelier A ne présentant aucune défaut ?

2. Quelle proportion de l'ensemble de la production représentant les batteries fabriquées dans l'atelier B présentent au moins un défaut ?

CALCUL NUMÉRIQUE

4 Opérations avec des fractions ★★

1. Trouver un nombre décimal égal à : $\frac{0{,}4}{0{,}5}$.
2. Trouver un nombre décimal égal à : $\frac{0{,}150}{0{,}30}$.
3. Trouver une fraction irréductible égale à : $\frac{1}{2}+\frac{1}{3}+\frac{1}{6}$.
4. Trouver une fraction irréductible égale à : $0{,}5\times\frac{1}{3}$.
5. Trouver une fraction irréductible égale à : $\frac{1}{3}\times\frac{2}{5}+\frac{2}{3}\times\frac{2}{10}$.
6. Calculer : $2\times\frac{3}{7}+4\times\frac{8}{7}+10\times\frac{1}{7}$.
7. Calculer : $-3\times\frac{4}{10}-2\times\frac{3}{10}+1\times\frac{1}{5}+6\times\frac{1}{10}$.

Exercices pour s'entraîner

Corrigés pages 204 à 207

Calculer des probabilités conditionnelles en utilisant la définition

5 ★ On considère deux événements A et B tels que $P(A) = 0,4$; $P(B) = 0,6$ et $P(A \cup B) = 0,7$.

1. Calculer $P(A \cap B)$.

2. En déduire les probabilités conditionnelles $P_A(B)$ et $P_B(A)$.

6 ★ On considère deux événements A et B tels que $P(A) = 0,2$; $P(B) = 0,4$ et $P(A \cup B) = 0,5$.

1. Calculer $P(A \cap B)$.

2. En déduire les probabilités conditionnelles $P_A(B)$ et $P_B(A)$.

Avec des événements indépendants

7 Utiliser la définition ★

Soit A et B deux événements liés à une expérience aléatoire. Les probabilités des événements A, B et $A \cap B$ sont données par les égalités :

$P(A) = \frac{5}{3}$ $\quad P(B) = \frac{3}{4}$ $\quad P(A \cap B) = \frac{2}{5}$.

1. L'une des données ci-dessus est aberrante, laquelle ? Pourquoi ?

2. Modifier cette donnée de façon que les événements A et B soient indépendants.

3. En conservant cette nouvelle donnée, déterminer la valeur de $P_A(B)$.

8 ★ A et B sont deux événements indépendants liés à une expérience aléatoire.

1. $P(A) = \frac{2}{3}$ et $P(B) = \frac{1}{4}$; calculer $P(A \cap B)$.

2. $P(A) = \frac{1}{5}$ et $P(A \cap B) = \frac{1}{8}$; calculer $P(B)$.

3. $P(A) = \frac{1}{3}$ et $P(B) = \frac{1}{6}$; calculer $P_A(B)$.

9 Tirages successifs avec ou sans remise ★★

Une urne contient quatre boules indiscernables au toucher : trois bleues notées B_1, B_2, B_3 et une verte notée V.

Les deux parties A et B de cette activité sont indépendantes.

A. *Tirages successifs avec remise*

On prélève au hasard une boule dont on note la couleur et le numéro et on la remet dans l'urne. On recommence en prélevant une deuxième boule dont on note aussi la couleur et le numéro. Un résultat est un couple dont le premier élément est la boule tirée lors du premier tirage et le second la boule tirée lors du second tirage, par exemple (B_1, B_3). On suppose que tous les couples possibles sont équiprobables.

1. À l'aide d'un arbre, déterminer l'ensemble des résultats possibles de cette expérience aléatoire.

2. Déterminer la probabilité de l'événement E_1 : « la première boule tirée est bleue et la deuxième boule tirée est verte ».

3. Déterminer la probabilité de l'événement E_2 : « les deux boules tirées sont de la même couleur ».

4. On considère les événements suivants :

F_1 : « la première boule tirée est bleue » ;

F_2 : « la deuxième boule tirée est bleue ».

a) Calculer les probabilités $P(F_1)$, $P(F_2)$. En déduire $P(F_1) \times P(F_2)$.

b) Définir par une phrase l'événement $F_1 \cap F_2$.

c) Calculer la probabilité $P(F_1 \cap F_2)$.

d) Les deux événements F_1 et F_2 sont-ils indépendants ?

B. *Tirages successifs sans remise*

Dans cette partie, les probabilités sont à donner sous forme de fractions irréductibles.

On prélève au hasard une boule puis, sans la remettre dans l'urne, on en prélève une seconde.

Comme au **A.**, les résultats seront notés par des couples, par exemple (B_1, B_2). On suppose que dans cette situation également, tous les couples possibles sont équiprobables.

1. À l'aide d'un arbre donner tous les résultats possibles.

2. Déterminer, sous forme de fraction irréductible, la probabilité de l'événement G_1 : « la première boule tirée est bleue et la deuxième boule tirée est verte ».

3. Déterminer la probabilité de l'événement G_2 : « les deux boules tirées sont de couleur différente ».

4. On considère les événements suivants :

H_1 : « la première boule tirée est bleue » ;

H_2 : « la deuxième boule tirée est bleue ».

a) Calculer les probabilités $P(H_1)$, $P(H_2)$ et $P(H_1 \cap H_2)$.

b) Les deux événements H_1 et H_2 sont-ils indépendants ?

10 À la télévision ★★★

On a posé à un groupe de 36 élèves de Terminale la question : « regardez-vous les séries policières à la télévision ? ». Les réponses sont les suivantes.

	Oui	Non
Filles	20	4
Garçons	10	2

Chaque élève a noté sa réponse sur une fiche. On prélève au hasard une fiche parmi les 36. Tous les tirages sont équiprobables.

On considère les événements suivants :

O : « la fiche est celle d'un élève qui a répondu oui » ;

F : « la fiche est celle d'une fille ».

Les événements O et F sont-ils indépendants ? Justifier la réponse.

11 Contrôle de fabrication ★★★

Une usine fabrique, en grande quantité, des récipients cylindriques pour les laboratoires.

Ce type de récipient est susceptible de présenter deux défauts : un couvercle défectueux et un défaut de contenance.

Exercices pour s'entraîner

On prélève un récipient au hasard dans la production d'une journée.
On considère les événements suivants :
E_1 : « le couvercle du récipient prélevé est défectueux » ;
E_2 : « le récipient prélevé présente un défaut de contenance ».
On suppose que les deux événements E_1 et E_2 sont indépendants. On admet que $P(E_1) = 0{,}02$ et que $P(E_2) = 0{,}01$.
Dans cet exercice, on demande les valeurs exactes des probabilités.

1. Calculer la probabilité qu'un récipient prélevé au hasard dans la production de la journée présente les deux défauts.

2. a) Calculer la probabilité qu'un récipient prélevé au hasard dans la production de la journée présente au moins un des deux défauts.

b) Calculer la probabilité qu'un récipient prélevé au hasard dans la production de la journée ne présente aucun des deux défauts.

Point histoire

Les probabilités et les préjugés des joueurs
À la roulette, la boule s'arrête au hasard sur un numéro rouge ou un numéro noir. Dans des ouvrages sur la roulette, on lit que la plus longue « série » (c'est-à-dire suite de résultats de même couleur) que l'on ait observée a été de 24 rouges ou de 24 noirs. Beaucoup de joueurs, s'ils observent un jour une série de 24 rouges n'hésitent pas à conclure que le noir doit forcément sortir au coup suivant « puisqu'il n'y a jamais eu de séries de 25... » Mais, comme l'écrivait, le mathématicien **Joseph Bertrand** (1822-1900) « la roulette n'a ni conscience, ni mémoire... ».
Alors, au Loto, les numéros les moins souvent obtenus lors des tirages précédents ont-ils plus de chances de sortir au tirage suivant ? Le hasard réserve bien des surprises : par exemple, le numéro 22 n'est sorti comme numéro complémentaire qu'après 344 tirages, c'est-à-dire plus de six ans après le premier tirage du Loto (le 19 mai 1976)...
Le « bon sens » devrait suffire à persuader les joueurs que les coups successifs de la roulette, comme les tirages successifs du Loto sont **indépendants les uns des autres**...

12 Plutôt ST2S Allergies

On s'intéresse dans cet exercice aux allergies déclenchées par deux médicaments notés m_1 et m_2. On considère une population importante constituée par des patients auxquels on a prescrit les médicaments m_1 et m_2. On choisit au hasard le nom d'une personne de cette population. Toutes les personnes de la population ont la même probabilité d'être choisies.
On note A l'événement : « la personne est allergique au médicament m_1 ».
On note B l'événement : « la personne est allergique au médicament m_2 ».
On admet que les probabilités des événements A et B sont $P(A) = 0{,}05$ et $P(B) = 0{,}40$. On suppose que les événements A et B sont indépendants.
Dans cet exercice, on demande les valeurs exactes des probabilités.

1. Calculer la probabilité de l'événement E_1 : « la personne choisie est allergique au médicament m_1 et est allergique au médicament m_2 ».

2. Calculer la probabilité de l'événement E_2 : « la personne choisie est allergique à au moins un des deux médicaments m_1 et m_2 ».

3. Calculer la probabilité de l'événement E_3 :« la personne choisie n'est allergique à aucun des deux médicaments ».

Calculer des probabilités conditionnelles avec un tableau croisé d'effectifs

13 La pratique du sport ★★★

100 élèves de Terminale technologique se répartissent de la façon suivante.

	Filles	Garçons	Total
Pratiquent un sport	30	50	80
Ne pratiquent aucun sport	12	8	20
Total	42	58	100

On rencontre au hasard un des 100 élèves.
Tous les élèves ont la même probabilité d'être rencontrés.
On considère les événements suivants :
F : « l'élève rencontré est une fille » ;
G : « l'élève rencontré est un garçon » ;
S : « l'élève rencontré pratique un sport » ;
$\overline{S}$: « l'élève rencontré ne pratique aucun sport ».
Dans cette activité, sauf indication contraire, on demande les valeurs exactes des probabilités sous forme décimale.

1. Traduire par une phrase chacun des deux événements $F \cap S$ et $G \cap \overline{S}$.

2. Calculer les probabilités $P(S)$, $P(F \cap S)$, $P(\overline{S})$ et $P(G \cap \overline{S})$.

3. Déterminer, à l'aide du tableau, les probabilités conditionnelles $P_S(F)$ et $P_{\overline{S}}(G)$.

4. Calculer la probabilité que, sachant que l'élève est un garçon, il pratique un sport. Arrondir le résultat à 10^{-2}.

14 Un sondage dans une entreprise ★★

Un sondage est effectué dans une société comprenant 40 % de cadres et 60 % d'employés. On sait que 20 % des cadres et 10 % des employés de cette société parlent l'anglais.

1. On considère un groupe de 100 salariés. Compléter, après l'avoir reproduit, le tableau suivant.

	Nombre de salariés parlant anglais	Nombre de salariés ne parlant pas anglais	Total
Nombre de cadres			
Nombre d'employés			
Total			100

2. On choisit un salarié au hasard parmi les 100. Tous les employés ont la même probabilité d'être choisis.
Calculer la probabilité de chacun des événements suivants :
a) E : « le salarié est un employé » ;
b) E_1 : « le salarié est un cadre sachant parler l'anglais » ;
c) E_2 : « le salarié est un employé sachant parler l'anglais » ;
d) E_3 : « le salarié sait parler l'anglais ».

3. Calculer $P_{E_3}(E)$. Arrondir à 10^{-3}.

15 Enquête dans une agence de voyage ★★

Une agence de voyage a effectué un sondage auprès de 1 000 de ses clients. Ce sondage montre que :
38 % des clients voyagent en France ;
85 % des clients voyageant en France sont satisfaits ;
75 % des clients voyageant à l'étranger sont satisfaits.
On interroge un client au hasard parmi les 1 000. Tous les clients ont la même probabilité d'être choisis.
On considère les évènements suivants :

- F : « le client a voyagé en France » ;
- E : « le client a voyagé à l'étranger » ;
- S : « le client est satisfait du voyage ».

1. Recopier et compléter le tableau suivant !

Client	A voyagé en France	A voyagé à l'étranger	Total
Est satisfait			
N'est pas satisfait			
Total			1 000

2. Définir par une phrase l'événement $E \cap S$ et calculer sa probabilité.

3. Montrer que $P(S) = 0{,}788$.

4. a) Sachant que le client est satisfait, quelle est la probabilité qu'il ait voyagé à l'étranger ? Arrondir le résultat au millième.
b) Écrire le résultat du **a)** en utilisant la notation de probabilité conditionnelle.

16 Plutôt ST2S Test de dépistage ★★★

Une maladie atteint 3 % d'une population de 30 000 habitants.
On soumet cette population à un test.
Parmi les bien portants, 2 % ont un test positif.
Parmi les personnes malades, 49 ont un test négatif.

1. Reproduire puis compléter le tableau suivant :

	Malades	Bien portants	Total
Test positif			
Test négatif			
Total			30 000

Dans les questions suivantes, les résultats numériques demandés sont à arrondir à 10^{-3}.

2. On choisit au hasard une personne de cette population.
On considère les événements T et M suivants :
T : « le test est positif pour la personne choisie » ;
M : « la personne choisie est malade ».
a) Traduire par une phrase chacun des événements suivants : $\overline{T}$, $T \cap M$ et $\overline{T} \cap M$.
b) Calculer les probabilités. $P(\overline{T})$; $P(T \cap M)$; $P(\overline{T} \cap M)$.
c) Calculer la probabilité que la personne choisie soit malade ou ait un test positif.
d) Déterminer, à l'aide du tableau, les probabilités conditionnelles $P_T(M)$ et $P_M(T)$.
e) Calculer la probabilité qu'une personne soit malade sachant qu'elle a eu un test négatif.

Calculer des probabilités conditionnelles avec un arbre de probabilités

17 Enquête de santé ★★

On a réalisé une enquête de santé auprès des personnes employées dans une grande entreprise.
On constate que :

- 30 % des personnes interrogées sont des fumeurs ;
- parmi les fumeurs, 10 % sont atteints de bronchite ;
- parmi les non-fumeurs, 2 % sont atteints de bronchite.

On prélève au hasard un questionnaire parmi l'ensemble des questionnaires remplis au cours de cette enquête.
Tous les questionnaires ont la même probabilité d'être choisis.
On note :

- B l'événement : « la personne correspondante est atteinte de bronchite » et $\overline{B}$ l'événement contraire de B ;
- F l'événement : « la personne correspondante est un fumeur » et $\overline{F}$ l'événement contraire de F.

1. Recopier et compléter l'arbre pondéré suivant, ainsi que la colonne « probabilité du résultat ».

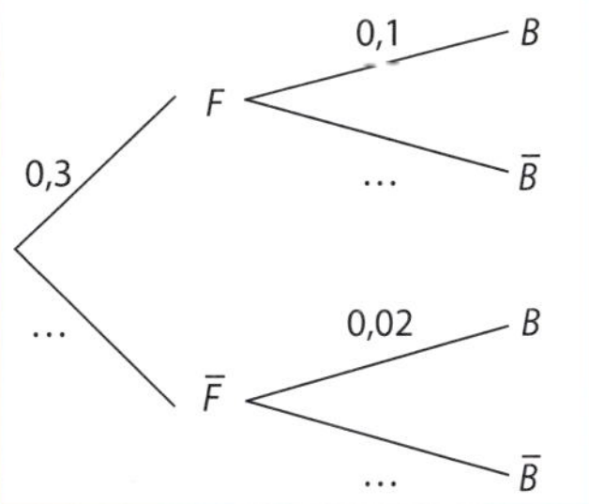

Probabilité du résultat
$P(F \cap B) = 0{,}03$
$P(F \cap \overline{B}) = \ldots$
$\ldots = 0{,}014$
$\ldots = \ldots$

CONSEIL
On peut se reporter à l'exercice résolu 3 du cours.

2. Donner les probabilités $P(\overline{F})$, $P_F(\overline{B})$ et $P_{\overline{F}}(B)$.

3. Donner la probabilité que la personne soit non-fumeur et atteinte de bronchite.

4. Donner les probabilités $P(F \cap \overline{B})$ et $P(\overline{F} \cap \overline{B})$.

5. En déduire $P(\overline{B})$ à l'aide du dernier résultat de « À retenir » du cours 1 3.

6. Déterminer la probabilité que la personne soit non-fumeur sachant qu'elle est atteinte de bronchite. Arrondir à 10^{-2}.

18 Compléter un arbre pondéré ★★

Une expérience aléatoire est représentée par l'arbre pondéré suivant. E et F sont deux événements et $\overline{E}$ et $\overline{F}$ sont leurs événements contraires.

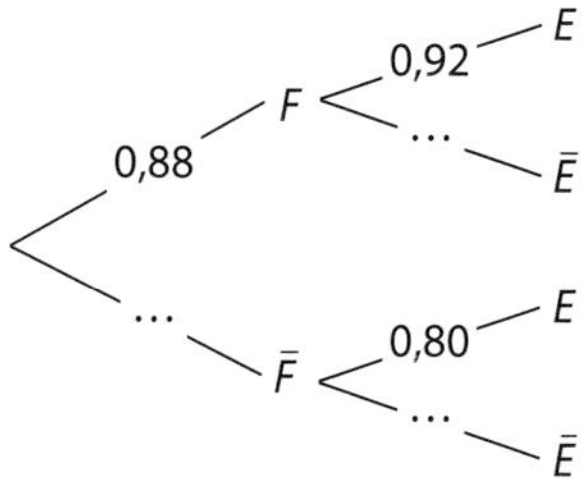

1. Recopier et compléter cet arbre.

2. En déduire les probabilités :
$P(\overline{F})$, $P_F(E)$, $P_F(\overline{E})$, $P_{\overline{F}}(E)$, $P_{\overline{F}}(\overline{E})$.

3. Calculer les probabilités :
$P(F \cap E)$, $P(F \cap \overline{E})$, $P(\overline{F} \cap E)$, $P(\overline{F} \cap \overline{E})$.

4. Démontrer que $P(E) = 0{,}905\,6$.

19 Compléter un arbre pondéré (bis) ★★

Une expérience aléatoire est représentée par l'arbre ci-dessous où A et B sont deux événements et où $\overline{A}$ et $\overline{B}$ sont leurs événements contraires.

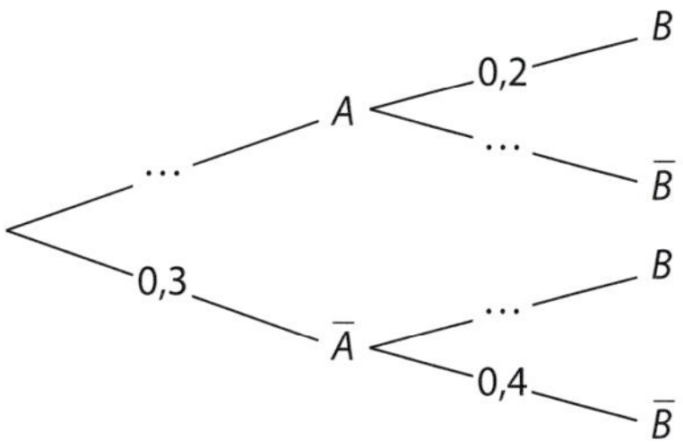

1. Recopier et compléter cet arbre pondéré.

2. Déterminer les probabilités conditionnelles $P_A(\overline{B})$ et $P_{\overline{A}}(B)$.

3. Calculer $P(A \cap \overline{B})$ et $P(\overline{A} \cap \overline{B})$. En déduire que $P(\overline{B}) = 0{,}68$.

4. Calculer $P_{\overline{B}}(A)$. Arrondir à 10^{-2}.

20 Un arbre à six branches ★★

Dans un service, le personnel administratif est réparti en trois catégories notées a, b, c.

• Les hommes représentent 30 % du personnel.

• 10 % des hommes appartiennent à la catégorie a et 40 % des hommes appartiennent à la catégorie b.

• 8 % des femmes appartiennent à la catégorie a et 60 % des femmes appartiennent à la catégorie c.

On choisit une personne au hasard dans l'ensemble du personnel. Toutes les personnes ont la même probabilité d'être choisies.

On considère les événements suivants :
H : « la personne choisie est un homme » ;
F : « la personne choisie est une femme » ;
A : « la personne choisie appartient à la catégorie a » ;
B : « la personne choisie appartient à la catégorie b » ;
C : « la personne choisie appartient à la catégorie c ».

1. Donner, grâce à l'énoncé, les probabilités conditionnelles : $P_H(A)$; $P_H(B)$; $P_F(A)$ et $P_F(C)$.

2. Recopier et compléter l'arbre de probabilité suivant.

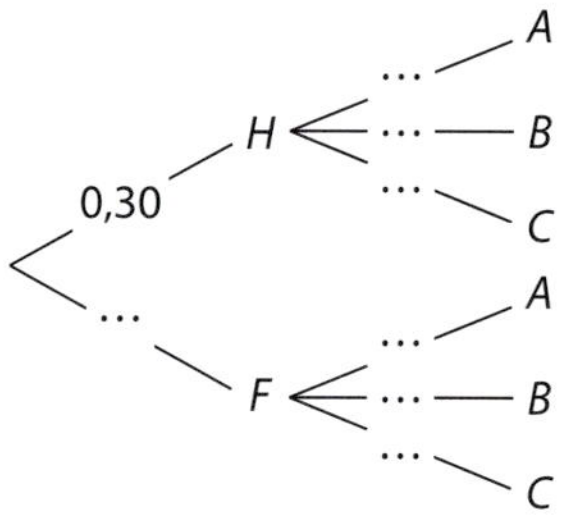

3. a) Déterminer la probabilité de l'événement $H \cap C$.

b) Déterminer la probabilité de l'événement B.

c) On choisit au hasard une personne de catégorie c. Déterminer la probabilité que ce soit une femme. Arrondir à 10^{-2}.

21 Compléter un arbre à six branches ★★

Une expérience aléatoire est représentée par l'arbre ci-dessous où A, E, F, G sont quatre événements et où $\overline{A}$ est l'événement contraire de A.

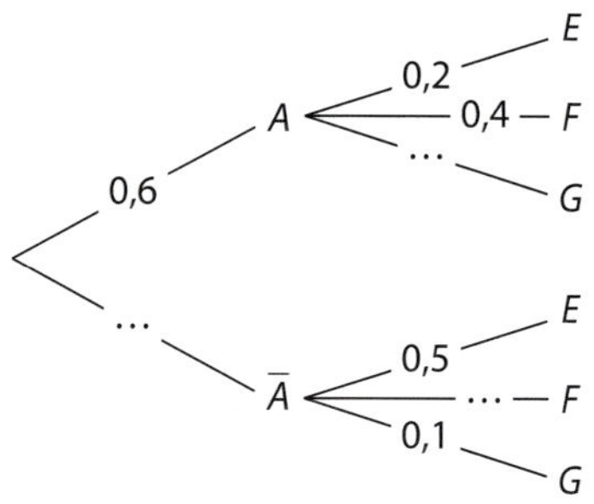

1. Recopier et compléter cet arbre pondéré.

2. Donner les probabilités conditionnelles $P_A(G)$ et $P_{\overline{A}}(F)$.

3. Calculer $P(F)$.

4. Calculer $P_F(A)$.

CONSEIL
Appliquer les résultats de « À retenir » à la fin du cours 1 3.

22 Des pièces pour les vélos électriques ★★★

Une entreprise fabrique un certain type de pièces pour des vélos à assistance électrique (VAE). Trois ateliers, notés 1, 2, 3, d'un site de production de l'entreprise fabriquent chaque jour ce type de pièces. Les ateliers 1, 2, 3 produisent chaque jour respectivement 25 %, 35 % et 40 % de la production totale de ce type de pièce sur le site.

Un jour donné, on admet que 2 % des pièces produites par l'atelier 1 sont défectueuses, que 1 % des pièces produites par l'atelier 2 sont défectueuses et que 2 % des pièces produites par l'atelier 3 sont défectueuses. On prélève au hasard une pièce dans la production totale des trois ateliers ce jour-là. Toutes les pièces ont la même probabilité d'être prélevées.

On considère les événements suivants :

E : « la pièce prélevée provient de l'atelier 1 » ;

F : « la pièce prélevée provient de l'atelier 2 » ;

G : « la pièce prélevée provient de l'atelier 3 » ;

D : « la pièce prélevée est défectueuse ».

1. Compléter, après l'avoir reproduit, l'arbre de probabilités suivant.

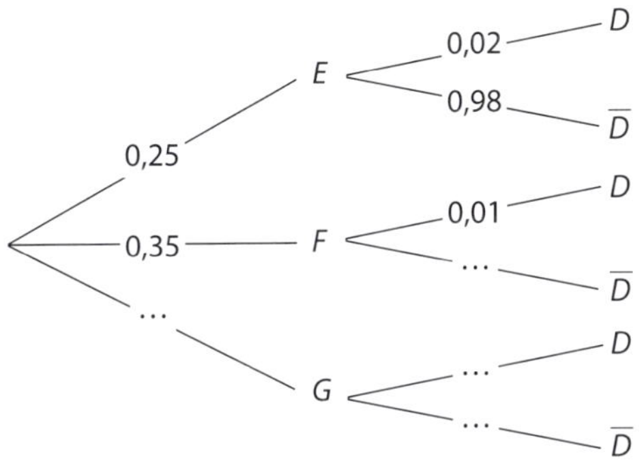

2. Décrire par une phrase l'événement $\overline{D}$, puis l'événement $G \cap D$.

3. a) Justifier que $P(E \cap D) = 0{,}005$.

b) Calculer $P(F \cap \overline{D})$. Donner la valeur exacte.

c) Justifier que la probabilité que la pièce prélevée provienne de l'atelier 3 et ne soit pas défectueuse est 0,392.

d) Montrer que la probabilité que la pièce prélevée ne soit pas défectueuse est 0,983 5.

23 Agriculture biologique ★★★

Un fermier possède des pommiers. Les pommes de taille standard sont vendues sur le marché, les autres servent à faire des compotes.

Les pommes récoltées sont soit rouges, soit jaunes.

60 % des pommes récoltées sont rouges.

Parmi les pommes rouges, 80 % sont vendues au marché et les autres servent à faire des compotes.

Parmi les pommes jaunes, 50 % sont vendues au marché et les autres servent à faire des compotes.

On choisit une pomme au hasard parmi les pommes récoltées et on note :

- R l'événement « la pomme est rouge » ;
- J l'événement « la pomme est jaune » ;
- M l'événement « la pomme est vendue sur le marché » ;
- C l'événement « la pomme sert à faire des compotes ».

1. Compléter après l'avoir reproduit l'arbre de probabilités suivant.

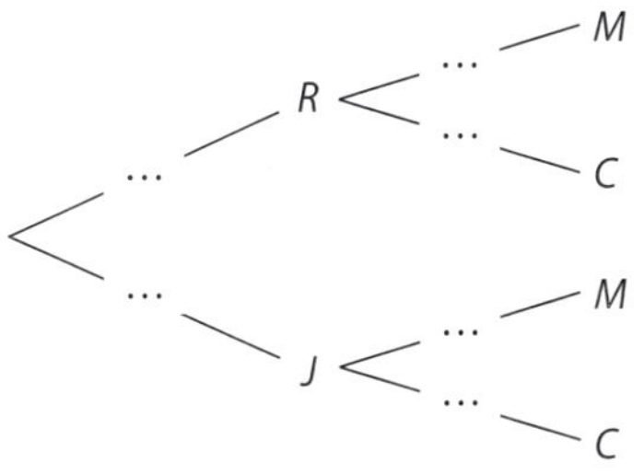

2. a. Calculer $P(R \cap M)$ et interpréter cette probabilité par une phrase.

b. Montrer que la probabilité qu'une pomme soit vendue au marché est de 68 %.

3. Un client choisit au hasard une pomme sur le marché. Toutes les pommes ont la même probabilité d'être choisies. Calculer la probabilité que cette pomme soit rouge. Arrondir le résultat au millième.

Calculer l'espérance d'une variable aléatoire discrète

24 On donne la loi de probabilité ★

Soit X la variable aléatoire dont la loi de probabilité est donnée par le tableau :

x_i	2	5	10
$p_i = P(X = x_i)$	0,15	0,5	0,35

1. Vérifier que $\sum p_i = 1$.

Ce résultat est général.

2. Calculer l'espérance de la variable aléatoire X.

Exercices pour s'entraîner

25 On donne la loi de probabilité (bis) ★

Une entreprise de fournitures industrielles commercialise un certain modèle de pièces pour pompe hydraulique.
On appelle X la variable aléatoire qui associe à chaque jour ouvrable tiré au hasard dans une année le nombre de pièces vendues. On admet que la loi de probabilité de la variable aléatoire X est définie par le tableau suivant :

Nombre de pièces vendues x_i	0	1	2	3	4	5	6
$P(X = x_i)$	0,10	0,16	0,25	0,30	0,13	0,05	0,01

1. Calculer l'espérance de la variable aléatoire X.
2. Interpréter le résultat dans le contexte de l'expérience aléatoire.

26 Tirage de boules ★★

Une urne contient 10 boules indiscernables au toucher.
Sur chacune d'elles est inscrit un nombre comme l'indique le tableau ci-dessous :

Nombre inscrit	1	2	5	10
Nombre de boules	4	3	2	1

Un joueur mise 4 € puis tire une boule au hasard. Chaque boule a la même probabilité d'être tirée. Il reçoit le montant (en euros) inscrit sur la boule.
1. Le joueur effectue un tirage.
On appelle p_1 la probabilité qu'il perde (c'est-à-dire qu'il reçoive moins de 4 €) et p_2 la probabilité pour qu'il gagne (c'est-à-dire qu'il reçoive plus de 4 €). Calculer p_1 et p_2.
2. Soit X la variable aléatoire qui, à chaque tirage, fait correspondre le « gain » du joueur (positif s'il gagne, négatif s'il perd).
a) Quelles sont les valeurs prises par la variable aléatoire X ?
b) Présenter la loi de probabilité de X dans un tableau.
c) Calculer l'espérance $E(X)$.
3. Un jeu est équitable si et seulement si $E(X) = 0$.
On décide de changer le nombre inscrit sur une seule boule portant le nombre 1. Quel nombre doit-on y inscrire pour que le jeu soit équitable ?

27 Tirages avec remise ★★

Une urne contient trois boules, indiscernables au toucher, numérotées de 1 à 3.
Un jeu consiste à extraire successivement deux boules de l'urne, la première boule étant remise avant d'extraire la seconde.
On appelle tirage, tout couple (a, b) où a est le numéro de la première boule extraite et b celui de la seconde.
On admet que tous les tirages sont équiprobables.
1. Préciser l'ensemble des neuf tirages possibles (on pourra s'aider d'un tableau).
2. Soit X la variable aléatoire qui, à chaque tirage (a, b), associe le produit ab.
a) Quelles sont les valeurs prises par X ?
b) Présenter sous forme de tableau la loi de probabilité de X.
c) Calculer l'espérance $E(X)$.

28 La commission du vendeur ★★★

Un vendeur vend entre 0 et 4 voitures d'un certain modèle en une semaine. Soit X la variable aléatoire qui, à chaque semaine choisie au hasard parmi les 52 semaines d'une année, associe le nombre de voitures vendues cette semaine. X suit la loi de probabilité ci-dessous :

Nombre de voitures vendues	0	1	2	3	4
$P(X = k)$	0,26	0,23		0,15	0,05

1. Calculer la probabilité de vendre exactement deux voitures en une semaine.
2. Justifier que la probabilité de vendre au moins deux voitures en une semaine est égale à 0,51.
3. Calculer $P(X \leq 2)$
4. Calculer l'espérance de cette variable aléatoire.
En déduire une estimation du nombre moyen de voitures vendues en une année (c'est-à-dire 52 semaines).

Représenter par un arbre de probabilités la répétition de n épreuves aléatoires, identiques et indépendantes, de Bernoulli

29 Répétition de trois épreuves de Bernoulli ★★

Une urne contient 2 boules noires et 8 boules blanches. On prélève une boule au hasard dans l'urne. Toutes les boules ont la même probabilité d'être prélevées. On désigne par N l'événement : « la boule prélevée est noire » et par B l'événement : « la boule prélevée est blanche ».
1. Compléter l'arbre de probabilités suivant correspondant à cette épreuve de Bernoulli.

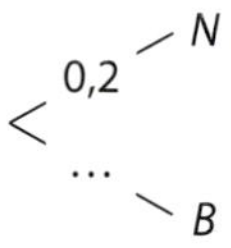

2. a) Trois prélèvements dans l'urne sont successivement réalisés en remettant à chaque fois la boule dans l'urne avant d'effectuer le prélèvement suivant. Représenter cette épreuve par un arbre pondéré.
b) Calculer la probabilité de l'événement E : « obtenir trois boules noires ».
c) On désigne par F l'événement : « obtenir exactement deux boules noires ». Démontrer que $P(F) = 0{,}096$.

30 Familles nombreuses ★★★

En France, la probabilité de la naissance d'un garçon est $p = 0{,}515$ à chaque naissance. À l'aide d'un arbre de probabilités, calculer la probabilité de chacun des événements suivants :
E_0 : « une famille de trois enfants, sans jumeaux, comporte 0 garçon » ;

E_1 : « une famille de trois enfants, sans jumeaux, comporte 1 garçon » ;
E_2 : « une famille de trois enfants, sans jumeaux, comporte 2 garçons » ;
E_3 : « une famille de trois enfants, sans jumeaux, comporte 3 garçons ».
Arrondir à 10^{-3}.

Variable aléatoire modélisant le nombre de succès dans un schéma de Bernoulli

31 Contrôle de qualité dans l'agroalimentaire ★★

Des plats cuisinés d'un certain type sont fabriqués en grandes quantités. On prélève au hasard un plat d'un lot dans lequel 97 % des plats sont conformes au cahier des charges. On remet le plat dans le lot et on effectue un deuxième prélèvement d'un plat. On répète une troisième fois l'expérience.

1. On a réalisé trois prélèvements d'un plat avec remise, ce qui constitue la répétition de trois épreuves de Bernoulli identiques et indépendantes.
Représenter l'arbre de probabilités correspondant en ajoutant à droite une colonne pour les issues (ou résultats) présentées sous forme de triplets (S, S, E)* et une colonne pour les probabilités associées présentées sous forme de produits.

2. On note X la variable aléatoire qui à ce schéma de Bernoulli associe le nombre de succès, c'est-à-dire le nombre de plats conformes lors du prélèvement avec remise de trois plats du lot. Donner dans un tableau la loi de probabilité de la variable aléatoire X, où les probabilités sont présentées sous forme de produits.

* S : succès ; E : échec.

CONSEIL
Voir l'exercice résolu **6** du cours pour la question **1**.

Calculer les coefficients binomiaux $\binom{n}{k}$ à l'aide du triangle de Pascal pour $n \leq 10$

32 Triangle de Pascal ★

Recopier le triangle de Pascal à 6 lignes figurant au paragraphe 9 de l'Essentiel de ce chapitre.
Le compléter par 5 lignes (jusqu'à $n = 10$).

CONSEIL
Vous disposez alors des nombres $\binom{n}{k}$ jusqu'à $n = 10$.

Loi binomiale

CONSEIL
Dans les exercices suivants, les nombres $\binom{n}{k}$ peuvent être obtenus avec le triangle de Pascal (voir le paragraphe 9 de l'Essentiel, le corrigé de l'exercice **32** ou l'activité avec logiciels **1**.). On peut également obtenir directement $P(X = k)$ avec une calculatrice ou un tableur (voir les activités avec logiciels **2** et **3**).

33 ★ La variable aléatoire X suit la loi binomiale $\mathcal{B}(n, p)$.

1. On donne $n = 5$ et $p = 0{,}4$.
Calculer $P(X = 0)$, $P(X = 3)$, $P(X \leq 2)$.

2. On donne $n = 6$ et $p = 0{,}6$.
Calculer $P(X \leq 1)$, $P(X > 1)$.
Arrondir à 10^{-3}.

34 Dans un garage ★★

Dans cet exercice on s'intéresse aux factures comptabilisées chaque mois dans un garage.
Dans cet exercice, les résultats approchés sont à arrondir à 10^{-3}.
À la fin d'un mois donné, on considère une liasse importante de factures. On note E l'événement : « une facture prélevée au hasard dans la liasse de factures est erronée ».
On suppose que $P(E) = 0{,}03$.
On prélève au hasard 10 factures dans la liasse pour vérification. La liasse contient assez de factures pour qu'on puisse assimiler ce prélèvement à un tirage avec remise de 10 factures. On considère la variable aléatoire X qui, à tout prélèvement ainsi défini, associe le nombre de factures erronées de ce prélèvement.

1. Justifier que la variable aléatoire X suit une loi binomiale dont on déterminera les paramètres.

2. Calculer la probabilité qu'aucune facture de ce prélèvement ne soit erronée.

3. Calculer la probabilité que, dans un tel prélèvement, au plus deux factures soient erronées.

INDICATION
On donne : $\binom{10}{0} = 1$; $\binom{10}{1} = 10$; $\binom{10}{2} = 45$.

35 Machines à café ★★

Une entreprise fabrique en série des machines à café. Un atelier produit 2,5 % de machines défectueuses. On prélève au hasard, dans la production de l'atelier, un lot de 10 machines. La production est suffisamment importante pour que ce prélèvement soit assimilé à un tirage avec remise. On note X la variable aléatoire qui, à chaque prélèvement de 10 machines, associe le nombre de machines défectueuses.

1. Déterminer la loi de probabilité de la variable aléatoire X. Justifier la réponse.

2. Calculer la probabilité que le lot contienne exactement deux machines défectueuses (le résultat est à arrondir à 10^{-3}).

Exercices pour s'entraîner

36 Jeu de dés ★ ★ ★

On jette un dé non truqué ; la partie est gagnée si on obtient un 5 ou un 6. On joue 8 parties de suite.

Dans cet exercice, les résultats approchés sont à arrondir à 10^{-2}.

On considère la variable aléatoire X qui, à toute série de 8 parties, associe le nombre de parties gagnées.

1. La variable aléatoire X suit une loi binomiale. En déterminer les paramètres.

2. Calculer la probabilité de l'événement E : « On gagne 6 parties ».

3. Calculer la probabilité de l'événement F : « On gagne 6, ou 7, ou 8 parties ».

37 Des stylos pour les grandes surfaces ★ ★ ★

Une usine fabrique en grande quantité un certain modèle de stylo.

Dans cet exercice, les résultats approchés sont à arrondir à 10^{-2}.

On prélève un stylo, au hasard, dans une importante livraison destinée à une chaîne d'hypermarchés. On note E l'événement : « un stylo prélevé au hasard est défectueux ». On suppose que $P(E) = 0{,}016$. À la rentrée scolaire ce type de stylo est vendu par lot de six dans ces hypermarchés.

On prélève au hasard six stylos dans la livraison pour vérification. La livraison est assez importante pour que l'on puisse assimiler ce prélèvement de six stylos à un tirage avec remise de six stylos. On considère la variable aléatoire X qui, à tout prélèvement de six stylos, associe le nombre de stylos défectueux de ce prélèvement.

1. Justifier que la variable aléatoire X suit une loi binomiale dont on déterminera les paramètres.

2. Calculer la probabilité que, dans un tel prélèvement, il n'y ait aucun stylo défectueux.

3. En déduire la probabilité que, dans un tel prélèvement, il y ait au moins un stylo défectueux.

38 Équipement informatique ★ ★ ★

Dans une société, on assemble et on installe un certain type d'équipement informatique pour les sièges sociaux de grandes entreprises.

Dans cet exercice, les résultats approchés sont à arrondir à 10^{-3}.

On considère un lot important d'équipements de ce type.

On note E l'événement : « un équipement prélevé au hasard dans le lot est défectueux ».

On suppose que $P(E) = 0{,}025$.

On prélève au hasard 10 équipement dans le lot pour vérification. Le lot est assez important pour que l'on puisse assimiler ce prélèvement à un tirage avec remise de 10 équipements. On considère la variable aléatoire X qui, à tout prélèvement ainsi défini, associe le nombre d'équipements défectueux de ce prélèvement.

1. Justifier que la variable aléatoire X suit une loi binomiale dont on déterminera les paramètres.

2. Calculer la probabilité que, dans un tel prélèvement, il y ait exactement deux équipements défectueux.

3. Calculer la probabilité que, dans un tel prélèvement, il y ait au plus deux équipements défectueux.

Espérance d'une loi binomiale

39 ★ Quelle est l'espérance de la variable aléatoire X qui suit la loi binomiale de paramètres :

a) $n = 4$ et $p = 0{,}2$;
b) $n = 5$ et $p = 0{,}016$;
c) $n = 6$ et $p = 0{,}7$;
d) $n = 8$ et $p = 0{,}9$.

40 Des boules dans une urne (tirage avec remise) ★ ★ ★

Tous les résultats approchés sont à arrondir à 10^{-3}.

Une urne contient dix boules dont trois rouges.

On tire huit boules l'une après l'autre en remettant à chaque fois la boule tirée dans l'urne. Cela constitue un prélèvement.

On suppose l'équiprobabilité des tirages.

Soit X la variable aléatoire qui, à chaque prélèvement ainsi défini, associe le nombre de boules rouges obtenues.

1. Expliquer pourquoi X suit une loi binomiale. Préciser les paramètres de cette loi.

2. Calculer $P(X \leq 5)$.

3. Calculer l'espérance $E(X)$ de la variable aléatoire X.

Que représente $E(X)$?

Exemples d'utilisation du tableur

41 Espérance de gain avec le tableur ★ ★

Un joueur lance deux fois une pièce supposée équilibrée. Il gagne 2 € par FACE obtenu et perd 1 € par PILE obtenu. On note X la variable aléatoire correspondant au gain algébrique du joueur. La loi de X est donnée par le tableau suivant.

k	-2	1	4
$P(X = k)$	$\frac{1}{4}$	$\frac{1}{2}$	$\frac{1}{4}$

1. Calculer l'espérance $E(X)$ de la variable aléatoire X.

2. Simuler à l'aide d'un tableur 1 000 parties et afficher le gain du joueur à chaque partie.

C2 fx =SI(B2="FACE";2;-1)

	A	B	C	D	E	F
1	Partie n°	Pièce 1	Gain 1	Pièce 2	Gain 2	Gain
2	1	FACE	2	FACE	2	4
3	2	PILE	-1	PILE	-1	-2

3. Calculer le gain moyen sur les 1 000 parties simulées.

4. Interpréter $E(X)$ Ce jeu est-il favorable ou défavorable au joueur ?

5. Quelle mise d'entrée à ce jeu l'organisateur pourrait-il mettre en place pour que ce jeu soit équitable (ni favorable au joueur, ni favorable à l'organisateur) ?

42 Explorer les diagrammes en bâtons des lois binomiales avec le tableur ★★

1. Représenter sur une feuille de calcul, le diagramme en bâtons de la loi binomiale de paramètres n et p, de sorte qu'on puisse faire varier n de 0 à 20 et p de 0 à 1.

a) Quelle propriété possède le diagramme pour $p = 0,5$, qu'il ne possède pas pour les autres valeurs de p ?

b) On prend $p = 0,5$. Quelle distinction peut-on faire, selon que n est pair ou impair ?

c) On prend $n = 20$. Comparer les diagrammes lorsque $p = 0,1$ ou $p = 0,9$ d'une part et lorsque $p = 0,45$ d'autre part.

2. Modifier la feuille de calcul, pour pouvoir représenter le diagramme en bâtons d'une loi binomiale de paramètres n et p pour n variant de 0 à 100.

a) On prend $p = 0,5$. Comparer les diagrammes obtenus pour $n = 50$ et pour $n = 100$.

b) On prend $n = 100$. Comparer les diagrammes lorsque $p = 0,01$ ou $p = 0,99$ et lorsque $p = 0,1$ ou $p = 0,9$.

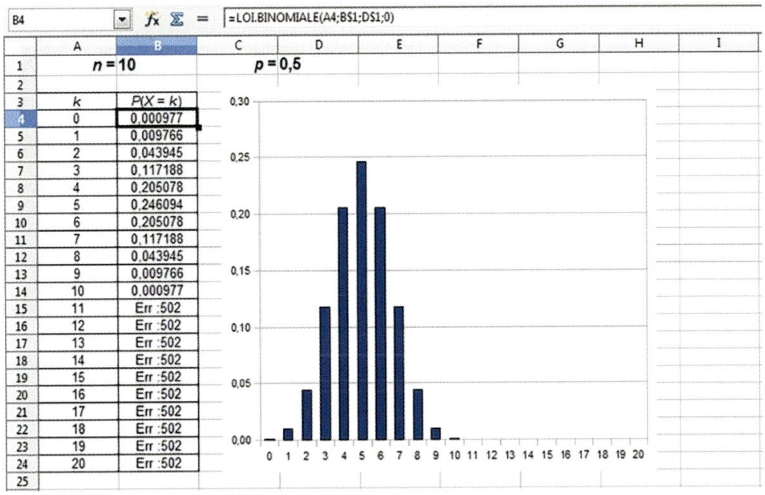

B4 =LOI.BINOMIALE(A4;B$1;D$1;0)

	A	B	C	D
1	n = 10		p = 0,5	
2				
3	k	$P(X = k)$		
4	0	0,000977		
5	1	0,009766		
6	2	0,043945		
7	3	0,117188		
8	4	0,205078		
9	5	0,246094		
10	6	0,205078		
11	7	0,117188		
12	8	0,043945		
13	9	0,009766		
14	10	0,000977		
15	11	Err :502		
16	12	Err :502		
17	13	Err :502		
18	14	Err :502		
19	15	Err :502		
20	16	Err :502		
21	17	Err :502		
22	18	Err :502		
23	19	Err :502		
24	20	Err :502		
25				

Programmation en Python

43 Simuler des probabilités conditionnelles en Python ★★★

1. On lance deux dés supposés équilibrés. On note A l'événement : « la somme des dés est supérieure ou égale à 6 » et B l'événement : « au moins un des deux dés est supérieur ou égale à 4 ». La fonction Python suivante permet de simuler n réalisations de l'expérience aléatoire et d'estimer la probabilité conditionnelle de A sachant B.

```
from random import randint
def proba_conditionnelle(n):
        a = 0
        b = 0
        e = 0
        for i in range(n):
                de1 = randint(1, 6)
                de2 = randint(1, 6)
                if de1 + de2 >= 6:
                        a = a + 1
                if  (de1 >= 4) or (de2 >= 4):
                        b = b + 1
                if (de1 + de2 >= 6) and ((de1 >= 4) or (de2 >= 4)):
                        e = e + 1
        return(e / a)
```

a) Quel est le rôle de chacune des variables a, b et e ?

b) Implanter la fonction et l'utiliser pour estimer $P_A(B)$.

c) Modifier la fonction pour estimer $P_B(A)$.

2. On considère l'expérience aléatoire consistant à lancer 100 fois une pièce de monnaie supposée équilibrée. Simuler la probabilité d'obtenir plus de « pile » que de « face » sachant que l'on a obtenu « pile » aux deux premiers lancers.
Indication : on peut simuler l'expérience aléatoire en utilisant la liste :

```
L = [randint(0, 1) for k in range(100)]
```

44 LOL en Python ★★

On implante la fonction ci-dessous en Python.

```
from random import random
def lettre():
    if random() < 0.3:
        return 'L'
    else:
        return 'O'
```

1. Quelle est la probabilité que la fonction renvoie 'O' ?

2. Quelle est la probabilité que l'instruction `lettre() + lettre() + lettre()` renvoie la chaîne de caractères 'LOL' ?

45 Estimer une espérance en Python ★★

On considère la variable aléatoire X dont la loi de probabilité est fournie par le tableau suivant.

x	-2	-1	0	1	2
$P(X=x)$	0,4	0,1	0,2	0,2	0,1

On effectue les requêtes suivantes en langage Python.

```
In [1]: from random import choices
        from statistics import mean
        x = [-2, -1, 0, 1, 2]
        p = [0.4, 0.1, 0.2, 0.2, 0.1]

In [2]: choices(x, p, k = 10)
Out[2]: [-2, 2, -1, 1, 1, 0, 1, 2, 0, 2]

In [3]: mean(choices(x, p, k = 1000000))
Out[3]: -0.500598
```

1. À quoi correspondent les listes x et p ?

2. La fonction `choices` du module `random` permet de simuler un échantillon de réalisations d'une variable aléatoire discrète. Interpréter la sortie [2].

3. Pourquoi la sortie [3] permet-elle d'avoir une bonne estimation de l'espérance de X ?

4. Vérifier en calculant $E(X)$.

46 Simuler une variable aléatoire en Python ★

On implante la fonction suivante :

```
from random import random
def variable() :
    a = random()
    if a <= 0.5 :
        return 3
    elif 0.5 < a <= 0.8 :
        return 5
    else :
        return 8
```

On note X la variable aléatoire qui à un appel de la fonction `variable` associe la valeur renvoyée. Déterminer la loi de probabilité de X.

47 Petits chevaux en Python ★★

Au jeu des petits chevaux, avant de pouvoir avancer sur le plateau, le joueur doit réaliser un six avec un dé supposé équilibré afin de faire sortir le cheval de son box.
On note T la variable aléatoire correspondant au nombre de lancers de dé nécessaires avant que le cheval ne puisse sortir de son box.

1. Compléter la fonction Python ci-dessous afin qu'elle simule la variable T.

```
from random import randint
def attente():
    t = 0
    de = 0
    while de != .........:
        de = randint(1, 6)
        t = t + 1
    return t
```

2. On a effectué les requêtes suivantes.

```
>>> from statistics import mean
>>> mean([attente() for k in range(100000)])
6.02201
```

Donner une estimation de l'espérance $E(T)$ de la variable aléatoire T. Expliquez votre démarche.

48 Tirages sans remise en Python ★★

Lors d'une tombola, les 11 joueuses d'une équipe de football tirent simultanément un ticket dans une urne contenant 50 tickets : 40 portent la somme 0 €, 9 tickets portent la somme 5 € et 1 porte la somme 100 €. On note G la variable aléatoire correspondant à la somme des gains sur les 11 tickets.

1. Compléter la fonction Python ci-dessous afin qu'elle renvoie la valeur moyenne sur n réalisations de la variable G. (La fonction `sample` du module `random` permet de réaliser des tirages sans remise dans une liste.)

```
from random import sample
urne = [0] * 40 + [5] * 9 + [100]
def moyenne(n):
    echantillon = []
    for k in range(n):
        tirage = sample(urne, 11)
        gain = sum(tirage)
        echantillon.append(gain)
    return ..........................
```

2. L'appel de la fonction `moyenne(100000)` a renvoyé la valeur 31,62.
Interpréter cette valeur.

49 Python et Bernoulli ★★

On considère la fonction Python suivante.

```
from random import random
def bernoulli(p):
    if random() < p:
        return 1
    else:
        return 0
```

1. Justifier que cette fonction simule la loi de Bernoulli de paramètre *p*.
2. À quoi correspond la liste créée par l'appel suivant : `[bernoulli(0.2) for i in range(10)]` ?

50 Surréservation en Python ★★★

Une compagnie maritime dispose de 100 places pour une croisière, et vend de façon indépendante 107 réservations. On admet que la probabilité qu'une personne, ayant fait une réservation, se présente au départ est 0,9. On note X la variable aléatoire correspondant au nombre de personnes se présentant au départ de la croisière.

A. *Probabilité de surréservation*

1. Déterminer la loi de probabilité de la variable aléatoire X ainsi que ses paramètres.

2. Calculer la valeur arrondie au centième de la probabilité que la compagnie maritime soit en surréservation.

B. *Utilisation de Python*
On donne le script suivant écrit en Python :

```
from scipy.stats import binom
def entier(n, p, alpha):
    va = binom(n, p)
    k = 0
    while va.cdf(k) < 1 - alpha:
        k = k + 1
    return k
```

REMARQUE
On utilise ici la bibliothèque `scipy.stats`. La fonction `binom` de cette bibliothèque calcule les probabilités correspondant à la loi binomiale. On affecte le résultat de cette fonction à la variable nommée `va`. Pour calculer $P(X \leq k)$, on utilise la commande `va.cdf(k)` (*cumulative distribution function*).

1. Justifier que le script permet d'afficher le plus petit entier k tel que $P(X \leq k) \geq 1 - \alpha$.
2. Implanter le script.
a) Exécuter le script avec les paramètres de la loi déterminée à la partie A. et avec $\alpha = 0{,}01$.
b) Interpréter la valeur précédente dans le contexte.

En 15 ans, le nombre de personnes ayant effectué une croisière maritime ou fluviale (ci-contre sur le Danube...) est passé de 12 à 24 millions. On prévoit une augmentation de 50 % du nombre de croisiéristes pour les 10 ans à venir. Les croisières fluviales représentent un tiers de l'ensemble des croisières.

Exercices pour approfondir

Calculer des probabilités conditionnelles en utilisant la définition

51 Test de recrutement ★★★

Un grand laboratoire recrute chaque année des étudiants de niveau Bac + 2.

Une première sélection est effectuée à l'aide d'un test écrit sous forme de QCM ; les candidats retenus doivent ensuite passer un entretien.

Les candidats choisissent, selon leurs compétences, un test parmi deux. On admet que 40 % des candidats choisissent le premier test, à l'issue duquel 10 % sont sélectionnés et que le reste des candidats choisit le deuxième test, à l'issue duquel 30 % sont sélectionnés.

On prélève une fiche au hasard dans le fichier des candidats. Toutes les fiches ont la même probabilité d'être prélevées.

On définit les événements suivants :

T_1 : « le candidat choisit le premier test » ;

T_2 : « le candidat choisit le deuxième test » ;

S : « le candidat est sélectionné ».

1. À l'aide des informations contenues dans l'énoncé, déterminer les probabilités : $P(T_1)$, $P(T_2)$, $P_{T_1}(S)$, $P_{T_2}(S)$.

2. Calculer $P(S \cap T_1)$ et $P(S \cap T_2)$.

3. On admet que $S = (S \cap T_1) \cup (S \cap T_2)$ et que les événements $(S \cap T_1)$ et $(S \cap T_2)$ sont incompatibles ; calculer $P(S)$. En déduire $P(\overline{S})$.

Événements indépendants

52 Deux défauts indépendants ★★★

L'objectif de l'exercice est d'étudier les performances d'une photocopieuse dans un centre de soins d'une grande mutuelle. Les copies réalisées avec cette photocopieuse peuvent présenter deux types de défaut :

- un défaut noté D_1 lié à la qualité du tambour de la photocopieuse ;
- un défaut noté D_2 lié à la qualité de l'encre en poudre utilisée.

On prélève une copie au hasard dans l'ensemble des copies réalisées pendant une journée donnée.

L'événement E_1 : « la copie prélevée présente le défaut D_1 » a pour probabilité $P(E_1) = 0{,}02$.

L'événement E_2 : « la copie prélevée présente le défaut D_2 » a pour probabilité $P(E_2) = 0{,}04$.

On admet que les événements E_1 et E_2 sont indépendants.

1. Exprimer en fonction des événements E_1, E_2 chacun des deux événements suivants :

A : « la copie prélevée présente les deux défauts » ;

B : « la copie prélevée présente l'un au moins des deux défauts ».

2. Calculer les probabilités $P(A)$ et $P(B)$.

3. Calculer la probabilité de l'événement C : « la copie prélevée ne présente aucun défaut ».

53 Tirage avec remise ★★

Un sac contient trois pions de couleurs différentes : un noir, un blanc et un rouge, notés respectivement N, B et R.

On prélève au hasard un pion, on note sa couleur et on le remet dans le sac. On recommence en prélevant un deuxième pion dont on note aussi la couleur.

Un résultat est un couple dont le premier élément est la couleur du pion tiré lors du premier tirage et le second la couleur du pion tiré lors du second tirage, par exemple (N, N).

1. Décrire par un arbre tous les résultats possibles.

2. Tous les couples possibles sont équiprobables.

On considère les événements suivants :

E_1 : « le premier pion tiré est noir » ;

E_2 : « le deuxième pion tiré est noir ».

Toutes les probabilités sont à donner sous forme de fractions irréductibles.

a) Calculer $P(E_1)$ et $P(E_2)$.

b) Les deux événements E_1 et E_2 sont-ils indépendants ?

c) Calculer la probabilité que, sachant que les deux pions tirés sont de même couleur, les deux pions tirés sont noirs.

Calculer des probabilités conditionnelles avec un tableur croisé d'effectifs ou un arbre

54 Utiliser un tableau ou un arbre pondéré ★★

Une agence de voyage propose deux durées de séjours – le week-end ou la semaine – et deux types de destinations – France ou étranger.

Parmi les dossiers de l'agence reçus la première semaine de mars, on constate que :

- 60 % des séjours ont lieu en France ;
- 45 % des séjours en France durent une semaine ;
- 75 % des séjours à l'étranger durent une semaine.

On prélève un dossier au hasard parmi les dossiers reçus la première semaine de mars, et on note :

- F l'événement : « le séjour a lieu en France » ;
- S l'événement : « le séjour dure une semaine » ;
- E l'événement contraire de F.

1. *Utilisation d'un tableau*

La première semaine de mars, l'agence a reçu 100 dossiers.

a) Compléter, après l'avoir reproduit, le tableau suivant.

	Nombre de week-ends	Nombre de séjours d'une semaine	Total
Nombre de séjours en France			
Nombre de séjours à l'étranger			
Total			100

b) Trouver les probabilités des trois événements F, S sachant F et S sachant E.

c) Quelle est la probabilité qu'un séjour dure une semaine et ait lieu en France ?

d) Montrer que la probabilité qu'un séjour dure une semaine est 0,57.

e) En déduire la probabilité que, sachant qu'il dure une semaine, un séjour ait lieu en France. On donnera le résultat exact sous la forme d'une fraction irréductible.

2. *Utilisation d'un arbre pondéré*

a) Recopier et compléter l'arbre pondéré suivant, ainsi que la colonne « probabilité du résultat ».

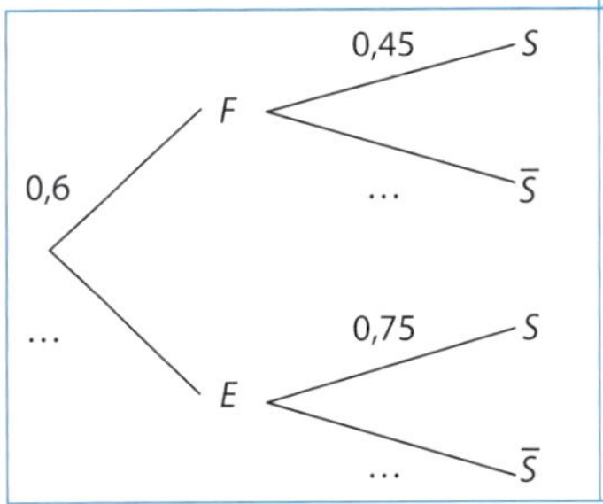

Probabilité du résultat
$P(F \cap S) = 0,27$
$P(F \cap \overline{S}) = \dots$
$\dots = 0,30$
$\dots = \dots$

b) En utilisant les données de l'énoncé trouver les probabilités $P(E)$, $P_F(S)$ et $P_E(S)$.

c) Quelle est la probabilité qu'un séjour dure une semaine et ait lieu en France ?

d) Démontrer que $P(S) = 0,57$.

e) Calculer la probabilité que, sachant qu'il dure une semaine, un séjour ait lieu en France. On donnera la valeur approchée arrondie à 10^{-2} du résultat.

55 Contrôle de qualité dans l'agroalimentaire ★ ★

Pour pouvoir être commercialisées les tablettes de chocolat doivent subir un contrôle de leur masse.

Afin d'améliorer la proportion de tablettes de chocolat commercialisables, le fabricant met en place une nouvelle chaîne de production.

L'ancienne chaîne ne prend désormais en charge que 40 % de la production totale.

À l'issue de la fabrication, un nouveau contrôle de masse est effectué.

• Parmi les tablettes produites par l'ancienne chaîne, 68 % sont commercialisables.

• Parmi les tablettes produites par l'ancienne chaîne, 90 % sont commercialisables.

On choisit, de façon équiprobable, une tablette dans l'ensemble de la production.

On note :

A l'événement : « la tablette choisie est produite par l'ancienne chaîne » ;

N l'événement : « la tablette choisie est produite par la nouvelle chaîne » ;

C l'événement : « la tablette choisie est commercialisable ».

1. Compléter, après l'avoir reproduit, l'arbre de probabilités suivant.

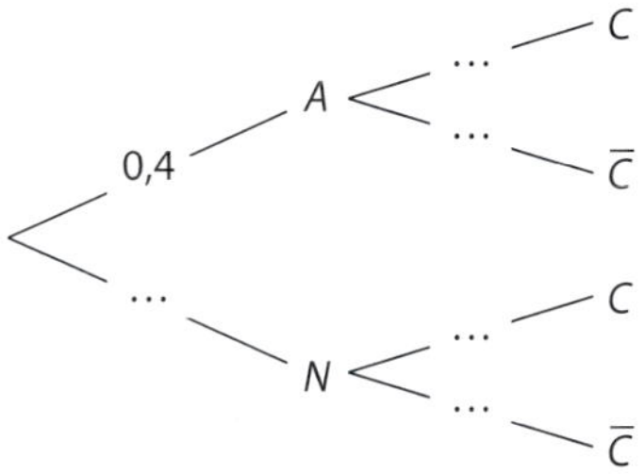

2. Calculer la probabilité que la tablette choisie provienne de l'ancienne chaîne et soit commercialisable.

3. Peut-on affirmer qu'au moins 80 % de la production totale de tablettes est commercialisable ? Expliciter la démarche utilisée.

56 Le goûter des enfants ★ ★ ★

Le cuisinier d'un centre de vacances a confectionné des beignets pour le goûter des enfants.

• 30 % des beignets sont à l'ananas, les autres sont aux pommes ;

• 35 % des beignets à l'ananas sont aromatisés à la cannelle, ainsi que 45 % des beignets aux pommes.

On choisit un beignet au hasard. On admet que chaque beignet a la même probabilité d'être choisi.

On définit les événements suivants :

• A : « le beignet choisi est à l'ananas » ;

• C : « le beignet choisi est aromatisé à la cannelle ».

On note $\overline{A}$ l'événement contraire de A et $\overline{C}$ l'événement contraire de C.

On demande les valeurs exactes des probabilités, qui seront données sous forme décimale.

1. Donner, à partir des informations de l'énoncé, la probabilité $P_A(C)$ de l'événement C sachant que l'événement A est réalisé.

2. Reproduire et compléter l'arbre de probabilité ci-dessous.

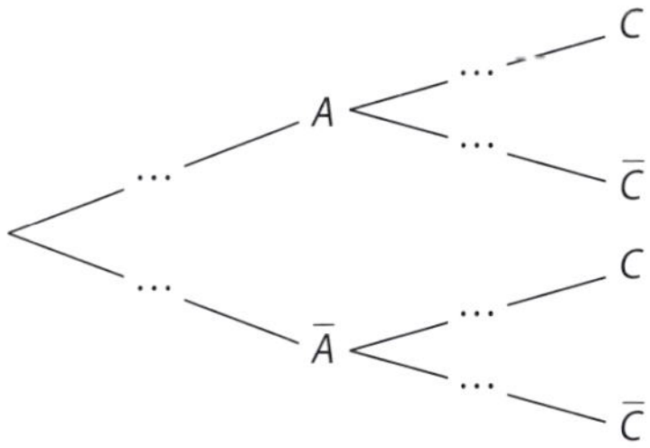

3. a) Définir par une phrase l'événement $A \cap C$.

b) Calculer la probabilité de l'événement $A \cap C$.

4. Montrer que la probabilité de l'événement C est égale à 0,42.

5. Calculer la probabilité que le beignet soit à l'ananas, sachant qu'il est aromatisé à la cannelle.

57 Antidopage ★★★

La probabilité d'un événement A est notée $p(A)$.
La probabilité de A sachant B réalisé est notée $p_B(A)$.

À l'issue d'une compétition, des sportifs sont contrôlés par un comité antidopage qui doit se prononcer et les déclarer positifs ou négatifs à une substance testée. Or, certains produits dopants restent indétectables aux contrôles et le test utilisé par le comité n'est pas fiable à 100 %.

Plus précisément :

- la probabilité qu'un sportif dopé soit déclaré positif est 0,94 ;
- la probabilité qu'un sportif non dopé soit déclaré positif est 0,08.

Le comité prend donc sa décision avec un risque d'erreur.

L'expérience a montré que, dans ce genre de compétition, 15 % des participants sont dopés. On note :

- D l'événement « le sportif est dopé »,
- P l'événement « le sportif est déclaré positif »,
- N l'événement « le sportif est déclaré négatif ».

Dans toute la suite, on donnera les résultats exacts écrits sous forme décimale.

1. Compléter après l'avoir reproduit, l'arbre de probabilité illustrant la situation.

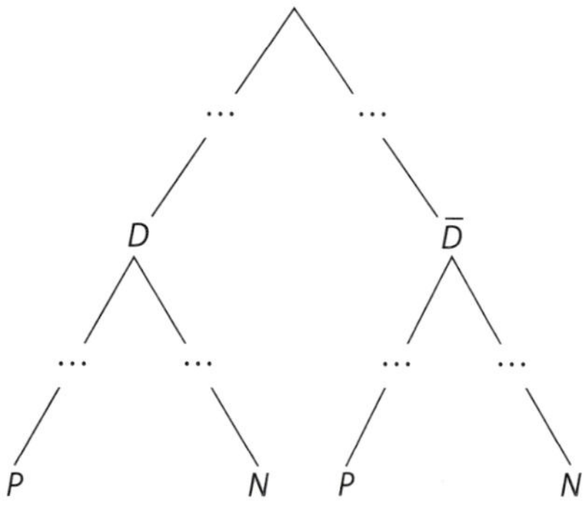

2. Indiquer la valeur de $P(D)$ puis celle de $P_D(P)$.

3. a) Traduire par une phrase l'événement $\overline{D} \cap P$.

b) Déterminer la valeur de $P(\overline{D} \cap P)$.

4. Lors d'une compétition, un sportif est choisi au hasard et contrôlé.

a) Quelle est la probabilité qu'il soit déclaré positif ?

b) Montrer que $P(N) = 0{,}791$.

c) On note E l'événement « le comité a commis une erreur ». Déterminer la valeur de $P(E)$.

58 Sources d'information ★★★

Un hebdomadaire a fait réaliser une enquête sur un échantillon représentatif d'une population.

35 % des personnes interrogées indiquent que leur principale source d'information est la télévision ; parmi elles, 40 % lisent aussi la presse écrite.

25 % des personnes interrogées indiquent que leur principale source d'information est la radio ; parmi elles, 60 % lisent aussi la presse écrite.

Les autres personnes interrogées indiquent que leur principale source d'information est l'Internet ; parmi elles, 75 % lisent aussi la presse écrite.

On choisit une personne au hasard dans l'échantillon et on considère les événements suivants :

T : « La personne a pour principale source d'information la télévision » ;

R : « La personne a pour principale source d'information la radio » ;

I : « La personne a pour principale source d'information l'Internet » ;

E : « La personne lit la presse écrite ».

Pour tout événement A, on notera $\overline{A}$ l'événement contraire et $P(A)$ sa probabilité.

1. À l'aide des informations fournies ci-dessus, indiquer la valeur de la probabilité conditionnelle $P_T(E)$ puis, calculer la probabilité conditionnelle $P_R(\overline{E})$.

2. Recopier et compléter l'arbre de probabilités suivant.

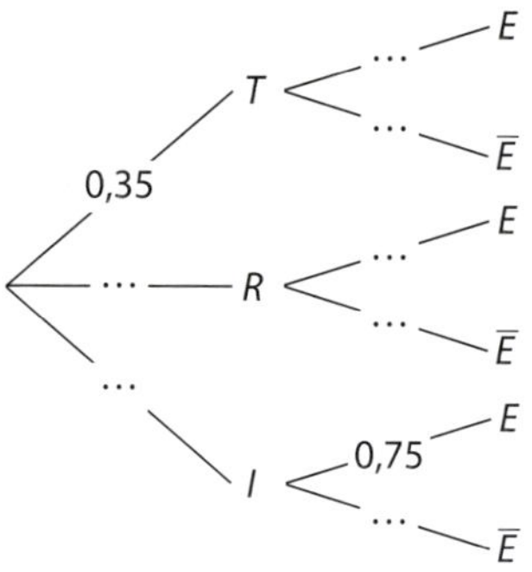

3. a) Décrire, à l'aide d'une phrase, l'événement $T \cap E$, puis démontrer que $P(T \cap E) = 0{,}14$.

b) Calculer la probabilité des événements $R \cap E$ et $I \cap E$.

En déduire que $P(E) = 0{,}59$.

59 Plutôt ST2S Groupes sanguins ★★★

D'une part, le sang humain est classé en quatre groupes distincts : A, B, AB et O.

Sur une population importante de donneurs de sang, les groupes sanguins se répartissent selon le tableau suivant :

A	B	AB	O
41 %	10 %	4 %	45 %

D'autre part, le sang peut posséder le facteur Rhésus : si le sang d'une personne possède ce facteur il est dit de Rhésus positif (noté Rh^+), s'il ne possède pas ce facteur il est dit de Rhésus négatif (noté Rh^-).
Pour chaque groupe la proportion des personnes possédant ou non le facteur Rhésus est donnée dans le tableau suivant.

Groupe	A	B	AB	O
Rh^+	84 %	81 %	85 %	80 %
Rh^-	16 %	19 %	15 %	20 %

On prélève une fiche au hasard dans le fichier des donneurs de sang. Toutes les fiches ont la même probabilité d'être choisies. On considère les événements suivants :

- A : « La personne a un sang du groupe A » ;
- B : « La personne a un sang du groupe B » ;
- A_b : « La personne a un sang du groupe AB » ;
- O : « La personne a un sang du groupe O » ;
- R_p : « La personne a un sang de rhésus positif » ;
- R_n : « La personne a un sang de rhésus négatif ».

1. Reproduire et compléter l'arbre pondéré donné en annexe.

2. Une personne ayant un sang du groupe O et de Rhésus positif est appelée « donneur universel ».

a) Montrer que la probabilité qu'une personne dont la fiche a été prélevée au hasard dans la population soit un donneur universel est 0,36.

b) Montrer que la probabilité qu'une personne dont la fiche a été prélevée au hasard dans la population ait un sang de Rhésus positif est 0,819 4.

Annexe

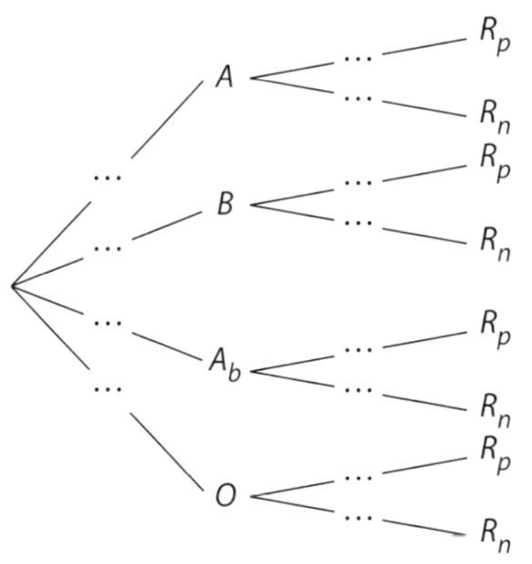

60 La répartition des salariés ★★★

Dans une entreprise, on sait que parmi les salariés :

- les hommes constituent 64 % du personnel ;
- 90 % des hommes travaillent à temps complet ;
- 40 % des femmes travaillent à temps partiel.

On choisit au hasard un salarié de cette entreprise : tous les salariés ont la même probabilité d'être choisis. On considère les événements suivants :

- F : « le salarié choisi est une femme »,
- C : « le salarié choisi travaille à temps complet ».

On note respectivement $\overline{F}$ et $\overline{C}$ les événements contraires des événements F et C.

1. Donner la probabilité $P(F)$. En déduire $P(\overline{F})$.

2. Réaliser un arbre de probabilité schématisant cette situation.

3. Traduire par une phrase l'événement $F \cap C$ et calculer sa probabilité.

4. Montrer que la probabilité que le salarié choisi travaille à temps complet est égale à 0,792.

5. Calculer la probabilité que le salarié soit une femme, sachant qu'il travaille à temps complet (on arrondira ce résultat au centième).

Calculer l'espérance d'une variable aléatoire discrète

61 Une tombola ★★★

Lors d'une séance de cinéma, on distribue au hasard un billet de loterie aux 250 spectateurs.
Parmi les 250 billets distribués, 5 donnent droit à quatre places gratuites, 15 donnent droit à trois places gratuites, 30 donnent droit à deux places gratuites, 60 donnent droit à une place gratuite et avec les autres billets on ne gagne rien.

1. On considère un spectateur qui a reçu un billet. Déterminer la probabilité des événements :

a) A : « le spectateur ne gagne rien » ;

b) B : « le spectateur gagne au moins deux places gratuites ».

2. On note X la variable aléatoire désignant le nombre de places gratuites gagnées avec un billet.

a) Déterminer, sous forme de tableau, la loi de probabilité de X.

b) Calculer la probabilité de l'événement « $X \leq 2$ ».

c) Calculer l'espérance $E(X)$.

d) Combien faudrait-il de billets faisant gagner une place gratuite pour que $E(X)=1$?

Loi binomiale

62 Ça roule... ★★★

Une PME fabrique des boules de billard.
Dans cet exercice, les résultats approchés sont à arrondir à 10^{-2}.
Dans un stock de boules, 75 % des boules sont blanches et le reste est rouge. On prélève au hasard 8 boules de ce stock. Le stock est suffisamment important pour que l'on puisse assimiler ce prélèvement à un tirage avec remise de 8 boules. On considère la variable aléatoire X qui, à tout prélèvement de 8 boules, associe le nombre de boules blanches parmi les 8 boules.

1. Justifier que la variable aléatoire X suit une loi binomiale dont on déterminera les paramètres.

2. Calculer la probabilité que, dans un tel prélèvement, il y ait exactement 6 boules blanches.

3. Calculer la probabilité que, dans un tel prélèvement, il y ait, au plus, 7 boules blanches.

4. Calculer la probabilité que, dans un tel prélèvement, il y ait au moins 6 boules blanches.

5. Calculer l'espérance $E(X)$ de la variable aléatoire X. Donner une interprétation de $E(X)$.

63 Transition énergétique ★★★

On s'intéresse ici à la fabrication dans une usine d'un grand groupe de l'industrie automobile d'un certain modèle de véhicules à « moteur hybride ».

Dans cet exercice, les résultats approchés sont à arrondir à 10^{-2}.

Dans cette question, on s'intéresse à un stock important de véhicules sortis des chaînes de montage de l'usine.

On appelle « véhicule défectueux » un véhicule possédant au moins un défaut. Il y a « beaucoup » de défauts possibles à la sortie d'une chaîne de montage.

On note E l'événement : « un véhicule prélevé au hasard dans le stock est défectueux ». On suppose que $P(E) = 0{,}2$.

On prélève au hasard 10 véhicules dans le stock pour vérification. Le stock est assez important pour que l'on puisse assimiler ce prélèvement à un tirage avec remise de 10 véhicules.

On considère la variable aléatoire X qui, à tout prélèvement ainsi défini, associe le nombre de véhicules défectueux de ce prélèvement.

1. Justifier que la variable aléatoire X suit une loi binomiale dont on déterminera les paramètres.

2. Calculer la probabilité qu'un seul véhicule de ce prélèvement soit défectueux.

3. Calculer la probabilité que, dans un tel prélèvement, au plus un véhicule soit défectueux.

4. Calculer l'espérance $E(X)$ de la variable aléatoire X. Donner une interprétation de $E(X)$.

CONTRÔLE DE QUALITÉ DANS L'INDUSTRIE AUTOMOBILE

Une probabilité de 0,2 peut paraître excessive (quand on fabrique des vis, par exemple, le pourcentage de pièces défectueuses ne dépasse pas 2 %). Il faut savoir que dans l'industrie automobile, à la sortie d'une chaîne de montage, le pourcentage de véhicules présentant au moins un défaut (et il y a beaucoup de défauts possibles !) peut atteindre, jusqu'à ... 40 % !

64 Produits d'assurance ★★★

Une compagnie d'assurances vend des produits d'assurance-vie à des personnes de quarante-cinq ans, toutes en bonne santé. Après consultation des statistiques des compagnies d'assurances, on admet qua la probabilité, de l'événement « une personne de quarante-cinq ans vit encore trente ans » est 0,7.

On prélève au hasard six personnes de quarante-cinq ans en bonne santé parmi la clientèle de la compagnie. On admet que la clientèle des personnes de quarante-cinq ans en bonne santé est suffisamment importante pour que l'on puisse assimiler ce prélèvement à un tirage avec remise. On a donc une succession de six épreuves indépendantes.

1. Soit X la variable aléatoire qui à chaque échantillon de six personnes de quarante-cinq ans en bonne santé associe le nombre de personnes de cet échantillon encore vivantes trente ans après. Expliquer pourquoi X suit une loi binomiale dont on précisera les paramètres.

2. Calculer la probabilité de chacun des événements suivants. Arrondir à 10^{-4}.

a) A : « Les six personnes seront vivantes dans trente ans » ;

b) B : « Au moins deux personnes seront vivantes dans trente ans » ;

c) C : « Au moins une personne sera vivante dans trente ans ».

Exemples d'utilisation du tableur

65 Tableur et probabilités ★★★

Sur un site internet, on trouve les données suivantes qui concernent un trophée de cyclisme dans les Alpes.

Année	2016	2017	2018
Nombre de participants	176	189	180
Nombre d'« épinglés »*	45	38	26

** La catégorie « épinglés » est constituée par les coureurs ayant été contrôlés positifs, ayant reconnu s'être dopés et ayant été sanctionnés (par la justice, leur fédération ou leur équipe).*

A. *Traitement des données sur tableur*

On reporte ces données dans une feuille de calcul, afin de les compléter :

	A	B	C	D	E
1	Année	2016	2017	2018	Total
2	Nombre de participants	176	189	180	545
3	Nombre d'« épinglés »	45	38	26	109
4	Nombre de « non-épinglés »				436
5	Taux d'« épinglés »	25,6 %			

La plage de cellules B5:E5 est au format pourcentage à une décimale.

1. Donner une formule qui, entrée en cellule B4, permet par recopie vers la droite d'obtenir le contenu des cellules de la plage B4:D4.

2. Donner une formule qui, entrée en cellule E2, a permis par recopie vers le bas d'obtenir le contenu des cellules de la plage E2:E4.

3. Donner une formule qui, entrée en cellule B5, permet par recopie vers la droite d'obtenir le contenu des cellules de la plage B5:E5.

4. Calculer la valeur affichée dans la cellule C5.

B. *Probabilités*

Pour chacune des années 2016, 2017 et 2018, on dispose pour chaque participant d'une fiche sur laquelle figurent l'année, le nom du participant, et la mention « épinglé » ou bien « non-épinglé ». Ainsi un même participant peut figurer sur plusieurs fiches s'il a participé au trophée plusieurs fois parmi les années 2016, 2017 ou 2018.

Toutes les fiches sont mélangées, et on en choisit une au hasard. Tous les choix sont équiprobables. On définit les événements suivants :

D : « la fiche est une fiche de l'année 2008 » ;

E : « la fiche porte la mention « épinglé ».

Les probabilités demandées sont à arrondir au centième.

1. a) Calculer la probabilité de l'événement D.

b) Calculer la probabilité de l'événement $D \cap E$.

c) Calculer la probabilité, sachant D, de l'événement E.

2. Calculer la probabilité de l'événement E.

3. Calculer la probabilité, sachant que la fiche choisie porte la mention « épinglé », que ce soit une fiche de l'année 2018.

66 Test d'efficacité d'une crème solaire avec le tableur ★★★

Un laboratoire pharmaceutique fabrique une crème solaire dont il veut prouver l'efficacité. Pour cela, il engage 30 volontaires pris au hasard ; il leur enduit la moitié du dos avec sa crème et l'autre moitié sans crème. Il mesure ensuite l'indice de brunissement.

On formule l'hypothèse (H) : la crème n'apporte rien de plus que la protection naturelle. Sous cette hypothèse, on a autant de chance d'avoir un indice de noirceur avec crème supérieur à celui sans crème, que le contraire (on exclut le cas d'égalité).

On désigne par X la variable aléatoire qui, à un échantillon aléatoire de 30 personnes associe le nombre d'individus pour lesquels l'indice de noirceur avec crème est supérieur à celui sans crème.

1. On suppose que X suit une loi binomiale. Indiquer ses paramètres.

2. En utilisant la formule :
=LOI.BINOMIALE(k;30;0,5;VRAI), déterminer le plus petit entier N tel que $P(X \leq N) \geq 0{,}95$.

3. Sur les 30 personnes participant au test, 21 ont un indice de noirceur avec crème supérieur à celui sans crème. Que peut-on en conclure ?

Programmation en Python

67 Problème de seuil et Python ★★★★

Une usine fabrique en grande série des pièces susceptibles de présenter un défaut dans 3 % des cas. On prélève au hasard un lot de n pièces dans la production. La production est assez importante pour que ce prélèvement soit considéré comme un tirage avec remise.

Pour des questions de maintenance, on souhaite déterminer le nombre minimal de pièces à prélever pour que la probabilité d'obtenir au moins deux pièces présentant un défaut, soit supérieure ou égale à 0,95.

On note X la variable aléatoire qui, à tout prélèvement de n pièces, associe le nombre de pièces qui présentent le défaut.

A. *Résolution du problème*

1. Justifier que la variable aléatoire X suit une loi binomiale dont on précisera les paramètres.

2. Déterminer une inégalité correspondant au problème posé.

3. a) Compléter le script Python suivant pour résoudre le problème.

```
from scipy.stats import binom
n = 1
va = binom(n, 0.03)
while 1 - va.cdf(1) ..................:
    n = ..................
    va = binom(n, 0.03)
print('le nombre minimal de pièces est', n)
```

> **REMARQUE**
> On utilise ici la bibliothèque `scipy.stats`. La fonction `binom` de cette bibliothèque calcule les probabilités correspondant à la loi binomiale. On affecte le résultat de cette fonction à la variable nommée `va`. Pour calculer $P(X = k)$ et $P(X \leq k)$, on utilise respectivement les commandes `va.pdf`(k) (*probability density function*) et `va.cdf`(k) (*cumulative distribution function*).

b) Implanter le script complété, l'exécuter et donner le nombre minimal cherché.

B. *Pour aller plus loin*

On suppose que $n = 100$. On désire à présent déterminer le plus petit entier k tel que la probabilité d'avoir au plus k pièces présentant un défaut soit supérieure ou égale à 0,99.

1. Déterminer une inégalité correspondant au problème posé.

2. En s'inspirant du script précédent, écrire un script permettant de résoudre le problème.

3. Exécuter le script et déterminer la valeur k recherchée.

Exercices Pour le bac

CONTRÔLE BAC CONTINU

Exercices 68 à 72 **Toutes séries**

68 Automatismes (5 points) ★

Sans calculatrice

Le jour de l'épreuve, une feuille réponse est fournie.

	Énoncé	Réponse
1.	Un institut de santé publique réalise une étude sur l'efficacité de deux médicaments A et B soignant une même forme de migraine, auprès d'une population de patients prenant l'un de ces deux médicaments. En cas de migraine, 60 % des patients interrogés prennent le médicament A, les autres prennent le médicament B. 70 % des patients qui prennent le médicament A se déclarent soulagés. 90 % des patients qui prennent le médicament B se déclarent soulagés.	L'ensemble des patients qui prennent le médicament A et se déclarent soulagés représente : …% de la population des patients interrogés.
2.		Même question qu'au **1.** en remplaçant A par B : …%
3.		La proportion de patients de la population interrogée qui se déclarent soulagés après avoir pris l'un des deux médicaments est : …%
4.	Un village comptait 1 100 habitants en 2018. On a constaté depuis cette date une diminution annuelle de la population d'environ 5 %. Compléter	On modélise le nombre d'habitants de ce village à partir de 2018 par une suite……………… de raison…
5.	$E(X)=-2\times\frac{1}{3}-1\times\frac{1}{6}+2\times\frac{1}{6}+3\times\frac{1}{3}$.	Une fraction irréductible égale à $E(X)$ est : $E(X)=$....
6.	f' est la fonction dérivée de la fonction f définie et dérivable sur $\mathbb{R}$. Compléter.	$f(x)=-\frac{1}{6}x^2-\frac{4}{3}x+\frac{1}{5}$ $f'(x)=$...
7.		$f(x)=-\frac{2}{3}x^3+\frac{3}{2}x^2-x+3$ $f'(x)=$...
8.	Soit f la fonction définie sur $\mathbb{R}$ par $f(x)=x^3-3x^2+\frac{1}{2}x+1$. On désigne par $\mathscr{C}$ la courbe représentative de f dans un repère. Le coefficient directeur de la tangente à la courbe $\mathscr{C}$ au point d'abscisse -1 est : **a)** $-0,5$; **b)** $-1,5$; **c)** $9,5$; **d)** $10,5$	…………………………………………………… …………………………………………………… ……………………………………………………
9.	Soit f la fonction définie sur $[-3 ; 3]$ par $f(x)=-x^2=1=-(x-1)(x+1)$. Compléter le tableau de signes.	x : -3 … … 3 $f(x)$: … …
10.	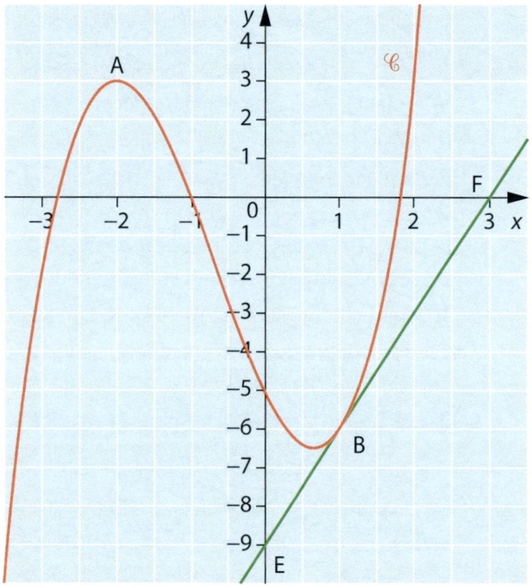 Compléter.	Le coefficient directeur de la tangente (EF) à la courbe C au point B est : $m=$....

Calculer des probabilités conditionnelles avec un tableau croisé d'effectifs

69 Problème de santé publique (5 points) ★★

Une maternité d'Île-de-France a procédé à 1 750 accouchements en 2019. Selon une étude effectuée dans cette maternité, on sait que :

- 8 % des femmes ont accouché prématurément,
- 6 % des femmes ayant accouché ont fumé régulièrement (au moins 10 cigarettes par jour) durant les trois premiers mois de leur grossesse et, parmi elles, 21 ont accouché prématurément.

1. À l'aide des données de l'énoncé, compléter, après l'avoir recopié, le tableau d'effectifs suivant.

Le directeur de la maternité choisit au hasard le dossier d'une femme ayant accouché en 2019 dans son établissement. Chaque dossier a la même probabilité d'être choisi. Pour tout événement X, on note $\overline{X}$ l'événement contraire de X.

Si Y est un événement de probabilité non nulle, la probabilité de X sachant Y est notée $P_Y(X)$.

On considère les événements suivants :

- A : « Le dossier est celui d'une femme dont l'accouchement a eu lieu prématurément » ;
- F : « Le dossier est celui d'une femme ayant fumé régulièrement durant les trois premiers mois de sa grossesse ».

Dans les questions suivantes, les probabilités seront données sous forme décimale et arrondie à 10^{-3} si nécessaire.

2. a. Déterminer la probabilité de l'événement A puis celle de l'événement F.

b. Décrire par une phrase l'événement $A \cap F$, puis calculer sa probabilité.

En déduire la probabilité de l'événement $A \cup F$.

3. Sachant que le dossier choisi est celui d'une femme ayant fumé régulièrement durant les trois premiers mois de sa grossesse, calculer la probabilité que cette femme ait accouché prématurément.

4. Calculer $P_{\overline{F}}(A)$. Que peut-on en déduire concernant le lien entre tabagisme et accouchement prématuré ?

Nombre de femmes	dont l'accouchement a eu lieu prématurément	dont l'accouchement n'a pas eu lieu prématurément	Total
ayant fumé régulièrement durant les trois premiers mois de grossesse	21		
n'ayant pas fumé régulièrement durant les trois premiers mois de grossesse			
Total			1 750

Calculer des probabilités conditionnelles avec un arbre de probabilités

70 Démographie (5 points) ★★

On estime qu'en janvier 2018 les personnes de moins de 20 ans représentaient 24 % de la population totale en France métropolitaine.

Parmi ces personnes de moins de 20 ans, 51 % sont des hommes.

Parmi les personnes de 20 ans et plus, 53 % sont des femmes.

On définit les événements suivants :

A : « un individu choisi au hasard en France métropolitaine a moins de 20 ans » ;

B : « un individu choisi au hasard en France métropolitaine est une femme ».

1. Compléter, après l'avoir recopié, l'arbre pondéré ci-contre.

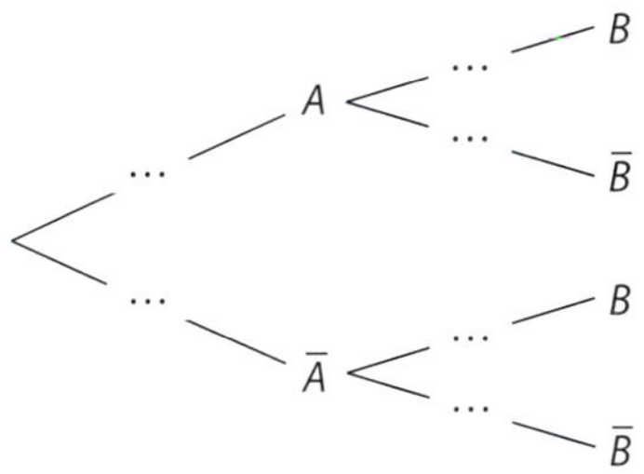

2. Définir par une phrase l'événement $\overline{A} \cap B$, puis donner sa probabilité.

3. Calculer la probabilité de l'événement $A \cap B$.

4. Quelle est la probabilité qu'un individu choisi au hasard en France métropolitaine soit un homme ?

5. Parmi la population masculine de France métropolitaine, quelle est la proportion des moins de 20 ans ? Justifier.

Exercices Pour le bac

CONTRÔLE BAC CONTINU

Loi binomiale

71 Probabilités conditionnelles ; loi binomiale (5 points) ★★★

Les parties A et B de cet exercice sont indépendantes.

A. Deux ateliers A_1 et A_2 fabriquent des stylos pour une entreprise.
L'atelier A_1 fabrique 60 % des stylos, et parmi ceux-là, 5 % possèdent un défaut de fabrication.
De plus, 1 % des stylos possèdent un défaut de fabrication et sortent de l'atelier A_2.
Un stylo est prélevé au hasard dans le stock de l'entreprise.
On considère les événements suivants :
E_1 : « Le stylo a été fabriqué par l'atelier A_1 ».
E_2 : « Le stylo a été fabriqué par l'atelier A_2 ».
D : « Le stylo possède un défaut de fabrication ».

1. Donner les probabilités $P(E_1)$, $P(E_2)$, $P_{E_1}(D)$ et $P(E_2 \cap D)$.

On pourra s'appuyer sur un arbre de probabilités que l'on complètera au fur et à mesure pour répondre aux questions suivantes.

2. a. Calculer la probabilité qu'un stylo provienne de l'atelier A_1 et possède un défaut de fabrication.
b. En déduire que la probabilité qu'un stylo possède un défaut de fabrication est de 0,04.

3. On prélève un stylo au hasard dans l'atelier A_2. Quelle est la probabilité qu'il possède un défaut ?

B. Dans cette partie, on suppose que 4 % des stylos possèdent un défaut de fabrication.
L'entreprise confectionne des paquets contenant chacun 10 stylos.
Le fait qu'un stylo possède ou non un défaut de fabrication est indépendant des autres stylos.
On appelle X la variable aléatoire donnant pour un paquet le nombre de stylos qui possèdent un défaut de fabrication.
On admet que la variable aléatoire X suit une loi binomiale.

1. Préciser les paramètres de cette loi binomiale

2. On rappelle que $\binom{10}{0}=1$. Le directeur de l'entreprise affirme qu'il y a plus d'une chance sur deux qu'un paquet ne comporte aucun stylo défectueux. A-t-il raison ?

72 Utiliser un arbre pondéré avec six « successions de branches » ; loi binomiale (5 points) ★★★

Les parties A et B sont indépendantes.

A. Une entreprise fabrique un certain type de pièces pour de gros équipements pour le transport. Trois ateliers, notés 1, 2, 3, d'un site de production de l'entreprise fabriquent chaque jour ce type de pièces. Les ateliers 1, 2, 3 produisent chaque jour respectivement 25 %, 35 % et 40 % de la production totale de ce type de pièce sur le site.
Un jour donné, on admet que 2 % des pièces produites par l'atelier 1 sont défectueuses, que 1 % des pièces produites par l'atelier 2 sont défectueuses et que 2 % des pièces produites par l'atelier 3 sont défectueuses. On prélève au hasard une pièce dans la production totale des trois ateliers ce jour-là. Toutes les pièces ont la même probabilité d'être prélevées.
On considère les événements suivants :
E : « la pièce prélevée provient de l'atelier 1 » ;
F : « la pièce prélevée provient de l'atelier 2 » ;
G : « la pièce prélevée provient de l'atelier 3 » ;
D : « la pièce prélevée est défectueuse ».

1. Compléter, après l'avoir reproduit, l'arbre de probabilités suivant.

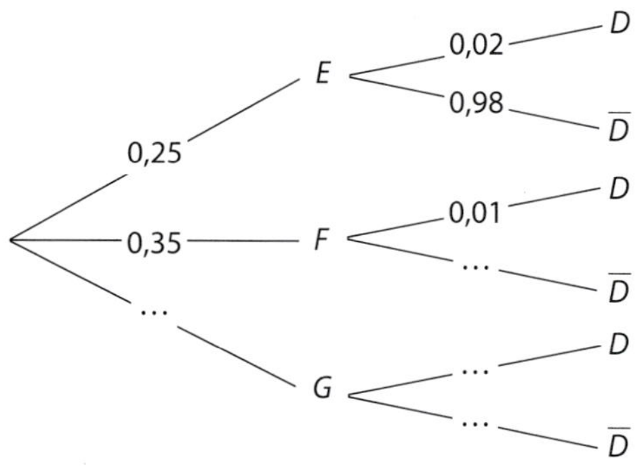

2. Décrire par une phrase l'événement $\overline{D}$, puis l'événement $G \cap D$.

3. Démontrer que la probabilité que la pièce prélevée ne soit pas défectueuse est 0,983 5.

B. Dans cette partie les résultats approchés sont à arrondir à 10^{-3}.
On note A l'événement : « une pièce prélevée au hasard dans un stock important est défectueux ». On admet que $P(A)=0{,}02$. Les pièces sont livrées par huit. On note X la variable aléatoire qui à tout prélèvement de 8 pièces associe le nombre de pièces de ce prélèvement présentant un défaut.
On admet que la variable aléatoire X suit une loi binomiale.

1. Préciser les paramètres de cette loi binomiale.

2. Calculer la probabilité dans un tel prélèvement il y ait au plus deux pièces défectueuses.

On donne : $\binom{8}{0}=1$; $\binom{8}{1}=8$ et $\binom{8}{2}=28$.

S'entraîner pour l'épreuve commune de contrôle continu

Le **contrôle continu** pour l'enseignement de mathématiques en terminale technologique comporte **une épreuve écrite** se déroulant au deuxième trimestre de l'année de terminale.

Cette épreuve dure 2 heures.

La **partie 1** est un test de **maîtrise des automatismes**, noté sur 5 points, durant 20 minutes, **sans calculatrice**. Les feuilles-réponses sont ramassées dès que le test est terminé.

La **partie 2** est composée de trois exercices indépendants, chacun noté sur 5 points (d'une durée d'une demi-heure environ), **pour lesquels la calculatrice peut être autorisée**.

Dans le tableau de la page suivante, **4 sujets complets** sont proposés. Ils sont construits à partir d'exercices figurant à la fin de chacun des quatre chapitres dans la partie « Exercices pour le bac ».

D'autres exercices d'évaluation figurent à la fin de chacun des quatre chapitres.

À la page suivante, un **index thématique** indique les **parties du programme abordées**.

Pour chaque épreuve, ou partie d'épreuve, sont indiquées les **séries concernées**.

Point histoire

L'origine du mot « barème »

Bertrand François Barrême est un mathématicien né à Paris en 1640 et mort en 1703. À cette époque, et jusqu'à l'instauration du système métrique par la Révolution, on n'utilisait pas le même système de poids, de mesures et de monnaies dans tout la France. Barrême se rendit célèbre en publiant deux ouvrages donnant les résultats de (nombreux) calculs pour les échanges commerciaux. Avec *Le Livre des Comptes-faits*, « on peut faire toutes sortes de comptes de multiplication par entier et par fraction, quelques difficiles qu'ils soient, pourvu qu'on sache l'addition ». *Le Livre nécessaire pour les comptables* donne quant à lui les résultats de (nombreux) calculs d'intérêts.

	Partie 1	Partie 2		
	Automatismes	**Exercice 1**	**Exercice 2**	**Exercice 3**
Sujet 1	• Proportions et pourcentages • Évolutions et variations 90 page 59	**Suites** • Pour toutes les séries Exercice 91 page 59 --- Exercice 1 Bis • Pour toutes les séries Avec le tableur Exercice 92 page 59	**Fonctions** • Plutôt pour STMG-STHR Exercice 125 page 112 --- Exercice 2 Bis • Plutôt pour ST2S Exercice 124 page 112	**Statistique** • Pour toutes les séries Exercice 49 page 150
Sujet 2	• Évolutions et variations • Calcul numérique et algébrique • Fonctions et représentations 121 page 111	**Suites et fonctions** • Pour toutes les séries Exercice 122 page 111	**Fonctions** • Pour toutes les séries Exercice 128 page 113 Avec Python	**Statistique** • Pour toutes les séries Exercice 48 page 150
Sujet 3	• Proportions et pourcentages • Évolutions et variations • Calcul numérique et algébrique • Fonctions et représentations 47 page 149	**Suites et fonctions** • Pour toutes les séries Exercice 127 page 113 --- Exercice 1 Bis • Plutôt pour ST2S et STHR Exercice 123 page 111	**Fonctions** • Pour toutes les séries Exercice 51 page 150 --- Exercice 2 Bis • Plutôt pour ST2S Exercice 50 page 150	**Statistique** • Pour toutes les séries Exercice 70 page 197
Sujet 4	• Proportions et pourcentages • Calcul numérique et algébrique • Fonctions et représentations 68 page 196	**Suites et fonctions** • Pour toutes les séries Exercice 128 page 113 Avec Python	**Dérivation** • Pour toutes les séries Exercice 53 page 151	**Statistique** • Pour toutes les séries Exercice 71 page 198

Corrigés et réponses

CHAPITRE 1

Testez-vous !

1. 1. $u_1 = 5$; $u_2 = 7$; $u_3 = 9$; $u_4 = 11$; $u_5 = 13$.
2. Les cinq points associés appartiennent à la droite d'équation $y = 2x + 3$.
3. La raison $r = 2$ est positive. La suite est croissante.

2. 1. $u_2 = 1$; $u_3 = 2$; $u_4 = 4$.
2.

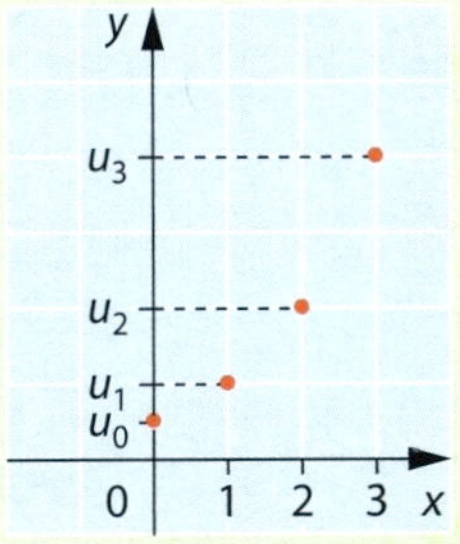

3. La raison est $q = 2$. $q > 1$. La suite (u_n) est croissante.

3. Réponse **c)**.

4. =B2+0,5.

5. Réponse **c)**.

6. 1. 20. **2.** 5.

7. u vaut 40. Il s'agit de u_6.

Corrigés des exercices

35 1. $u_1 = u_0 + 1$; $u_1 = -1$; $u_2 = u_1 + 1$; $u_2 = 0$; $u_3 = u_2 + 1$; $u_3 = 1$; $u_4 = u_3 + 1$; $u_4 = 2$.
2. (u_n) est une suite arithmétique de premier terme u_0, de raison $r = 1$, donc, pour tout entier n, $u_n = u_0 + nr$; $u_n = -2 + n$.
3. $u_{25} = -2 + 25$; $u_{25} = 23$.
4. La représentation graphique est constituée des points M de coordonnées (x, y) de la droite d'équation $y = x - 2$ dont l'abscisse est un nombre entier naturel n.
5. La raison $r = 1$ est positive ; donc la suite (u_n) est croissante.
6. $S_{25} = 26 \times \dfrac{u_0 + u_{25}}{2} = 26 \times \dfrac{-2 + 23}{2} = 273$.

44 1. $u_1 = \dfrac{1}{2}u_0$; $u_1 = \dfrac{1}{2} \times 16$; $u_1 = 8$.

$u_2 = \dfrac{1}{2}u_1$; $u_2 = 4$. $u_3 = \dfrac{1}{2}u_2$; $u_3 = 2$.

$u_4 = \dfrac{1}{2}u_3$; $u_4 = \dfrac{1}{2}(2) = 1$.

2. (u_n) est une suite géométrique de premier terme $u_0 = 16$ et de raison $q = \dfrac{1}{2}$. Donc, pour tout entier n, $u_n = u_0 q^n$, $u_n = 16(0{,}5)^n$.

3. $u_8 = 16(0{,}5)^8$; $u_{10} \approx 0{,}063$.
4. Dans un repère orthogonal, on place les points de coordonnées (0, 16) ; (1, 8) ; (2, 4) ; (3, 2) ; (4, 1)…

5. $S_8 = u_0 \times \dfrac{1 - \left(\dfrac{1}{2}\right)^9}{1 - \dfrac{1}{2}}$, $S_8 = 16 \times \dfrac{1 - \left(\dfrac{1}{2}\right)^9}{1 - \dfrac{1}{2}}$, $S_8 \approx 31{,}938$.

49 A. 1. $u_1 = 150$; $u_2 = 180$.
2. $u_{n+1} = u_n + 30$. La suite (u_n) est une suite arithmétique de raison 30.
B. 1. $v_1 = v_0 + \dfrac{20}{100}v_0 = 1{,}2 \times v_0 = 1{,}2 \times 50$;
$v_1 = 60$.
$v_2 = 1{,}2v_1 = 72$.
2. Pour tout entier n, $v_{n+1} = v_n + \dfrac{20}{100}v_n$; $v_{n+1} = 1{,}2v_n$.
La suite (v_n) est une suite géométrique de premier terme $v_0 = 50$ et de raison 1,2.

53 1. La valeur affichée est : 21,97.
2. L'algorithme calcule et affiche le terme u_n de la suite géométrique de premier terme $u_0 = 10$ et de raison 1,3.

54 1. La valeur affichée est : 52.
2. L'algorithme calcule et affiche la somme des n premiers termes de la suite géométrique de premier terme 4 et de raison 3.

56 1.
Tant que $u < 185$.
2. $n = 15$.

59 u vaut 1,048 576.
Il s'agit de u_7.

62 1.
```
import pylab as plt
for n in range(11):
  u=(-0.5)**n
  plt.scatter(n,u)
plt.show()
```

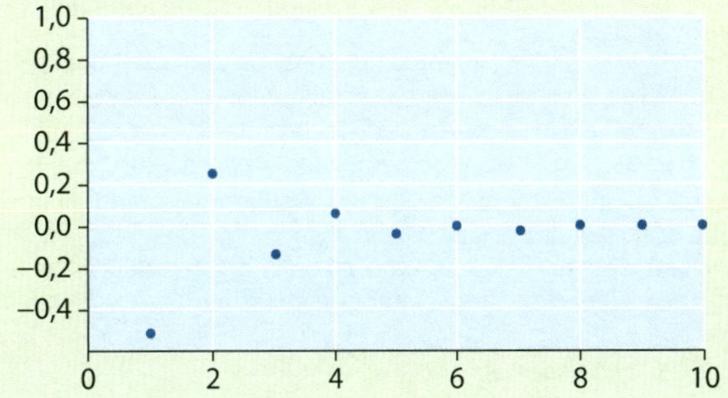

2.
```
import pylab as plt
u=2
for n in range(11):
  u=3*u
  plt.scatter(n,u)
plt.show()
```

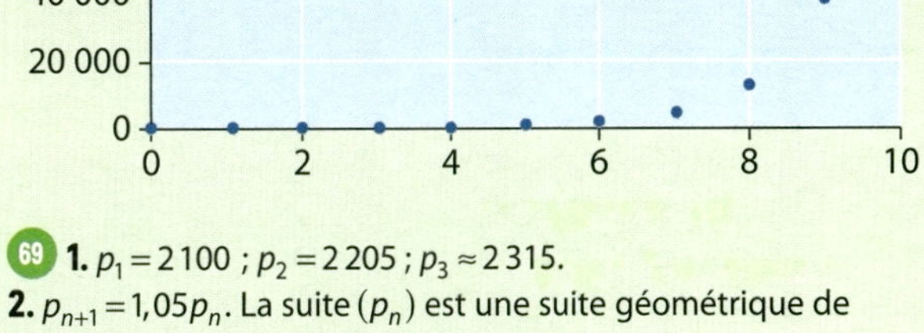

69 1. $p_1 = 2\,100$; $p_2 = 2\,205$; $p_3 \approx 2\,315$.
2. $p_{n+1} = 1{,}05p_n$. La suite (p_n) est une suite géométrique de premier terme $p_0 = 2\,000$ et de raison 1,05.
3. $p_n = 2\,000(1{,}05)^n$.

4. $2\,026 = 2019 + 7$. On cherche donc $S = p_0 + p_1 + ... + p_7$.

$S = (\text{premier terme}) \times \dfrac{1 - (\text{raison})^{\text{nombre de termes}}}{1 - \text{raison}}$

$S = 2\,000 \times \dfrac{1-(1{,}05)^8}{1-(1{,}05)}$. $S \approx 19\,098$.

78 **1. a)** $C_{n+1} = 1{,}01C_n$.

b) Pour tout entier n, $\dfrac{C_{n+1}}{C_n} = 1{,}01$, la suite (C_n) est une suite géométrique de raison 1,01.

c) $C_n = 1000(1{,}01)^n$.

d) $C_{10} = 1000(1{,}01)^{10} \approx 1104{,}62$.

2. a) 1 000.

b) 1 051,1.

c) 10 ans.

85 **1. a)** $u_1 = 0{,}99u_0 - 0{,}15 = 0{,}99 \times 20 - 0{,}15 = 19{,}65$ et $u_2 = 0{,}99u_1 - 0{,}15 = 0{,}99 \times 19{,}65 - 0{,}15 = 19{,}303\,5$.

b) $u_1 - u_0 = 19{,}65 - 20 = -0{,}35$ et $u_2 - u_1 = 19{,}303\,5 - 19{,}65 = -0{,}346\,5$.

Donc $u_1 - u_0 \neq u_2 - u_1$. Par conséquent la suite (u_n) n'est pas une suite arithmétique.

$\dfrac{u_1}{u_0} = \dfrac{19{,}65}{20} = 0{,}982\,5$ et $\dfrac{u_2}{u_1} = \dfrac{19{,}303\,5}{19{,}65} \approx 0{,}982\,37$ donc $\dfrac{u_1}{u_0} \neq \dfrac{u_2}{u_1}$.

Par conséquent, la suite (u_n) n'est pas une suite géométrique.

2. a) L'algorithme teste les valeurs successives de la suite en commençant par u_0. n est représenté par N et u_n par U. Les deux premières lignes affectent U à 20 et N à 0 car on commence par tester u_0.

La ligne 3 est l'instruction de test : on teste si u_n dépasse ou non la valeur de référence 5 donc on complète la ligne par Tant que $U > 5$.

Si le test est satisfait (u_n dépasse pas 5), on doit tester la valeur suivante de la suite. La ligne 4 affecte à U la valeur du terme suivant, on utilise l'expression de récurrence $u_{n+1} = 0{,}99u_n - 0{,}15$ donc on complète $U \leftarrow 0{,}99U - 0{,}15$. La ligne 5 augmente N de 1, on est passé au terme suivant de la suite donc son indice a augmenté de 1 : on complète $N \leftarrow N + 1$.

Si le test n'est pas satisfait, le terme de la suite testé est inférieur à 5 et N contient l'indice de ce terme.

c) D'après la calculatrice $u_{55} \approx 5{,}14$ et $u_{56} \approx 4{,}94$, donc le nombre d'heures recherché est 56 heures.

88 **1. a)** $u_3 = 1 + 4 + 9 = 1^2 + 2^2 + 3^2 = 14$;

$u_4 = 1^2 + 2^2 + 3^2 + 4^2 = 30$; $u_5 = 1^2 + 2^2 + 3^2 + 4^2 + 5^2 = 55$

b) $u_n = 1^2 + 2^2 + ... + n^2$.

2. On lit sur l'écran : $u_{13} = 819$ et $u_{14} = 1015$. Le nombre total de boulets est supérieur à 1 000 à partir du niveau 14.

3. a) On utilise l'expression de u_n, $u_n = \dfrac{n(n+1)(2n+1)}{6}$.

Fonction	Exécution

`def totalboulets(n):`
`    tb=n*(n+1)*(2*n+1)/6`
`    return tb`
	`>>> totalboulets(3)`
	`14.0`
	`>>> totalboulets(4)`
	`30.0`
	`>>> totalboulets(5)`
	`55.0`

b) On teste les différentes valeurs de n en commençant par $n = 2$ jusqu'à ce que $u_n \geqslant nb$. On utilise donc une boule `while`.

Fonction	Exécution

`def depasse(nb):`
`    # on commence par n = 2`
`    n = 2`
`    # tant que le nombre de`
`    boulets ne depasse pas nb`
`    while (totalboulets`
`    (n) < nb) :`
`    # on passe au terme`
`    suivant en ajoutant 1 a n`
`        n = n + 1`
`    return n`
	`>>> depasse(1000)`
	`14`
	`>>> depasse(2000)`
	`18`
	`>>> depasse(10000)`
	`31`

c) La fonction doit retourner u_n au lieu de n.

Fonction	Exécution

`def depasse2(nb):`
`    n = 2`
`    while (totalboulets`
`    (n) < nb) :`
`        n = n + 1`
`        # on renvoie le nombre`
`        de boulets au lieu`
`        # de n`
`    return totalboulets (n)`
	`>>> depasse2(1000)`
	`1015.0`
	`>>> depasse2(2000)`
	`2109.0`
	`>>> depasse2(10000)`
	`10416.0`

CHAPITRE 2

Testez-vous !

1. a) $f'(x) = 3$;

b) $f'(x) = \dfrac{1}{2}$;

c) $f'(x) = x + 3$;

d) $f'(x) = -0{,}6x - 2$;

e) $f'(x) = 6x^2 + 6x - 1$.

2. 1. $f(1) = 5{,}5$;

2. $f(2) = 2$;

3. $f'(2) = 0$.

2. a) $f'(x) = 12x^2 - 33x + 18$.

b) Développer le produit donné dans l'énoncé.

c)

x	0		0,75		2		2,5
$12x - 24$		−		−	0	+	
$x - 0{,}75$		−	0	+		+	
Signe de $f'(x)$		+	0	−	0	+	

d)

x	0		0,75		2		2,5
Signe de $f'(x)$		+	0	−	0	+	
Sens de variation de f		↗		↘		↗	

3. Le programme 1 affichera un message d'erreur. La variable y n'est plus définie une fois l'exécution de la fonction f finie.

Le programme 2 affichera bien la valeur 25.

Le programme 3 affichera la valeur renvoyée par la fonction qui est celle du paramètre (x), c'est-à-dire 5.

4. Réponse **c)**.

Corrigés des exercices

56 **a)** $n \approx 0{,}85$. **b)** $n \approx 1{,}41$. **c)** $n \approx 0{,}74$.
d) $n \approx 20{,}76$. **e)** $t \approx 0{,}09$. **f)** $i \approx 0{,}41$.

58 **a)** $0{,}85 < 1$; donc la fonction f définie par $f(x) = (0{,}85)^x$ est strictement décroissante sur $[0, 10]$.
b) $1{,}03 > 1$; donc la fonction f définie par $f(t) = (1{,}03)^t$ est strictement croissante sur $[0, 12]$.
c) $0{,}9 < 1$ et $4 > 0$; donc la fonction f définie sur $[0, 7]$ par $f(t) = 4(0{,}9)^t$ est strictement décroissante sur $[0, 7]$.
d) $2{,}2 > 1$ et $-0{,}005 < 0$; donc la fonction f définie sur $[0, 20]$ par $f(x) = -0{,}005(2{,}2)^x$ est strictement décroissante sur $[0, 20]$.

63 **1. a)** Le coefficient multiplicateur de l'évolution globale est : $1{,}1 \times 1{,}06 \times 1{,}05 = 1{,}2243$, d'où le taux d'évolution global, $1{,}2243 - 1 = 0{,}2243 = 22{,}43\ \%$.
b) Le nombre de sociétaires à la fin 2019 est :
$506\,000 \times 1{,}2243 = 619\,496$.
2. On cherche t tel que $(1+t)^3 = 1{,}2243$;
d'où $\log(1+t)^3 = \log(1{,}2243)$;
$3\log(1+t) = \log(1{,}2243)$; $\log(1+t) = \frac{1}{3}\log(1{,}2243)$;
$\log(1+t) = \log(1{,}2243)^{1/3}$; $1+t = (1{,}2243)^{1/3}$;
$t = (1{,}2243)^{1/3} - 1$; $t \approx 0{,}0698 = 6{,}98\ \%$.

68 **a)** Les équations suivantes sont équivalentes dans $]0, +\infty[$.
$\log x = 1$; $x = 10^1$; $x = 10$.
b) Les équations suivantes sont équivalentes dans $]0, +\infty[$.
$\log x = -2$; $x = 10^{-2}$.
c) Les équations suivantes sont équivalentes dans $]0, +\infty[$.
$\log\left(\frac{x}{3}\right) = 2$; $\frac{x}{3} = 10^2$; $x = 3 \times 10^2$; $x = 300$.
d) Les équations suivantes sont équivalentes dans $]0, +\infty[$.
$\log\left(\frac{I}{10^{-12}}\right) = 50$; $\left(\frac{I}{10^{-12}}\right) = 10^{50}$; $I = 10^{50} \times 10^{-12}$; $I = 10^{38}$.

70 **1.** Réponse 3. **2.** Réponse 2. **3.** Réponse 3. **4.** Réponse 2.

73 **a)** Les équations suivantes sont équivalentes. $(0{,}8)^x = 0{,}5$,
$\log(0{,}8)^x = \log(0{,}5)$;
$x\log(0{,}8) = \log(0{,}5)$; $x = \dfrac{\log(0{,}5)}{\log(0{,}8)}$.
$x \approx 3{,}1063$.
b) Les équations suivantes sont équivalentes. $(1{,}05)^t = \dfrac{100}{67}$;
$\log(1{,}05)^t = \log\left(\frac{100}{67}\right)$; $t\log(1{,}05) = \log\left(\frac{100}{67}\right)$; $t = \dfrac{\log\left(\frac{100}{67}\right)}{\log(1{,}05)}$;
$t \approx 8{,}2082$.
c) Les équations suivantes sont équivalentes.
$3\,000(0{,}913)^x = 1500$; $(0{,}913)^x = 0{,}5$; $\log(0{,}913)^x = \log(0{,}5)$;
$x = \dfrac{\log(0{,}5)}{\log(0{,}913)}$; $x \approx 7{,}6154$.
d) Les équations suivantes sont équivalentes.
$0{,}4 \times 10^t + 90 = 102$; $0{,}4 \times 10^t = 12$; $10^t = \dfrac{12}{0{,}4}$; $10^t = 30$;
$\log(10^t) = \log(30)$; $t\log(10) = \log(30)$; $t \times 1 = \log(30)$; $t = \log(30)$.
$t \approx 1{,}4771$.

76 **a)** $x \approx 1{,}1888$; **b)** $x \approx 1{,}2067$; **c)** $x \approx 0{,}9865$.

78 **a)** Les inéquations suivantes sont équivalentes.
$(0{,}9)^x \le 0{,}4$; $\log(0{,}9)^x \le \log 0{,}4$; $x\log(0{,}9) \le \log 0{,}4$.
On change le sens de l'inégalité en divisant ses deux membres par $\log(0{,}9) < 0$: $x \geqslant \dfrac{\log(0{,}4)}{\log(0{,}9)} \approx 8{,}7$.
L'ensemble des solutions de l'inéquation est : $\left[\dfrac{\log(0{,}4)}{\log(0{,}9)} ; +\infty\right[$.
b) Les inéquations suivantes sont équivalentes.
$10^4 \times (1{,}2)^t \leqslant 20\,000$; $(1{,}2)^t \leqslant \dfrac{20\,000}{10\,000} = 2$; $(1{,}2)^t \leqslant 2$;
$\log(1{,}2)^t \leqslant \log(2)$; $t\log(1{,}2) \leqslant \log(2)$; $t \leqslant \dfrac{\log(2)}{\log(1{,}2)} \approx 3{,}8$.

> $\log(1{,}2) > 0$, l'inégalité ne change pas de sens.

L'ensemble des solutions de l'inéquation est : $\left]-\infty ; \dfrac{\log(2)}{\log(1{,}2)}\right]$.

81 **a)** $x^3 < 3$ équivalent à : $\log(x^3) < \log 3$; $3\log x < \log 3$;
$\log x < \frac{1}{3}\log 3$; $\log x < \log 3^{\frac{1}{3}}$; $x < 3^{\frac{1}{3}}$.
b) $x^{1{,}3} < 2$ est équivalent à : $1{,}3\log x < \log 2$; $\log x < \frac{1}{1{,}3}\log 2$;
$\log x < \log 2^{\frac{1}{1{,}3}}$; $x < 2^{\frac{1}{1{,}3}}$.
c) En procédant comme au **a)** et au **b)**, on obtient $x < 2{,}5^{\frac{1}{4}}$.

83 **1.** $(1{,}045)^n \geqslant 2$ est équivalent à : $\log\left[(1{,}045)^n\right] \geqslant \log 2$;
$n\log(1{,}045) \geqslant \log 2$; $n \geqslant \dfrac{\log 2}{\log(1{,}045)} \approx 15{,}7$.
On prend $n = 16$.
2. $(0{,}9)^n \geqslant 0{,}5$ est équivalent à : $\log\left[(0{,}9)^n\right] \geqslant \log(0{,}5)$;
$n\log(0{,}9) \geqslant \log(0{,}5)$; $0{,}9 < 1$ d'où $\log(0{,}9) < 0$.
D'où $n \leqslant \dfrac{\log(0{,}5)}{\log(0{,}9)} \approx 6{,}6$. On prend $n = 6$.

> Quand on divise les deux membres d'une inégalité par un même nombre négatif, cette inégalité change de sens.

84 **1.** $C_1 = 1000 + 1000 \times \dfrac{1}{100} = 1000(1 + 0{,}01)$,
$C_1 = 1000 \times 1{,}01 = 1010$.
De même, $C_2 = 1{,}01 \times C_1 = 1020{,}1$; $C_3 = 1{,}01C_2$; $C_3 \approx 1030{,}3$.
2. a) Pour tout entier n, $C_{n+1} = 1{,}01C_n$.
b) La suite (C_n) est géométrique de premier terme $C_0 = 1000$ et de raison 1,01.
c) Pour tout entier n, $C_{n+1} = C_0(1{,}01)^n$. $C_{10} = 1000(1{,}01)^{10}$.
$C_{10} \approx 1104{,}62$.
3. a) Les inéquations suivantes sont équivalentes :
$(1{,}01)^n \geqslant 1{,}2$; $\log\left[(1{,}01)^n\right] \geqslant \log(1{,}2)$; $n\log(1{,}01) \geqslant \log(1{,}2)$;
$n \geqslant \dfrac{\log(1{,}2)}{\log(1{,}01)} \approx 18{,}3$. On prend $n = 19$.
b) Le capital initial a augmenté de 20 % au bout de 19 ans.

89 **a)** $f'(x) = \dfrac{4}{x^2}$; **b)** $f'(x) = 3 - \dfrac{1}{x^2}$; **c)** $f'(x) = -\dfrac{3}{2}\left(3 - \dfrac{1}{x^2}\right)$.

93 Pour tout x de $]0, +\infty[$, $f'(x) = 1 - \dfrac{121}{x^2} = \dfrac{x^2 - 121}{x^2} = \dfrac{x^2 - 11^2}{x^2}$;
$f'(x) = \dfrac{(x-11)(x+11)}{x^2}$.

101 **1.** Réponse **c)**. **2.** Réponse **b)**. **3.** Réponse **d)**.
4. Réponse **a)**. **5.** Réponse **d)**.

104 **1. a)** La fonction f étant croissante et prenant la valeur 0 en début d'algorithme, la condition de la boucle `while` permet de trouver la première valeur de x pour laquelle $f(x)$ est supérieur ou égal à 180.
b) Pour que sa fréquence cardiaque arrive à 180 battements par minute, la sportive doit fournir une puissance comprise entre 306,55 W et 306,56 W.
2. a) Il s'agit d'un algorithme de dichotomie, la variable m correspond au milieu (ou centre) de l'intervalle dans lequel se situe la solution.

b) Pour que sa fréquence cardiaque arrive à 180 battements par minute, la sportive doit fournir une puissance comprise entre 306,553 W et 306,558 W.

113 $pH=-\log(1{,}75\times10^{-12})$; $pH=-[\log(1{,}75)+\log(10^{-12})]$;

$\log ab=\log a+\log b$.

$pH=-\log(1{,}75)-\log(10^{-12})$; $pH=-\log(1{,}75)-(-12)\log 10$;
$pH=-\log(1{,}75)+12$; $(\log 10=1)$; $pH\approx 11{,}76$.

118 **1.** On a entré en B2 la formule =25*A2+100 et en C2 la formule = 441/A2.
2. On peut entrer en D2 la formule = B2+C2 ou =SOMME(B2:C2).
3. La fonction f est croissante sur [0,5 ; 10] et la fonction g est décroissante sur [0,5 ; 10].
4. D'après le graphique, $C(x)$ est minimal pour $x\approx 4$.
5. D'après la feuille de calcul, le coût total est minimal pour $x=4{,}2$, c'est-à-dire une quantité égale à 42. Le coût total minimal est 310 €.

120 **1. a)** La condition de la boucle est $\frac{8719}{4185\times Q}>0{,}1$.

b) On sort de la boucle dès que Q vérifie $\frac{8719}{4185\times Q}\leq 0{,}1$.

c) L'algorithme recherche le plus petit débit Q, à 10^{-2} près, à partir duquel la température de sortie T est inférieure ou égale à 10,1 °C.
2. L'exécution de la fonction renvoie la valeur `20.840000000000458`.
À partir d'un débit de 20,84 kg.s^{-1}, la température de sortie est inférieure ou égale à 10,1 °C.

CHAPITRE 3

Testez-vous !

1. **1.** Réponse **c)**. **2.** Réponse **b)**. **3.** Réponse **c)**.

2. **1.** $n=60$. **2.** $\bar{x}\approx 264$. **3.** $\sigma\approx 2$.

3. **1.** $\bar{x}\approx 2$; $\bar{y}\approx 2{,}9$. **3. c)** $y=0{,}2x+2{,}5$.
4. On vérifie que $y_G=0{,}2x_G+2{,}5$.

4. **1.** Le coefficient directeur est $m=\frac{1{,}5-1}{3{,}5-1}=0{,}2$. D'où l'équation de (AB) : $y=0{,}2x+0{,}8$.

Corrigés des exercices

10 **1.** Si t est le taux d'évolution entre le prix pour 2015 et le prix pour 2019, le coefficient multiplicateur correspondant est $1+t=\frac{3{,}39}{2{,}64}\approx 1{,}284=1+0{,}284$.
Le prix du m^3 d'eau a augmenté de 28,4 %.
2. a) On peut prendre comme droite d'ajustement la droite (AB) avec A(0 ; 2,64) et B(4 ; 3,39).
On cherche une équation de la forme : $y=mx+p$.

$m=\frac{y_B-y_A}{x_B-x_A}=\frac{3{,}39-2{,}64}{4}=0{,}1875$.

La droite (AB) passe par A(0 ; 2,64), donc : $2{,}64=m\times 0+p$; $p=2{,}64$.
Une équation de (AB) est $y=0{,}1875x+2{,}64$.
b) 2023 est l'année de rang 8.
$0{,}1875\times 8+2{,}64=4{,}14$.
On peut estimer à 4,14 € le m^3 le prix du m^3 d'eau pour 2023.
3. 3,93 euros.

13 **1.** On note (x_G, y_G) les coordonnées de G.
$x_G=175$ et $y_G=2{,}125$.

x_G est la moyenne arithmétique des x_i.
y_G est la moyenne arithmétique des y_i.

2.

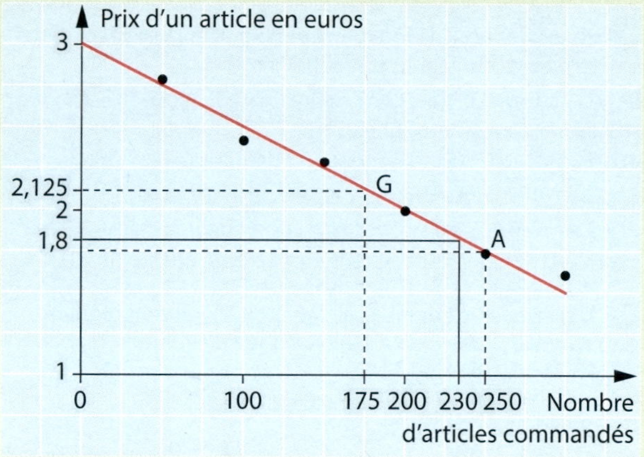

3. a) On lit sur la figure précédente l'ordonnée du point de la droite (AG) d'abscisse 230.
Pour 230 articles commandés, on peut estimer le prix de vente à 1,80 €.
b) On remplace x par 230 dans l'équation de (AG) :
$3-0{,}005\times 230=1{,}85$.
Le calcul donne un prix de vente de 1,85 €.

24 **1.** $y_1=4{,}22$ $y_2=4{,}07$ $y_3=3{,}91$ $y_4=3{,}75$ $y_5=3{,}60$ $y_6=3{,}44$.
3. G(10,5 ; 3,83).
4. $3{,}83=10{,}5m+p$ et $3{,}44=13m+p$; donc $2{,}5m=-0{,}39$; $m\approx-0{,}16$ et $p\approx 5{,}52$. Donc $y=-0{,}16x+5{,}52$.
5. Pour $x=15$ on a $y=3{,}12$. Pour la semaine numéro 15 on a $i=8$. Donc $\log(n_8)=3{,}12$ et $n_8=10^{3{,}12}\approx 1318$. Le nombre de personnes nouvellement contaminées la semaine numéro 15 peut être évalué à 1 320.

32 **2.** En B13 on lit la production totale en Europe en 2000 : 12 869 MW.
En C30 on lit la production totale de tous les pays en 2016 : 466 391 MW.
3. En 2000 la production européenne représente
$\frac{12\,839}{17\,372}=0{,}739\approx 73{,}9\,\%$ de la production totale.
En 2016 la production européenne représente
$\frac{147\,008}{466\,391}\times 100\approx 31{,}5\,\%$ de la production totale.

CHAPITRE 4

Testez-vous !

1. **1.** Réponse **b)**. **2.** Réponse **c)**.

2. **1.**

Nombre d'élèves…	Pratiquant une activité artistique	Ne pratiquant pas d'activité artistique	Total
Pratiquant un sport	90	150	240
Ne pratiquant pas un sport	90	70	160
Total	180	220	400

2. Réponse **c)**. **3.** Réponse **a)**. **4.** Réponse **d)**. **5.** Réponse **b)**.

3. **1.** Réponse **a)**. **2.** Réponse **b)**.

4. 1. a) La formule affiche BLEU avec une probabilité égale à 0,2 (ALEA() fournit un nombre décimal au hasard entre 0 et 1, qui est inférieur à 0,2 avec une probabilité égale à 0,2) et ROUGE avec une probabilité égale à 0,8.
b) Pour 1000 simulations, le nombre de ROUGE est égal à 811.
2. La fonction `randint(1, 6)` renvoie un nombre entier au hasard compris entre 1 et 6. La fonction `simulation(n)` simule n lancers de dé, les résultats constituant la liste L.

Corrigés des exercices

5 **1.** On sait que, pour tous événements A et B :
$P(A\cup B)=P(A)+P(B)-P(A\cap B)$
On a donc $0{,}7=0{,}4+0{,}6-P(A\cap B)$, $P(A\cap B)=1-0{,}7=0{,}3$.

2. Par définition, $P_A(B)=\dfrac{P(A\cap B)}{P(A)}$. $P_A(B)=\dfrac{0{,}3}{0{,}4}=0{,}75$.

De même $P_B(A)=\dfrac{P(A\cap B)}{P(B)}$. $P_B(A)=\dfrac{0{,}3}{0{,}6}=0{,}5$

7 **1.** $P(A)=\dfrac{5}{3}>1$ est une donnée aberrante. En effet, pour tout événement A, $0\leqslant P(A)\leqslant 1$.
2. A et B sont indépendants si et seulement si $P(A\cap B)=P(A)\times P(B)$ donc

$\dfrac{2}{5}=P(A)\times\dfrac{3}{4}$, $P(A)=\dfrac{\frac{2}{5}}{\frac{3}{4}}$, $P(A)=\dfrac{2}{5}\times\dfrac{4}{3}$., $P(A)=\dfrac{8}{15}$.

3. $P_A(B)=\dfrac{0{,}7P(B\cap A)}{P(A)}=\dfrac{P(A\cap B)}{P(A)}=\dfrac{\frac{2}{5}}{\frac{8}{15}}$, $P_A(B)=\dfrac{2}{5}\times\dfrac{15}{8}=\dfrac{3}{4}$.

13 **1.** $F\cap S$: « l'élève rencontré est une fille qui pratique un sport ».
$G\cap\overline{S}$: « l'élève rencontré est une garçon qui ne pratique aucun sport ».
2. $P(S)=\dfrac{80}{100}=0{,}8$; $P(F\cap S)=\dfrac{30}{100}=0{,}3$; $P(\overline{S})=\dfrac{20}{100}=0{,}2$;
$P(G\cap\overline{S})=\dfrac{8}{100}=0{,}08$.
3. $P_S(F)=\dfrac{30}{80}=0{,}375$; $P_{\overline{S}}(G)=\dfrac{8}{20}=0{,}4$.
4. $P(F\cap S)=0{,}3$. $P_S(F)\times P(S)=0{,}375\times 0{,}8=0{,}3$.
$P(F\cap S)=P_S(F)\times P(S)$. De même pour la seconde égalité.
5. $P_G(S)=\dfrac{50}{58}\approx 0{,}86$.

17 **1.**

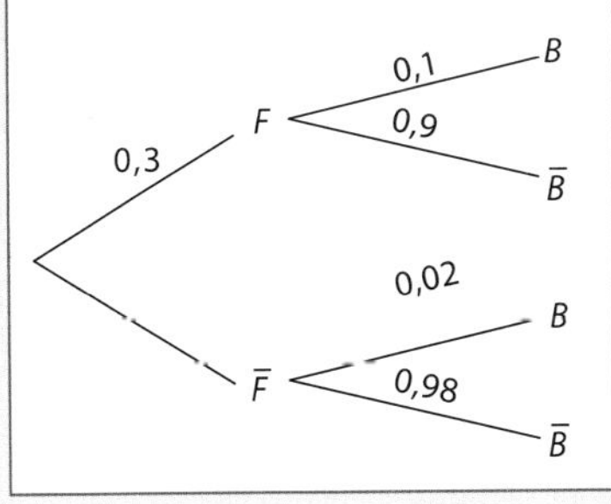

Probabilité du résultat
$P(F\cap B)=0{,}03$
$P(F\cap\overline{B})=0{,}27$
$P(\overline{F}\cap B)=0{,}014$
$P(\overline{F}\cap\overline{B})=0{,}686$

2. On lit sur l'arbre que : $P(\overline{F})=0{,}7$; $P_F(\overline{B})=0{,}9$ et $P_{\overline{F}}(B)=0{,}02$.
3. On lit sur l'arbre que : $P(\overline{F}\cap B)=0{,}014$.
4. On lit sur l'arbre que : $P(F\cap\overline{B})=0{,}27$ et $P(\overline{F}\cap\overline{B})=0{,}686$.
5. $P(\overline{B})=P(F\cap\overline{B})+P(\overline{F}\cap\overline{B})$, $P(\overline{B})=0{,}270+0{,}686$; $P(\overline{B})=0{,}956$.
6. On cherche $P_B(\overline{F})$. En utilisant la définition de probabilités conditionnelles, on obtient :

$P_B(\overline{F})=\dfrac{P(\overline{F}\cap B)}{P(B)}$, $P_B(\overline{F})=\dfrac{P(\overline{F}\cap B)}{P(\overline{F}\cap B)+P(F\cap B)}$,
$P_B(\overline{F})=\dfrac{0{,}014}{0{,}014+0{,}030}$, $P_B(\overline{F})\approx 0{,}32$.

20 **1.** • 10 % des hommes appartiennent à la catégorie a, d'où : $P_H(A)=0{,}10$.
• 40 % des hommes appartiennent à la catégorie b, d'où : $P_H(B)=0{,}40$.
• 8 % des femmes appartiennent à la catégorie a, d'où : $P_F(A)=0{,}08$.
• 60 % des femmes appartiennent à la catégorie c, d'où : $P_F(C)=0{,}60$.

2.

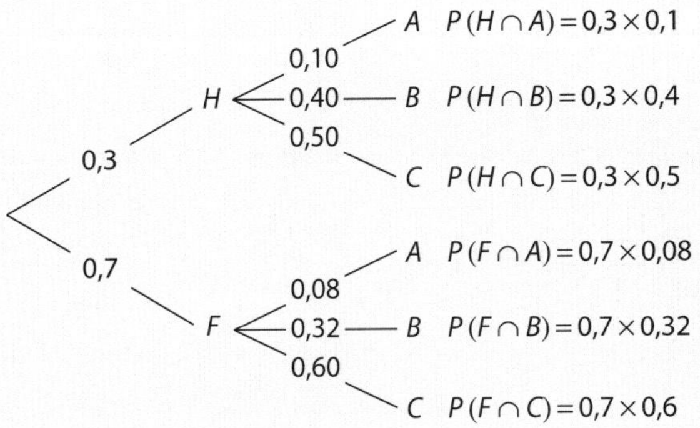

3. a) $P(H\cap C)=0{,}3\times 0{,}5$; $P(H\cap C)=0{,}15$.
b) $P(B)=P(H\cap B)+P(F\cap B)$; $P(B)=0{,}120+0{,}224$; $P(B)=0{,}344$.
c) On cherche $P_C(F)=\dfrac{P(F\cap C)}{P(C)}$.
On a : $P(F\cap C)=0{,}42$. $P(C)=P(F\cap C)+P(H\cap C)$,
$P(C)=0{,}42+0{,}15$, $P(C)=0{,}57$.
D'où $P_C(F)=\dfrac{0{,}42}{0{,}57}$; $P_C(F)=0{,}74$.

25 **1.** $E(X)=2{,}39$.
2. $E(X)$ représente le nombre moyen de pièces vendues, un jour choisi au hasard.

26 **1.** Le joueur perd quand il reçoit 1 ou 2 euros.
Il y a $4+3=7$ tirages où il perd.
Les 10 tirages possibles sont équiprobables d'où :
$p_1=\dfrac{7}{10}$, $p_1=0{,}7$.
• Le joueur gagne quand il reçoit 5 ou 10 euros.
Il y a $2+1=3$ tirages où il gagne.
D'où $p_2=\dfrac{3}{10}$, $p_2=0{,}3$.
2. a) On peut rajouter une ligne « gain », au tableau de l'énoncé, dont les nombres sont obtenus en retirant la mise de 4 euros dans chaque cas.

Nombre inscrit	1	2	5	10
Nombre de boules	4	3	2	1
Gain en euros	–3	–2	1	6

L'ensemble des valeurs prises par la variable aléatoire X est : $\{-3\,;-2\,;1\,;6\}$.
b) À l'aide du tableau du **a**, on obtient :
$P(X=-3)=\dfrac{4}{10}=0{,}4$; $P(X=-2)=\dfrac{3}{10}=0{,}3$;
$P(X=1)=\dfrac{2}{10}=0{,}2$; $P(X=6)=\dfrac{1}{10}=0{,}1$.

La loi de probabilité de la variable aléatoire X est donc donnée par :

x_i	−3	−2	1	6
p_i	0,4	0,3	0,2	0,1

On vérifie que $\sum p_i = 1$. Cela permet de s'autocontrôler.
c) $E(X) = -3 \times 0{,}4 - 2 \times 0{,}3 + 1 \times 0{,}2 + 6 \times 0{,}1$.
$E(X) = -1$.
3. Soit a le nombre inscrit sur la boule qui ne porte plus le numéro 1 et soit Y la variable aléatoire remplaçant X.

Nombre inscrit	a	1	2	5	10
Nombre de boules	1	3	3	2	1
Gain en euros : y_i	a − 4	−3	−2	1	6
$P(Y = y_i)$	0,1	0,3	0,3	0,2	0,1

$E(Y) = (a - 4)\,0{,}1 - 3 \times 0{,}3 - 2 \times 0{,}3 + 1 \times 0{,}2 + 6 \times 0{,}1$.
$E(Y) = 0{,}1\,a - 1{,}1$.
Le jeu est équitable si $E(Y) = 0$, c'est-à-dire
$0{,}1\,a - 1{,}1 = 0$ qui est équivalent à :
$0{,}1\,a = 1{,}1$ donc $a = \dfrac{1{,}1}{0{,}1} = 11$.

29 **1.**

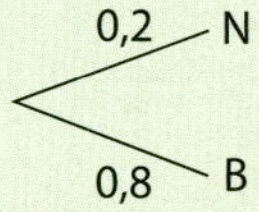

2. a)

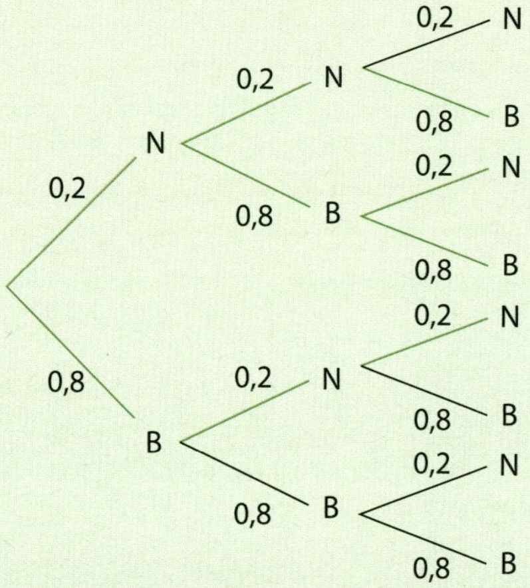

b) $P(E) = 0{,}2 \times 0{,}2 \times 0{,}2 = 0{,}008$.
c) Il y a trois chemins possibles pour réaliser l'événement F : (N, N, B) ; (N, B, N) et (B, N, N).
Donc $P(F) = 0{,}2 \times 0{,}2 \times 0{,}8 + 0{,}2 \times 0{,}8 \times 0{,}2 + 0{,}8 \times 0{,}2 \times 0{,}2$,
$P(F) = 0{,}032 + 0{,}032 + 0{,}032 = 0{,}096$.

32 Voir à la page suivante.

33 **a)** • $P(X=0) = \binom{5}{0} \times 0{,}4^0 \times 0{,}6^5$.

$P(X=0) = 0{,}6^5 \approx 0{,}078$.

• $P(X=3) = \binom{5}{3} \times 0{,}4^3 \times 0{,}6^2$.

$P(X=3) = 10 \times 0{,}4^3 \times 0{,}6^2 \approx 0{,}230$.

• $P(X \leqslant 2) = P(X=0) + P(X=1) + P(X=2)$.

$P(X \leqslant 2) = 0{,}6^5 + \binom{5}{1} 0{,}4 \times 0{,}6^4 + \binom{5}{2} 0{,}4^2 \times 0{,}6^3$.

$P(X \leqslant 2) = 0{,}6^5 + 5 \times 0{,}4 \times 0{,}6^4 + 10 \times 0{,}4^2 \times 0{,}6^3$.
$P(X \leqslant 2) \approx 0{,}683$.

b) • $P(X \leqslant 1) = P(X=0) + P(X=1)$.

$P(X \leqslant 1) = \binom{0}{6} \times 0{,}6^0 \times 0{,}4^6 + \binom{6}{1} \times 0{,}6^1 \times 0{,}4^5$.

$P(X \leqslant 1) = 0{,}4^6 + 6 \times 0{,}6 \times 0{,}4^5 \approx 0{,}041$.
L'événement $(X > 1)$ est le contraire de l'événement $(X \leqslant 1)$ donc :
$P(X > 1) = 1 - P(X \leqslant 1)$; $P(X > 1) \approx 0{,}959$.

34 **1.** Chaque épreuve élémentaire, le prélèvement d'une facture au hasard dans la liasse, peut déboucher sur deux résultats et deux seulement : la facture est erronée, événement de probabilité $p = 0{,}03$ ou la facture n'est pas erronée, événement de probabilité $q = 1 - p = 0{,}97$.
Chaque prélèvement de 10 factures est constitué par la répétition 10 fois, de façon identique et indépendante, de l'épreuve élémentaire, puisque le prélèvement est associé à un tirage avec remise.
Donc, la variable aléatoire X qui associe à chaque prélèvement de ce type le nombre de factures erronées de ce prélèvement suit la loi binomiale de paramètres $n = 10$ et $p = 0{,}03$.
2. $P(X = 0) = \binom{10}{0}(0{,}3)^0 \times 0{,}7^{10}$.

$P(X = 0) = 0{,}7^{10} \approx 0{,}028$.
3. L'événement $(X \leq 2)$ est la réunion des trois événements $(X = 0)$, $(X = 1)$ et $(X = 2)$.
Donc $P(X \leq 2) = P(X = 0) + P(X = 1) + P(X = 2)$.

$P(X \leq 2) = 0{,}7^{10} + \binom{10}{0} 0{,}3(0{,}7)^9 + \binom{10}{2}(0{,}3)^2(0{,}7)^8$.

$P(X \leq 2) = 0{,}7^{10} + 10 \times 0{,}3(0{,}7)^9 + 45 \times (0{,}3)^2(0{,}7)^8$.
$P(X \leq 2) \approx 0{,}383$.

41 **1.** $E(X) = -2 \times \dfrac{1}{4} + 1 \times \dfrac{1}{2} + 4 \times \dfrac{1}{4} = 1$.
3. Le gain moyen peut être obtenu par la formule : =SOMME(F2:F1001)/1000.

C2 =SI(B2="FACE";2;-1)

	A	B	C	D	E	F
1	Partie n°	Pièce 1	Gain 1	Pièce 2	Gain 2	Gain
2	1	FACE	2	FACE	2	4
3	2	PILE	-1	PILE	-1	-2

On observe que le gain moyen obtenu sur le tableur varie d'un échantillon à l'autre, mais reste très proche de $E(X) = 1$ €.
4. Dire que $E(X) = 1$ signifie que sur un grand nombre de parties, le joueur peut « espérer » obtenir en moyenne un gain de 1 € par partie. Comme $E(X) > 0$, le jeu est favorable au joueur.
5. Une mise de 1 € rendrait le jeu équitable. Voir le corrigé de la question **3.** de l'exercice **26**.

44 **1.** $1 - 0{,}3 = 0{,}7$.
2. $0{,}3 \times 0{,}7 \times 0{,}3 = 0{,}063$.

49 **1.** La fonction `random` renvoie une valeur inférieure à p avec la probabilité p. La fonction `bernoulli` renvoie donc 1 avec la probabilité p et 0 la probabilité $1 - p$, ce qui correspond bien à la loi de Bernoulli.
2. Cette liste correspond à un échantillon de 10 réalisations d'une variable aléatoire de loi de Bernoulli de paramètre 0,2.

32 Triangle de Pascal pour $n \leqslant 10$

Chacune des lignes du triangle de Pascal donne les nombres $\binom{n}{k}$ pour la valeur de n correspondante.

$n=0$	1
$n=1$	1 1
$n=2$	① + ② 1
$n=3$	1 ③ 3 1
$n=4$	1 4 6 4 1
$n=5$	1 5 10 10 5 1
$n=6$	1 6 15 20 15 6 1
$n=7$	1 7 21 35 35 21 7 1
$n=8$	1 8 28 56 70 56 28 8 1
$n=9$	1 9 36 84 126 126 84 36 9 1
$n=10$	1 10 45 120 210 252 210 120 45 10 1

Programme de mathématiques de terminale technologique (contenus et capacités)

Séries ST2S, STMG, STI2D, STL, STHR

Algorithmique et programmation

Capacités attendues	
Variables	• Utiliser un générateur de nombres aléatoires entre 0 et 1 pour simuler une loi de Bernoulli de paramètre p. • Utiliser la notion de compteur. • Utiliser le principe d'accumulateur pour calculer une somme, un produit.
Fonctions	• Identifier les entrées et les sorties d'une fonction. • Structurer un programme en ayant recours aux fonctions.
Listes	• Générer une liste (en extension, par ajouts successifs, en compréhension). • Manipuler des éléments d'une liste (ajouter, supprimer…) et leurs indices. • Itérer sur les éléments d'une liste.
Sélection des données	• Traiter un fichier contenant des données réelles pour en extraire de l'information et l'analyser. • Réaliser un tableau croisé de données sur deux critères à partir de données brutes.
Capacités attendues sur les situations algorithmiques	
Avec les suites	• Écrire en langage Python une fonction qui calcule la somme des n premiers carrés, des n premiers cubes ou des n premiers inverses ; établir le lien entre l'écriture de la somme à l'aide du symbole Σ, et les composantes de l'algorithme (initialisation, sortie de boucle, accumulateur, compteur).
Avec les fonctions	• Intercaler entre deux points déjà construits un troisième point ayant pour abscisse (respectivement pour ordonnée) la moyenne arithmétique (respectivement géométrique) des abscisses (respectivement des ordonnées) des deux points initiaux.
En statistique	• Automatiser le calcul de $\sum_i (y_i - (ax_i + b))^2$. • Rechercher un couple (a, b) minimisant cette expression parmi un ensemble fini de couples proposés par les élèves ou générés par balayage, tirage aléatoire…
En probabilités	• Générer un triangle de Pascal de taille n donnée. • Représenter par un diagramme en bâtons la loi de probabilité d'une loi binomiale (n, p). Faire le lien avec l'histogramme des fréquences observées des 1 lors de la simulation de N échantillons de taille n d'une loi de Bernoulli de paramètre p faite en classe de première. • Calculer l'espérance $\sum x_i p_i$ d'une variable aléatoire suivant une loi de probabilité donnée ; cas particulier d'une variable aléatoire suivant la loi binomiale $\mathcal{B}(n, p)$. • Représenter graphiquement l'espérance de lois binomiales $\mathcal{B}(n, p)$ à p fixé et n variable, à n fixé et p variable puis faire le lien avec l'expression admise de l'espérance.

Automatismes

Les nouveaux automatismes introduits en classe terminale figurent en italique.

	Capacités attendues
Proportions et pourcentages	• Calculer, appliquer, exprimer une proportion sous différentes formes (décimale, fractionnaire, pourcentage). • Calculer la proportion d'une proportion.
Évolutions et variations	• Passer d'une formulation additive (« augmenter de 5 % », respectivement « diminuer de 5 % ») à une formulation multiplicative (« multiplier par 1,05 », respectivement « multiplier par 0,95 »). • Appliquer un taux d'évolution pour calculer une valeur finale ou initiale. • Calculer un taux d'évolution, l'exprimer en pourcentage. • Interpréter un indice de base 100 ; calculer un indice ; calculer le taux d'évolution entre deux valeurs. • Calculer le taux d'évolution équivalent à plusieurs évolutions successives. • Calculer un taux d'évolution réciproque. • *Reconnaître une situation contextualisée se modélisant par une suite géométrique dont on identifie la raison.*
Calcul numérique et algébrique	• Effectuer des opérations et des comparaisons entre des fractions simples. • Effectuer des opérations sur les puissances. • Passer d'une écriture d'un nombre à une autre (décimale, fractionnaire, scientifique). • Estimer un ordre de grandeur. • Effectuer des conversions d'unités. • Résoudre une équation ou une inéquation du premier degré, une équation du type : $x^2 = a$. • Déterminer le signe d'une expression du premier degré, d'une expression factorisée du second degré. • Isoler une variable dans une égalité ou une inégalité qui en comporte plusieurs sur des exemples internes aux mathématiques ou issus des autres disciplines. • Effectuer une application numérique d'une formule (notamment pour les formules utilisées dans les autres disciplines). • Développer, factoriser, réduire une expression algébrique simple. • *Calculer la dérivée d'une fonction polynomiale de degré inférieur ou égal à 3.* • *Calculer le coefficient directeur de la tangente en un point à une courbe à l'aide de la dérivée.*
Fonctions et représentations	• Déterminer graphiquement des images et des antécédents. • Résoudre graphiquement une équation, une inéquation du type : $f(x) = k$, $f(x) < k$... • *Déterminer le signe d'une expression factorisée du second degré à l'aide d'une image mentale de la courbe représentative de la fonction correspondante.* • Déterminer graphiquement le signe d'une fonction ou son tableau de variations. • Exploiter une équation de courbe (appartenance d'un point, calcul de coordonnées). • Tracer une droite donnée par son équation réduite ou par un point et son coefficient directeur. • Lire graphiquement l'équation réduite d'une droite. • Déterminer l'équation réduite d'une droite à partir des coordonnées de deux de ses points. • *Déterminer graphiquement le coefficient directeur d'une tangente à une courbe.*
Représentations graphiques de données chiffrées	• Lire un graphique, un histogramme, un diagramme en barres ou circulaire, un diagramme en boîte ou toute autre représentation (repérer l'origine du repère, les unités de graduations ou les échelles...). • Passer du graphique aux données et vice versa.

Analyse

• Suites numériques

Contenus	Capacités attendues
Suites arithmétiques : – moyenne arithmétique de deux nombres ; – expression en fonction de n du terme de rang n ; – somme des n premiers termes d'une suite arithmétique ; notation Σ. *Suites géométriques à termes positifs* – moyenne géométrique de deux nombres positifs – expression en fonction de n du terme de rang n – somme des n premiers termes d'une suite géométrique ; notation Σ.	• Prouver que trois nombres sont (ou ne sont pas) les termes consécutifs d'une suite arithmétique ou géométrique. • Déterminer la raison d'une suite arithmétique ou géométrique modélisant une évolution. • Exprimer en fonction de n le terme général d'une suite arithmétique ou géométrique. • Calculer la somme des n premiers termes d'une suite arithmétique ou géométrique. • Reconnaître une situation relevant du calcul d'une somme de termes consécutifs d'une suite arithmétique ou géométrique.

• Fonctions exponentielles

Contenus	Capacités attendues
Les fonctions $x \mapsto a^x$ ($a > 0$) comme modèle continu d'évolution relative constante : – définition de la fonction $x \mapsto a^x$ pour x positif comme prolongement à des valeurs non entières positives de la suite géométrique (a^n), $n \mapsto \mathbb{N}$; extension à R en posant $a^{-x} = \frac{1}{a^x}$; – sens de variation selon les valeurs de a ; – allure de la courbe représentative selon les valeurs de a ; – propriétés algébriques : $a^{x+y} = a^x a^y$; $a^{x-y} = \frac{a^x}{a^y}$; $a^{nx} = (a^x)^n$ pour n entier relatif ; – cas particulier de l'exposant $\frac{1}{n}$ pour calculer un taux d'évolution moyen équivalent à n évolutions successives.	• Connaître et utiliser le sens de variation des fonctions de la forme $x \mapsto ka^x$, selon le signe de k et les valeurs de a. • Connaître les propriétés algébriques des fonctions exponentielles et les utiliser pour transformer des écritures numériques ou littérales. • Calculer le taux d'évolution moyen équivalent à des évolutions successives.

• Fonction logarithme décimal

Contenus	Capacités attendues
– Définition du logarithme décimal de b pour $b > 0$ comme l'unique solution de l'équation $10^x = b$; notation log. – Sens de variation. – Propriétés algébriques : $\log(ab) = \log(a) + \log(b)$, $\log(a^n) = n\log(a)$ et $\log\left(\frac{a}{b}\right) = \log(a) - \log(b)$, pour n entier naturel, a et b réels strictement positifs.	• Utiliser le logarithme décimal pour résoudre une équation du type $a^x = b$ ou $x^a = b$ d'inconnue x réelle, une inéquation du type $a^x < b$ ou $x^a < b$ d'inconnue x réelle ou du type $a^n < b$ d'inconnue n entier naturel. • Utiliser les propriétés algébriques de la fonction logarithme décimal pour transformer des expressions numériques ou littérales.

• Fonction inverse

Contenus	Capacités attendues
– Comportement de la fonction inverse aux bornes de son ensemble de définition. – Dérivée et sens de variation. – Courbe représentative ; asymptotes.	• Étudier et représenter des fonctions obtenues par combinaisons linéaires de la fonction inverse et de fonctions polynomiales de degré au maximum 3.

Statistique et probabilités

• Séries statistiques à deux variables quantitatives

Contenus	Capacités attendues
– Nuage de points associé à une série statistique à deux variables quantitatives. – Ajustement affine.	• Représenter un nuage de points. • Déterminer et utiliser un ajustement affine pour interpoler ou extrapoler des valeurs inconnues. • Représenter un nuage de points en effectuant un changement de variable donné (par exemple u^2, $\frac{1}{t}$, $\frac{1}{\sqrt{n}}$, $\log(y)$...) afin de conjecturer une relation de linéarité entre de nouvelles variables.

• Probabilités conditionnelles

Contenus	Capacités attendues
– Conditionnement par un événement de probabilité non nulle. – Indépendance de deux événements de probabilités non nulles. – Formule des probabilités totales pour une partition de l'univers.	• Construire un arbre de probabilités associé à une situation aléatoire donnée. • Interpréter les pondérations de chaque branche d'un arbre en termes de probabilités, et notamment de probabilités conditionnelles. • Faire le lien entre la définition des probabilités conditionnelles et la multiplication des probabilités des branches du chemin correspondant. • Utiliser un arbre de probabilités pour calculer des probabilités. • Calculer la probabilité d'un événement connaissant ses probabilités conditionnelles relatives à une partition de l'univers.

• Variables aléatoires discrètes finies

Contenus	Capacités attendues
– Espérance d'une variable aléatoire discrète. – Loi binomiale $B(n,p)$; espérance. – Coefficients binomiaux $\binom{n}{k}$; triangle de Pascal.	• Calculer l'espérance d'une variable aléatoire discrète dans des cas simples et l'interpréter. • Calculer des coefficients binomiaux $\binom{n}{k}$ à l'aide du triangle de Pascal pour $n \leq 10$. • Reconnaître une situation relevant de la loi binomiale et en identifier le couple de paramètres. • Lorsque la variable aléatoire X suit une loi binomiale : – interpréter l'événement $\{X = k\}$ sur un arbre de probabilité ; – calculer les probabilités des événements $\{X = 0\}$, $\{X = 1\}$, $\{X = n\}$, $\{X = n - 1\}$ et de ceux qui s'en déduisent par réunion ; – calculer la probabilité de l'événement $\{X = k\}$ à l'aide des coefficients binomiaux.

Fiches calculatrices

CASIO

SUITES

Édition d'une suite

On étudie la suite géométrique (u_n) de premier terme $u_1 = 100$ et de raison $q = 1{,}05$.
Se placer dans le **MENU** **Récurrence**.
Appuyer sur **TYPE** puis $\mathbf{a_{n+1}}$ pour entrer la formule de récurrence comme sur l'écran ci-contre.

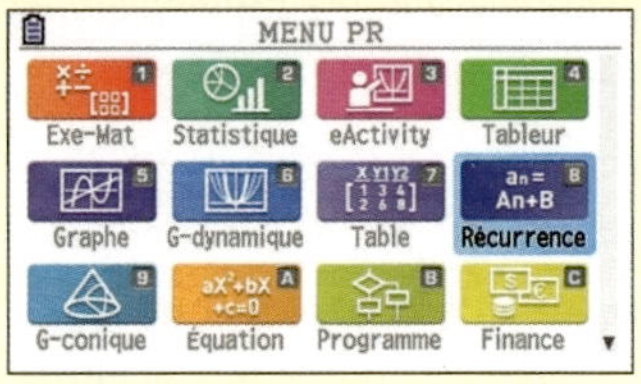

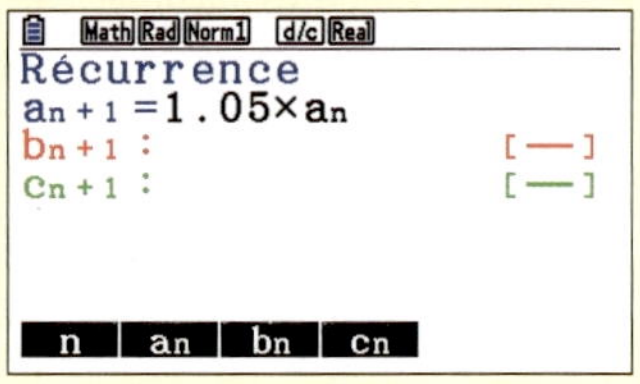

Tableau de valeurs

Pour obtenir les valeurs des termes de la suite, appuyer sur **SET**.

Compléter comme ci-contre puis faire **TABLE**.

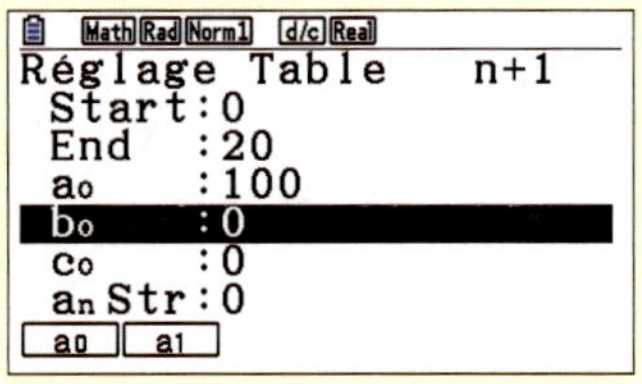

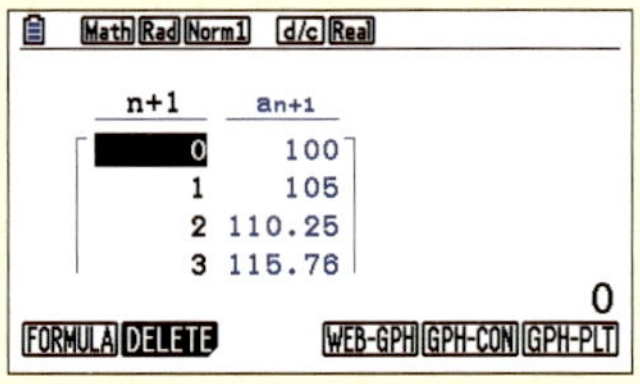

Représentation graphique

Régler la fenêtre par SHIFT **V-Window**.

À partir de l'écran contenant la table (image précédente), choisir **GPH-PLT**.
Faire **SHIFT** **Trace** puis se déplacer pour afficher les points.

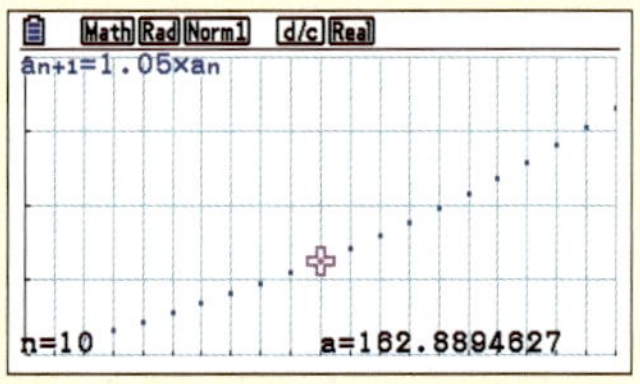

ÉTUDES DE FONCTIONS

Édition d'une fonction

Pour éditer une fonction, faire **MENU** **Graphe** **EXE** **Y=**
puis, à la ligne **Y1**, entrer l'expression de la fonction.

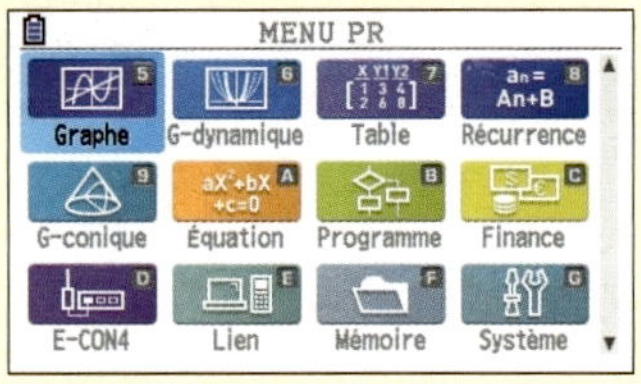

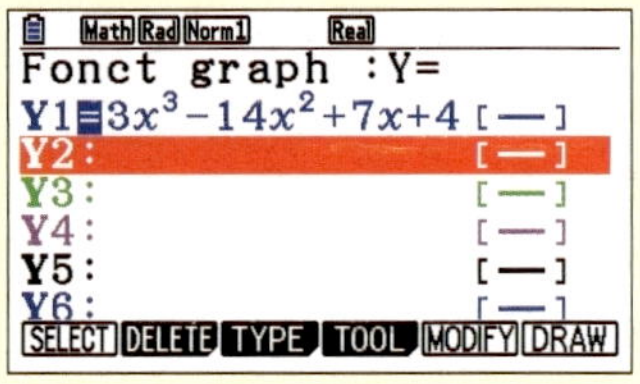

Tableau de valeurs

MENU **Table** **EXE**.
Pour régler la table, faire **SET**
puis entrer la première valeur de *x* dans **Start**,
la dernière valeur de *x* dans **End**
et le pas entre chaque valeur de *x* dans **Step**.
Faire **TABLE** pour obtenir le tableau.

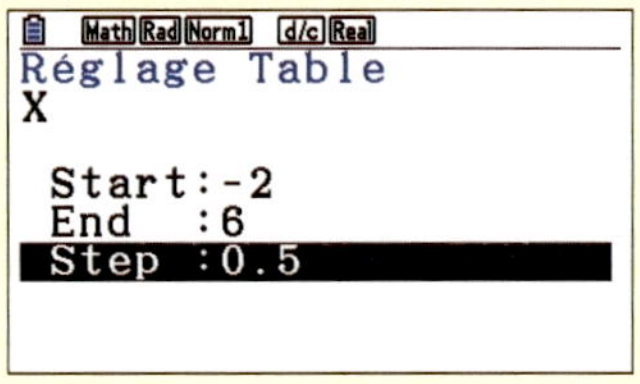

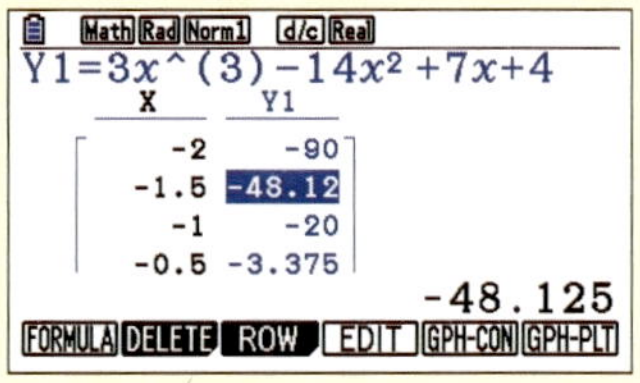

Courbe

Pour régler la fenêtre, faire **SHIFT** **V-Window** puis entrer **Xmin** et **max** selon le domaine d'étude.
scale correspond au pas de graduation de l'axe.
Pour les choix de **Ymin** et **max**, voir éventuellement la table.

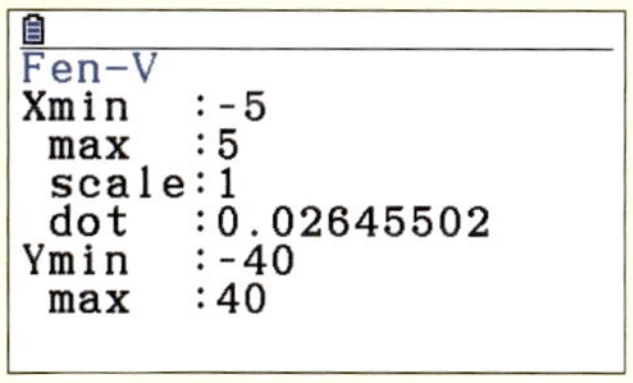

Faire **MENU** **Graphe** **EXE** puis **DRAW** pour le tracé.
Pour parcourir la courbe, faire **SHIFT** **Trace** puis ◀ ou ▶.
Pour zoomer, faire **SHIFT** **ZOOM** puis **BOX**, se déplacer par ◀ ou ▶ et valider les coins, ou, centré sur le curseur, **FACT Xfact** 2 **Yfact** 2 **EXE**
IN (2 × plus près) ou **OUT** (2 × plus loin).

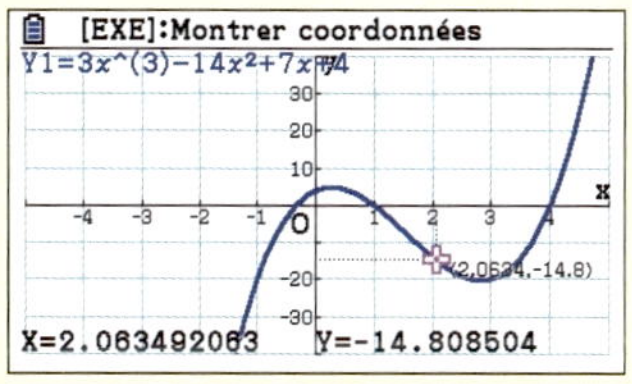

Dérivée

Une valeur approchée de $f'(2)$ s'obtient par :
MENU **Exe-Mat**
OPTN **CALC**
d/dx (3X^3-14X^2+7X+4, 2).

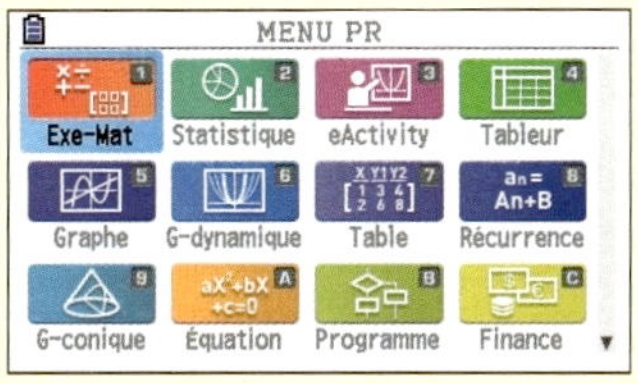

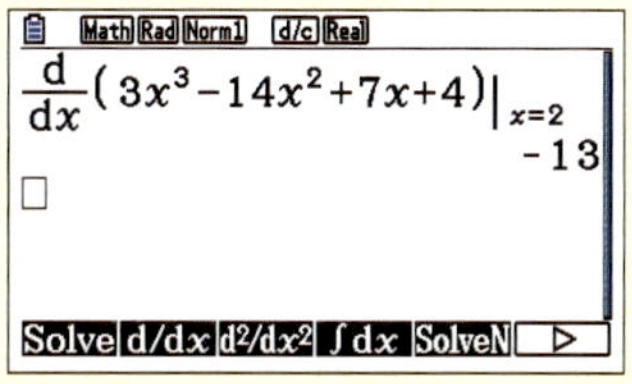

STATISTIQUE

Statistique à une variable

• **Édition des données :**
Effacement des listes par **MENU** **Statistique** **EXE** **DEL-ALL**.
Sélectionner la colonne puis entrer les valeurs x_i en colonne List 1 et les effectifs n_i en colonne List 2.

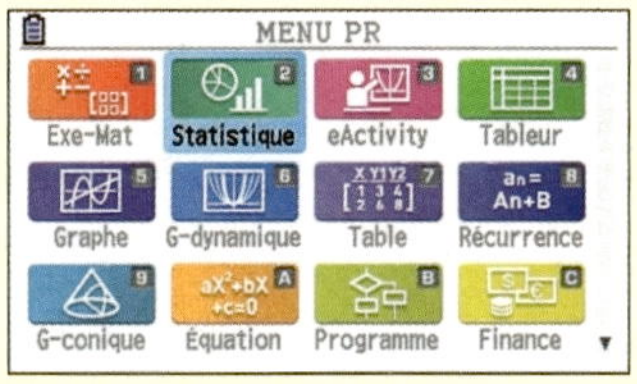

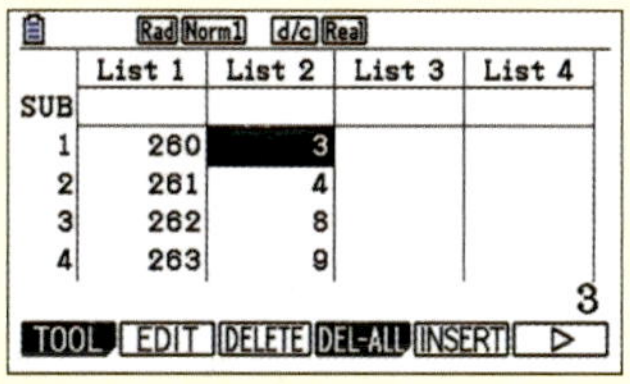

• **Calculs statistiques :**
Régler les colonnes par **CALC** **SET** puis :
1Var X List : List 1
1 Var Freq : List 2
EXE.
Affichage des résultats par **1-Var**.
La moyenne correspond à $\overline{x}$
et l'écart type à **σx**.
La médiane est donnée par **Med** et les quartiles par **Q1** et **Q3** (attention, les quartiles sont parfois l'objet d'interpolations).

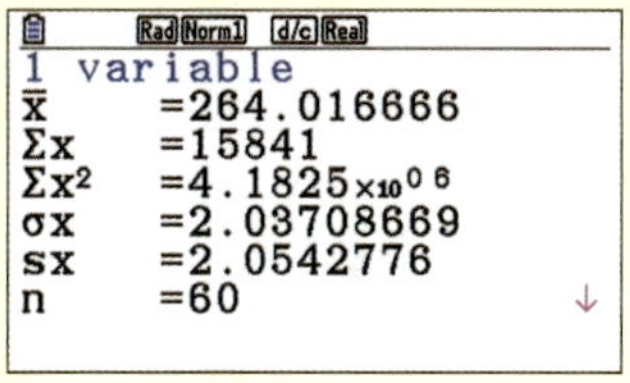

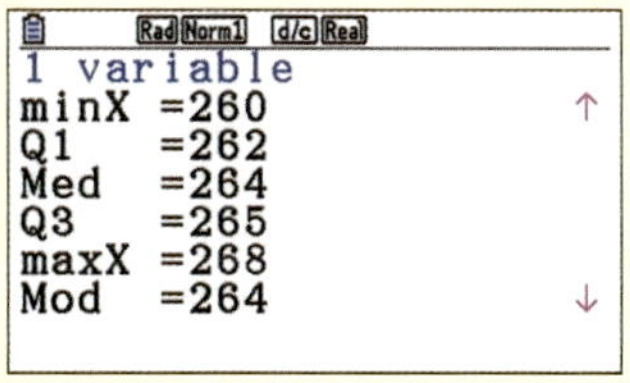

Statistique à deux variables

Se placer dans le menu **Statistique**.
Effacer le contenu des listes par **DEL-ALL**.
Entrer les valeurs x_i en List 1
et les valeurs y_i en List 2.

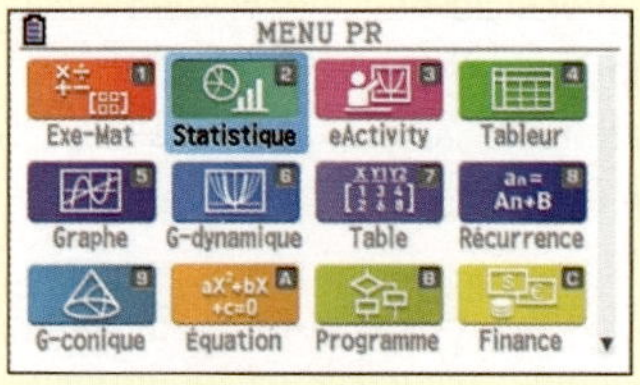

Régler les colonnes pour le calcul par
CALC **SET** puis
2Var X List : List 1 ; **2Var Y List : List 2** ;
2 Var Freq : 1 ; **EXE**.
Afficher les résultats de la « régression linéaire » (ajustement affine) par **REG** **ax+b**.

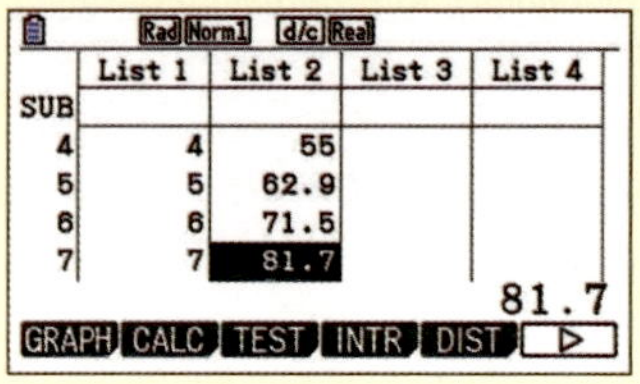

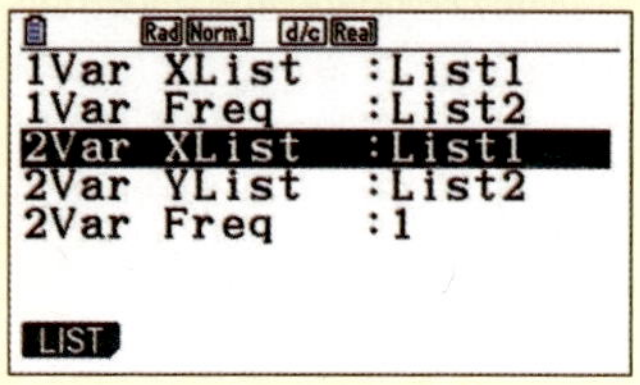

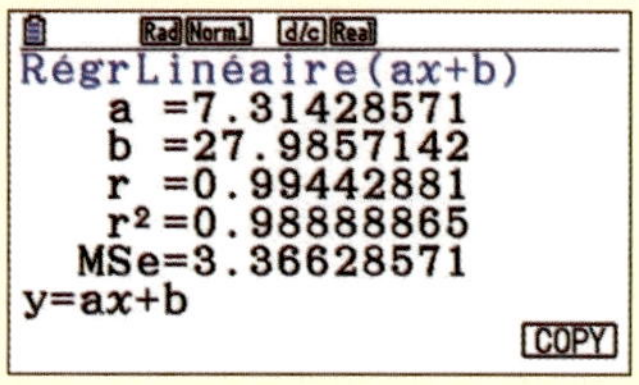

PROBABILITÉS

Simulation

Pour simuler le tirage au hasard d'un nombre décimal de l'intervalle [0, 1[faire, dans le **MENU** **Exe-Mat** :
OPTN **PROB Ran#** puis **EXE**.
Pour simuler le lancer d'un dé cubique supposé équilibré faire :
RanInt#(1,6).

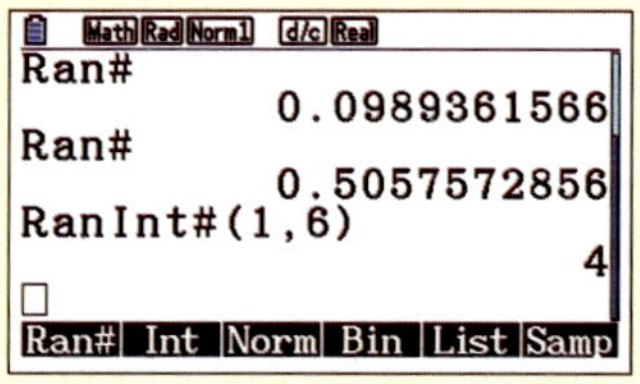

PYTHON

Créer un nouveau programme (éditeur de programmes)

Accéder au **MENU** **Python**.

On crée un nouveau programme par **NEW (F3).**
On entre le nom du nouveau programme (par exemple ici « suite »).

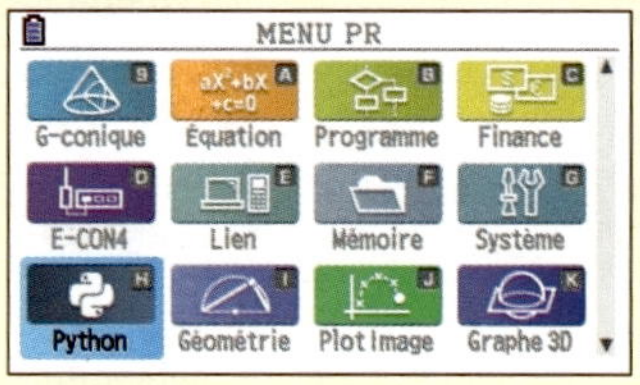

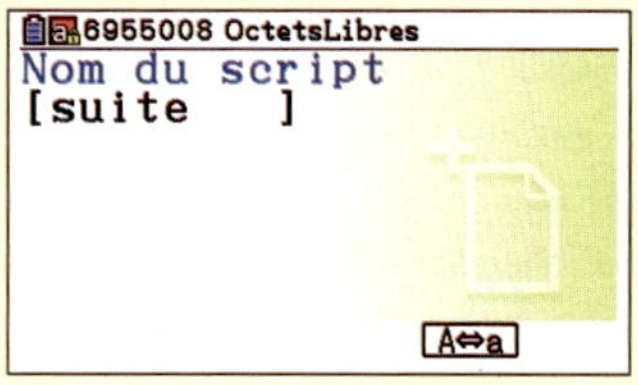

Pour saisir le programme, l'utilisation du catalogue par **SHIFT CATALOG** est pratique.
Par exemple en choisissant **def:return** l'instruction return est indentée automatiquement.
SHIFT A-LOCK permet de bloquer le clavier en mode alphabétique. **F5 A↔a** permet de passer des majuscules aux minuscules.
On accède aux caractères spéciaux par :
F4 CHAR.
L'indentation est de deux espaces. Elle se fait automatiquement lorsque le retour à la ligne se fait avec **EXE**.

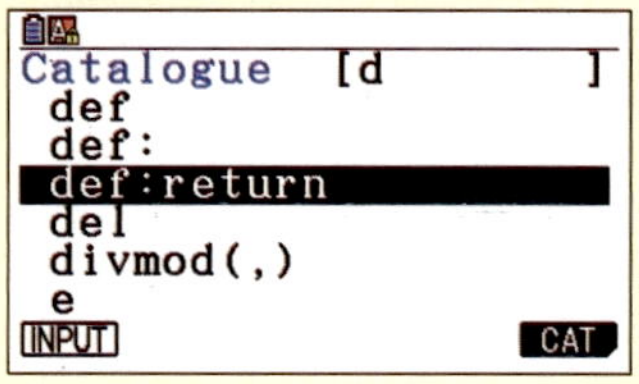

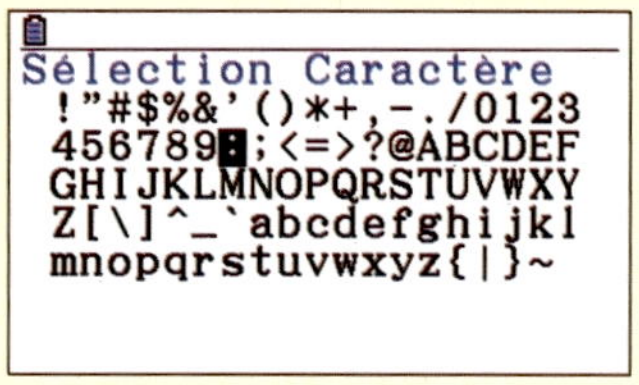

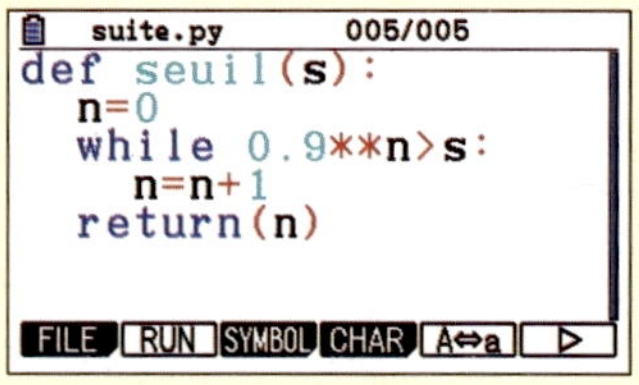

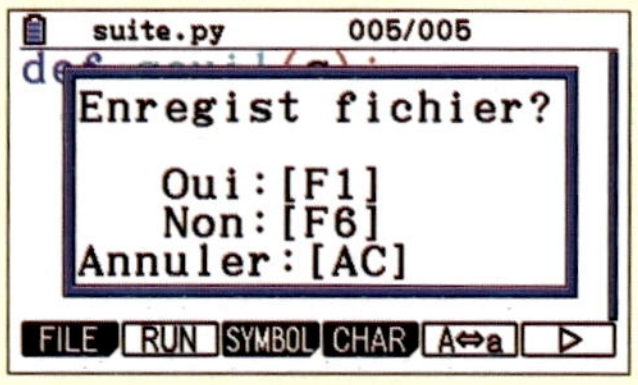

Après écriture du programme faire **F2 RUN** puis enregistrer. On est alors dans le SHELL, la console de l'interpréteur des commandes Python.

Exécuter un programme : utilisation du SHELL (interpréteur)

Dans le **MENU Python**, sélectionner le programme à exécuter, par exemple suite.py et faire **F1 RUN**.

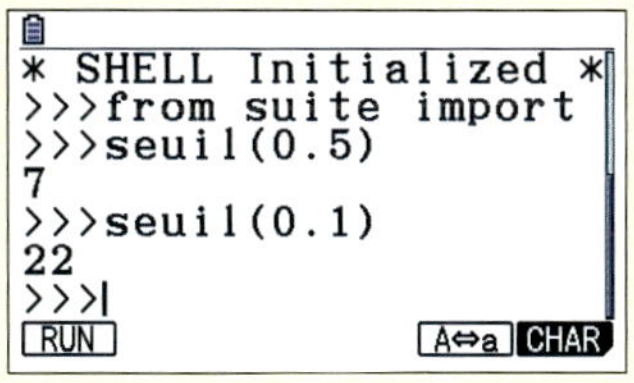

On est alors dans le SHELL, l'interpréteur de commandes Python.
On peut par exemple exécuter des commandes de la fonction seuil qui se trouve dans le programme suite.py.

TEXAS INSTRUMENTS

SUITES

Édition d'une suite

On étudie la suite géométrique (u_n) de premier terme $u_1 = 100$ et de raison $q = 1{,}05$.
Dans **MODE** choisir **SUITE** (au lieu de **FONCTION**).

Pour éditer la suite, taper sur ***f*(*x*)**.
Pour compléter selon l'image ci-contre, taper *u* par **2nd** **7**, taper *n* en utilisant la touche **X, T, n**.

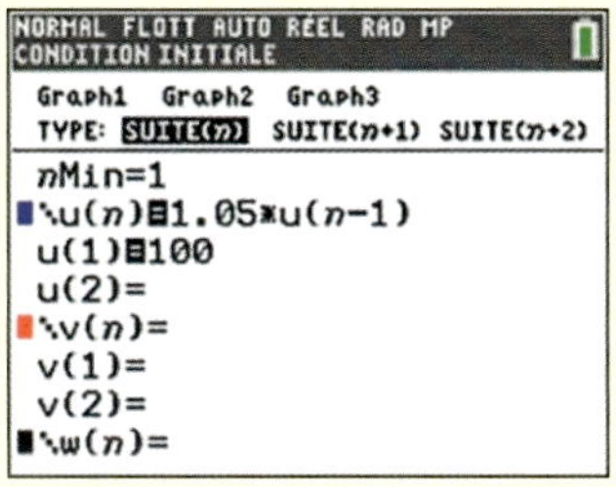

Tableau de valeurs

On règle la table par **2nde** **déf table**.

On obtient les valeurs de la suite en faisant : **2nd** **Table**.

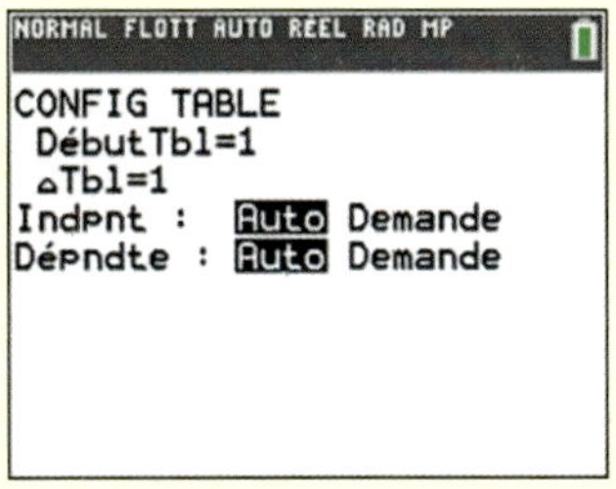

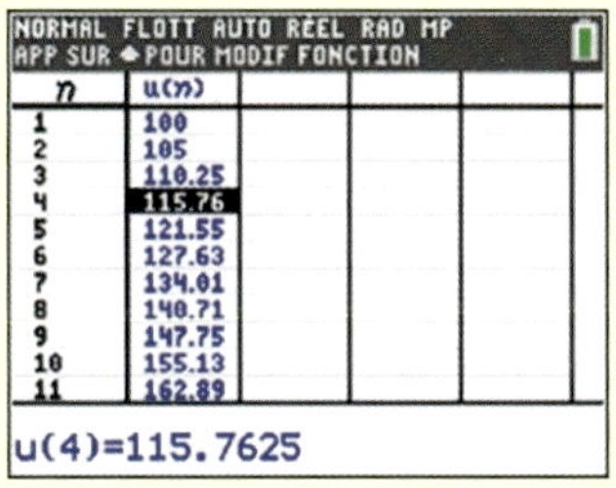

Représentation graphique

Régler la fenêtre par **fenêtre**.
Dans **MODE** choisir **POINT-ÉPAIS**.
Dans **2nde** **format** choisir **Heure**.
Faire **graphe** puis **trace**.

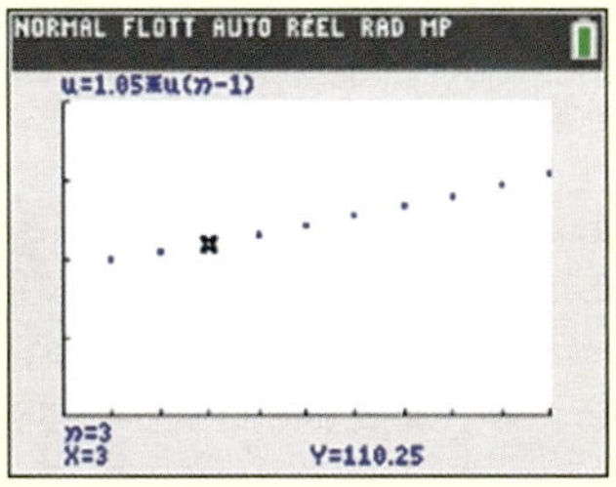

ÉTUDES DE FONCTIONS

Édition d'une fonction

On considère la fonction *f* définie sur ℝ par $f(x) = 3x^3 - 14x^2 + 7x + 4$.

Vérifier que la calculatrice est en mode **FONCTION**.
Pour éditer une fonction, faire ***f*(*x*)** puis, à la ligne $\mathbf{Y_1}$, entrer l'expression de la fonction.

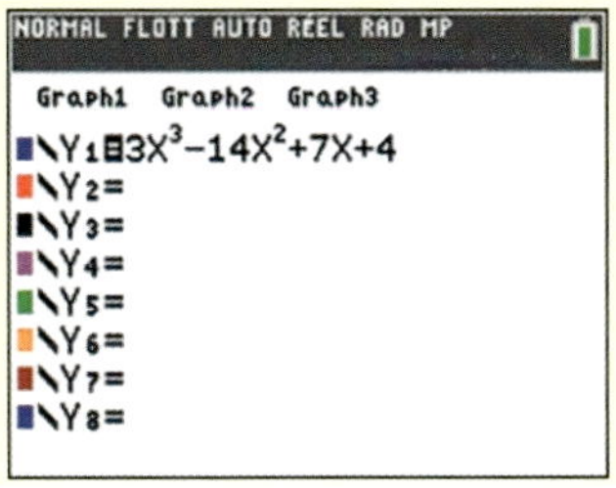

Tableau de valeurs

Pour régler la table, faire **2nde** **déf table** puis entrer dans **DébTbl** la première valeur de x et **ΔTable** le pas entre chaque valeur de x.
Faire **2nd** **Table** pour obtenir le tableau.

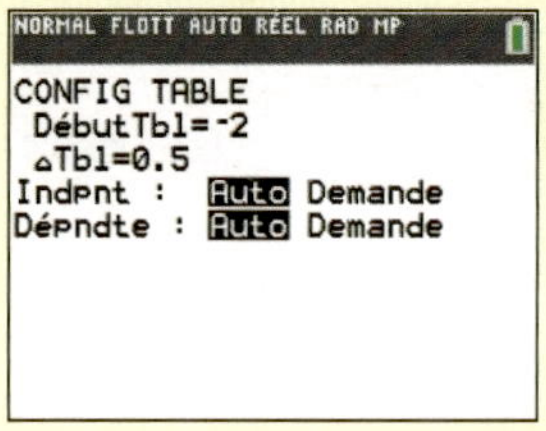

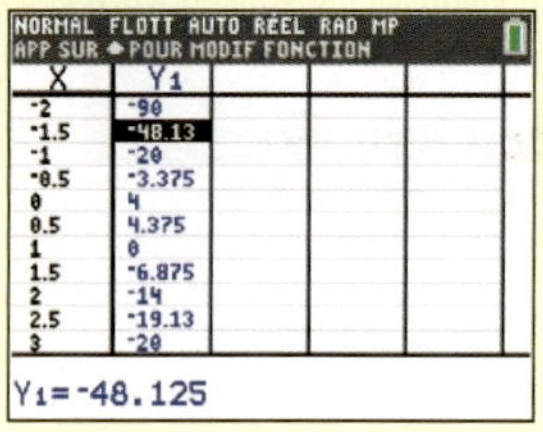

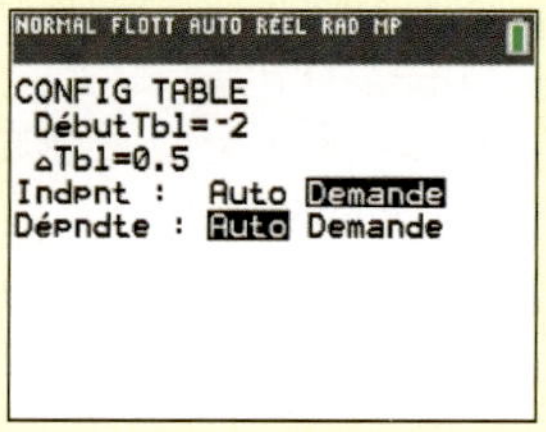

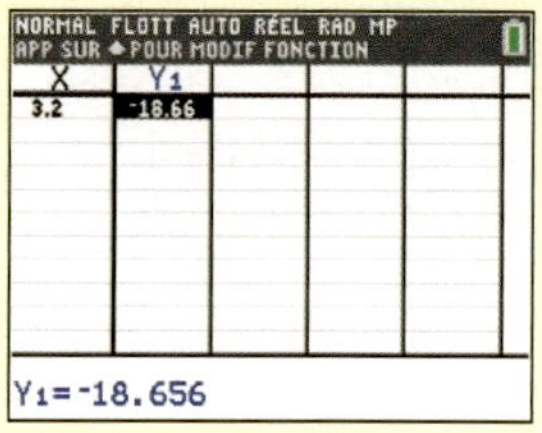

Pour calculer une valeur particulière, $f(3{,}2)$ par exemple, on peut régler **2nde** **déf table** en **Indpnt : Demande**.

Courbe

Pour régler la fenêtre, faire **fenêtre** puis entrer **Xmin** et **Xmax** selon le domaine d'étude.
Xgrad correspond au pas de graduation de l'axe.
Pour les choix de **Ymin** et **Ymax**, voir éventuellement la table.
Faire **graphe** pour le tracé.

Pour parcourir la courbe, faire **trace** puis ◀ ou ▶.
Pour zoomer, faire **ZOOM** puis **1:Zboîte**
puis se déplacer par ◀ ou ▶ et valider les coins,
ou **2:Zoom+** pour se rapprocher
ou **3:Zoom–** pour s'éloigner autour du curseur.

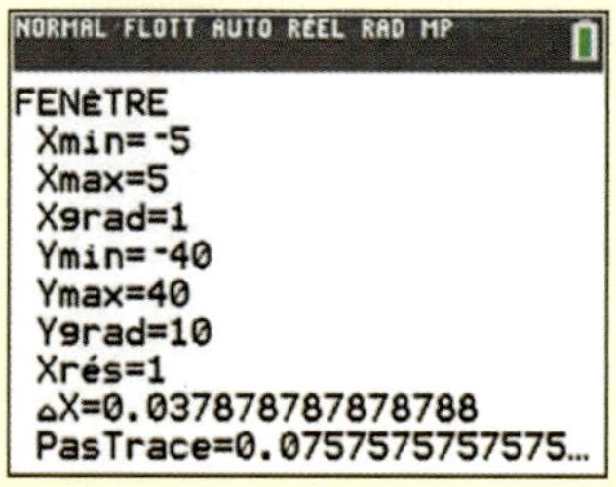

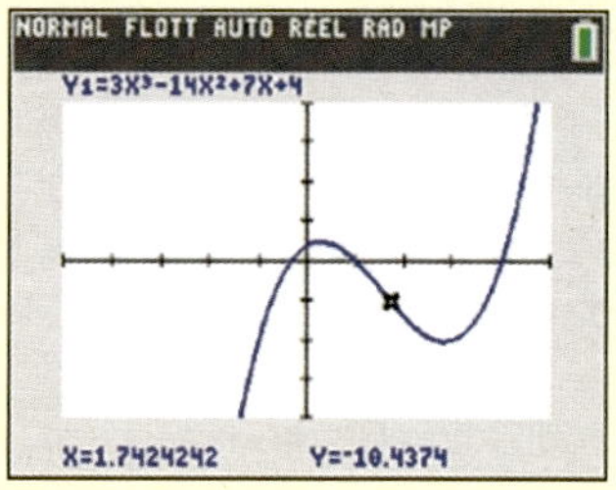

Dérivée

Une valeur approchée de $f'(2)$ s'obtient par **MATH**
8:nbreDérivé(3X^3-14X^2+7X+4 , X, 2).

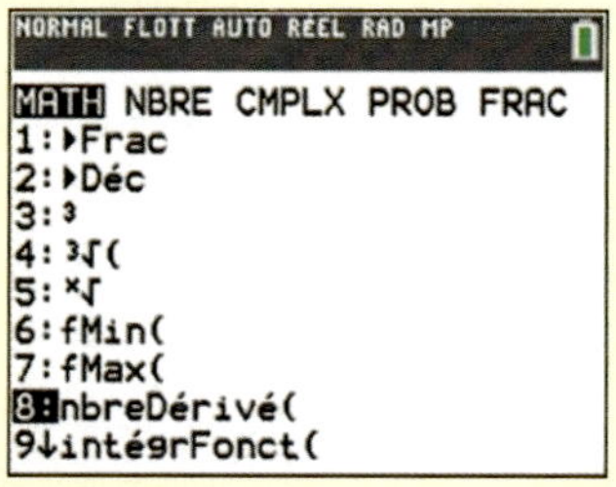

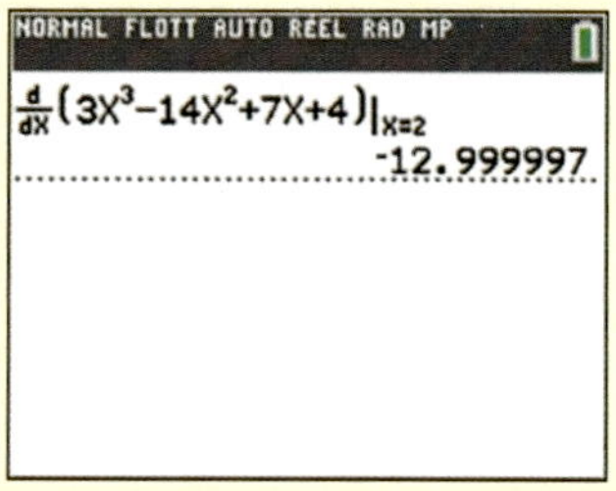

STATISTIQUE

Statistique à une variable

- **Édition des données :**

Effacement des listes par :
stats **EDIT** **4:EffListe** **entrer** **L$_1$, L$_2$**
(on obtient **L$_1$** et **L$_2$** par **2nde** au clavier).
Saisie des données par :
1:Edite… **ENTER**
On entre les valeurs x_i en colonne L1 et les effectifs n_i en colonne L2.

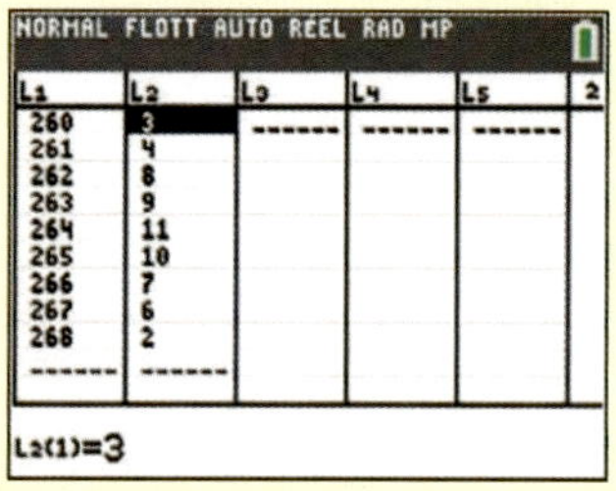

- **Calculs statistiques :**

Obtention des résultats par **stats** **CALC** **1:Stats 1-Var** **entrer** **L$_1$, L$_2$**.

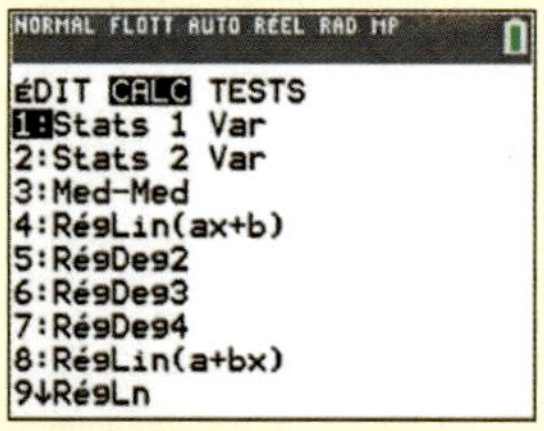

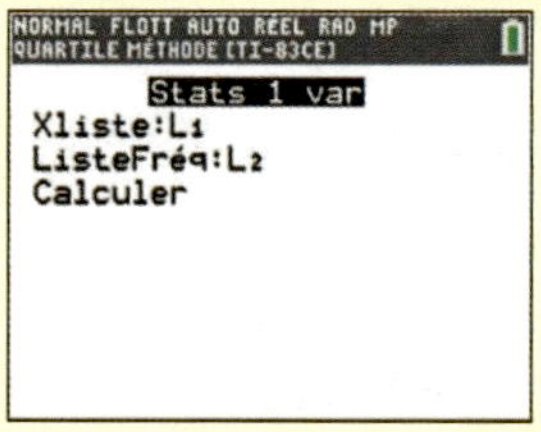

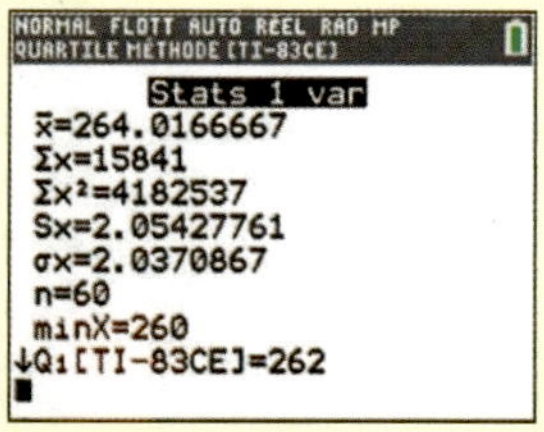

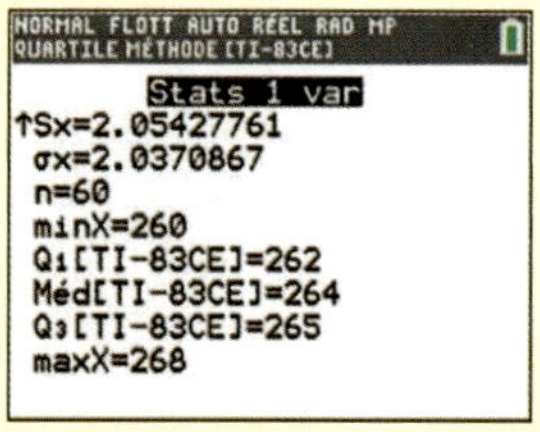

La moyenne correspond à $\overline{x}$ et l'écart type à σx.
La médiane est donnée par **Méd** et les quartiles par **Q1** et **Q3** (attention, les quartiles sont parfois l'objet d'interpolations).

Statistique à deux variables

Se placer dans le menu de statistique par la touche **stats**.
Effacer les listes par :
stats 4 : EffListe L_1, L_2
(les noms des listes L_1 et L_2 sont au clavier).
Entrer les données par :
stats 1 : Modifier...
puis saisir les x_i en L_1 et les y_i en L_2. Afficher les résultats de la « régression linéaire » (ajustement affine) par :
stats CALC 4 :
RegLin(ax+b) Xliste : L_1 , Yliste : L_2 Calculer.

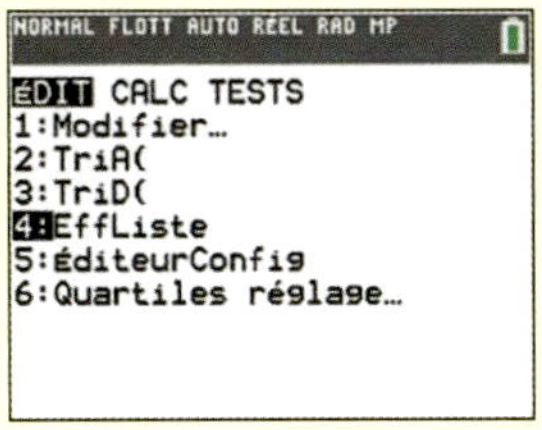

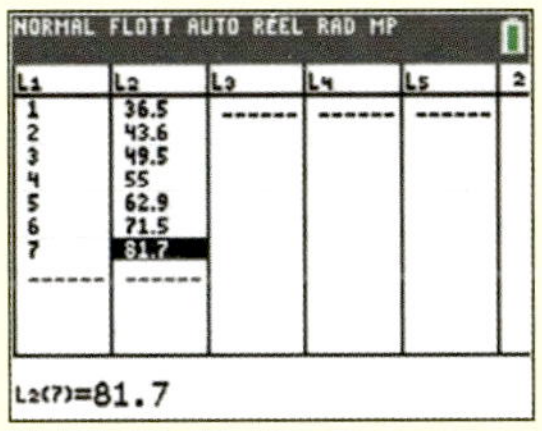

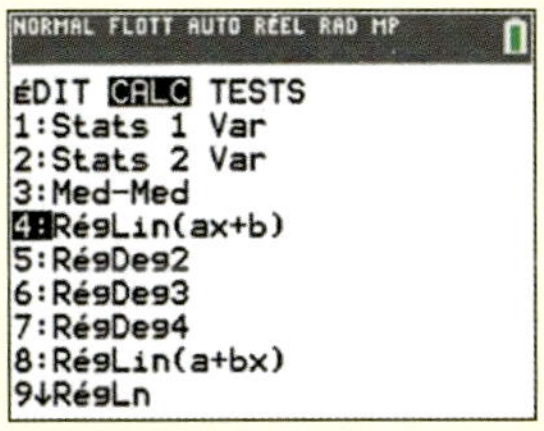

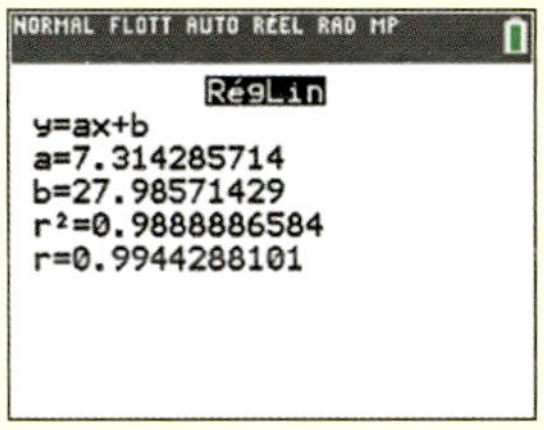

PROBABILITÉS

Simulation

Pour simuler le tirage au hasard d'un nombre décimal de l'intervalle [0, 1[faire :
math PRB NbrAléat puis **entrer**.

Pour simuler le lancer d'un dé équilibré faire :
nbrAléatEnt(1,6,10).

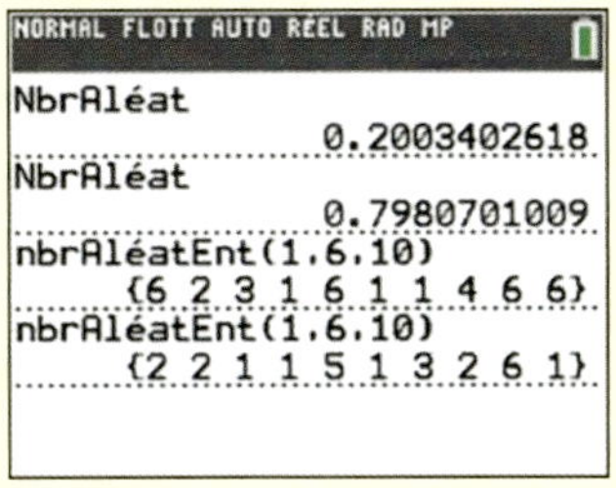

NUMWORKS

Émulateur de la calculatrice NUMWORKS gratuitement téléchargeable sur www.numworks.com/fr/simulateur.

SUITES

Édition d'une suite

On étudie la suite géométrique (u_n) de premier terme $u_1 = 100$ et de raison $q = 1{,}05$.

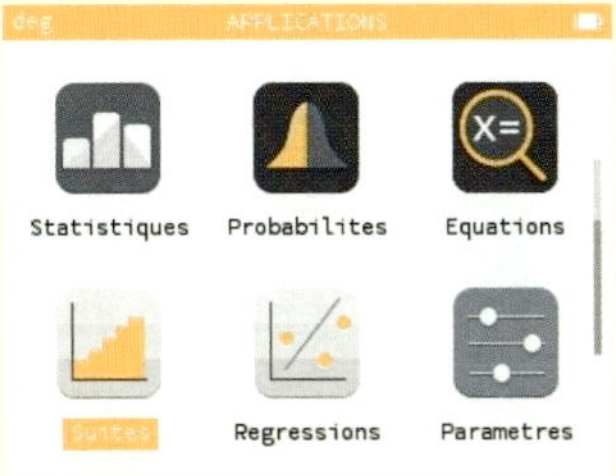

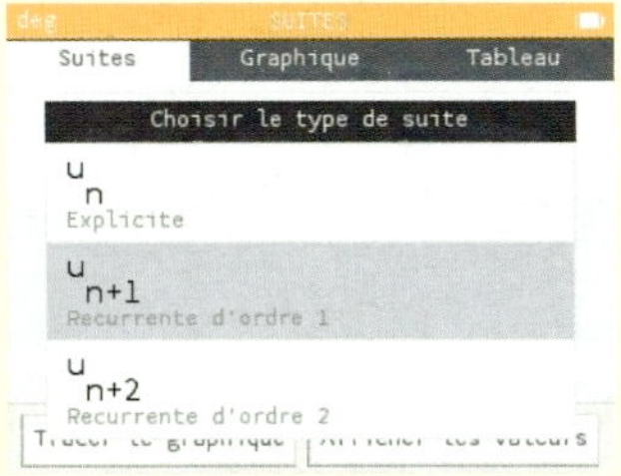

Se placer dans l'application **Suites**.
Choisir **Ajouter une suite** et faire **OK**.
Choisir le type de suite, ici **Récurrente u_{n+1}**.
Pour changer l'indice du premier terme, ici u_1, sélectionner le titre, faire **OK**, puis renseigner le menu d'options.

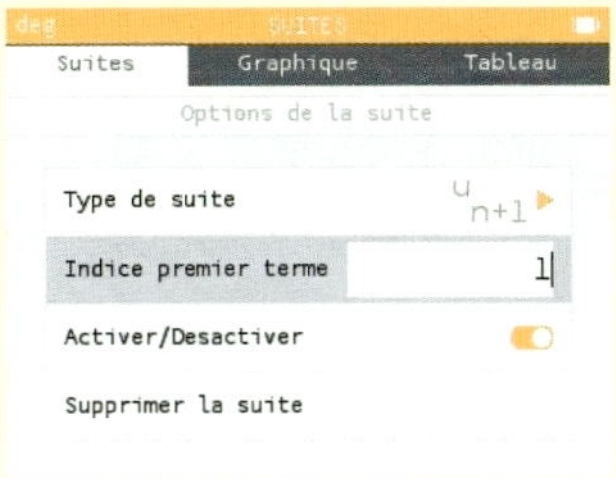

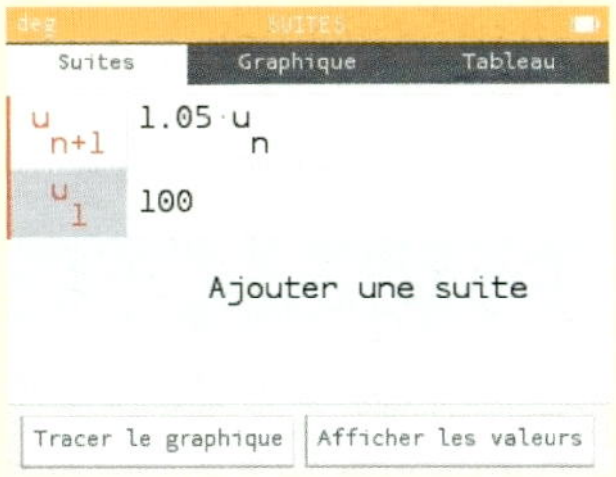

Tableau de valeurs

Dans l'onglet **Tableau**, choisir **Régler l'intervalle**. Puis **Valider** pour obtenir le tableau de valeurs de la suite.

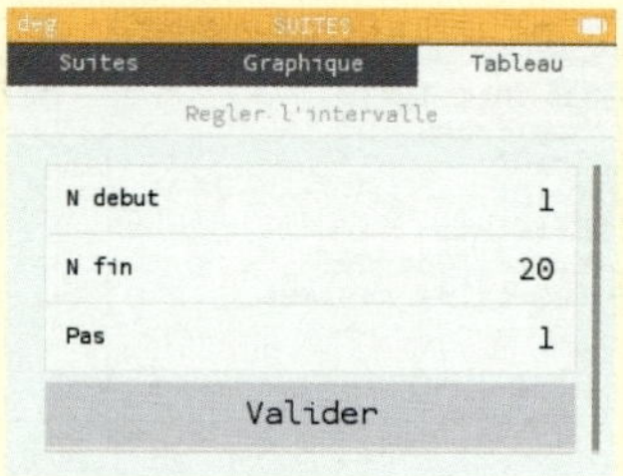

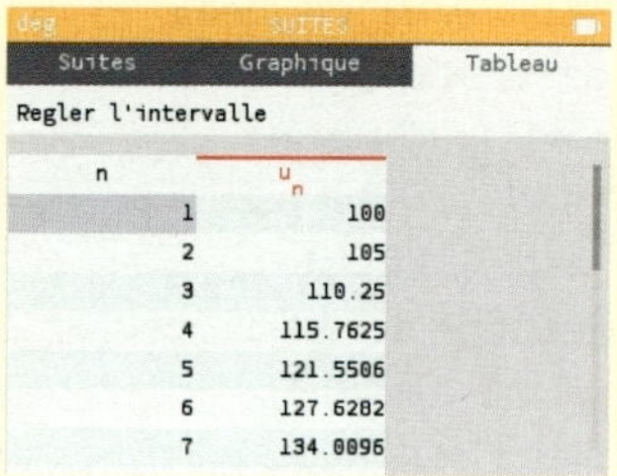

Représentation graphique

Dans l'onglet **Graphique**, choisir **Axes** pour régler la fenêtre graphique.
Valider pour obtenir le graphique.

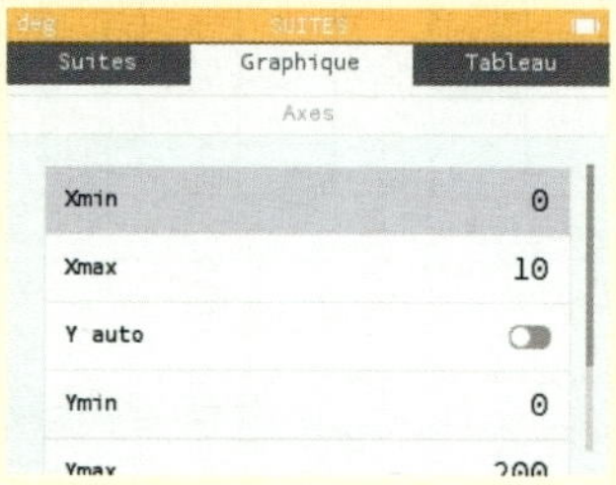

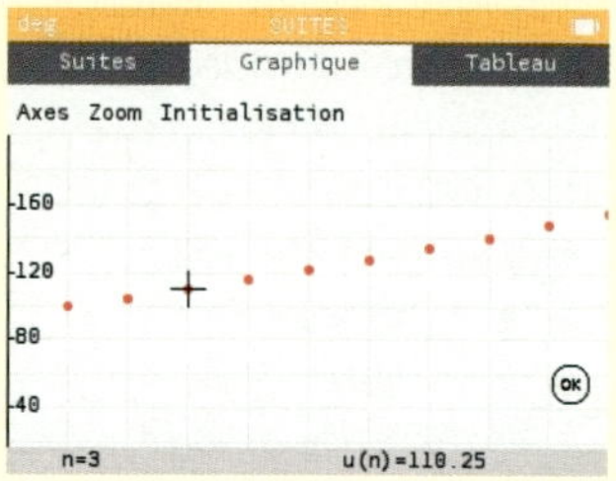

ÉTUDES DE FONCTIONS

Édition d'une fonction

Se placer dans l'application **Fonctions**.
Choisir **Ajouter une fonction**.

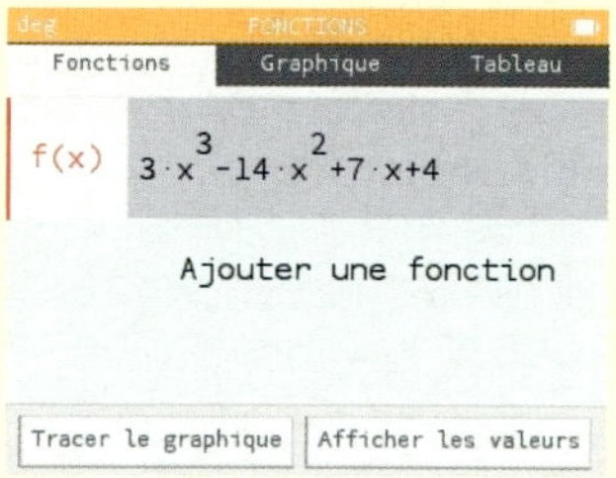

Tableau de valeurs

Dans l'onglet **Tableau**, choisir **Régler l'intervalle** et entrer les valeurs de *x* de début et de fin et le pas.
Valider pour obtenir le tableau de valeurs.

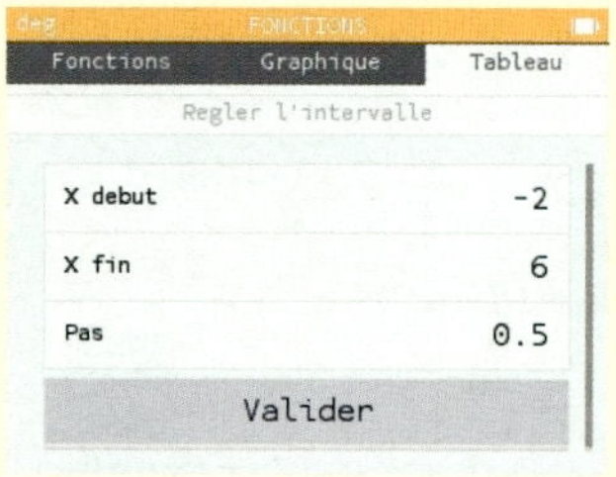

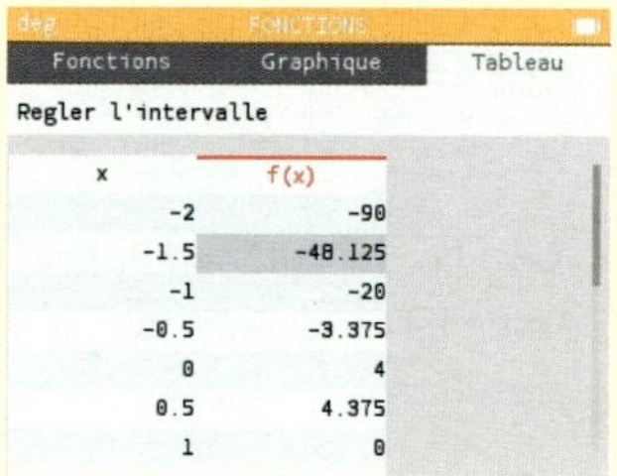

Courbe

Dans l'onglet **Graphique**, choisir **Axes** pour régler la fenêtre graphique.
Valider pour obtenir le graphique.

On peut se déplacer sur le graphique et visualiser les coordonnées des points.

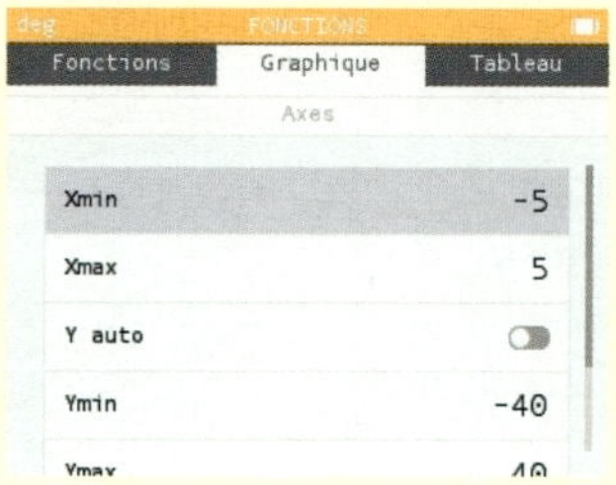

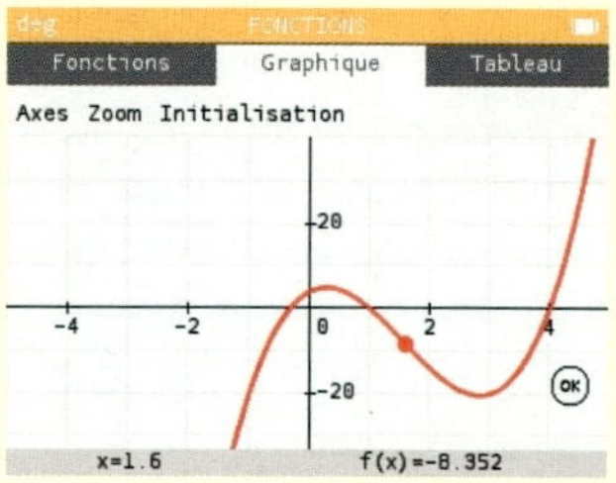

Dérivée

Dans le tableau de valeurs, faire **OK** sur le titre de la colonne *f* (*x*) pour faire apparaître la **Colonne de la fonction derivee**.
Appuyer sur le retour en arrière pour afficher les valeurs de la dérivée.

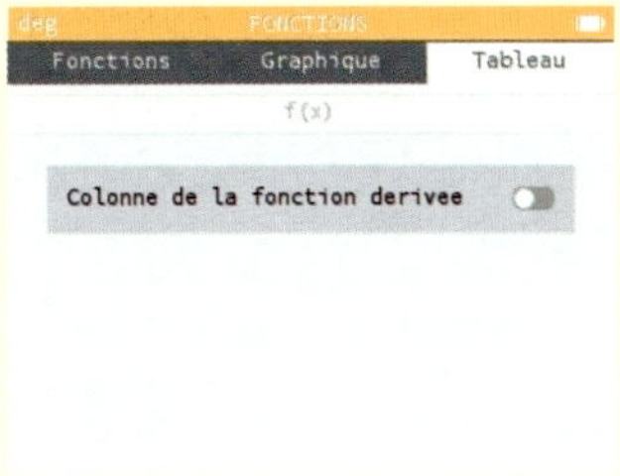

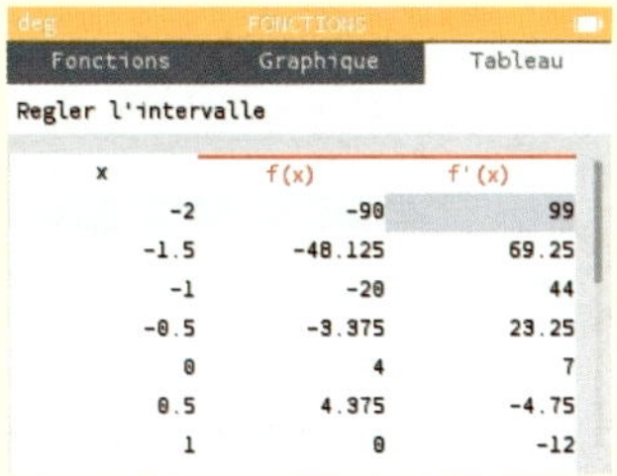

STATISTIQUE

Statistique à une variable

Se placer dans l'application **Statistiques**.
Pour effacer des données, se placer dans l'onglet **Donnees**, sélectionner le nom d'une colonne, faire **OK** puis **Effacer la colonne**.
Sous l'onglet **Donnees**, entrer les valeurs dans une colonne **Valeurs** et les effectifs dans la colonne **Effectifs** correspondante.

Sélectionner l'onglet **Stats** pour afficher les calculs statistiques.

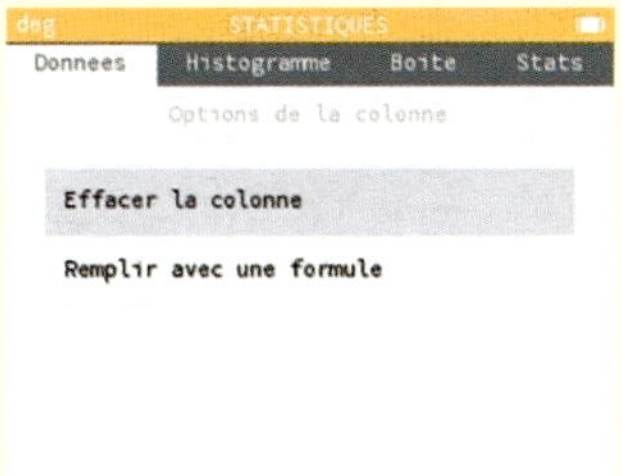

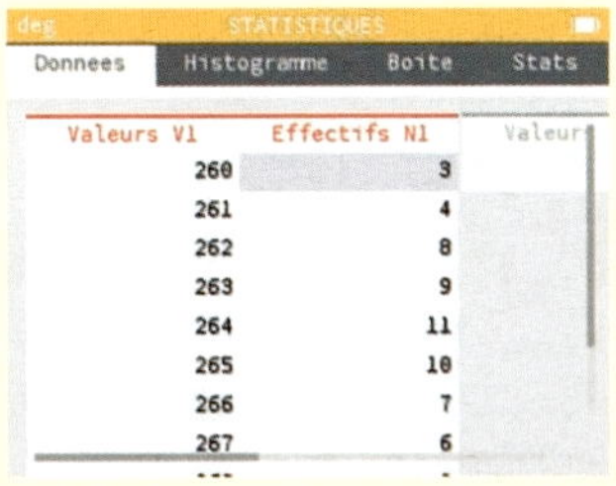

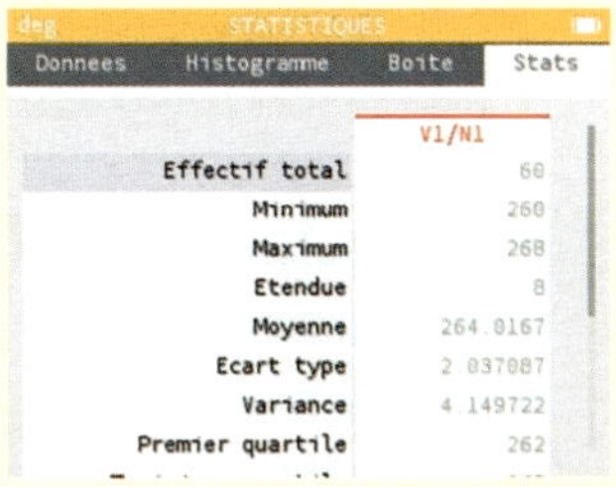

Statistique à deux variables

Se placer dans l'application **Régressions**.
Pour effacer des données, se placer dans l'onglet **Donnees**, sélectionner le nom d'une colonne, faire **OK** puis **Effacer la colonne**.
Sous l'onglet **Donnees**,
entrer les valeurs dans les colonnes **X1** et **Y1**.
Sélectionner l'onglet **Stats**
pour afficher les calculs statistiques.

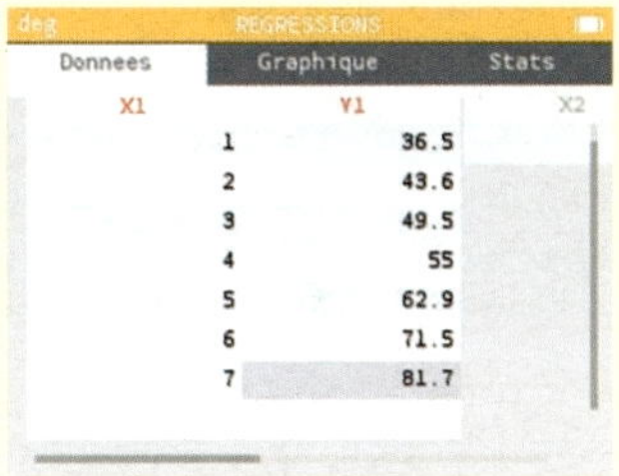

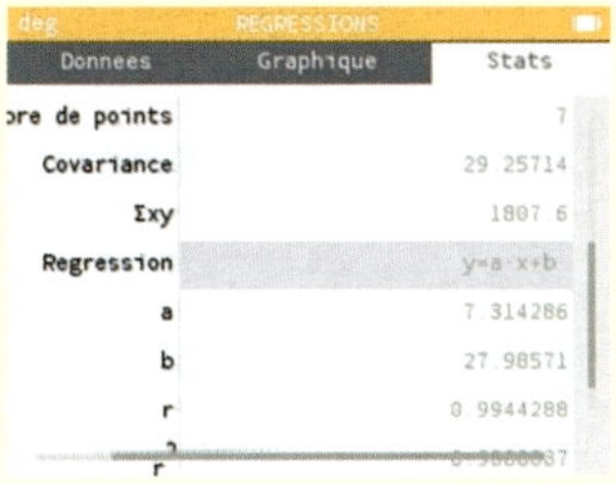

PROBABILITÉS

Simulation

Dans l'application **Calculs**, appuyer sur la touche **Toolbox** (en forme de cartable). Rechercher **Aleatoire et approximation**.

Pour simuler le tirage au hasard d'un nombre décimal de l'intervalle [0 ; 1[faire : **random()**.

Pour simuler le lancer d'un dé cubique supposé équilibré faire : **randint(1,6)**.

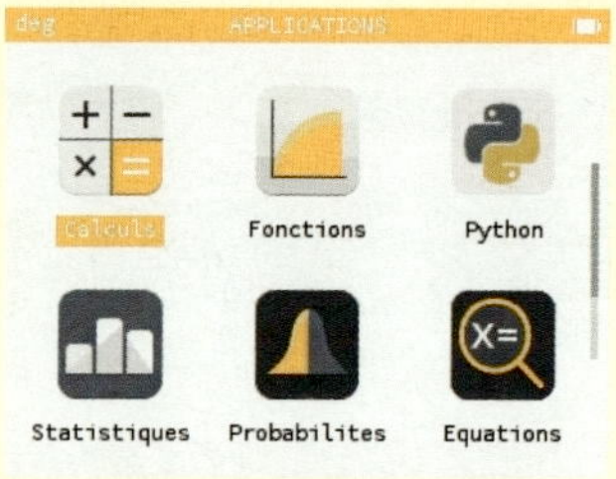

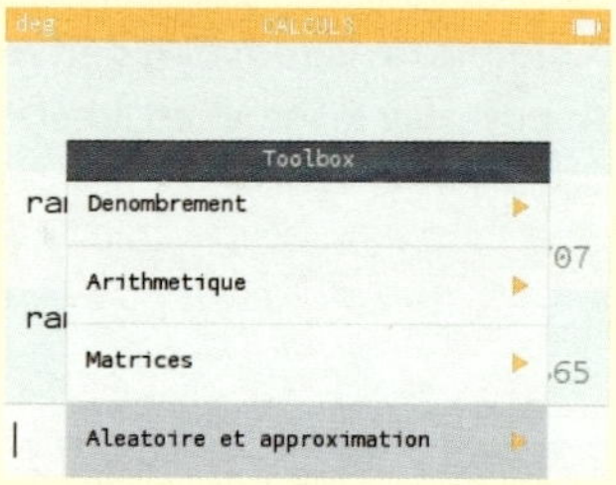

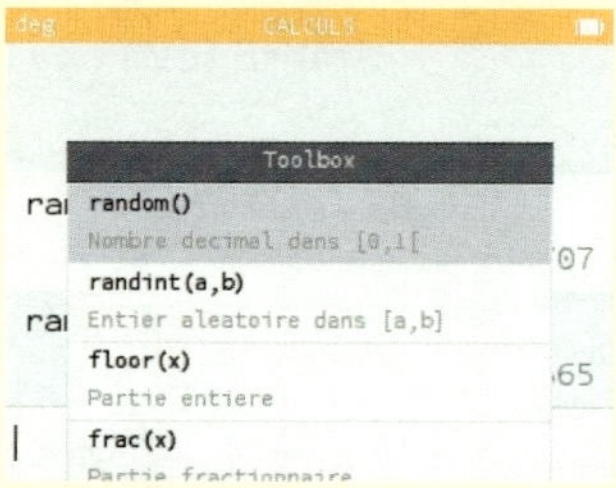

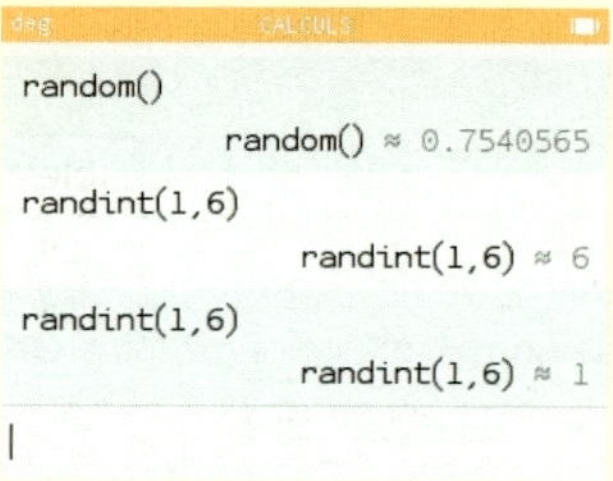

PYTHON

Créer un nouveau programme (éditeur de programmes)

Accéder à l'application **Python**.
En bas de l'écran, choisir **Ajouter un script**.
Écrire le nom du programme, par exemple **suite.py** puis faire **OK**.

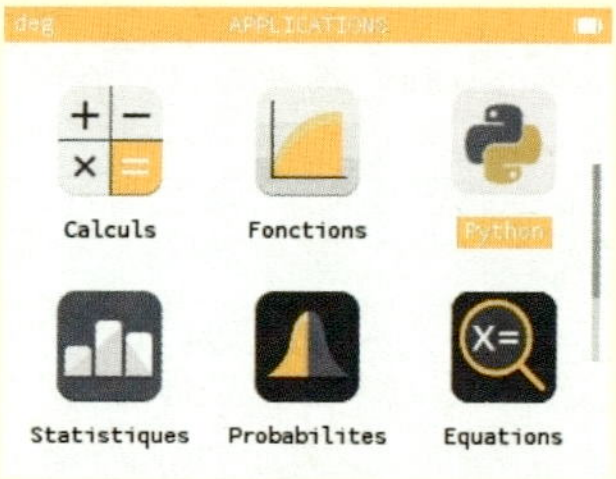

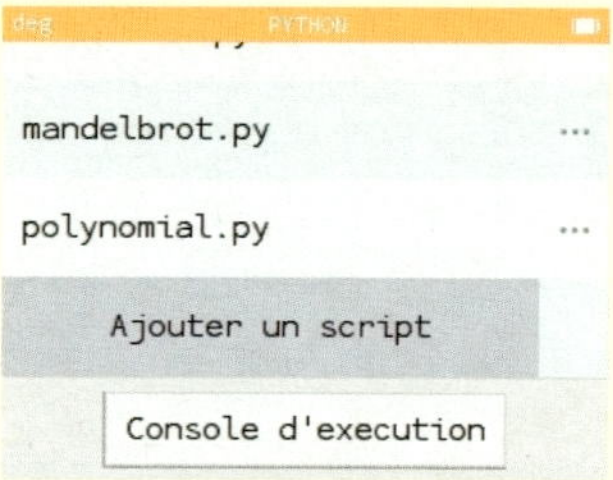

Écrire le programme. On peut utiliser la touche **Toolbox** avec un logo de cartable. Elle permet d'accéder à certaines instructions pour les fonctions ou les boucles ainsi qu'au catalogue.
Les caractères alphabétiques sont accessibles par la touche **alpha** en minuscules ou **ALPHA** en majuscules (appuyer deux fois pour verrouiller).
Le retour à la ligne se fait avec **EXE**.

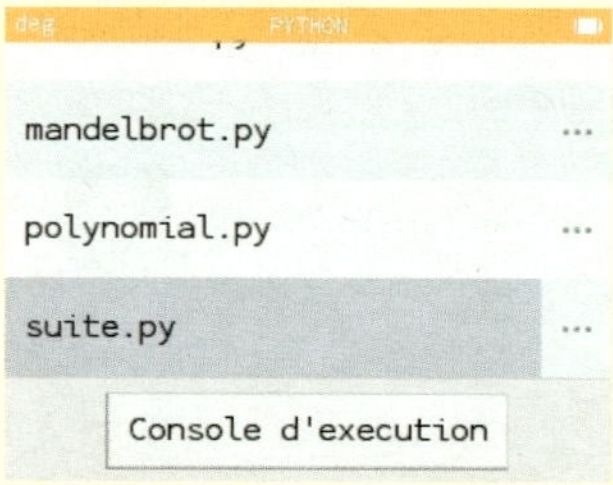

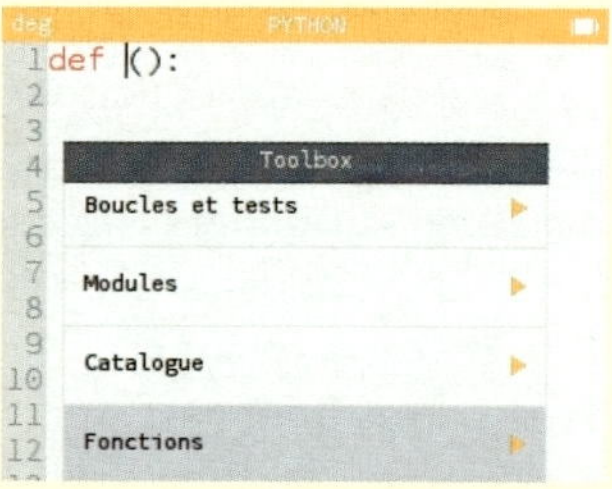

Après écriture du programme revenir, par la touche de retour, à l'écran d'accueil du menu Python et choisir **Console d'execution**.
On est alors dans la console de l'interpréteur des commandes Python.

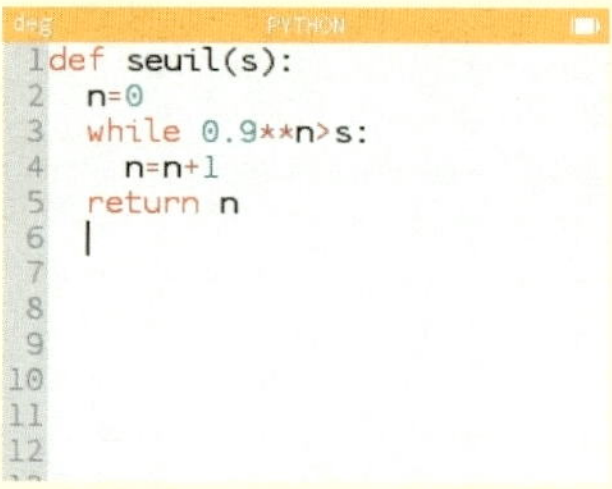

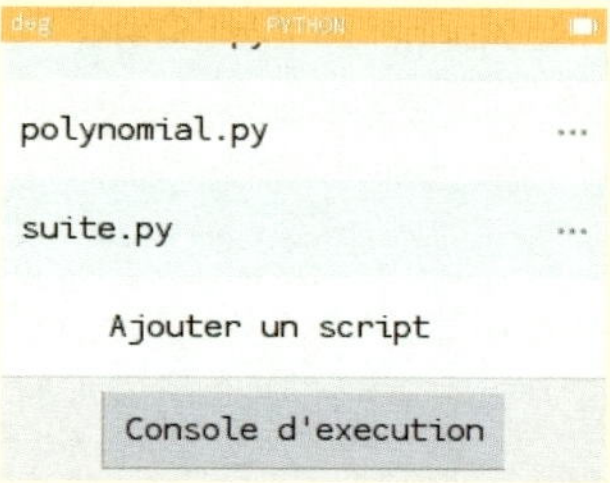

Exécuter un programme : utilisation de la console (interpréteur)

Au bas de la liste des scripts se trouve un bouton **Console d'execution** qui permet d'accéder à la console interactive de Python.
Le triple chevron >>> invite à entrer une commande.
On peut utiliser les raccourcis de la touche **Toolbox** et les fonctions définies dans les programmes en utilisant la touche **var**.

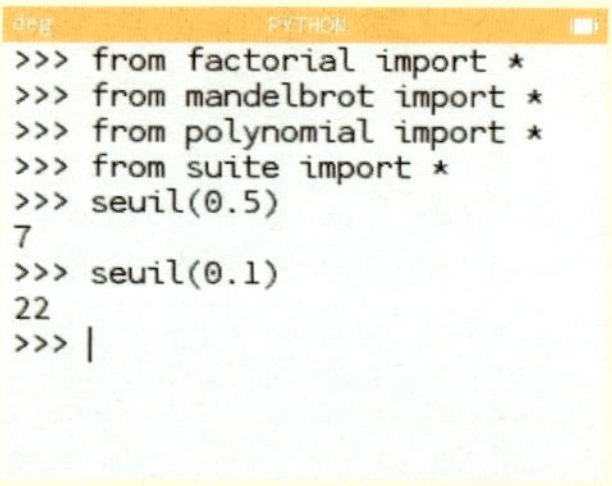

Mémento Python

Opérations	
Affecter la valeur b à la variable a (la variable a reçoit la valeur b).	`a = b`
Multiplier a par b.	`a * b`
Diviser a par b.	`a / b`
Élever a à la puissance n.	`a ** n`
Calculer le quotient de la division euclidienne de a par b.	`a // b`
Calculer le reste de la division euclidienne de a par b.	`a % b`

Boucles, tests et fonction	
Exécuter en boucle des instructions tant qu'une condition est vérifiée.	`while condition:` *instructions*
Exécuter en boucle des instructions pour une variable k allant de 0 à n – 1.	`for k in range(n):` *instructions*
Exécuter en boucle des instructions pour une variable k allant de n à m – 1.	`for k in range(n, m):` *instructions*

Exécuter des instructions selon une condition.	`if` *condition*`:`
	    instructions1
	`else:`
	    instructions2

Exécuter des instructions selon deux conditions (elif remplace else if).	`if` *condition1*`:`
	    instructions1
	`elif` *condition2*`:`
	    instructions2
	`else:`
	    instructions3

Tester si a égale b.	`a == b`
Tester si a est différent de b	`a != b`
Tester si a est strictement inférieur à b	`a < b`
Tester si a est supérieur ou égal à b.	`a >= b`

Créer une fonction nom avec comme paramètres n et m et renvoyant un résultat.	`def nom(n, m):`
	    instructions
	    `return` *résultat*

Des fonctions utiles	
Renvoyer une valeur arrondie de a avec n chiffres après la virgule.	`round(a, n)`
Renvoyer le plus petit entre a et b.	`min(a, b)`
Renvoyer le plus grand entre a et b.	`max(a, b)`

Listes	
Créer la liste des entiers de 0 à n – 1.	`range(n)`
Créer la liste des entiers de n à m – 1.	`range(n, m)`
Ajouter l'élément x à la liste L.	`L.append(x)`
Donner le nombre d'éléments de la liste L.	`len(L)`
Rechercher l'indice de l'élément x de la liste L.	`L.index(x)`
Obtenir l'élément d'indice n de la liste L.	`L[n]`
Supprimer l'élément d'indice n de la liste L.	`del L[n]`
Parcourir les éléments x d'une liste L.	`for x in L:`
Modifier la liste L pour trier ses éléments dans l'ordre croissant.	`L.sort()`
Modifier la liste L pour trier ses éléments dans l'ordre décroissant.	`L.sort(reverse = True)`

Bibliothèque math	
Importer la bibliothèque math.	`import math`
Prendre la racine carré de a.	`math.sqrt(a)`
Importer la valeur de π.	`math.pi`

Renvoyer le cosinus, le sinus ou la tangente de x (en radian).	`math.cos(x)`
	`math.sin(x)`
	`math.tan(x)`

Bibliothèque random	
Importer la bibliothèque random.	`import random`
Renvoyer un nombre décimal pseudo aléatoire entre 0 et 1.	`random.random()`
Renvoyer un nombre entier pseudo aléatoire compris entre les deux entiers a et b inclus.	`random.randint(a, b)`

Bibliothèques numpy et matplotlib.pyplot	
Importer la bibliothèque numpy avec l'alias np.	`import numpy as np`
Importer la bibliothèque matplotlib.pyplot avec l'alias plt.	`import matplotlib.pyplot as plt`
Définir la liste X des n valeurs de x (a, x_1, x_2, … x_{n-2}, b) découpant régulièrement l'intervalle [a, b] pour le tracé d'une courbe.	`X = np.linspace(a, b, n)`
Définir la liste X des valeurs de x de l'intervalle [a, b] avec un pas p non nécessairement entier pour le tracé d'une courbe.	`X = np.arange(a, b, p)`
Définir les dimensions des axes entre a et b pour les abscisses et entre c et d pour les ordonnées.	`plt.axis([a, b, c, d])`
Tracer une ligne reliant les points de coordonnées x et y où x et y sont deux listes (courbe d'une fonction).	`plt.plot(x, y)`
Tracer les points de coordonnées x et y où x et y sont deux listes (représentation d'une suite).	`plt.scatter(x, y)`
Afficher un quadrillage.	`plt.grid()`
Ouvrir une fenêtre et afficher un graphique.	`plt.show()`
Tracer un histogramme des données de la liste L, regroupées en n classes.	`plt.hist(L, bins = n)`
Tracer un histogramme des données de la liste L, regroupées en n classes, avec une aire totale valant 1 (histogramme normalisé).	`plt.hist(L, bins = n, normed = True)`
Tracer un diagramme en barres (ou bâtons) dont les abscisses correspondent à la liste x et les hauteurs à la liste y.	`plt.bar(x, y)`
Tracer un diagramme circulaire (camembert) correspondant aux valeurs de la liste L et aux étiquettes de la liste E.	`plt.pie(L, labels = E)`

Bibliothèque statistics	
Importer la bibliothèque statistics avec l'alias sta.	`import statistics as sta`
Calculer la moyenne d'une liste L.	`sta.mean(L)`
Calculer l'écart type d'une liste L (population standard deviation en anglais).	`sta.pstdev(L)`
Calculer la médiane d'une liste L.	`sta.median(L)`

Bibliothèque scipy	
Importer la fonction linregress du module scipy.stats.	`from scipy.stats import linregress`

Obtenir les coefficients de la droite d'ajustement de y en x (d'équation $y = ax + b$) selon la méthode des « moindres carrés ».	`ajust = linregress(x, y)`
	`a = ajust[0]`
	`b = ajust[1]`

Bibliothèque pandas	
Installation de pandas et lecture d'un fichier csv	
Installer pandas à partir d'Anaconda : saisir dans la console l'une des instructions ci-contre.	`conda install pandas` `pip install pandas`
Importer le module pandas	`import pandas`
Lire le fichier nom.csv figurant dans le même dossier que le programme Python et affecter les données à un « dataframe » (table de données dont chaque colonne correspond à une variable statistique) nommé ici df. Les tableaux de données manipulés par pandas sont des dataframe.	`df = pandas.read_csv('nom.csv', sep = ';')` `sep = ','` si le séparateur du fichier csv est une virgule. `sep = '\t'` si le séparateur du fichier csv est une tabulation. Ajouter l'argument encoding = `'latin-1'` si le fichier csv comporte des accents. Ajouter l'argument decimal = `','` si les nombres décimaux du fichier csv sont séparés par une virgule.
Opérations de base sur un dataframe pandas et ses colonnes	
Dimension du dataframe df : nombre de lignes et de colonnes (c'est-à-dire de variables).	`df.shape`
(Nom) et type des variables (ou colonnes).	`df.dtypes`
Afficher les 5 premières lignes de df.	`df.head(5)`
Afficher les 5 dernières lignes de df.	`df.tail(5)`
Afficher des indicateurs statistiques pour df.	`df.describe()`
Afficher des indicateurs statistiques pour la variable (colonne) nommée C.	`df['C'].describe()`
Calculer la moyenne de la variable C.	`df['C'].mean()`
Calculer la médiane de la variable C.	`df['C'].median()`
Calculer la somme de la variable C.	`df['C'].sum()`
Compter le nombre de valeurs de la variable quantitative C.	`df['C'].count()`
Compter le nombre de valeurs de la variable qualitative C.	`df['C'].value_counts()`
Trier le dataframe df par ordre croissant selon la variable C.	`df.sort_values(by = 'C')`
Trier le dataframe df par ordre décroissant selon la variable C.	`df.sort_values(by = 'C', ascending = False)`

Extraction d'un sous-tableau sous condition, tableau croisé avec pandas	

Créer un dataframe df2 correspondant aux lignes de df où la variable C est non nulle (trois écritures possibles).	`df2 = df.query('C != 0')`
	`df2 = df[df.C != 0]`
	`df2 = df[df['C'] != 0]`

Créer un dataframe df2 correspondant aux lignes de df où la variable A est supérieure à 2 et la variable B inférieure à 6 (pour « ou » utiliser |).	`df2 = df[(df.A > 2) & (df.B < 6)]`
Créer un dataframe df2 échantillon aléatoire sans remise de taille 100 de df.	`import random` `df2 = df.sample(n = 100)`
Regroupement des données selon les valeurs de la variable C.	`df.groupby('C')`
Créer un tableau croisé en effectifs des variables C1 et C2 d'un dataframe df.	`pandas.crosstab(df['C1'], df['C2'], margins = True)`

Pour toutes les photographies :
ph© Marie-Claude Hugues/Bernard Verlant

Conception graphique : Primo&Primo
Compositeur/infographies : STDI

Achevé d'imprimer en Espagne par Macrolibros à Valladolid
Dépôt légal n° 15789-1/01 - Avril 2020

Index

Éléments d'histoire des mathématiques et des sciences

Automatismes

Les automatismes sont des « questions flash », des QCM, des vrai/faux destinés à un entraînement au début de chaque séance. Ils ont été placés par thèmes dans chaque chapitre. L'index permet de trouver tous les automatismes correspondant à une capacité du programme.

Index

Automatismes (suite)

En classe de terminale, le travail sur les automatismes commencé en première se poursuit notamment en enchaînant plusieurs automatismes et en automatisant des connaissances ou procédures introduites l'année précédente (par exemple le lien entre le signe de la dérivée et le sens de variation de la fonction, voir les automatismes 54 et 55 au chapitre 2).